COURS D'ALGÈBRE

73396. — Imprimerie LAHURE, 9, rue de Fleurus, à Paris. — 10-1913.

COURS COMPLET DE MATHÉMATIQUES
A L'USAGE DE L'ENSEIGNEMENT SECONDAIRE ET DES DIVERS ENSEIGNEMENTS
Publié sous la direction de M. CARLO BOURLET

E. GUITTON
Professeur au Lycée Henri-IV

COURS
D'ALGÈBRE

Contenant 389 Exercices et Problèmes

OUVRAGE RÉDIGÉ CONFORMÉMENT AUX PROGRAMMES OFFICIELS
DU 4 MAI 1912

CLASSES DE MATHÉMATIQUES A ET B

PARIS
LIBRAIRIE HACHETTE ET Cie
79, BOULEVARD SAINT-GERMAIN, 79

1913

AVANT-PROPOS

C'est à la demande de mon cher et regretté ami Carlo Bourlet que j'ai écrit ce livre.

Il a toujours soutenu que dans le développement de la théorie il faut songer aux applications qui, à leur tour, éclairent la théorie : les mathématiques sont inséparables de leurs applications.

Si, dans certains chapitres, j'ai été bref, par exemple sur les logarithmes, le lecteur trouvera des explications plus complètes dans l'excellent **Précis d'Algèbre** *de M. Bourlet.*

Voici les idées générales qui m'ont guidé dans la rédaction de mon volume.

Les nombres résultent de la comparaison des grandeurs de même espèce; si ces grandeurs sont comparées à l'une d'elles prise pour unité, les nombres obtenus sont leurs mesures.

L'unité étant choisie, à une grandeur correspond un nombre : le nombre est une représentation de la grandeur. Inversement, un nombre indique quelle opération il faut faire sur l'unité pour reconstituer une grandeur, il en est une représentation.

Le fait que deux opérations sur des grandeurs conduisent au même résultat se traduit par une formule qui symbolise une propriété des nombres; j'ai rappelé les plus simples de ces formules que l'on étudie en Arithmétique.

En Algèbre, on affecte les nombres du signe **plus** *ou du signe* **moins** *: les « nombres arithmétiques » deviennent les nombres* **positifs**; *en leur adjoignant les nombres* **négatifs**, *on obtient les « nombres algébriques ». Le premier objet de l'Algèbre est d'étendre à ces derniers les opérations de l'Arithmétique : les conventions que l'on fait sont telles qu'en représentant ces nombres par des lettres, on retrouve les formules de l'Arithmétique.*

Les nombres algébriques peuvent aussi être considérés comme les mesures de certaines grandeurs, celles qui sont susceptibles d'être comptées dans deux sens opposés. En considérant de telles grandeurs, on voit clairement les conventions qu'il faut faire; l'établissement des formules est facilité. Pour enlever aux questions d'Algèbre la forme abstraite qui constitue leur principale difficulté, j'ai souvent expliqué les opérations sur les nombres par les opérations sur les grandeurs, en particulier sur celles que fournit la Géométrie : les élèves comprennent et retiennent mieux quand ils ont vu. On trouvera aussi, dans ce livre, de nombreux problèmes où les détails d'une discussion prennent une forme simple quand on peut leur donner une représentation géométrique.

J'ai indiqué un assez grand nombre d'exercices : quelques-uns ont été empruntés au traité de MM. Hall et Knight.

EXTRAIT DES

PROGRAMMES OFFICIELS DE L'ENSEIGNEMENT SECONDAIRE

ARRÊTÉS LE 4 MAI 1912

ALGÈBRE

Classe de Mathématiques A et B.

Nombres positifs et négatifs. Opérations sur ces nombres.

Monômes, polynômes, addition, soustraction, multiplication et division des monômes et des polynômes.

Principes relatifs à la résolution des équations.

Équations du premier degré.

Équation du second degré à une inconnue. (On ne développera pas la théorie des imaginaires.) Équations simples qui s'y ramènent.

Inégalités du premier et du second degré.

Problèmes du premier et du second degré.

Progressions arithmétiques et progressions géométriques. Somme des carrés et des cubes des n premiers nombres entiers.

Logarithmes vulgaires. Usage des tables à cinq décimales.

Intérêts composés et annuités.

Coordonnées d'un point. Représentation d'une droite par une équation du premier degré. Coefficient angulaire d'une droite.

Construction d'une droite donnée par son équation.

Variations et représentations graphiques des fonctions

$$y = ax + b;\; y = \frac{ax + b}{a'x + b'};\;\; y = ax^2 + bx + c;$$

$$y = ax^4 + bx^2 + c.$$

Dérivée d'une somme, d'un produit, d'un quotient, de la racine carrée d'une fonction, de $\sin x$, $\cos x$, $\operatorname{tg} x$, $\operatorname{cotg} x$.

Application à l'étude de la variation, à la recherche des maxima ou des minima de quelques fonctions simples, en particulier des fonctions de la forme

$$\frac{ax^2 + bx + c}{a'x^2 + b'x + c'};\;\; x^3 + px + q,$$

où les coefficients ont des valeurs numériques.

Dérivée de l'aire d'une courbe regardée comme fonction de l'abscisse (On admettra la notion d'aire.)

[Le professeur laissera de côté toutes les questions subtiles que soulève une exposition rigoureuse de la théorie des dérivées; il aura surtout en vue les applications et ne craindra pas de faire appel à l'intuition.]

COURS D'ALGÈBRE

CHAPITRE I

NOMBRES ARITHMÉTIQUES

§ 1. — Multiplication.

1. — **Définitions**. — Considérons des grandeurs pour lesquelles on sait définir l'égalité et l'addition; ce sont les grandeurs mesurables (ou mathématiques).

Multiplier une grandeur par un nombre entier a, ***c'est additionner*** a ***grandeurs qui lui sont égales :*** c'est la prendre a fois, c'est la rendre a fois plus grande.

a est le nombre qui mesure la grandeur obtenue quand la première est choisie pour unité.

Nous admettons que, réciproquement, toute grandeur est le produit par a d'une autre grandeur de même espèce; autrement dit, quelle que soit une grandeur, il y en a une a fois plus petite. Nous admettons aussi qu'il n'y en a qu'une : si deux grandeurs ont même produit par a, elles sont égales.

2. — **Produit de deux nombres.** — ***Multiplier*** a ***par*** b, ***c'est former un nombre appelé*** **produit**, ***qu'on écrit*** $a \times b$, ***ou*** $a \cdot b$, ***ou simplement*** ab, ***et qui signifie que :*** ***Prendre*** ab ***objets, c'est prendre*** b ***fois*** a ***objets.***

On obtient donc le même résultat, soit en multipliant une grandeur par ab, soit en la multipliant par a et la grandeur obtenue par b.

Remarquer que

$$a \cdot 1 = 1 \cdot a = a.$$

3. — Produit de plusieurs nombres a, b, c, d, f. — ***C'est un nombre qu'on obtient en multipliant*** a ***par*** b, ***le résultat obtenu par*** c, ***le nouveau résultat par*** d....

Multiplier une grandeur par $abcdf$, c'est donc la multiplier par a, la grandeur obtenue par b, la nouvelle grandeur par c....

a, b, c, d, f s'appellent les *facteurs* du produit.

En convenant d'écrire entre parenthèses un produit effectué, il faut, par définition, faire successivement les opérations

$$ab, \qquad (ab)c, \qquad (abc)d, \qquad (abcd)f.$$

Dans un produit, on peut, par conséquent, remplacer les 2, 3, 4.... premiers facteurs par leur produit.

4. — Théorème. — ***Dans un produit de trois facteurs, on peut remplacer les deux derniers par leur produit :***

$$\boldsymbol{abc = a(bc)}.$$

Partons, en effet, d'une collection de a objets, ou d'une grandeur mesurée par a (n° **1**) : la multiplier par bc, ce qui donne $a(bc)$, c'est la multiplier successivement par b, ce qui donne ab, puis par c, ce qui donne abc.

5. — Théorème. — ***Un produit de facteurs ne dépend pas de l'ordre des facteurs.***

1° *Prenons le cas de deux facteurs :*

$$a \cdot b = b \cdot a \quad \text{ou} \quad ab = ba;$$

par exemple : $4 \times 3 = 3 \times 4$.

Représentons les objets par des points : on forme 3 lignes horizontales de 4 points, et l'on remarque que cela fait aussi 4 colonnes verticales de 3 points.

Nous pouvons aussi prendre comme grandeur l'aire d'un rectangle ABCD et procéder de la même manière.

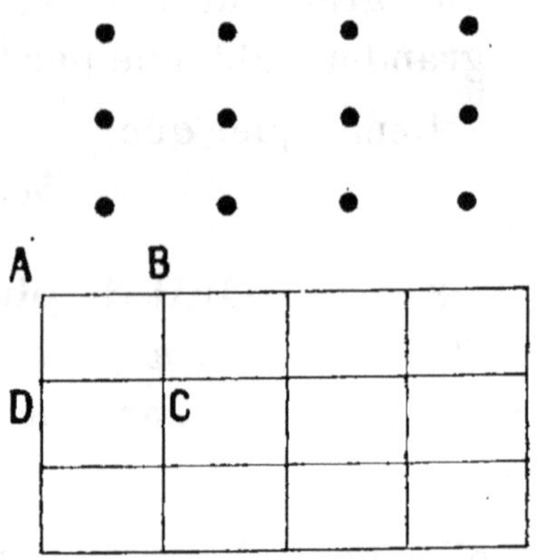

Fig. 1.

2° *Dans un produit de trois facteurs on peut intervertir l'ordre des deux derniers :*

$$abc = a(bc) = a(cb) = acb.$$

3° *Dans un produit d'un nombre quelconque de facteurs, on peut intervertir l'ordre des deux derniers :*

$$abcdf = (abc)df = (abc)fd = abcfd.$$

4° *On peut intervertir l'ordre de deux facteurs consécutifs.* Supposons que ces facteurs soient c et d. Avant de multiplier par f, il faut faire le produit $abcd$, or

$$abcd = abdc,$$

donc

$$abcdf = abdcf.$$

Nous pouvons maintenant démontrer le théorème.

Pour remplacer

$$abcdf \quad \text{par} \quad dcfba,$$

nous amènerons, par permutations successives avec le facteur précédent, d au premier rang, ensuite c au second, puis f au troisième, ...

On exprime souvent la propriété démontrée en disant que la multiplication est une opération *commutative*.

Remarque. — Il faut bien comprendre que a, b, c, d, f, qui représentent chacun une multiplication, peuvent être les symboles d'une opération quelconque. Si l'on fait les opérations a, b, c, d, f

successivement, $abcdf$ est l'opération unique qui donne le même résultat.

Toutes les fois qu'on pourra intervertir deux opérations consécutives, on pourra les faire dans un ordre quelconque : l'opération est commutative.

6. — Théorèmes. — 1° ***On peut remplacer un nombre quelconque de facteurs par leur produit effectué.*** — Il suffit de les amener au premier rang.

$$abcdf = (acf)bd = b(acf)d,$$

la multiplication est une opération *associative.*

2° ***Pour multiplier des produits de facteurs, on fait un produit avec tous les facteurs :***

$$(abc)(df) = abcdf.$$

En effet,

$$(abc)(df) = abc(df) = (df)abc = dfabc = abcdf.$$

7. — Puissance d'un nombre. — ***La puissance*** n^ième^ ***d'un nombre est le produit de*** n ***facteurs égaux à ce nombre.***

$$a^n = \overbrace{a \cdot a \cdot a \ldots a}^{n \text{ facteurs}}.$$

La deuxième puissance s'appelle le carré et la troisième le cube.

a^n se lit « a puissance n » ou simplement « a, n » ; a^2, a^3 se lisent « a deux » et « a trois » ; cependant, pour éviter une ambiguïté, nous dirons plus loin, en écrivant $(a+b)^2$ et $(a+b)^3$: « $a+b$ au carré » et « $a+b$ au cube ».

Les théorèmes sur les produits de facteurs vont nous donner des formules importantes :

1° $$a^n \cdot a^{n'} = a^{n+n'}. \qquad (1)$$

On doit, en effet, faire un produit avec n et n' facteurs égaux à a.

De la même manière

$$a^n \cdot a^{n'} \cdot a^{n''} = a^{n+n'+n''}.$$

2° $$(a^n)^{n'} = a^{nn'}. \qquad (2)$$

En effet,

$$(a^n)^{n'} = \overbrace{a^n \cdot a^n \cdot a^n \ldots a^n}^{n' \text{ facteurs}} = a^{nn'},$$

puisqu'il faut ajouter n' exposants égaux à n.

Pour élever un nombre à la puissance nn', on peut donc l'élever à la puissance n, puis le résultat obtenu à la puissance n'. On a évidemment :

$$(a^n)^{n'} = (a^{n'})^n.$$

La généralisation est immédiate. n, n', n'' étant des nombres entiers : on obtient le même résultat en élevant un nombre a à la puissance $nn'n''$ qu'en élevant a à la puissance n, le nombre obtenu à la puissance n' et le nombre obtenu à la puissance n''. On peut reprendre relativement à l'opération « élever à la puissance n » tout ce qui a été dit relativement à l'opération « multiplier par n ».

Remarque. — La définition de la puissance $n^{\text{ième}}$ suppose que n est au moins égal à 2 ; or

$$a \cdot a^n = a^{n+1} :$$

il convient donc de poser $a = a^1$ pour que la formule (1) soit vérifiée ; elle est encore vérifiée si les deux exposants sont égaux à 1 :

$$a^1 \cdot a^1 = a \cdot a = a^2 = a^{1+1}.$$

La formule (2) l'est également :

$$(a^1)^{n'} = a^{n'} = a^{1 \cdot n'},$$
$$(a^n)^1 = a^n = a^{n \cdot 1},$$
$$(a^1)^1 = a^1 = a^{1 \cdot 1}.$$

3° Nous écrirons encore la formule

$$(abc)^n = a^n \cdot b^n \cdot c^n : \qquad (3)$$

pour élever un produit à une puissance, il suffit d'élever chaque facteur à cette puissance.

§ 2. — Division.

8. — *Diviser une grandeur par l'entier* a, *c'est la rendre* a *fois plus petite* ; la nouvelle opération est représentée

par le symbole $\frac{1}{a}$; si la grandeur donnée est prise pour unité, l'autre est mesurée par le nouveau nombre $\frac{1}{a}$. Nous disons indifféremment « diviser par a » et « multiplier par $\frac{1}{a}$ ».

Avec les nouveaux nombres et les nombres entiers, nous pouvons encore faire des produits tels que

$$a \cdot \frac{1}{b} \cdot c \cdot \frac{1}{d} \cdot \frac{1}{f}$$

qui représente une suite de multiplications et de divisions par des entiers. Nous allons encore montrer que ***le résultat est indépendant de l'ordre des facteurs.***

D'abord, comme on ne change pas une grandeur en la multipliant et la divisant successivement par a :

$$a \cdot \frac{1}{a} = \frac{1}{a} \cdot a = 1.$$

Pour que cette formule convienne quand $a = 1$, nous dirons que la division par 1 ne change pas une grandeur :

$$\frac{1}{1} = 1.$$

Deux opérations sont dites *inverses* lorsqu'on ne change une grandeur en effectuant sur elle successivement ces deux opérations : la multiplication par a et la division par a sont deux opérations inverses. *Les nombres* a *et* $\frac{1}{a}$ *sont dits inverses*; $\frac{1}{a}$ est l'inverse du nombre a.

Il résulte encore de la définition que, dans un produit de 3 facteurs, on peut remplacer les deux derniers facteurs par leur produit; par exemple

$$\frac{1}{b} \cdot a \cdot \frac{1}{c} = \frac{1}{b}\left(a \cdot \frac{1}{c}\right).$$

Il suffit maintenant de montrer que le produit de deux facteurs ne dépend pas de leur ordre.

1° Les deux facteurs sont des entiers. Ce cas a été examiné (n° 5).

2° Un facteur est un entier, l'autre l'inverse d'un entier.

$$a \cdot \frac{1}{b} = \frac{1}{b} \cdot a.$$

Rendre une grandeur a fois plus grande, puis la grandeur obtenue b fois plus petite équivaut à rendre d'abord la grandeur b fois plus petite, puis rendre la nouvelle grandeur a fois plus grande.

Considérons la grandeur quelconque sur laquelle nous opérons comme mesurée par le nombre b (en la divisant en b parties égales, l'unité est l'une de ces parties), nous sommes ramenés à montrer que

$$b \cdot a \cdot \frac{1}{b} = b \cdot \frac{1}{b} \cdot a.$$

Le premier membre donne, en intervertissant a et b (1°),

$$b \cdot a \cdot \frac{1}{b} = a \cdot b \cdot \frac{1}{b} = a\left(b \cdot \frac{1}{b}\right) = a;$$

et le second

$$b \cdot \frac{1}{b} \cdot a = \left(b \cdot \frac{1}{b}\right) a = a:$$

on obtient bien le même résultat.

3° Les deux facteurs sont des inverses d'entiers :

$$\frac{1}{a} \cdot \frac{1}{b} = \frac{1}{b} \cdot \frac{1}{a}.$$

Appliquons à une grandeur mesurée par le nombre ab ou ba; il faut vérifier que

$$b \cdot a \cdot \frac{1}{a} \cdot \frac{1}{b} = a \cdot b \cdot \frac{1}{b} \cdot \frac{1}{a}.$$

Prenons le premier membre. Avant de multiplier par $\frac{1}{b}$ il faut faire le produit

$$b \cdot a \cdot \frac{1}{a} = b\left(a \cdot \frac{1}{a}\right) = b;$$

multiplions maintenant par $\frac{1}{b}$, nous obtenons 1.

Le second membre donne aussi 1.

Il résulte de ce raisonnement que

$$\frac{1}{a} \cdot \frac{1}{b} = \frac{1}{ab};$$

c'est la traduction de ce fait très simple : rendre une grandeur successivement *a* fois et *b* fois plus petite, c'est la rendre *ab* fois plus petite.

Remarque. — On peut opérer autrement : dans le cas 2°, multiplier les deux membres par *b* ; dans le cas 3°, multiplier les deux membres par *ab*.

On a, comme conséquence de la dernière formule,

$$\frac{1}{a} \cdot \frac{1}{b} \cdot \frac{1}{c} \cdot \frac{1}{d} = \frac{1}{abcd};$$

le produit des inverses de plusieurs entiers est l'inverse de leur produit.

Tous les théorèmes relatifs aux produits de nombres entiers s'appliquent aux nouveaux produits.

Enfin, dans le cas général,

$$a \cdot \frac{1}{b} \cdot c \cdot \frac{1}{d} \cdot \frac{1}{f} = (ac)\left(\frac{1}{b} \cdot \frac{1}{d} \cdot \frac{1}{f}\right) = ac \cdot \frac{1}{bdf}.$$

Donc, étant donné deux groupes de nombres entiers, pour faire, dans un ordre quelconque, des multiplications par les premiers et des divisions par les seconds, il suffit, dans l'ordre qu'on voudra, de multiplier par le produit des premiers, puis de diviser par le produit des seconds.

Pour que le résultat de ces opérations soit représenté

par un nombre, il est nécessaire d'introduire les nombres fractionnaires, dont $\frac{1}{a}$ est un cas particulier.

9. — Fraction. — ***C'est un nouveau nombre exprimant le résultat de la division par un entier suivie de la multiplication par un entier*** (en général différent du premier).

$$\frac{1}{a} \cdot b = b \cdot \frac{1}{a};$$

nous l'écrirons $\frac{b}{a}$.

Multiplier une grandeur par $\frac{b}{a}$, c'est donc prendre b fois sa $a^{\text{ième}}$ partie.

a et b sont les deux termes de la fraction, a est le *dénominateur* et b le *numérateur*. Nous avons déjà vu que

$$\frac{a}{a} = a \cdot \frac{1}{a} = 1;$$

$$a \cdot \frac{1}{b} \cdot c \cdot \frac{1}{d} \cdot \frac{1}{f} = ac \cdot \frac{1}{bdf} = \frac{ac}{bdf}.$$

Nous appellerons **nombres rationnels** l'ensemble des nombres entiers et fractionnaires.

10. — Produit de deux fractions. — Il résulte de ce que nous venons de dire que

$$\frac{a}{b} \cdot \frac{c}{d} = \left(\frac{1}{b} \cdot a\right)\left(\frac{1}{d} \cdot c\right) = \frac{1}{b} \cdot a \cdot \frac{1}{d} \cdot c = ac \cdot \frac{1}{bd} = \frac{ac}{bd}.$$

Pour faire le produit de deux fractions, on les multiplie terme à terme : le produit ne dépend pas de l'ordre des facteurs.

En particulier

$$a \cdot \frac{b}{c} = \frac{ab}{c} = \frac{b}{c} \cdot a.$$

11. — Représentation du produit de deux facteurs

$$\frac{2}{5} \cdot \frac{3}{4}.$$

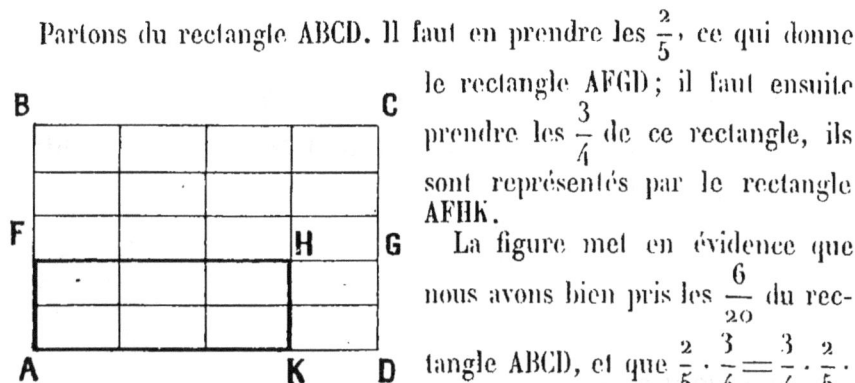

Partons du rectangle ABCD. Il faut en prendre les $\frac{2}{5}$, ce qui donne le rectangle AFGD ; il faut ensuite prendre les $\frac{3}{4}$ de ce rectangle, ils sont représentés par le rectangle AFHK.

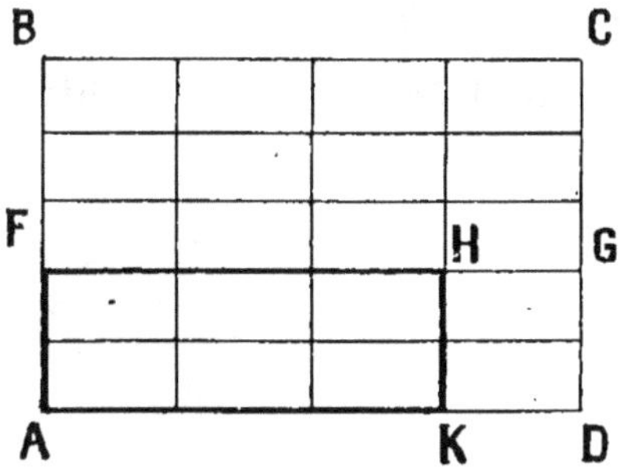

Fig. 2.

La figure met en évidence que nous avons bien pris les $\frac{6}{20}$ du rectangle ABCD, et que $\frac{2}{5} \cdot \frac{3}{4} = \frac{3}{4} \cdot \frac{2}{5}$.

Elle montre aussi que :

1° Si nous mesurons la base d'un rectangle en prenant AD pour unité ;

2° Si nous mesurons sa hauteur en prenant AB comme unité ;

3° Si nous prenons pour unité d'aire celle du rectangle construit sur les unités de base et de hauteur : *la mesure de l'aire d'un rectangle égale le produit des nombres qui mesurent la base et la hauteur.*

12. — Un nombre entier a peut d'une infinité de manières se mettre sous une forme fractionnaire.

Multiplions-le par $\frac{b}{b} = 1$.

$$a = a \cdot \frac{b}{b} = \frac{ab}{b} = \frac{a}{1}.$$

De même, une fraction peut s'écrire d'une infinité de manières :

$$\frac{a}{b} = \frac{a}{b} \cdot \frac{c}{c} = \frac{ac}{bc};$$

nous avons multiplié les deux termes par un même entier.

13. — **Problème.** — ***Comment vérifier l'égalité de deux fractions?*** L'égalité signifie, encore une fois, qu'on obtient le même résultat en multipliant une grandeur par l'une ou l'autre de ces fractions.

Supposons que

$$\frac{a}{b}=\frac{c}{d};$$

réduisons ces fractions au même dénominateur en multipliant les deux termes de chacune d'elles par le dénominateur de l'autre :

$$\frac{ad}{bd}=\frac{cd}{bd};$$

donc

$$ad=bc.$$

La réciproque est vraie.

14. — Produit de plusieurs nombres rationnels. — On le définit comme le produit des nombres entiers, il ne dépend pas de l'ordre des facteurs.

En particulier

$$\left(\frac{a}{b}\right)^n=\frac{a^n}{b^n}.$$

Tout ce que nous avons dit sur les nombres entiers s'applique aux nombres rationnels : la multiplication des nombres rationnels est une opération commutative et associative.

15. — Nombres inverses. — ***Ce sont deux nombres dont le produit égale*** 1.

Les fractions $\frac{a}{b}$ et $\frac{b}{a}$ sont inverses. On a en effet

$$\frac{a}{b}\cdot\frac{b}{a}=\frac{ab}{ba}=1.$$

La multiplication proposée revient à faire sur une grandeur l'opération :

$$\frac{1}{b}\cdot a\cdot\frac{1}{a}\cdot b$$

qui ne la change évidemment pas.

16. — Division des nombres rationnels. — *Diviser* $\frac{a}{b}$ *par* $\frac{c}{d}$, *c'est trouver un nombre appelé* **rapport** *par lequel il faut multiplier* $\frac{c}{d}$ *pour obtenir* $\frac{a}{b}$, ou, ce qui revient au même, c'est trouver un nombre dont le produit par $\frac{c}{d}$ égale $\frac{a}{b}$.

Pour diviser par un nombre, il faut multiplier par son inverse, autrement dit, le rapport est $\frac{a}{b} \cdot \frac{d}{c}$. En effet

$$\frac{c}{d} \cdot \left(\frac{a}{b} \cdot \frac{d}{c}\right) = \frac{a}{b}.$$

Pour diviser par une fraction on multiplie par la fraction renversée.

§ 3. — Addition et soustraction.

Dorénavant, un nombre rationnel sera représenté par une seule lettre ; nous verrons, en effet, que les formules démontrées pour les nombres entiers sont applicables aux nombres rationnels.

17. — Addition. — a, b, c, d *étant les mesures de grandeurs de même espèce (avec une même unité), leur somme, qu'on écrit*

$$a + b + c + d,$$

est le nombre qui mesure la somme de ces grandeurs : a, b, c, d sont les *termes* de la somme.

Autrement dit, on multiplie une même grandeur par a, par b, c et d et on ajoute les grandeurs obtenues, la nouvelle grandeur a pour mesure $a + b + c + d$.

Nous considérons comme évident que l'addition est une opération commutative et associative.

18. — Soustraction. — a *et* b *étant les mesures de deux grandeurs de même espèce, la seconde supérieure à la première (c'est-à-dire* b > a*), retrancher* a *de* b, *c'est trouver le nombre qui mesure leur différence.*

On l'écrit

$$b - a.$$

Si d est cette différence :

$$d = b - a \quad \text{et} \quad b = a + d :$$

la différence de deux nombres est le nombre qu'il faut ajouter au plus petit pour avoir le plus grand.

19. — Produit d'un nombre *m* par une somme. — *Pour multiplier un nombre par une somme, il suffit de multiplier ce nombre par chaque terme de la somme et d'ajouter les résultats obtenus :*

$$\boldsymbol{m(a + b + c + d) = ma + mb + mc + md}.$$

On dit que la multiplication est une opération *distributive*.

En effet, additionner des grandeurs obtenues en multipliant une même grandeur par a, b, c, d, c'est la multiplier par $a + b + c + d$.

Supposons que m est la mesure de cette grandeur, les grandeurs considérées ont pour mesure ma, mb, mc, md et leur somme $m(a + b + c + d)$.

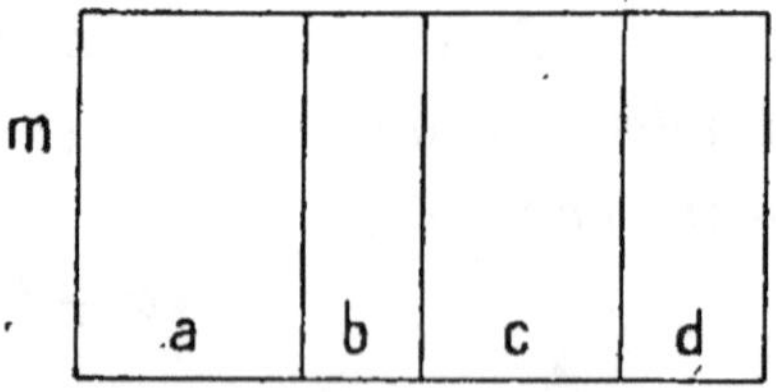

Fig. 3.

Sur la figure, nous avons représenté des rectangles en bases a, b, c, d et de hauteur commune m : la formule exprime que l'aire totale est égale à la somme des aires partielles.

On peut, en changeant l'ordre des facteurs, écrire :

$$(a + b + c + d)\, m = am + bm + cm + dm.$$

Pour multiplier une somme par un nombre, il suffit d'ajouter les produits par ce nombre de chaque terme de la somme.

Si a, b, c, d sont des entiers et m l'inverse d'un entier n,

$$\frac{a+b+c+d}{n}=\frac{a}{n}+\frac{b}{n}+\frac{c}{n}+\frac{d}{n}:$$

c'est l'addition des fractions qui ont même dénominateur.

20. — Produit d'un nombre par une différence.

$$\boldsymbol{m(b-a)=(b-a)\,m=mb-ma}.$$

On raisonne comme avec la somme, ou bien on dit :

$$b-a=d \quad \text{ou} \quad b=a+d;$$
$$bm=(a+d)\,m=am+dm;$$

donc

$$(b-a)m=dm=bm-am.$$

§ 4. — Rapports et proportions.

21. — Rapport de deux grandeurs de même espèce. — Nous l'avons déjà défini, ***c'est le nombre par lequel il faut multiplier la seconde pour avoir la première*** : c'est le nombre qui mesure la première quand on prend la seconde pour unité.

Multiplier une grandeur par le nombre rationnel $\frac{b}{a}$ (a et b étant des entiers), c'est la diviser en a parties égales et prendre b de ces parties.

Une de ces parties est donc contenue a fois dans la première grandeur et b fois dans la seconde : on dit qu'elle est, pour ces grandeurs, une *commune mesure*.

Réciproquement, si deux grandeurs de même espèce ont une commune mesure, l'une s'obtient en multipliant l'autre par un nombre rationnel. Si le rapport de la première à la seconde est $\frac{a}{b}$, celui de la seconde à la première est $\frac{b}{a}$.

Quand nous considérerons deux grandeurs de même espèce, nous supposerons toujours qu'elles ont une commune mesure, c'est-à-dire qu'elles sont *commensurables.*

Pour trouver le rapport de deux grandeurs on les mesure avec une unité quelconque et on applique le théorème suivant :

22. — Théorème. — *Le rapport de deux grandeurs de même espèce est égal au rapport des nombres qui les mesurent* :

Les grandeurs étant supposées avoir une commune mesure avec l'unité sont commensurables. En effet, si pour mesurer la première on a dû diviser l'unité en p parties égales, et si pour mesurer la seconde on a dû diviser l'unité en q parties égales, les deux mesures auraient pu être faites en divisant d'abord l'unité en pq parties égales.

Soit k le rapport des grandeurs. Si la première a pour mesure 1, l'autre a pour mesure k; si, avec une autre unité, la première a pour mesure a, l'autre a pour mesure

$$b = ak :$$

k est donc le rapport de b à a.

Si a est un nombre entier, la nouvelle unité est a fois plus petite; pour la commodité du langage nous dirons dans tous les cas que nous avons pris une unité a fois plus petite.

23. — Le rapport de deux nombres entiers b et a est la fraction $\frac{b}{a}$, car

$$\frac{b}{a} \cdot a = b.$$

Nous généraliserons cette notation. Si b et a sont deux nombres rationnels, nous écrivons leur rapport $\frac{b}{a}$. Soit k ce rapport;

si

$$\frac{b}{a} = k : \qquad b = ak.$$

Exemple :

$$a = \frac{2}{3}, \qquad b = \frac{5}{7}, \qquad k = \frac{5}{7} \cdot \frac{3}{2} = \frac{15}{14}.$$

Cette notation n'est acceptable que si les rapports jouissent des propriétés des fractions.

D'abord, ***on peut multiplier les deux termes d'un rapport par un même nombre.***

Soit k le rapport de b à a :

$$b = ak,$$
$$bc = (ak)c = (ac)k,$$

donc

$$\frac{b}{a} = k = \frac{bc}{ac}.$$

Multiplication. — Soient deux rapports

$$\frac{b}{a} = k, \qquad \frac{b'}{a'} = k'.$$
$$b = ak,$$
$$b' = a'k';$$

multiplions membre à membre :

$$bb' = (ak)(a'k') = (aa')kk'.$$

Donc

$$\frac{b}{a} \cdot \frac{b'}{a'} = kk' = \frac{bb'}{aa'}.$$

Rapports inverses. — ***Ce sont deux rapports dont le produit égale l'unité.***

Puisque

$$\frac{b}{a} \cdot \frac{a}{b} = 1,$$

$\frac{b}{a}$ et $\frac{a}{b}$ sont des rapports inverses.

Division. — Diviser par un nombre, c'est multiplier par son inverse; nous savons donc diviser un rapport par un rapport.

Addition. — Nous réduirons les rapports au même dénominateur. Nous voulons faire l'addition

$$\frac{a}{d}+\frac{b}{d}.$$

Appelons k et k_1 ces rapports :

$$a=dk,$$
$$b=dk_1;$$

additionnons membre à membre :

$$a+b=d(k+k_1).$$

Donc

$$\frac{a}{d}+\frac{b}{d}=k+k_1=\frac{a+b}{d}.$$

On peut dire aussi : soit d_1 l'inverse de d, les rapports sont égaux à

$$ad_1 \quad \text{et} \quad bd_1;$$

or

$$ad_1+bd_1=(a+b)d_1,$$

donc

$$\frac{a}{d}+\frac{b}{d}=\frac{a+b}{d}.$$

24. — Représentation du rapport. — Construisons un triangle rectangle OAB ayant pour côtés de l'angle droit $OA=a$, $AB=b$ (fig. 4).

Le rapport de b à a est la tangente de l'angle α :

$$\frac{b}{a}=\operatorname{tang}\alpha.$$

A une valeur de k correspond une valeur de α et réciproquement ; de plus α *grandit avec* k.

Si les droites OA et AB sont horizontale et verticale, $\frac{b}{a}$ est la pente de OB.

Nous pouvons construire une longueur ayant pour mesure k : menons une parallèle CD à AB, nous savons que

$$\frac{CD}{OC}=\frac{AB}{OA}=\frac{b}{a}.$$

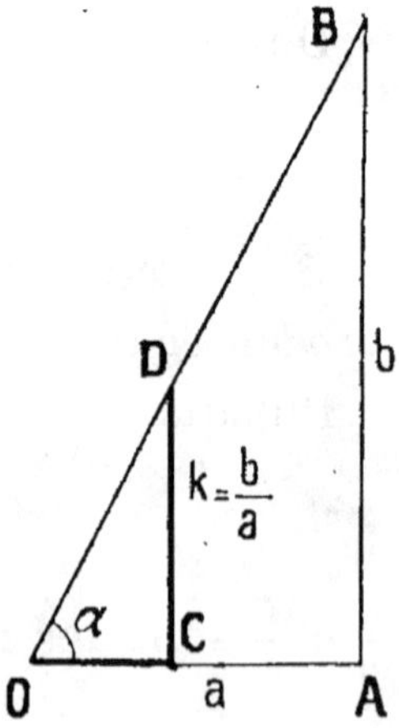

Fig. 4.

Si OC est l'unité de longueur, CD a pour mesure k.

25. Proportion. — *Une proportion est l'égalité de deux rapports,*

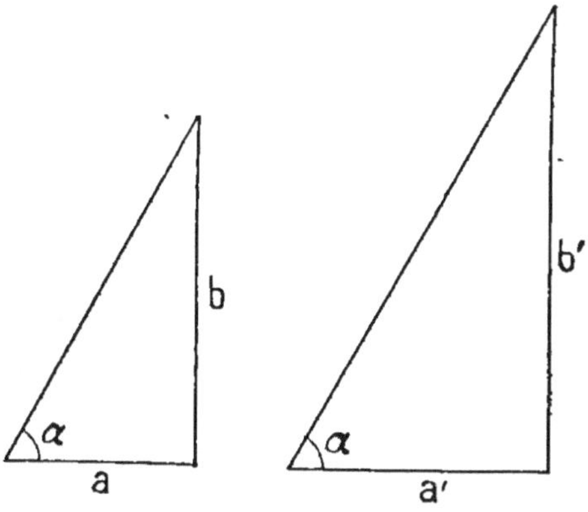

Fig. 5.

$$\frac{b}{a} = \frac{b'}{a'};$$

la proportion s'écrivait autrefois $b : a :: b' : a'$ (b est à a comme b' est à a'), b et a' sont les *extrêmes*, a et b' sont les *moyens*.

Si nous construisons deux triangles rectangles comme tout à l'heure, ils ont même angle α (fig. 5).

26. — Théorème. — ***Dans une proportion, le produit des extrêmes égale le produit des moyens.***

$$\frac{b}{a} = \frac{b'}{a'}.$$

Réduisons au même dénominateur :

$$\frac{ba'}{aa'} = \frac{ab'}{aa'};$$

la valeur du rapport multipliée par aa' donne en même temps ba' et ab', donc

$$ba' = ab'.$$

Pour s'assurer que les nombres b, a, b', a' sont en proportion, il faut diviser b par a' et b' par a : les résultats doivent être les mêmes. Il est souvent plus avantageux d'appliquer le théorème précédent.

***Réciproquement**, si*

$$ba' = ab' :$$

$$\frac{b}{a} = \frac{b'}{a'}.$$

On fait le calcul inverse du précédent, on divise les deux membres par aa' et on simplifie.

Pour la même raison, on peut écrire la proportion de

différentes manières; il faut que b et a' (et par suite a et b') soient tous deux moyens ou tous deux extrêmes.

$$\frac{b}{b'}=\frac{a}{a'},\qquad \frac{a}{b}=\frac{a'}{b'},\qquad \frac{b'}{b}=\frac{a'}{a}.$$

27. — **Théorème.** — ***Si on a une suite de rapports égaux, on forme un rapport égal en les additionnant terme à terme.***

Prenons-en simplement deux,

$$\frac{b}{a}=\frac{b'}{a'}.$$

Appelons k la valeur commune de ces rapports.

$$b=ak,$$
$$b'=a'k;$$

additionnons membre à membre,

$$b+b'=(a+a')k;$$

donc

$$\frac{b}{a}=\frac{b'}{a'}=k=\frac{b+b'}{a+a'}.$$

De la même manière

$$\frac{b}{a}=\frac{b'}{a'}=\frac{b-b'}{a-a'}.$$

(en supposant $a>a'$ et par suite $b>b'$).

Géométriquement, les angles α sont égaux; en construisant convenablement un troisième triangle, nous voyons que $\operatorname{tg}\alpha$ est égale à

$$\frac{b+b'}{a+a'}.\qquad \text{(Fig. 6.)}$$

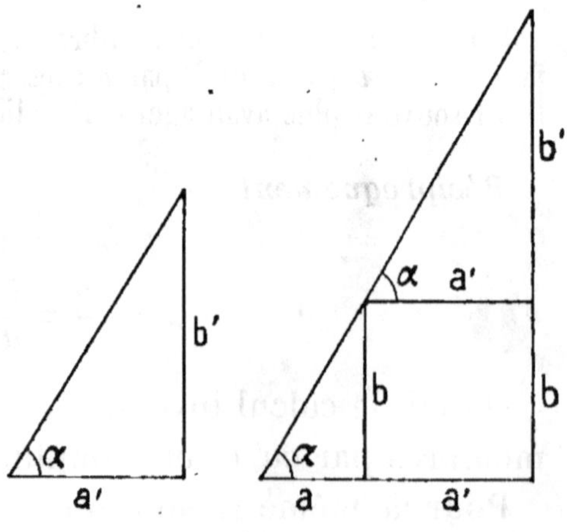

Fig. 6.

28. — Théorème. — *Si*

$$\frac{b}{a}=\frac{b'}{a'}:$$

$$\frac{b-a}{b+a}=\frac{b'-a'}{b'+a'},$$

en supposant $b>a$ et par suite $b'>a'$. On le montre en simplifiant les deux membres de l'égalité

$$\frac{\frac{b}{a}-1}{\frac{b}{a}+1}=\frac{\frac{b'}{a'}-1}{\frac{b'}{a'}+1}.$$

§ 5. — Grandeurs incommensurables. Nombres irrationnels.

Quand on compare deux grandeurs A et B de même espèce, deux cas peuvent se présenter :

1° Les grandeurs ont une commune mesure. Cela veut dire qu'elles peuvent être obtenues en multipliant une troisième grandeur par des entiers a et b : le rapport de B à A est la fraction $\frac{b}{a}$. Les deux grandeurs sont dites commensurables;

2° Les grandeurs n'ont pas de commune mesure (grandeurs incommensurables). Nous allons définir la valeur du rapport à $\frac{1}{n}$ près.

29. — Valeur du rapport à $\frac{1}{n}$ près. — Multiplions A par la suite des fractions de dénominateur n,

$$\frac{1}{n},\quad \frac{2}{n},\quad \frac{3}{n},\ \ldots;$$

B n'est égale à aucune des grandeurs obtenues, mais est

comprise entre les produits de A par deux fractions consécutives

$$\frac{p}{n}, \qquad \frac{p+1}{n}:$$

ces fractions sont dites les valeurs du rapport de B à A à $\frac{1}{n}$ près, la première par défaut, la seconde par excès.

Dans le cas particulier où B est inférieur au produit de A par $\frac{1}{n}$, les deux valeurs approchées à $\frac{1}{n}$ près sont

$$0 \quad \text{et} \quad \frac{1}{n}.$$

Nous avons en somme divisé a en n parties égales, B contient p de ces parties, mais non $p+1$.

Sur la figure

$$p=4, \qquad n=3.$$

Si l'on prend A pour unité, nous dirons que $\frac{p}{n}$ *et* $\frac{p+1}{n}$ *sont les mesures de* B *à* $\frac{1}{n}$ *près.*

En particulier si $n=1$, nous aurons les mesures à une unité près.

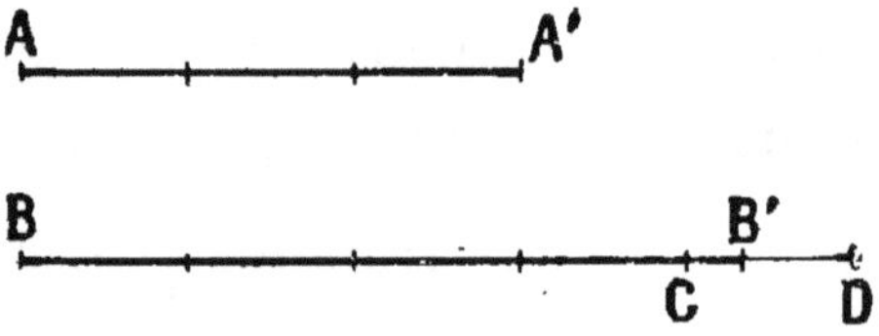

Fig. 7.

Nous ne pouvons pas dire si la valeur du rapport à $\frac{1}{n}$ près, par défaut, grandit avec n; mais nous répondons avec précision si nous remplaçons par n un de ses multiples nn'.

En effet, en multipliant A par des fractions de dénominateur nn' nous rencontrerons

$$\frac{p}{n}=\frac{pn'}{nn'}, \qquad \frac{p+1}{n}=\frac{(p+1)n'}{nn'};$$

à la première correspond une grandeur inférieure à B, à la seconde une grandeur supérieure.

Si donc $\frac{p'}{nn'}$, $\frac{p'+1}{nn'}$ sont les deux valeurs approchées du rapport à $\frac{1}{nn'}$ près,

$$\frac{p}{n} \leqslant \frac{p'}{nn'}, \qquad \frac{p'+1}{nn'} \leqslant \frac{p+1}{n},$$

le signe $=$ ne pouvant se présenter qu'une fois.

Sur la figure, on obtiendra le même résultat en divisant simplement CD en n' parties égales.

Pratiquement, on donne à n les valeurs successives

$$1, \qquad 10, \qquad 10^2, \qquad 10^3, \ldots$$

et l'on trouve les mesures à

$$1, \qquad 0,1, \qquad 0,01, \qquad 0,001, \ldots \text{ près.}$$

Si les valeurs par défaut sont :

$$3, \qquad 3,4, \qquad 3,40, \qquad 3,407, \qquad \ldots,$$

celles par excès sont

$$4, \qquad 3,5, \qquad 3,41, \qquad 3,408, \qquad \ldots,$$

puisque les différences des termes de même rang sont

$$1, \qquad 0,1, \qquad 0,01, \qquad 0,001, \qquad \ldots.$$

Nous dirons que l'***une quelconque de ces suites définit un nombre irrationnel*** k ***qui est le rapport de*** B ***à*** A. ***Multiplier*** A ***par*** k, ***c'est former*** B.

Nous dirons encore que k est compris entre ses deux valeurs à $\frac{1}{n}$ près

$$\frac{p}{n} < k < \frac{p+1}{n};$$

en remplaçant k par $\frac{p}{n}$ ou $\frac{p+1}{n}$ on commet une erreur inférieure à $\frac{1}{n}$.

Il importe de noter quelques propriétés des nombres de ces deux suites.

Appelons-les :

$$k_0, \quad k_1, \quad k_2, \dots$$
$$k'_0, \quad k'_1, \quad k'_2, \dots$$

1° Les nombres de la première suite ne vont pas en diminuant;
2° Ceux de la seconde ne vont pas en augmentant;
3° Les différences des termes de même rang sont de 10 en 10 fois plus petites; celle du rang n égale $\frac{1}{10^n}$ et, par conséquent, devient aussi petite qu'on veut quand n augmente indéfiniment.

La connaissance d'une des deux suites (quand on a l'une on a évidemment l'autre) permet de reconstituer B connaissant l'unité A.

Nous prendrons

$$CK_0 = 3, \qquad CK_0' = 4;$$
$$CK_1 = 3{,}4, \qquad CK_1' = 3{,}5;$$
$$\dots\dots \qquad \dots\dots$$

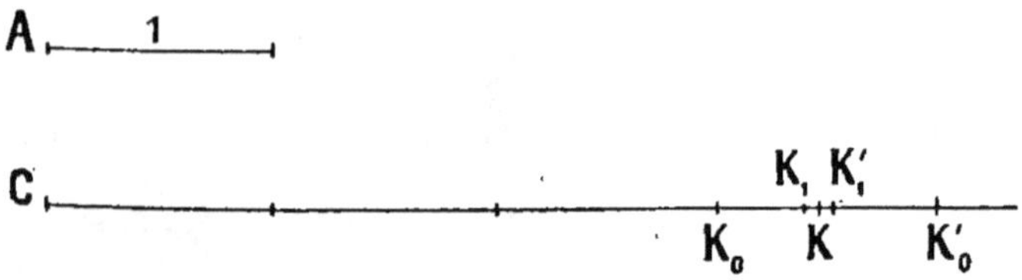

Fig. 8.

K_1 et K'_1 sont sur le segment $K_0K'_0$; K_2 et K'_2 sont sur le segment $K_1K'_1$, etc...; ces segments sont de 10 en 10 fois plus petits; nous considérons comme évident qu'il existe un point K ayant à gauche les points $K_0, K_1, \dots$ et les autres à sa droite : CK a pour mesure k.

Nous serions également conduits à une longueur CK, en partant d'autres suites que les précédentes.

On peut, par exemple, imaginer des nombres (rationnels ou non) ayant les propriétés 1° et 2°. Au lieu de la 3e propriété, il suffit de supposer que la différence des termes de rang n devient aussi petite qu'on veut quand n augmente indéfiniment.

Nous n'insisterons pas sur les nombres irrationnels. Il faudrait définir pour ces nombres l'addition, la multiplication, etc.... On démontre qu'on peut leur appliquer toutes les formules établies pour les nombres rationnels. C'est ce que nous ferons dans la suite. Pratiquement, on peut, dans toute opération sur les nombres irrationnels, substituer à ces nombres des nombres rationnels suffisamment approchés pour que l'erreur commise soit aussi petite qu'on veut : c'est ce qu'on apprend en Arithmétique.

30. — Racine carrée. Racine $m^{\text{ième}}$. — Le carré d'un nombre rationnel est un nombre rationnel ; mais un nombre rationnel n'est pas, en général, le carré d'un nombre rationnel ; s'il l'est, on le dit *carré parfait*.

$$16 = 4^2, \qquad \frac{4}{9} = \left(\frac{2}{3}\right)^2,$$

16 et $\frac{4}{9}$ sont des carrés parfaits.

Considérons un nombre rationnel a non carré parfait. Prenons, comme au nº **29**, les fractions de dénominateur n

$$\frac{1}{n}, \quad \frac{2}{n}, \quad \frac{3}{n}, \ldots ;$$

élevons-les au carré : a est compris entre deux nombres de la nouvelle suite

$$\left(\frac{p}{n}\right)^2 < a < \left(\frac{p+1}{n}\right)^2 :$$

les fractions $\frac{p}{n}$ et $\frac{p+1}{n}$ sont dites les valeurs de la racine carrée de a à $\frac{1}{n}$ près, la première par défaut, la seconde par excès.

Les valeurs approchées à $\frac{1}{n}$ près peuvent être o et $\frac{1}{n}$.

Cherchons maintenant les valeurs de la racine carrée à $\frac{1}{nn'}$ près. Il faut former la suite des fractions de dénominateur nn' (nous retrouverons les deux précédentes sous la forme $\frac{pn'}{nn'}$ et $\frac{(p+1)n'}{nn'}$), puis les élever au carré; nous trouverons ainsi les deux valeurs à $\frac{1}{nn'}$ près qui sont telles que

$$\left(\frac{p'}{nn'}\right)^2 < a < \left(\frac{p'+1}{nn'}\right)^2.$$

Nous aurons sûrement

$$\frac{p}{n} \leqslant \frac{p'}{nn'}, \qquad \frac{p'+1}{nn'} \leqslant \frac{p+1}{n+1},$$

le signe $=$ ne pouvant se présenter deux fois.

Nous voyons donc que ces valeurs approchées définissent un nombre irrationnel, nous le représenterons par le symbole $\sqrt{a}$.

Ce nombre est évidemment tel que son carré égale a.

Nous pouvons écrire

$$\frac{p}{n} < \sqrt{a} < \frac{p+1}{n};$$

ces inégalités peuvent remplacer celles du début.

En remplaçant $\sqrt{a}$ par $\frac{p}{n}$ ou $\frac{p+1}{n}$, on commet une erreur plus petite que $\frac{1}{n}$. On apprend, en Arithmétique, à choisir la valeur la plus rapprochée.

On définira de même la racine $m^{\text{ième}}$ d'un nombre rationnel.

On sait également définir la racine $m^{\text{ième}}$ d'un nombre irrationnel.

31. — Appelons b la racine $m^{ième}$ de a. Si

$$\sqrt[m]{a}=b, \qquad a=b^m$$

et réciproquement.

Nous écrirons relativement aux racines $m^{ièmes}$ deux formules

$$\sqrt[m]{abc}=\sqrt[m]{a}\cdot\sqrt[m]{b}\cdot\sqrt[m]{c},$$

$$\sqrt[m]{\frac{a}{b}}=\frac{\sqrt[m]{a}}{\sqrt[m]{b}}.$$

On les démontre en élevant les deux membres à la puissance m.

32. — Problème. — ***A quelle condition a-t-on :***

$$\sqrt[m]{a^p}=\sqrt[m']{a^{p'}}\,? \qquad (a \neq 1.)$$

Pour faire disparaître les radicaux; élevons les deux membres à la puissance mm' en profitant de ce que nous avons dit p. 5.

$$a^{pm'}=a^{p'm}.$$

Il faut donc $pm'=p'm$ ou $\frac{p}{m}=\frac{p'}{m'}$.

On verra (Note III) qu'en posant $a^{\frac{p}{m}}=\sqrt[m]{a^p}$, les théorèmes démontrés sur les exposants entiers sont vrais pour les exposants fractionnaires.

On pourra donc, comme avec les fractions, multiplier l'exposant et l'indice par un même nombre ou les diviser par un diviseur commun. En particulier, on divisera m et p par leur p. g. c. d.

Soit à calculer $\sqrt[3]{a^{14}}$.

Nous mettrons 14 sous la forme $3 \cdot 4 + 2$:

$$\sqrt[3]{a^{3\cdot 4}\cdot a^2}=\sqrt[3]{a^{3\cdot 4}}\cdot\sqrt[3]{a^2}=a^4\sqrt[3]{a^2};$$

on dit qu'*on a fait sortir* a^4 *de sous le radical.*

De la même manière :

$$\sqrt{a^4 b} = a^2 \sqrt{b}; \qquad \sqrt{\frac{a}{b^2}} = \frac{\sqrt{a}}{b}.$$

$$\sqrt{8} = \sqrt{2^3} = 2\sqrt{2};$$

$$\sqrt{12} + \sqrt{27} - \sqrt{48} = 2\sqrt{3} + 3\sqrt{3} - 4\sqrt{3} = \sqrt{3}.$$

EXERCICES

1. Montrer que, si on ajoute des rapports terme à terme, le rapport obtenu est compris entre le plus grand et le plus petit. Signification géométrique.

2. Simplifier :

1° $$4\sqrt{75} + \frac{1}{3}\sqrt{27} - 6\sqrt{\frac{1}{3}};$$

2° $$\sqrt{108} - 2\sqrt[3]{\frac{1}{2}};$$

3° $$\sqrt{8} + \sqrt{18} + \sqrt{50} - \sqrt{32}.$$

CHAPITRE II

VECTEURS

33. — *On appelle* **vecteur**[1] *un segment de droite* AA′ *supposé parcouru par un mobile dans un certain sens : de son* **origine** A *à son* **extrémité** A′.

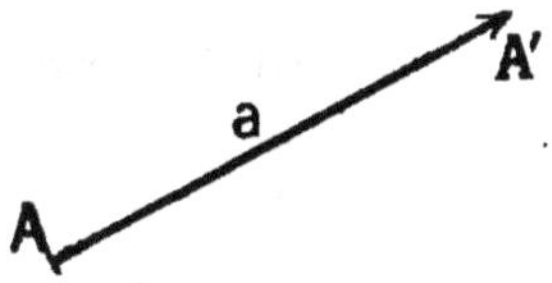

Fig. 9.

On l'écrit souvent (AA′) et même, simplement, AA′ quand aucune ambiguïté n'est à craindre. Il y a d'autres notations; on a proposé par exemple d'employer une seule lettre surmontée d'une flèche $\vec{a}$.

La droite indéfinie qui porte le vecteur s'appelle sa *ligne d'action* (ou encore sa direction); l'origine A s'appelle souvent le point d'application du vecteur.

Deux vecteurs sont **équipollents** *lorsqu'ils sont parallèles, de même longueur et de même sens* : une translation amène en coïncidence et les origines et les extrémités. Nous écrirons l'équipollence au moyen du signe = (égale) :

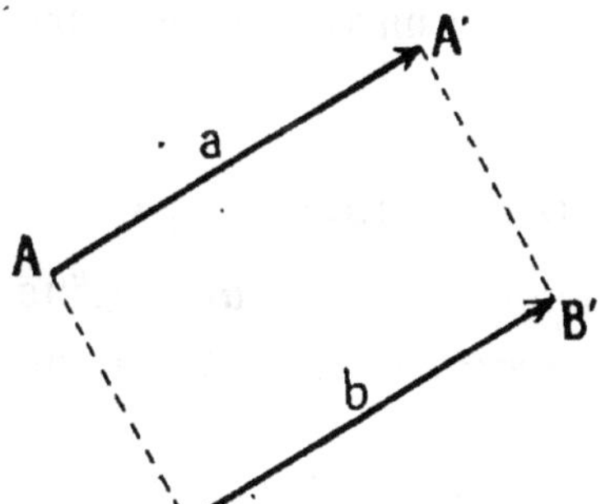

Fig. 10.

$$(AA') = (BB'), \qquad \vec{a} = \vec{b}.$$

Deux vecteurs sont **opposés** *lorsqu'ils sont parallèles, de même longueur et de sens contraire* (fig. 11).

1. Du latin *vehere*, transporter; *vector*, celui qui transporte.

Un vecteur sert à représenter un déplacement; il peut aussi représenter toute grandeur dirigée ou *grandeur vectorielle* : une force; la vitesse, la quantité de mouvement, l'accélération d'un point, etc....

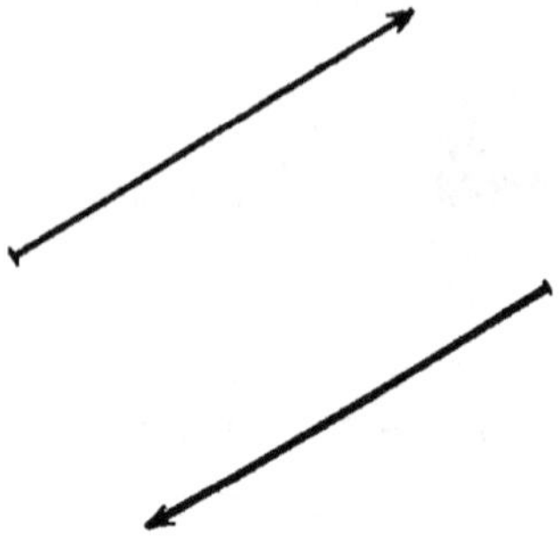

Fig. 11.

Si une grandeur peut être représentée par un vecteur, elle peut souvent l'être par un vecteur équipollent : d'où la distinction de trois catégories de vecteurs :

1° Si le point d'application du nouveau vecteur est arbitraire : le vecteur est *libre*.

2° Si le nouveau vecteur doit avoir son point d'application sur la ligne d'action du premier, il est *lié à la droite* : on peut le faire glisser sur sa ligne d'action.

3° Si le point d'application est déterminé : le vecteur est *lié à un point*.

Imaginons un système invariable en mouvement : la vitesse d'un point est un vecteur lié à ce point. Mais, si le système a un mouvement de translation, tous les points ont la même vitesse; la vitesse du mouvement est donnée par un vecteur libre. Supposons maintenant que le système ait un mouvement de rotation autour d'un axe, à la vitesse angulaire correspond un vecteur porté par l'axe, son moment géométrique par rapport à un point M est la vitesse de M : la vitesse angulaire est un vecteur lié à une droite.

De même, avec un corps solide, une force est un vecteur lié à une droite, l'axe d'un couple est un vecteur libre.

34. — Somme de deux vecteurs. — *Soient deux vecteurs $\vec{a}$ et $\vec{b}$, leur* **somme** *est un vecteur ayant pour origine un point* O *quelconque et pour extrémité le point* C *obtenu en prenant*

$$(OA) = \vec{a}, \qquad (AC) = \vec{b}.$$

On écrira

$$(OC) = (OA) + (AC),$$

ou

$$\vec{c} = \vec{a} + \vec{b}.$$

Avec un autre point O, on aurait eu un vecteur équipollent à (OC).

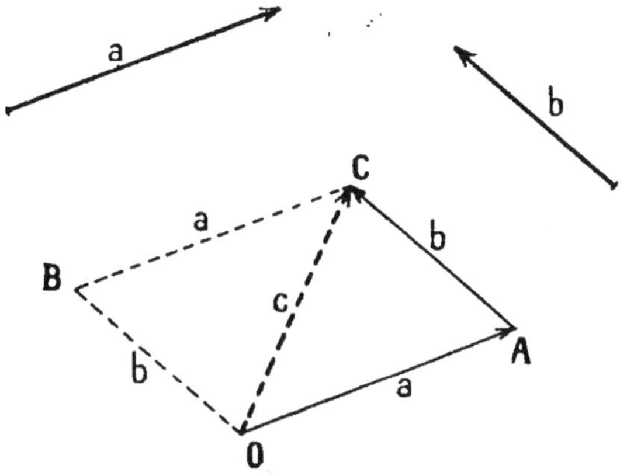

Fig. 12.

On a d'abord

$$\vec{a} + \vec{b} = \vec{b} + \vec{a}$$

Achevons, en effet, le parallélogramme dont OA et AC sont deux côtés consécutifs :

$$(OC) = (OB) + (BC) = \vec{b} + \vec{a}.$$

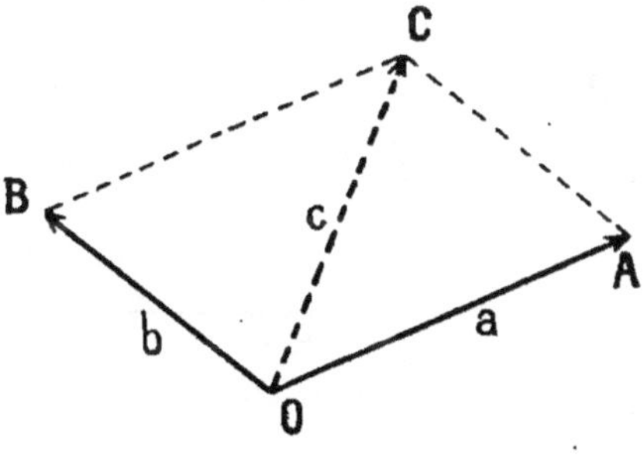

Fig. 13.

Pour additionner $\vec{a}$ et $\vec{b}$ on peut aussi donner aux vecteurs la même origine : leur somme est représentée par la diagonale du parallélogramme construit sur les vecteurs ; on dit souvent : *l'addition des vecteurs se fait d'après la règle du parallélogramme.*

35. — Somme de plusieurs vecteurs $\vec{a}, \vec{b}, \vec{c}, \ldots, \vec{l}$. — ***C'est le vecteur obtenu en ajoutant $\vec{b}$ à $\vec{a}$, $\vec{c}$ à la somme obtenue....***

Additionner des vecteurs rangés dans un certain ordre, c'est donc leur donner des translations telles que l'origine de chacun coïncide avec l'extrémité du précédent : l'origine de la somme est celle du premier (elle a été choisie arbitrairement), son extrémité est celle du dernier.

Soit $\vec{s}$ la somme :

$$\vec{s} = \vec{a} + \vec{b} + \vec{c} + \ldots + \vec{l}.$$

La ligne brisée obtenue s'appelle **polygone des vecteurs** *ou* **polygone de Varignon**. Si l'extrémité de la ligne brisée coïncide avec son origine, on dit que la somme est nulle ; en particulier, deux vecteurs opposés ont une somme nulle.

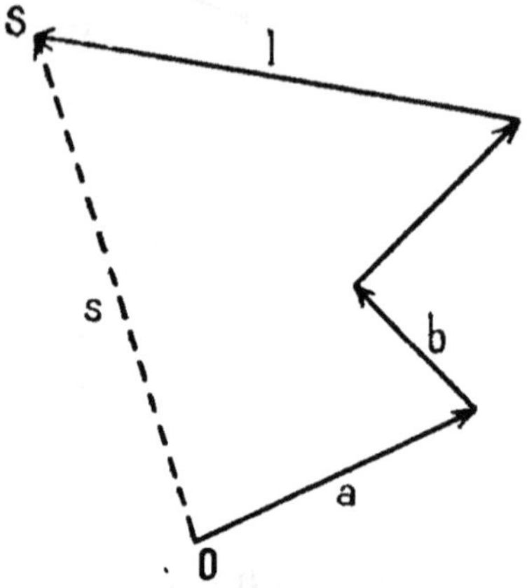

Fig. 14.

L'addition des vecteurs est une opération commutative ; on peut écrire, comme avec les nombres :

$$\vec{a} + (\vec{b} + \vec{c}) = \vec{a} + \vec{b} + \vec{c} ;$$

elle est aussi associative.

C'est une conséquence immédiate de ce qui précède.

36. — Un vecteur est défini par sa ligne d'action, son point d'application, sa longueur et son sens.

Quand on représente une grandeur par un vecteur, c'est qu'elle a, en chaque point, une direction et un sens ; *il faut aussi qu'elle se compose suivant la règle du parallélogramme.*

Si le vecteur est lié à un point O, leur somme sera appliquée en O (fig. 13).

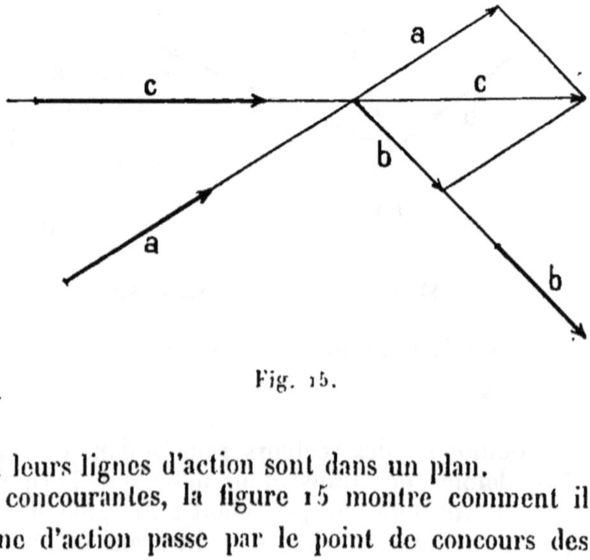

Fig. 15.

Si le vecteur est lié à une droite, $\vec{a}$ et $\vec{b}$ ne peuvent être remplacés par leur somme $\vec{c}$ que si leurs lignes d'action sont dans un plan.

Si ces lignes sont concourantes, la figure 15 montre comment il faut placer $\vec{c}$, sa ligne d'action passe par le point de concours des vecteurs $\vec{a}$ et $\vec{b}$.

Si les lignes sont parallèles et les vecteurs non opposés, on sait encore les remplacer par un vecteur égal à leur somme (composition des forces parallèles appliquées à un solide).

Enfin, si le vecteur est libre, $\vec{c}$ a un point d'application arbitraire.

37. — Cas de deux vecteurs parallèles, non opposés. — Leur somme est un vecteur parallèle. Si les vecteurs ont un même sens, leur somme a ce sens, sa longueur est égale à la somme des longueurs.

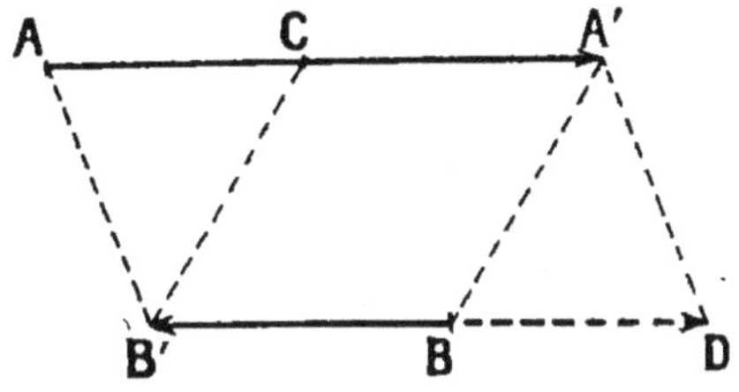

Fig. 16.

S'ils sont de sens contraire, le sens est celui du plus grand, sa longueur est la différence des longueurs (fig. 16).

Il est bon de vérifier que, dans les deux cas,

$$\vec{a} + \vec{b} = \vec{b} + \vec{a}.$$

$$(AA') + (BB') = (AC); \qquad (BB') + (AA') = (BD)$$

et

$$(AC) = (BD).$$

Remarque. — Imaginons des points A, B, C, D, F sur une droite et considérons les vecteurs (AB), (BC), (CD), (DF), leur addition est immédiate.

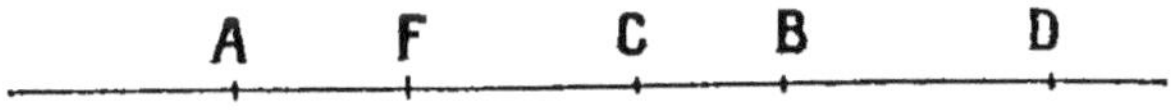

Fig. 17.

Par définition,

$$(AB) + (BC) = (AC),$$
$$(AC) + (CD) = (AD),$$
$$(AD) + (DF) = (AF);$$

donc

$$(AF) = (AB) + (BC) + (CD) + (DF).$$

38. — Soustraction. — *Étant donné deux vecteurs* $\vec{a}$ *et*

$\vec{b}$, *retrancher* $\vec{a}$ *de* $\vec{b}$ *c'est former un vecteur* $\vec{d}$ *qui ajouté à* $\vec{a}$ *donne* $\vec{b}$.

Soit $(OA) = \vec{a}$ et $(OB) = \vec{b}$, il y a un vecteur et un seul répondant à la question, il est représenté par (AB) :

$$\vec{d} = \vec{b} - \vec{a}.$$

$$\vec{d} = \vec{b} + (BC) :$$

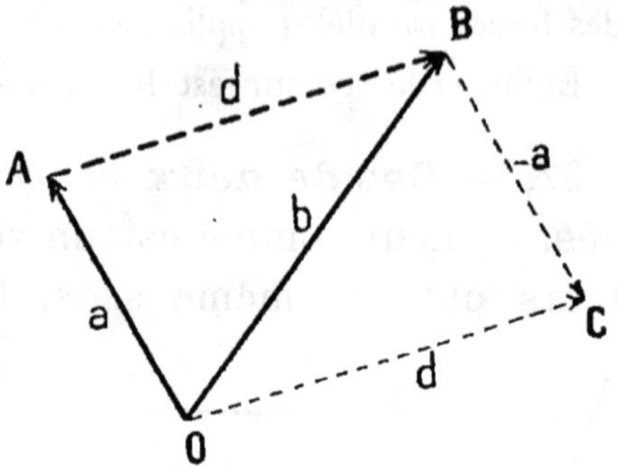

Fig. 18.

Pour retrancher un vecteur, on ajoute son opposé.

CHAPITRE III

NOMBRES ALGÉBRIQUES

§ 1. — Définitions.

39. — *On appelle* **nombre algébrique** *un nombre arithmétique affecté du signe + ou du signe —.*

Le nombre arithmétique est la **valeur absolue** *du nombre algébrique; en l'affectant du signe +, on a un nombre positif, en l'affectant du signe —, on a un nombre négatif.*

+ 5 est un nombre positif de valeur absolue 5;
— 4 — négatif — 4.
+ 5 et 5 ont par définition le même sens : les nombres arithmétiques font partie des nombres algébriques.

Nous considérerons aussi zéro comme un nombre algébrique, il n'est ni positif ni négatif, les symboles + o, — o, o ont le même sens.

Deux nombres algébriques sont dits **opposés** *lorsqu'ils ont même valeur absolue mais un signe différent.*

$$-5 \quad \text{et} \quad +5$$

sont opposés; l'opposé de o est o.

Nous représenterons les nombres algébriques par des lettres; nous verrons qu'on peut leur appliquer les formules rencontrées en Arithmétique; la valeur absolue d'un nombre a s'écrira $|a|$:

Si a est positif, $a = |a|$;
Si a est négatif, $a = -|a|$.

Nous appellerons souvent a' l'opposé de a.

40. — Représentation géométrique. — Donnons d'abord quelques définitions.

Un **axe** *est une droite sur laquelle on a choisi un sens*; le sens de l'axe $x'x$ est celui du mouvement d'un point qui va de x' vers x.

La **mesure algébrique d'un vecteur porté par un axe** *est le nombre qui mesure sa longueur, affecté du signe + ou du signe — suivant que le sens du vecteur est ou non celui de l'axe.*

C'est donc, si l'on veut, le chemin parcouru par le mobile qui va de l'origine à l'extrémité du vecteur, affecté du signe + ou du signe — suivant que son mouvement se fait ou non dans le sens de l'axe.

La mesure algébrique du vecteur AB s'écrit le plus souvent $\overline{AB}$; sur la figure

$$\overline{AB} = +AB, \qquad \overline{BA} = -AB,$$

AB représentant la longueur du vecteur.

Fig. 19.

Nous mettrons toujours le trait; on peut évidemment le supprimer dans les calculs où les vecteurs n'entrent que par leurs mesures algébriques.

Les mesures algébriques de deux vecteurs opposés sont des nombres opposés.

Réciproquement, une unité de longueur étant choisie, on peut toujours considérer un nombre positif ou négatif comme la mesure algébrique d'un certain vecteur porté par l'axe; nous nous servirons beaucoup de cette représentation.

41. — Abscisse d'un point. — *Un point fixe O, appelé*

origine, *étant marqué sur l'axe, on appelle* **abscisse** *du point* A *la mesure algébrique du vecteur* OA.

$$\text{abscisse de A} = \overline{\text{OA}}.$$

L'abscisse de l'origine est o.

42. — **Échelle**. — Nous considérerons souvent les nombres algébriques comme des abscisses de points marqués sur un axe. Sur la figure, on a mis en évidence

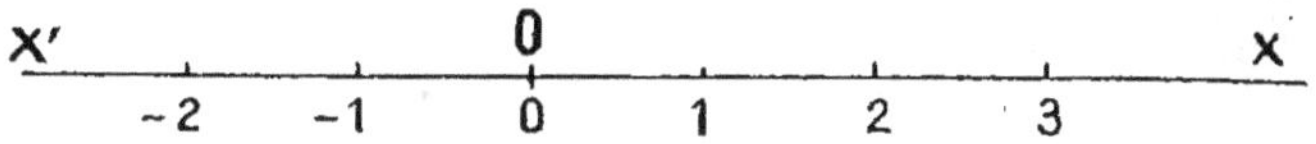

Fig. 20.

l'unité de longueur et les points qui ont pour abscisses les nombres entiers positifs ou négatifs.

Un axe aux points duquel on fait correspondre les nombres algébriques s'appelle une *échelle* (ex. : l'échelle thermométrique).

43. — Il existe des grandeurs auxquelles on peut donner des mesures algébriques ; en particulier celles qui sont susceptibles d'être comptées dans deux sens opposés. Voici quelques exemples :

1° La distance d'un point quelconque d'une droite à un point fixe de cette droite (abscisse du point) ;

2° Sur une courbe, choisissons une origine O et un sens (il est indiqué par la flèche) ; l'*abscisse curviligne d'un point* M se définit

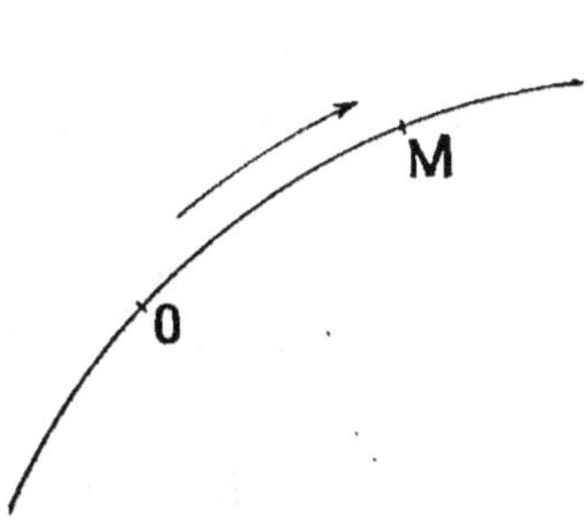

Fig. 21.

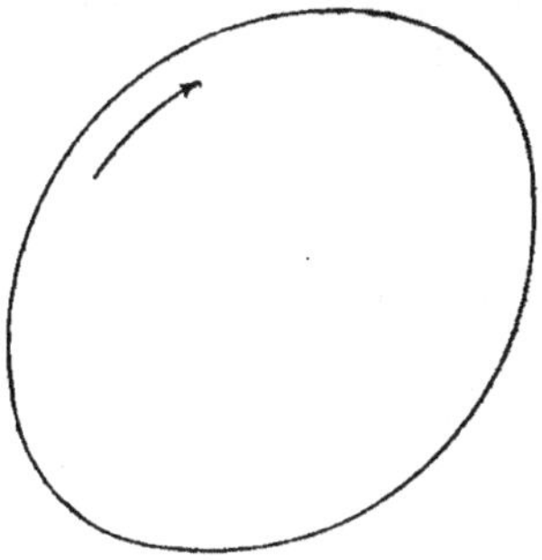

Fig. 22.

comme l'abscisse d'un point d'une droite. C'est par l'abscisse curviligne qu'on définit la position d'un point sur une courbe, par exemple sur le cercle trigonométrique (fig. 21) ;

3° Soit un fil métallique parcouru par un courant et un sens choisi sur ce fil; on affecte l'*intensité* du signe + ou du signe — suivant que le sens du courant est ou non le sens choisi. La *force électromotrice* est comptée positivement ou négativement, suivant qu'elle pousse ou non le courant dans le sens choisi. La résistance n'est pas susceptible de signe (fig. 22);

4° Reprenons le cas d'un point décrivant une trajectoire donnée. Sa vitesse quand il est en M est représentée par un certain vecteur dirigé suivant la tangente et dont M est le point d'application. Pour donner à cette vitesse une mesure algébrique v, on choisit sur la tangente un sens correspondant au sens choisi sur la courbe :

$$v = \overline{MV}. \quad \text{(Fig. 23.)}$$

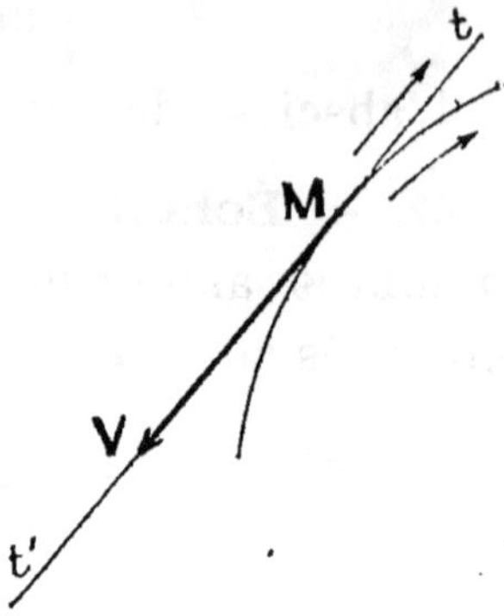

Fig. 23.

Remarque. — Nous venons de donner une mesure algébrique à une grandeur vectorielle; c'est que, si l'on imagine tous les mouvements possibles sur la courbe, la vitesse en M ne peut avoir que deux sens : le sens $t't$ ou l'opposé. Il n'en serait pas de même de l'*accélération*, qui peut avoir une infinité de directions. Dans le mouvement curviligne, l'*accélération n'est pas susceptible de mesure algébrique*. Le mouvement rectiligne fait évidemment exception.

44. — Grandeurs scalaires. — On appelle ainsi, pour les distinguer des grandeurs vectorielles (n° **33**), les grandeurs qui sont caractérisées par un nombre algébrique. Ce nombre peut être essentiellement positif : masse, force vive, résistance d'un fil métallique.

Il peut être positif ou négatif, masse électrique, quantité de chaleur, travail, etc.

Considérons une telle grandeur, à son unité faisons correspondre une unité de longueur; à une valeur de la grandeur correspond le point d'une échelle qui a sa mesure pour abscisse : d'où le nom de grandeur *scalaire*.

Remarque. — Il existe des grandeurs, telles que la température, pour lesquelles on sait définir l'égalité mais non l'addition, ainsi que cela a lieu pour celles dont nous avons parlé (n° **1**). Si l'on imagine une règle pour faire correspondre à chaque température un point d'une échelle, c'est-à-dire un nombre algébrique, on dit encore que ce nombre *mesure* la température.

Quand on change d'unité, les nombres qui mesurent une grandeur mathématique sont remplacés par des nombres proportionnels.

La température absolue définie en thermodynamique jouit de cette propriété; il n'en est pas de même de la température définie au moyen d'un thermomètre.

§ 2. — Addition et Soustraction.

45. — *On appelle somme de deux nombres algébriques* a *et* b, *et l'on écrit* a + b, *un nouveau nombre algébrique obtenu de la manière suivante :*

1° *Si les nombres sont de même signe, sa valeur absolue est la somme des valeurs absolues, son signe est le signe commun ;*

2° *Si les nombres sont de signe différent, sa valeur absolue est la différence des valeurs absolues, son signe est celui du nombre dont la valeur absolue est la plus grande.*

$$(+7)+(+5)=(+5)+(+7)=+(7+5)=+12,$$
$$(-7)+(-5)=(-5)+(-7)=-(7+5)=-12,$$
$$(+7)+(-5)=(-5)+(+7)=+(7-5)=+2,$$
$$(-7)+(+5)=(+5)+(-7)=-(7-5)=-2.$$

Ces formules traduisent les faits suivants : au nombre $+7$ faisons correspondre l'idée d'ajouter 7, au nombre -5 l'idée de retrancher 5 (d'un nombre plus grand).

ajouter 7, puis ajouter 5, c'est ajouter 12;
retrancher 7, puis retrancher 5, c'est retrancher 12;
retrancher 7, puis ajouter 5, c'est retrancher 2;
ajouter 5, puis retrancher 7, c'est retrancher 2.

Il résulte de la définition que

$$\boldsymbol{a}+\boldsymbol{b}=\boldsymbol{b}+\boldsymbol{a};$$

en particulier,

$$a+a'=0,$$
$$a+0=0+a=a.$$

46. — **Interprétation géométrique.** — Considérons a et b comme les mesures algébriques de deux vecteurs portés par un axe.

Nous prendrons

$$\overline{AB} = a, \quad \overline{BC} = b;$$

nous allons montrer que $\overline{AC} = a + b$, autrement dit que

$$\overline{\mathbf{AC}} = \overline{\mathbf{AB}} + \overline{\mathbf{BC}}. \quad \text{(Möbius-Chasles.)}$$

Ceci résulte de la correspondance entre le *sens* d'un vecteur et le *signe* de la mesure algébrique. Envisageons les longueurs AC, AB et BC :

1° Si AB et BC ont même sens : AC est égal à leur somme et a même sens;

2° Si AB et BC sont de sens contraire : AC est égal à leur différence et a le sens de la plus grande.

On a donc, en même temps, une *égalité vectorielle* et une *égalité algébrique* :

$$(AC) = (AB) + (BC) \quad \text{et} \quad \overline{AC} = \overline{AB} + \overline{BC}.$$

REMARQUE. — Supposant les deux nombres considérés différents de o, il a fallu, pour définir l'addition, envisager quatre cas : deux nombres positifs; deux nombres négatifs; un nombre positif et un nombre négatif, l'un ou l'autre ayant la plus grande valeur absolue. L'intérêt de la formule de Chasles est, outre de donner une image de l'addition, de l'exprimer par une seule règle :

La somme des mesures algébriques de deux vecteurs portés par un axe est égale à la mesure algébrique de leur somme.

Une figure met bien en évidence le fait suivant : si on ajoute à a des nombres différents, on obtient des résultats différents. Si

$$a + b = a + c,$$

on conclut que

$$b = c.$$

De plus, si on se donne arbitrairement $\overline{AB} = a$ et $\overline{AC} = c$, c est la somme de a et du nombre $b = \overline{BC}$: étant donné deux nombres quelconques a et c, c est la somme de a et d'un troisième nombre.

Il résulte de la définition que ***si on change les signes de*** a ***et de*** b, ***on change simplement le signe de leur somme;*** autrement dit, si

$$a + b = s, \qquad a' + b' = s'.$$

Géométriquement, on change le signe de $\overline{AB}$, $\overline{BC}$ et $\overline{AC}$ en changeant le sens de l'axe; on a toujours

$$\overline{AC} = \overline{AB} + \overline{BC},$$

c'est-à-dire

$$s' = a' + b'.$$

47. — Somme de plus de deux nombres a, b, c, d, f. — ***La somme des nombres algébriques*** a, b, c, d, f ***est un nombre algébrique qu'on écrit***

$$a + b + c + d + f$$

et qui est obtenu en ajoutant b ***à*** a, c ***à la somme obtenue***, d ***à la nouvelle somme....***

a, b, c, d, f s'appellent les *termes* de la somme. Si l'on met dans une parenthèse une somme effectuée, il faut donc former successivement

$$a + b, \quad (a + b) + c, \quad (a + b + c) + d, \quad (a + b + c + d) + f.$$

La somme ne dépend pas de l'ordre des termes. Nous allons d'abord montrer que, ***dans une somme de trois nombres, on peut remplacer les deux derniers par leur somme :***

$$\boldsymbol{a + b + c = a + (b + c)}.$$

Autrement dit : quand on ajoute successivement deux nombres, on ajoute leur somme.

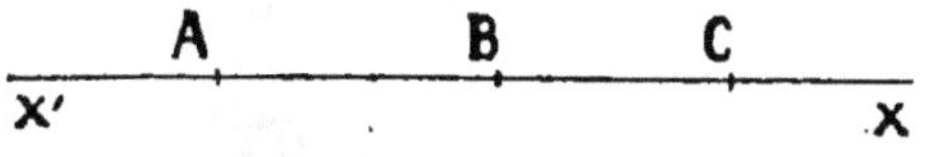

Fig. 24.

Pour le prouver, la représentation géométrique est très utile. Considérons a, b, c comme les mesures algébriques de trois vecteurs portés par un axe. Soit A l'extrémité du premier (la position de son origine O importe peu); nous devons porter sur l'axe

$$\overline{AB}=b, \quad \text{puis} \quad \overline{BC}=c;$$

nous avons ainsi pris, à partir de A,

$$\overline{AC}=b+c:$$

à a nous avons ajouté $b+c$.

Comme $b+c=c+b$, nous pourrons dire, en imitant ce qui a été dit à propos de la multiplication :

1° Dans une somme de trois nombres, on peut intervertir l'ordre des deux derniers;

2° Dans une somme quelconque, on peut intervertir l'ordre des deux derniers termes;

3° Dans une somme, on peut intervertir l'ordre de deux termes consécutifs.

On peut alors donner aux termes l'ordre que l'on veut.

L'addition des nombres algébriques est une opération commutative et associative.

Pour ajouter des sommes, on fait une somme avec tous les termes :

$$(a+b+c)+(d+f)=a+b+c+d+f.$$

48. — Généralisation de la formule de Chasles. — *Si plusieurs vecteurs sont portés par un axe, la mesure algébrique de leur somme est égale à la somme de leurs mesures algébriques.*

Cela revient à dire que, si n points A, B, C, ..., H, K, L sont marqués sur un axe, on a en même temps que l'égalité vectorielle

$$(AL)=(AB)+(BC)+\ldots+(HK)+(KL),$$

l'égalité algébrique

$$\overline{AL}=\overline{AB}+\overline{BC}+\ldots+\overline{HK}+\overline{KL}.$$

On le démontre de proche en proche.

Supposons le théorème vrai pour les $n-1$ premiers points :

$$\overline{AK}=\overline{AB}+\overline{BC}+\ldots+\overline{HK};$$

il est démontré pour trois points,

$$\overline{AL}=\overline{AK}+\overline{KL},$$

il n'y a plus qu'à remplacer, dans cette égalité, $\overline{AK}$ par l'expression précédente.

Si l'on se rappelle la définition du vecteur, il faut imaginer un mobile qui parcourt successivement les vecteurs AB, BC, .., KL, et compter, positivement les chemins parcourus dans le sens de l'axe, négativement les chemins parcourus dans le sens contraire, et additionner : l'égalité précédente signifie qu'on obtient le même résultat en allant *directement* de A en L.

49. — **Théorème.** — ***Deux sommes de nombres opposés sont opposées.*** Soient les deux sommes

$$a+b+c+d, \qquad a'+b'+c'+d'.$$

Nous avons vu (c'est une conséquence immédiate de la définition de l'addition) que le théorème est vrai pour une somme de deux nombres :

$$a+b \quad \text{et} \quad a'+b'$$

sont opposés. Il en est de même de

$$(a+b)+c \quad \text{et} \quad (a'+b')+c', \qquad \text{etc....}$$

Prenons encore la représentation géométrique. Nous portons sur un axe

$$a=\overline{AB}, \quad b=\overline{BC}, \quad c=\overline{CD}, \quad d=\overline{DF},$$

alors $$s=a+b+c+d=\overline{AF}.$$

ou $$\overline{AB}+\overline{BC}+\overline{CD}+\overline{DF}=\overline{AF}.$$

Changeons le sens de l'axe, $\overline{AB}$, $\overline{BC}$, ... $\overline{AF}$ ont simplement changé de signe, ils valent maintenant a', b', ..., s' : l'égalité précédente peut encore être écrite, elle signifie que

$$s'=a'+b'+c'+d'.$$

50. — **Soustraction.** — *Retrancher* a *de* b, *c'est trouver un nombre qu'on écrit* b — a *et qui, ajouté à* a, *donne* b.

Un tel nombre existe toujours.

Prenons la représentation géométrique. Sur un axe, à partir de O, nous portons

$$\overline{OA} = a, \qquad \overline{OB} = b.$$

Pour avoir $\overline{OB}$, il faut évidemment ajouter $\overline{AB}$ à $\overline{OA}$. Donc

$$a + \overline{AB} = b,$$

$$\mathbf{\overline{AB} = b - a}.$$

Nous pouvons dire, en appliquant la formule de Chasles,

$$\overline{AB} = \overline{AO} + \overline{OB} = a' + b = b + a',$$

ce qui donne la règle :

Pour retrancher un nombre, on ajoute son opposé.

On peut encore raisonner ainsi. Si le nombre cherché existe, appelons-le d; par hypothèse

$$a + d = b.$$

Ajoutons a' aux deux membres

$$a' + a + d = d = b + a'.$$

Réciproquement, le nombre d que nous venons de trouver jouit de la propriété demandée. Ajoutons en effet a aux deux membres :

$$d + a = b + a' + a = b.$$

Nous venons de résoudre une équation du premier degré.

51. — **Somme algébrique.** — *On appelle quelquefois* **somme algébrique** *une suite d'additions et de soustractions de nombres algébriques,*

$$a - b + c - d - f.$$

C'est, d'après la règle de la soustraction,

$$a + b' + c + d' + f'.$$

En convenant de représenter par $-b$ l'opposé de b,

$+b$ étant le nombre b lui-même, la somme algébrique est la somme de

$$+a, \quad -b, \quad +c, \quad -d, \quad -f$$

qui sont *ses termes*. Il est clair qu'un terme affecté du signe + n'est pas nécessairement un nombre positif.

Les termes peuvent être pris dans un ordre quelconque.

Prenons un exemple où toutes les lettres représentent des nombres positifs,

$$-5+7-8-9+2.$$

A -5, il faut ajouter 7 ; du résultat obtenu il faut retrancher 8, ..., cela revient à faire la somme de nombres algébriques

$$(-5)+(+7)+(-8)+(-9)+(+2).$$

Cette notation sera, dorénavant, remplacée par la précédente.

Nous aurions pu, en Arithmétique, considérer une suite d'additions et de soustractions, le *premier terme étant suffisamment grand pour que toutes les soustractions soient possibles* : L'introduction des nombres négatifs permet d'éviter cette restriction.

Pour changer le signe d'une somme algébrique, il suffit de changer les signes de tous ses termes; les deux sommes

$$a-b+c-d-f,$$
$$-a+b-c+d+f,$$

sont des nombres opposés. Nous pouvons donc formuler les deux règles suivantes :

Pour additionner des sommes algébriques, on fait une somme avec tous leurs termes.

Pour retrancher une somme algébrique, il faut changer les signes de tous les termes et ajouter la somme algébrique ainsi obtenue.

§ 3. — Multiplication et Division.

52. — Ayant défini l'addition des nombres algébriques, nous savons ce que signifie multiplier un nombre algébrique par un entier, puis le diviser par un entier qui est l'opération inverse, puis enfin le multiplier par un nombre rationnel. Par convention, multiplier par un nombre négatif, c'est multiplier par sa valeur absolue puis changer de signe; en particulier, multiplier par -1, c'est simplement changer de signe.

Nous sommes donc conduits à la définition suivante :

On appelle **produit de deux nombres algébriques** *le produit de leurs valeurs absolues affecté du signe + si les nombres sont de même signe et du signe — s'ils sont de signe contraire.*

$$(+5)(+3) = (+3)(+5) = +15,$$
$$(-5)(-3) = (-3)(-5) = +15,$$
$$(+5)(-3) = (-3)(+5) = -15.$$

Si l'un des facteurs est nul, le produit est nul

$$a \cdot 0 = 0 \cdot a = 0.$$

On dit souvent que la multiplication s'effectue suivant la règle des signes :

+	par	+	donne	+,
—	»	—	»	+,
+	»	—	»	—,
—	»	+	»	—.

Changer un nombre de signe, c'est le multiplier par -1.

Remarque. — Si un facteur change de signe, il en est de même du produit; si les deux facteurs changent de signe, le produit ne change pas.

Soit a un nombre algébrique de signe quelconque, nous avons convenu de le représenter aussi par le symbole $+a$, et son opposé par $-a$, nous allons vérifier que

$$(+a)(+b) = (+b)(+a) = +ab,$$
$$(-a)(-b) = (-b)(-a) = +ab,$$
$$(+a)(-b) = (-b)(+a) = -ab,$$

c'est-à-dire que la règle des signes est encore applicable.

Considérons d'abord la première égalité qui est évidente : la 2e s'en déduit en changeant le signe des deux facteurs et en tenant compte de la remarque précédente ; la 3e s'en déduit aussi en changeant le signe de l'un des facteurs.

53. — Produit d'un nombre quelconque de facteurs. — Il se définit comme en Arithmétique (no **3**). On voit immédiatement ***qu'il est égal au produit des valeurs absolues affecté du signe + ou du signe — suivant que le nombre des facteurs négatifs est pair ou impair.***

Le produit est nul si l'un des facteurs est nul et seulement dans ce cas :

La condition nécessaire et suffisante pour qu'un produit soit nul est que l'un des facteurs soit nul.

La multiplication des nombres algébriques est une opération commutative et associative, nous avons dit (no **5**) quelles conséquences on peut en tirer.

Les puissances paires d'un nombre négatif sont positives, les puissances impaires sont négatives. Enfin, *que a soit positif ou négatif,*

$$(-a)^2 = a^2,$$
$$(-a)^3 = -a^3,$$
$$\dots\dots\dots$$

54. — Produit d'un nombre par une somme. — ***La formule***

$$\boldsymbol{m(a+b+c+d) = ma+mb+mc+md},$$

démontrée (no **19**) ***est vraie pour les nombres algébriques.***

Prenons d'abord le cas de deux facteurs. La formule

$$m(a+b) = ma + mb$$

est prouvée déjà (nos **19** et **20**) dans le cas où les facteurs sont positifs.

En effet, si le second facteur est positif, de deux choses

l'une : où bien a et b sont positifs, $m(a+b)$ est le produit d'un nombre par une somme (nº **19**);
ou bien a et b sont de signe contraire, par exemple a est positif et b négatif, $b=-b'$ et $b'<a$; nous avons le produit d'un nombre par une différence (nº **20**)

$$m(a+b)=m(a-b')=ma-mb'=ma+mb.$$

Les autres cas se ramènent à celui-là; il suffit de se rappeler (nº **52**) qu'en changeant le signe d'un facteur, on change simplement le signe du produit.

Supposons $m>0$, $a+b<0$; alors $a'+b'$ est positif,

$$m(a'+b')=ma'+mb'.$$

En remplaçant a' et b' par a et b, on change les signes des deux membres, on maintient l'égalité.

La formule est donc démontrée quand m est positif, quel que soit le signe de $a+b$; il reste à examiner le cas où m est négatif.

Nous partirons de l'égalité

$$m'(a+b)=m'a+m'b;$$

en remplaçant m par m', nous ne ferons que changer les signes des deux membres.

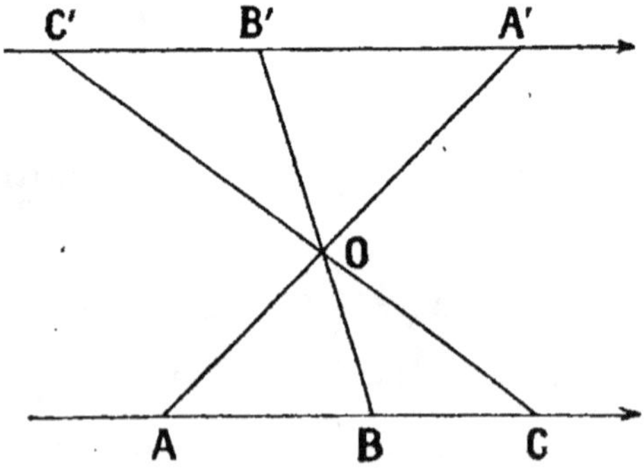

Fig. 25.

Nous pouvons aussi employer des considérations géométriques. Soit, sur un axe, une unité étant choisie (fig. 25),

$$\overline{AB}=a, \quad \overline{BC}=b,$$

alors

$$\overline{AC}=a+b.$$

Faisons une homothétie de rapport m par rapport à un point O situé en dehors de l'axe; à l'axe donné correspond une autre droite sur laquelle nous choisissons *le même sens* :

$$\overline{A'B'}=ma, \quad \overline{B'C'}=mb, \quad \overline{A'C'}=m(a+b).$$

Or

$$\overline{A'C'} = \overline{A'B'} + \overline{B'C'},$$

c'est l'égalité que nous nous proposions de démontrer.

Nous pouvons même éviter l'homothétie et nous servir simplement de l'égalité

$$\overline{AC} = \overline{AB} + \overline{BC}$$

qui est vraie quelle que soit l'unité choisie.

Si m est positif, prenons une unité m fois plus petite, alors, sur la figure,

$$\overline{AB} = ma, \quad \overline{BC} = mb, \quad \overline{AC} = m(a + b).$$

Si m est négatif, $m = -m'$, on prend une unité m' fois plus petite et on change le sens de l'axe, on a encore

$$\overline{AB} = ma, \quad \overline{BC} = mb, \quad \overline{AC} = m(a + b).$$

La formule étant vraie pour une somme de deux termes, il est facile de montrer qu'elle est vraie pour une somme quelconque.

Si l'on a une somme de trois termes, on écrira

$$m(a + b + c) = m[(a + b) + c]$$
$$= m(a + b) + mc = ma + mb + mc,$$

et ainsi de suite....

Puisque le produit ne dépend pas de l'ordre des facteurs, on peut aussi envisager le produit d'une somme par un nombre,

$$\boldsymbol{(a + b + c + d)\, m = am + bm + cm + dm.}$$

Si les nombres de la somme s'appellent $a, -b, c, -d$, la formule devient

$$m(a - b + c - d) = ma - mb + mc - md.$$

55. — Mise en facteur. — Pour faire la multiplication indiquée dans le premier membre, il suffit de faire les opérations indiquées au second membre, cela ne veut pas dire qu'il faut remplacer le premier membre par le second. Le second membre indique des calculs presque toujours plus longs puisqu'il contient quatre multiplications au lieu d'une.

Il est bon, pour s'en rendre compte, de remplacer les lettres par des nombres de 3 ou 4 chiffres comme on en rencontre dans les applications.

On peut même prendre comme règle de ne jamais développer un produit; au contraire, quand on a une somme de produits où figurent les mêmes lettres, il y a intérêt à les développer s'il doit se produire des réductions.

C'est donc le second membre qu'il faut remplacer par le premier; on dit alors qu'*on met* m *en facteur* :

Une somme algébrique de produits qui ont un facteur commun est égale à ce facteur multiplié par la somme obtenue en supprimant une fois ce facteur dans chaque terme.

56. — Produit de deux sommes. — Développons le produit

$$(a + b + c)(d + f);$$

c'est $a + b + c$ à multiplier par une somme. Appliquons la règle :

$$\begin{aligned}(a + b + c)(d + f) &= (a + b + c)d + (a + b + c)f \\ &= ad + bd + cd + af + bf + cf.\end{aligned}$$

Le produit de deux sommes est égal à la somme des produits de chaque terme de l'une par chaque terme de l'autre.

Avec les sommes algébriques, il faut faire attention à la règle des signes :

$$(a - b + c)(d - f) = ad - bd + cd - af + bf - cf.$$

On effectuera les multiplications suivantes :

$$\begin{aligned}(a + b)^2 &= a^2 + 2ab + b^2, \\ (a - b)^2 &= a^2 - 2ab + b^2, \\ (a + b)(a - b) &= a^2 - b^2.\end{aligned}$$

Le carré de la somme de deux nombres est égal au carré du premier, plus le double produit du premier par le second, plus le carré du second.

Le carré de la différence de deux nombres est égal au carré

du premier, moins le double produit du premier par le second, plus le carré du second.

Le produit de la somme de deux nombres par leur différence est égal à la différence de leurs carrés.

La seconde formule est une conséquence de la première : $(a-b)^2$ est le carré de la somme des deux nombres a et $-b$.

De la comparaison des deux premières formules résulte la suivante :

$$\boldsymbol{(a+b)^2=(a-b)^2+4ab},$$

relation importante entre la somme, la différence et le produit de deux nombres.

57. — Carré de la somme de plus de deux nombres. — ***Il est égal à la somme des carrés des termes et des doubles produits des termes deux à deux.***

On démontre le théorème de proche en proche. Il est vrai pour une somme de deux termes. Supposons-le vrai pour $n-1$ termes, nous allons montrer qu'il est vrai pour n.

Soit

$$s=a+b+c+\ldots+k+l$$

une somme de n nombres algébriques ; c'est une somme de deux nombres

$$a+b+c+\ldots+k \text{ et } l;$$

donc

$$s^2=(a+b+c+\ldots+k)^2+2l(a+b+c+\ldots+k)+l^2.$$

En développant, nous trouvons bien les n carrés ; nous trouvons aussi chaque double produit une fois : pour combiner n nombres deux à deux, il suffit évidemment de grouper deux à deux les $n-1$ premiers (premier terme), puis chacun d'eux avec le dernier (deuxième terme du second membre).

En particulier

$$(a+b+c)^2=a^2+b^2+c^2+2ab+2bc+2ca;$$
$$(a-b+c)^2=a^2+b^2+c^2-2ab-2bc+2ac.$$

58. — Cubes de la somme et de la différence de deux nombres.

$$(a+b)^3=(a^2+2ab+b^2)(a+b)$$
$$=a^3+3a^2b+3ab^2+b^3.$$

Le cube de $a-b$ s'obtient en remplaçant dans cette formule b par $-b$:

$$(a-b)^3 = a^3 - 3a^2b + 3ab^2 - b^3.$$

Il est peu intéressant de développer le cube d'une somme de plusieurs nombres.

59. — Applications de la formule

$$(a-b)(a+b) = a^2 - b^2.$$

Si deux sommes algébriques ne diffèrent que par les signes, on peut les considérer comme la somme et la différence de deux nombres : le premier est formé des termes de même signe. Par exemple :

$$a - b + c - d + f \quad \text{et} \quad a + b + c - d - f$$

sont la somme et la différence de

$$a + c - d \quad \text{et} \quad b - f,$$

leur produit est égal à

$$(a + c - d)^2 - (b - f)^2;$$

il est facile d'achever le développement.

Soit à développer le produit

$$(a + b + c)(b + c - a)(a + c - b)(a + b - c)$$

qui, quand a, b, c mesurent les côtés d'un triangle, représente 16 fois le carré de la surface.

Le produit des deux premiers facteurs est égal à

$$(b + c)^2 - a^2 = 2bc + (b^2 + c^2 - a^2);$$

celui des deux autres est

$$a^2 - (b - c)^2 = 2bc - (b^2 + c^2 - a^2);$$

le produit demandé égale

$$(2bc)^2 - (b^2 + c^2 - a^2)^2 = 2b^2c^2 + 2c^2a^2 + 2a^2b^2 - a^4 - b^4 - c^4.$$

60. — **Nombres inverses.** — ***Ce sont deux nombres dont le produit égale 1.*** — Nous n'avons à examiner ici que le cas où le nombre est négatif ou nul.

D'abord, puisque le produit de 0 par un nombre égale 0 (n° **52**), *le nombre* 0 *n'a pas d'inverse.*

Si deux nombres sont inverses (ils ne sont pas nuls), ***leurs***

valeurs absolues sont inverses et leur signe est le même; la réciproque est vraie.

L'inverse de -3 est $-\frac{1}{3}$,

» $-\frac{2}{3}$ » $-\frac{3}{2}$.

61. — Division. — ***Diviser*** b ***par*** a, ***c'est trouver le nombre par lequel il faut multiplier*** a ***pour avoir*** b; ***ce nombre s'appelle le* rapport de** b **à** a.

Supposons d'abord $a \neq 0$.

Pour diviser un nombre par un nombre, on le multiplie par son inverse.

Appelons, en effet, a_1 l'inverse de a :

$$aa_1 = 1.$$

Supposons que le nombre existe et appelons-le k :

$$ak = b. \qquad (1)$$

Multiplions les deux membres par a_1 :

$$(ak)a_1 = k(aa_1) = k = ba_1.$$

Réciproquement le nombre ba_1 satisfait à la définition, car

$$(ba_1)a = b(aa_1) = b.$$

La formule (1) est une équation du premier degré où k est l'inconnue, nous venons de montrer comment on la résout.

Reste à examiner le cas où $a = 0$. Nous ne pouvons plus répéter le raisonnement précédent. Le produit de a par un nombre quelconque égale 0, donc

si $b \neq 0$, on ne peut parler de la division de b par 0;

si $b = 0$, le rapport est indéterminé.

Nous écrirons encore le rapport de b à a

$$\frac{b}{a},$$

mais cette notation suppose essentiellement $a \neq 0$.

En évitant de mettre 0 au dénominateur, on peut

reprendre tout ce que nous avons dit sur les rapports et les proportions (p. 14).

Il est bon cependant d'éviter cette notation. Si, par exemple,

$$ab' = ba'$$

avec $a = a' = 0$, $b' \neq 0$, on ne peut pas écrire

$$\frac{a}{a'} = \frac{b}{b'}.$$

En effet, le second rapport est déterminé; le premier, s'il représente un nombre qui multiplié par a' donne a, ne l'est pas.

Considérons encore les trois différences

$$ab' - ba', \quad ca' - ac', \quad bc' - cb'$$

que nous rencontrerons plus loin (n° **286**).

En général, *si deux d'entre elles* (par exemple les deux premières) *sont nulles, la troisième est également nulle.*

Ce n'est évidemment pas vrai si $a = a' = 0$, car

$$ab' - ba' = 0,$$
$$ca' - ac' = 0,$$

quels que soient b, b', c, c'.

Supposons $a \neq 0$ (on ferait le même raisonnement en partant de l'inégalité $a' \neq 0$); appelons k le rapport de a' à a (k peut être nul) :

$$a' = ka.$$

Substituons dans les deux égalités précédentes :

$$ab' - kab = 0 \quad \text{ou} \quad a(b' - kb) = 0,$$

donc

$$b' = kb,$$

de même

$$c' = kc,$$

par suite

$$bc' - cb' = b \cdot kc - c \cdot kb = 0.$$

Si aucun des nombres a, b, c, a', b', c' n'est nul, on déduira des deux premières égalités

$$\frac{a}{a'} = \frac{b}{b'},$$

$$\frac{a}{a'} = \frac{c}{c'};$$

par suite,

$$\frac{b}{b'} = \frac{c}{c'} \quad \text{ou} \quad bc' - cb' = 0.$$

62. — Exposant nul; exposants négatifs. — Nous poserons

$$a^0 = 1\,;$$

c'est évidemment nécessaire pour que la formule (1) (nº **7**) soit vérifiée, c'est-à-dire pour que

$$a^0 \cdot a^n = a^{0+n} = a^n.$$

On vérifiera que les formules (1) et (2) (nº **7**) que nous allons récrire tout à l'heure sont correctes quand il y a des exposants nuls.

Soit n un nombre entier, par définition

$$a^{-n} = \frac{1}{a^n}.$$

Par suite,

$$\frac{1}{a^{-n}} = a^n,$$

$$a^n \cdot a^{-n} = 1.$$

Nous allons vérifier que les formules fondamentales dont nous venons de parler

$$a^n \cdot a^{n'} = a^{n+n'}, \tag{1}$$

$$(a^n)^p = a^{np}, \tag{2}$$

déjà démontrées quand les exposants sont 0, 1, 2, ... sont vraies encore quand ces exposants sont des entiers positifs ou négatifs quelconques. Quand un entier sera négatif, nous mettrons en évidence son signe.

Formule (1). — Un exposant est négatif

$$a^{-n} \cdot a^{n'} = \frac{1}{a^n} \cdot a^{n'} = \frac{a^{n'}}{a^n},$$

fraction que nous allons simplifier.

1° $n = n'$, nous retrouvons :

$$a^{-n} \cdot a^{n} = a^{0} = 1.$$

2° $n < n'$: $$\frac{a^{n'}}{a^{n}} = a^{n'-n} = a^{-n+n'};$$

3° $n > n'$: $$\frac{a^{n'}}{a^{n}} = \frac{1}{a^{n-n'}} = a^{-(n-n')} = a^{-n+n'}.$$

Si les deux exposants sont négatifs,

$$a^{-n} \cdot a^{-n'} = \frac{1}{a^{n}} \cdot \frac{1}{a^{n'}} = \frac{1}{a^{n} \cdot a^{n'}} = \frac{1}{a^{n+n'}} = a^{-(n+n')} = a^{-n-n'}.$$

Formule (2). — Trois cas sont à distinguer.

$$(a^{-n})^{p} = \left(\frac{1}{a^{n}}\right)^{p} = \frac{1}{(a^{n})^{p}} = \frac{1}{a^{np}} = a^{-np};$$

$$(a^{n})^{-p} = \frac{1}{(a^{n})^{p}} = \frac{1}{a^{np}} = a^{-np};$$

$$(a^{-n})^{-p} = \frac{1}{(a^{-n})^{p}} = \frac{1}{a^{-np}} = a^{np} = a^{(-n)(-p)}.$$

En particulier,

$$10^{-1} = 0,1 \quad ; \quad 10^{-2} = 0,01 \; ; \; \ldots$$

Soit le nombre $a = 0,000\,000\,03456$;

avançons la virgule de 8 rangs,

$$a = 3,456 \cdot 10^{-8}.$$

§ 4. — Racines.

63. — Racine carrée. — Il y a deux nombres algébriques qui ont pour carré un nombre positif a : l'un est positif, nous l'avons déjà rencontré, nous l'écrirons $\sqrt{a}$; l'autre, négatif, est l'opposé du précédent, il s'écrit $-\sqrt{a}$. Il n'y en a évidemment pas d'autre.

Le carré d'un nombre quelconque étant positif, *un nombre négatif n'a pas de racine carrée.*

Si donc on sait que

$$x^2 = a, \qquad (a \text{ positif})$$

on conclut que $x = \pm\sqrt{a}$,

c'est la résolution de l'équation du second degré.

Remarquons qu'on n'a

$$\sqrt{a^2} = a$$

que si a est positif ; si au contraire a est négatif,

$$\sqrt{a^2} = -a;$$

dans tous les cas $\sqrt{a^2} = |a|$.

Pour la même raison,

$$a + \sqrt{a^2} = 2a, \quad \text{si } a \text{ est positif,}$$

mais $a + \sqrt{a^2} = 0$, si a est négatif.

64. — Racine $m^{\text{ième}}$. — Supposons d'abord m pair; cherchons un nombre x tel que

$$x^m = a.$$

Il n'y en a pas si a est négatif; si a est positif, il y en a deux

$$x = \pm\sqrt[m]{a}.$$

Si m est impair, la même *équation* a toujours une solution

$$x = \sqrt[m]{a} \qquad \text{si } a \text{ est positif,}$$

$$x = -\sqrt[m]{-a} \qquad \text{si } a \text{ est négatif.}$$

Dans ce dernier cas, on peut écrire

$$x = \sqrt[m]{a}.$$

le second membre étant le nombre dont la puissance $m^{\text{ième}}$ égale a; il est cependant prudent de n'écrire sous les radicaux que des nombres positifs.

65. — Problèmes. — On a souvent à résoudre les problèmes suivants :

1° ***Calculer deux nombres, connaissant leur somme* s *et leur différence* d.**

Supposons que ces nombres existent, appelons-les x et y :

$$\begin{cases} x+y=s, \\ x-y=d. \end{cases}$$

Additionnons et retranchons membre à membre, nous trouvons

$$x=\frac{s+d}{2}, \qquad y=\frac{s-d}{2}.$$

On vérifiera que les nombres ont bien les propriétés demandées.

2° ***Calculer deux nombres, connaissant leur somme* s *et leur produit* p.**

Supposons encore l'existence de ces nombres et appelons-les x et y; le problème se ramène au précédent grâce à l'identité

$$(x-y)^2=(x+y)^2-4xy.$$

On aura, en effet,

$$(x-y)^2=s^2-4p,$$

ce qui exige que s^2-4p soit positif.

Supposons cette condition vérifiée et appelons x le plus grand des deux nombres :

$$x-y=\sqrt{s^2-4p}.$$

Finalement

$$x=\frac{s+\sqrt{s^2-4p}}{2}, \qquad y=\frac{s-\sqrt{s^2-4p}}{2}.$$

3° ***Calculer deux nombres, connaissant leur différence* d *et leur produit* p.**

L'identité que nous venons de rappeler permet de calculer leur somme : on retrouve le premier problème.

§ 5. — Application aux vecteurs.

66. — Nous représentons par $-\vec{a}$, le vecteur opposé à $\vec{a}$. Ayant défini l'addition des vecteurs, nous savons ce que signifie « multiplier un vecteur par un nombre entier, diviser un vecteur par un nombre entier, multiplier un vecteur par un nombre rationnel ». Ensuite, nous conviendrons que multiplier un vecteur par un nombre négatif, c'est le multiplier par sa valeur absolue et changer son sens; $-\vec{a}$ est le produit de $\vec{a}$ par -1.

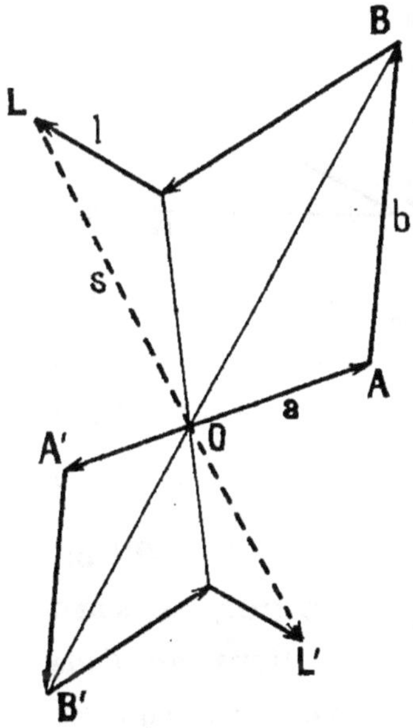

Fig. 26.

Pour retrancher un vecteur, il faut ajouter le vecteur opposé (n° **38**); donc retrancher $\vec{a}$, c'est ajouter $-\vec{a}$:

$$\vec{b}-\vec{a}=\vec{b}+(-\vec{a}). \text{ (fig. 18)}$$

Pour multiplier une somme de vecteurs *par un nombre algébrique*, il suffit de multiplier chaque vecteur par ce nombre et d'ajouter les résultats ; autrement dit, si

$$\vec{s}=\vec{a}+\vec{b}+\vec{c}+\ldots+\vec{l},$$
$$m\vec{s}=m\vec{a}+m\vec{b}+\ldots+m\vec{l}.$$

Faisons, en effet, une homothétie de rapport m par rapport à O :

$$(\text{OA}')=m\vec{a}, \quad (\text{OB}')=m\vec{b}, \ldots \quad (\text{OL}')=m\vec{s},$$

etc....

De la même manière, si

$$\vec{d}=\vec{a}-\vec{b},$$
$$m\vec{d}=m\vec{a}-m\vec{b}.$$

67. — Projection d'un vecteur. — On appelle projection d'un point sur une droite le pied de la perpendiculaire abaissée du point sur la droite.

Ce point est déterminé par l'intersection de la droite et d'un plan mené par ce point perpendiculairement à cette droite.

On appelle **projection d'un vecteur sur un axe** *la mesure algébrique du vecteur qui a pour origine la projection de l'origine du vecteur et pour extrémité celle de son extrémité.*

$$\text{proj. } AB = \overline{A'B'}. \qquad \text{(fig. 27)}$$

Si le vecteur est perpendiculaire à l'axe, sa projection

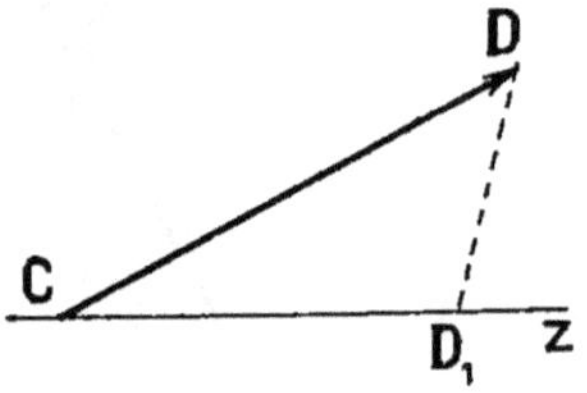

est nulle; la réciproque est vraie (si le vecteur projeté n'est pas nul).

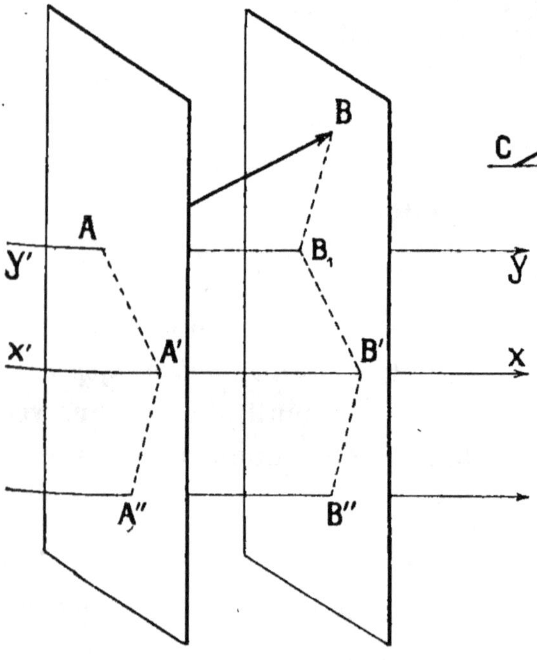

Fig. 27.

68. — Théorème. — *Les projections de deux vecteurs équipollents sont égales.*

Remarquons que :

1° Deux vecteurs équipollents portés par des axes de même sens ont même mesure algébrique ;

2° Les projections d'un vecteur sur deux axes parallèles et de même sens sont égales.

Les deux vecteurs A'B', A''B'' dont nous considérons les mesures algébriques sont, en effet, déterminés par les mêmes plans projetants, ils sont équipollents (A'A" et B'B" sont parallèles).

Menons en particulier, par A, un axe parallèle à $x'x$,

$$\text{proj. } AB = \overline{AB_1}.$$

Si nous avons deux vecteurs équipollents AB et CD et un axe $x'x$, nous les projetterons sur des axes parallèles à $x'x$; les vecteurs AB_1, CD_1 dont il faut prendre les mesures algébriques sont équipollents, car la translation qui amène AB sur CD fait coïncider AB_1 avec CD_1.

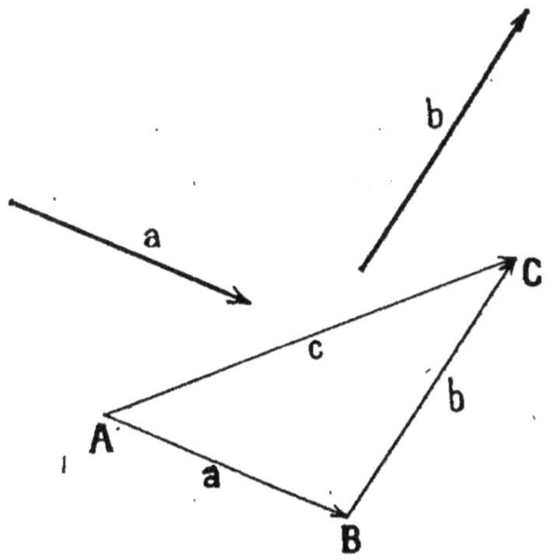

Fig. 28.

68 bis. — Théorème des projections. — ***La projection de la somme de plusieurs vecteurs est égale à la somme des projections de ces vecteurs.***

Prenons d'abord le cas de deux vecteurs. D'après ce qui précède, nous pouvons supposer que les vecteurs sont AB et BC dont AC est la somme.

Nous disons que

$$\text{proj. } AC = \text{proj. } AB + \text{proj. } BC,$$

ou

$$\overline{A'C'} = \overline{A'B'} + \overline{B'C'}:$$

c'est la formule de Chasles-Möbius (nº **46**).

Quand on compose deux vecteurs (opération géométrique), on ajoute leurs projections (opération algébrique). Le théorème est vrai pour deux vecteurs, il l'est par conséquent pour un nombre quelconque.

69. — Un vecteur n'est pas en général susceptible de mesure algébrique; on ne peut évidemment, avec les deux signes + et —, distinguer une infinité de directions.

Mais, si les vecteurs sont parallèles, on affectera leur longueur du signe + ou du signe — suivant qu'ils auront un sens ou le sens contraire.

Pour appliquer le calcul algébrique aux vecteurs dans le cas général, nous introduirons leurs projections sur 3 axes rectangulaires.

Toutes les fois qu'une grandeur peut être représentée par un vecteur, ce vecteur peut être remplacé par d'autres dont il est la somme et qui ont même point d'application.

Soient 3 axes rectangulaires Ox, Oy, Oz; nous décomposerons le vecteur en 3 autres parallèles à ces axes.

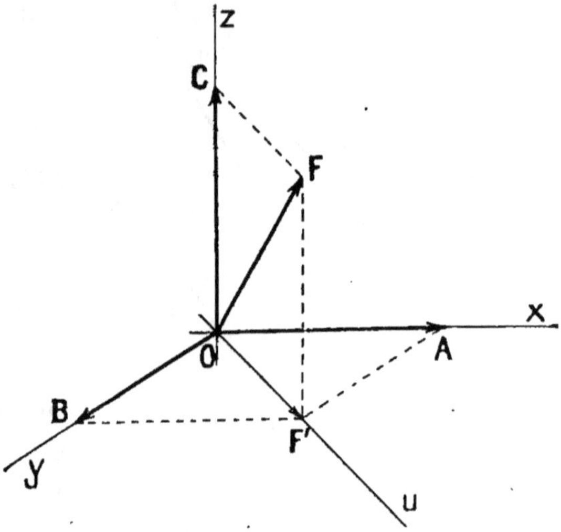

Fig. 29.

Soit OF le vecteur équipollent appliqué en O; menons le plan FOz qui coupe le plan xOy suivant Ou, nous décomposerons F suivant Ou et Oz par la règle du parallélogramme; ensuite, nous décomposerons de la même manière F′ suivant les directions Ox et Oy. Nous obtenons ainsi 3 vecteurs OA, OB, OC tels que

$$(OA) + (OB) + (OC) = (OF).$$

Ainsi, ***tout vecteur peut être décomposé en trois vecteurs parallèles aux axes et dont les mesures algébriques sont les projections du vecteur sur les axes.***

Ces projections sont les coordonnées du point F. Appelons-les X, Y, Z.

$$X = \overline{OA}, \quad Y = \overline{OB}, \quad Z = \overline{OC}.$$

70. — Somme de plusieurs vecteurs. — Donnons-nous chaque vecteur par ses projections et soient

$$F_1(X_1, Y_1, Z_1), \quad F_2(X_2, Y_2, Z_2), \ldots \quad F_n(X_n, Y_n, Z_n)$$

ces vecteurs. Appelons X, Y, Z les projections de la somme, c'est-à-dire les mesures algébriques de ses composantes parallèles aux axes.

Le théorème des projections donne

$$X = X_1 + X_2 + \ldots + X_n = \Sigma X_1,$$
$$Y = Y_1 + Y_2 + \ldots + Y_n = \Sigma Y_1,$$
$$Z = Z_1 + Z_2 + \ldots + Z_n = \Sigma Z_1.$$

ΣX_1 signifie « somme des quantités analogues à X_1 ».

X, Y, Z déterminent évidemment la somme des vecteurs.

Géométriquement, on a décomposé les n vecteurs parallèlement aux axes; X est la mesure algébrique de la somme des composantes parallèles à Ox.

Inversement, des calculs algébriques peuvent s'interpréter à l'aide de vecteurs :

71. — Centre des moyennes distances. — Convenons de compter la distance d'un point à un plan positivement quand il est d'un côté de ce plan et négativement dans le cas contraire.

Nous allons montrer qu'étant donné n points dans l'espace, *il existe un point dont la distance à un plan quelconque est la moyenne des distances des points à ce plan.*

Soient $M_1(x_1, y_1, z_1) \ldots M_n(x_n, y_n, z_n)$ ces points.

Si ce point G existe, il a pour coordonnées

$$x = \frac{x_1 + x_2 + \ldots + x_n}{n}, \qquad y = \frac{y_1 + y_2 + \ldots + y_n}{n},$$
$$z = \frac{z_1 + z_2 + \ldots + z_n}{n}.$$

car z_1 est la distance de M_1 au plan xOy, comptée positivement du côté de Oz.

Il faut montrer que la propriété est vérifiée par ce point G relativement à un plan quelconque. Nous éviterons tout calcul en raisonnant de la manière suivante.

Considérons les n vecteurs $OM_1, OM_2, \ldots, OM_n$ et leur résultante OR, les projections de OG sont nx, ny, nz :

$$(OR) = n\,(OG).$$

Nous aurons la propriété pour un plan quelconque en projetant sur un axe perpendiculaire.

§ 6. — Égalités et inégalités.

72. — Égalités. — Nous réunissons ici, relativement aux égalités, trois théorèmes fréquemment appliqués.

1° *Si*
$$a = b :$$
$$a + c = b + c,$$

et réciproquement. La réciproque se montre en retranchant c aux deux membres (voy. n° **50**).

2° *Si*
$$a = b :$$
$$ac = bc.$$

C'est aussi simple. *La réciproque est vraie si* c *n'est pas nul;* on passe, en effet, de la seconde égalité à la précédente en divisant les deux membres par c.

Si c est nul, on ne peut plus parler de division par c; quels que soient a et b, on a d'ailleurs

$$a \cdot 0 = b \cdot 0,$$

la réciproque n'est donc plus vraie.

3° *Si*
$$a = b :$$
$$a^2 = b^2.$$

Réciproquement, supposons $a^2 = b^2$; comme deux nombres algébriques qui ont même carré sont égaux ou opposés, on a $a = b$ ou $a = -b$.

Donc, si la seconde égalité est vérifiée, la première l'est seulement si a et b ont le même signe.

73. — Inégalités. — *Si* a *et* b *sont deux nombres différents, on dit que* b *est plus grand que* a (et l'on écrit $b > a$), *si* b *est égal à* a *plus un nombre positif.*

Or, le nombre qu'il faut ajouter à a pour avoir b est la différence $b-a$; il est équivalent de dire : b est plus grand que a quand la différence $b-a$ est positive:

Si $b > a$, $b-a$ positif;
De même, $b < a$, si $b-a$ négatif;

cette définition se confond avec celle de $a > b$.

Géométriquement, considérons a et b comme les abscisses de deux points A et B : le nombre qu'il faut ajouter à $a=\overline{OA}$ pour avoir $b=\overline{OB}$, c'est $\overline{AB}$; donc s $b > a$, $\overline{AB}$ ***est positif*** : B ***est à droite de*** A.

Pour savoir, de deux nombres algébriques, quel est le plus grand, il faut chercher le signe de leur différence.

De l'égalité $$a - 0 = a,$$

on conclut : *Tout nombre positif est supérieur à zéro*, tout nombre négatif est inférieur à zéro. Nous écrirons dorénavant

$a > 0$, au lieu de a positif;
$a < 0$ — a négatif.

74. — Accroissement. — Pour qu'un nombre variable passe de la valeur a à la valeur b, il faut lui ajouter $b-a$ qu'on appelle son accroissement. Le nombre n'a véritablement grandi que si $b > a$; si $b < a$, il a diminué; on dit qu'il a subi un accroissement négatif.

75. — Intervalle. — ***On appelle intervalle*** (a, b) ***l'ensemble des nombres compris entre*** a ***et*** b ($a < b$).

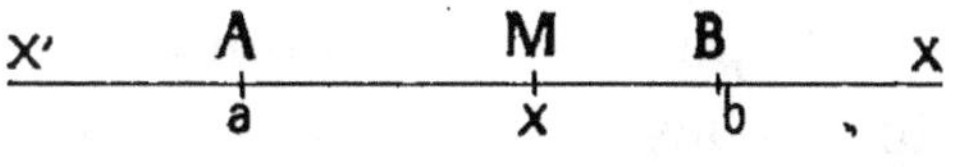

Fig. 30.

Soit x un de ces nombres, le point M dont il est l'abscisse est sur le segment AB. Si M se déplace de A à B, x croît de a à b.

L'ensemble des nombres inférieurs à a forment l'intervalle $(-\infty, a)$; celui des nombres supérieurs à b forment l'intervalle $(b, +\infty)$. Si M se déplace de l'*infini à gauche* jusqu'à b, on dit que x croît de $-\infty$ à a ; s'il va de A à B, x croît de a à b, etc....

76. — Signe d'un produit de facteurs de la forme $x-a$. — x est un nombre variable. $x-a$ est négatif si $x<a$ et positif si $x>a$; il passe du négatif au positif en s'annulant.

Considérons le produit de quatre facteurs

$$y=(x-a)(x-b)(x-c)(x-d)$$

où

$$a<b<c<d.$$

Géométriquement, si a, b, c, d, x sont les abscisses de points A, B, C, D, M : $y=\overline{AM}\,.\,\overline{BM}\,.\,\overline{CM}\,.\,\overline{DM}$.

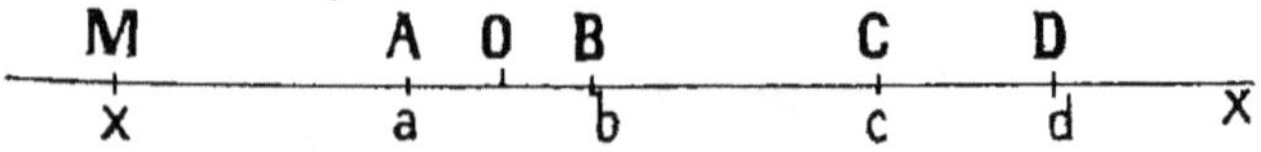

Fig. 31.

Faisons croître x de $-\infty$ à $+\infty$; chaque facteur change de signe en s'annulant, donc aussi le produit. Les facteurs sont d'abord tous négatifs, leur nombre est pair, leur produit est positif.

Le signe de y est indiqué dans le tableau suivant :

x	$-\infty$		a		b		c		d		$+\infty$
y		$+$		$-$		$+$		$-$		$+$	

Il peut arriver que plusieurs facteurs soient égaux. Supposons que

$$y=(x-a)(x-b)^2(x-c).$$

Ici, le facteur $(x-b)^2$ est positif, il s'annule sans changer de signe. Pour toutes les valeurs de x (autres que b; si $x=b$, y n'a pas de signe), y a même signe que

$$(x-a)(x-c).$$

Prenons maintenant le cas où un facteur a un exposant impair

$$y=(x-a)(x-b)^3(x-c).$$

$(x-b)^5$ a le signe de $x-b$, le signe de y est celui de

$$(x-a)(x-b)(x-c).$$

77. — Moyennes. — Relativement à deux nombres a et b $(a<b)$, nous considérons souvent trois moyennes.

MOYENNE ARITHMÉTIQUE : ***c'est un nombre* m *qui diffère autant de* a *que de* b :**

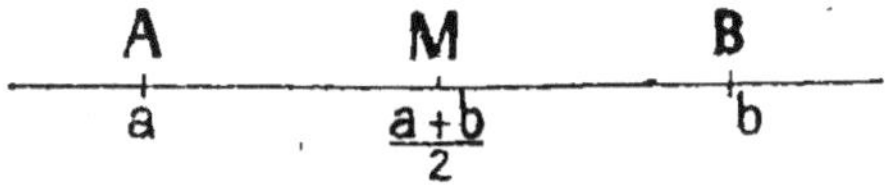

Fig. 32.

$$m-a=b-m:$$

$$\boldsymbol{m=\frac{a+b}{2}}.$$

Si a et b sont les abscisses de deux points A et B, m est l'abscisse du milieu de AB puisque $\overline{AM}=\overline{MB}$.

MOYENNE GÉOMÉTRIQUE OU MOYENNE PROPORTIONNELLE : Elle n'a de sens que si a et b sont positifs ; ***c'est un nombre positif* g *tel que***

$$\frac{a}{g}=\frac{g}{b};$$

les deux rapports sont inférieurs à 1, g est compris entre a et b.

$$\boldsymbol{g=\sqrt{ab}}.$$

MOYENNE HARMONIQUE : Elle est définie par l'équation

$$\frac{1}{h}=\frac{1}{2}\left(\frac{1}{a}+\frac{1}{b}\right).$$

$$\boldsymbol{h=\frac{2ab}{a+b}}.$$

Elle n'est véritablement *moyenne*, c'est-à-dire comprise entre a et b, que si a et b sont de même signe.

Il faut et il suffit, en effet, que $h-a$ et $h-b$ soient de signe contraire ou $(h-a)(h-b)<0$. Or,

$$h-a=\frac{a(b-a)}{a+b},\quad h-b=\frac{b(a-b)}{a+b},$$

$$(h-a)(h-b)=-ab\left(\frac{b-a}{a+b}\right)^2:$$

ab doit être >0.

Supposons a et b positifs; on a alors

$$h < g < m.$$

Les formules précédentes montrent d'abord que h diffère moins de a que de b : $h < m$.

Plus directement

$$m - h = \frac{a+b}{2} - \frac{2ab}{a+b} = \frac{(a-b)^2}{2(a+b)} > 0.$$

Quant à g, il est compris entre m et h ; c'est en effet leur moyenne géométrique, puisque

$$mh = g^2 = ab.$$

Si l'on veut comparer directement m à g, on fera la différence $m - g$ ou bien

$$m \qquad = \left(\frac{a+b}{}\right)^2 - ab = \left(\frac{a-b}{2}\right)^2.$$

Sur la figure.

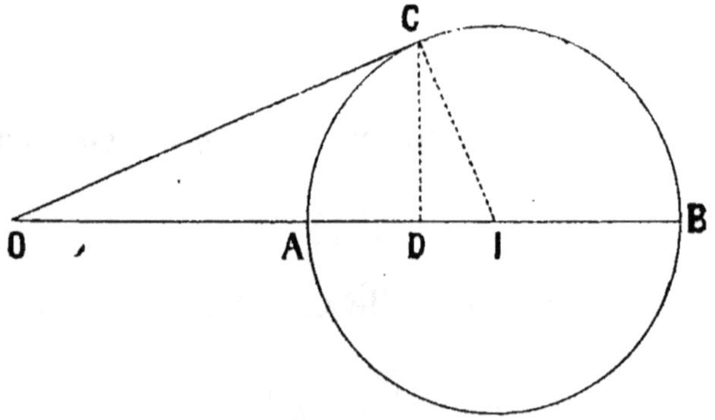

Fig. 33.

$$OA = a, \quad OB = b, \quad OI = m, \quad OC = g, \quad OD = h.$$

Avec n nombres quelconques $a, b, c, \ldots\ l$, les moyennes sont définies par les formules

$$m = \frac{a+b+c+\ldots+l}{n},$$

$$\frac{n}{h} = \frac{1}{a} + \frac{1}{b} + \frac{1}{c} + \cdot\cdot + \frac{1}{l},$$

$$g = \sqrt[n]{abc\ldots l};$$

il n'y a de moyenne géométrique qu'avec des nombres positifs.

78. — Théorèmes sur les inégalités. — 1° *Si*

$$a > a' :$$
$$a + c > a' + c$$

et réciproquement.

En effet, puisque $a > a'$,

$$a = a' + d, \qquad (d > 0)$$
$$a + c = (a' + c) + d, \qquad \text{etc....}$$

Plus rapidement, les deux différences

$$a - a', \qquad a + c - (a' + c)$$

sont égales, elles ont donc le même signe.

Considérons a et a' comme les abscisses de deux points A et A', A'A a le sens positif. L'addition de c revient à donner la translation c au vecteur A'A : on ne change pas son sens.

Pour énoncer ce résultat, il est commode de considérer a' et a comme deux valeurs prises successivement par un nombre variable. Nous supposons qu'il passe de la valeur a' à la valeur a. Alors si $a > a'$, il a augmenté; si $a < a'$, il a diminué :

Supposons qu'un nombre variable augmente, ajoutons-lui un nombre constant, le nombre obtenu augmente aussi.

2° ***Soit*** c ***un nombre positif.***

Si

$$a > a' :$$
$$ac > a'c$$

et réciproquement.

Par hypothèse,

$$a = a' + d, \qquad (d > 0)$$
$$ac = a'c + cd.$$

et cd est positif.

Si c est négatif, cd l'est aussi ; alors

$$ac < a'c,$$

il faut changer le sens de l'inégalité.

On peut dire aussi : les différences

$$a - a', \qquad ac - a'c = (a - a')c$$

ont le même signe.

Reprenons les points A et A'; si c est positif, nous faisons, par rapport à l'origine, une homothétie directe de rapport c : nous ne changeons pas le sens de A'A. Le contraire a lieu si c est négatif.

Si un nombre augmente, son produit par un nombre positif augmente ; son produit par un nombre négatif diminue.

En particulier, prenons $c = -1$:

Si un nombre augmente, son opposé diminue.

3° ***Si l'on a*** $$a > a',$$ $$b > b',$$

on a aussi $$a + b > a' + b'.$$

En effet, la différence

$$a + b - (a' + b') = (a - a') + (b - b'),$$

somme de deux nombres positifs.

Lorsque plusieurs nombres grandissent, leur somme grandit.

4° a, a', b, b' ***étant des nombres positifs, si l'on a, à la fois***

$$a > a',$$ $$b > b',$$

on a aussi $$ab > a'b'.$$

Autrement dit : ***Si deux nombres positifs augmentent, leur produit augmente.***

En changeant successivement les deux facteurs, on est ramené au cas précédent

$$ab > ab' > a'b'.$$

Le théorème s'applique évidemment à un nombre quelconque de facteurs positifs.

En particulier, ***si un nombre positif*** a ***augmente, ses puissances successives*** a^2, a^3..., ***augmentent.***

REMARQUE. — On peut avoir un produit de facteurs qui ne sont pas positifs mais dont les valeurs absolues augmentent; on est donc sûr que la valeur absolue du produit augmente. Pour conclure relativement au produit, il suffit de connaître son signe : s'il est +, le produit augmente; s'il est —, il diminue.

Par exemple, *si* a *est un nombre qui augmente par valeurs négatives* (sa valeur absolue diminue), *ses puissances paires* a^2, a^4, ... *diminuent, les puissances impaires* a^3, a^5, ... *augmentent.*

5° ***Soient*** a ***et*** a′ ***deux nombres de même signe; si***

$$a > a' :$$

$$\frac{1}{a} < \frac{1}{a'}.$$

Par hypothèse, $a - a' > 0$;

or $$\frac{1}{a} - \frac{1}{a'} = -\frac{a - a'}{aa'},$$

et comme $a - a'$ et aa' sont positifs,

$$\frac{1}{a} - \frac{1}{a'} < 0 \quad \text{ou} \quad \frac{1}{a} < \frac{1}{a'}.$$

Si un nombre grandit par valeurs positives, son inverse diminue; la conclusion est la même si le nombre grandit par valeurs négatives.

EXERCICES

3. Simplifier les expressions :

1° $7a - \{3a - [5a - (4a - 2a)]\}$.

2° $a - (b - c) + a + (b - c) + b - (c + a)$.

3° $a - \{2a - [3b - (4c - 2a)]\}$.

4° $-\{a - [b - (c - a)]\} - \{b - [c - (a - b)]\}$.

5° $a - \{2b + [3c - 3a - (a + b)] + 2a - (b + 3c)\}$.

6° $2[3a - (4b - 5c)] + 4[4a - (5b - 2c)] + 4[5a - 3(b - c)]$.

7° $4a + \{3a - [(2 - 4a) - (4a - 2)]\}$.

8° $2a - b - (3a - 2b) + (2a - 3b) - (a - 2b)$.

9° $(2ab - 3c)(2ab + 3c)$.

10° $(2ab + 3c)^2$, $(2ab - 3c)^3$.

11° $(a + b + c)^2 - 2c(a + b + c) + c^2$.

12° $(a + b)^4 - 2(a^2 + b^2)(a + b)^2 + 2(a^4 + b^4)$.

13° $(a+b+c)^2+(b+c-a)^2+(c+a-b)^2+(a+b-c)^2$.

14° $(a-b)(a+b+2c)+(b-c)(b+c+2a)$
$+(c-a)(c+a+2b)$.

15° $(x-1)(x-2)+(x-2)(x-3)-2(x-1)(x-3)-2$.

4. Montrer que si

$$x^2+y^2=1,$$

on a aussi

$$(3x-4x^3)^2+(3y-4y^3)^2=1.$$

5. Trouver la valeur du polynôme

$$3x^3-2x^2+5x-4$$

quand x égale -3, -2, -1, 0, 1, 2.

6. Vérifier l'identité de Lagrange

$$(x^2+y^2+z^2)(a^2+b^2+c^2)-(ax+by+cz)^2=(bz-cy)^2$$
$$+(cx-az)^2+(ay-bx)^2.$$

Trouver le minimum de $x^2+y^2+z^2$; x, y, z étant liés par la relation

$$ax+by+cz=d.$$

7. Montrer que si l'équation

$$ax+by=c$$

admet une solution (α, β) telle que $\alpha^2+\beta^2 \leqslant 1$, on a nécessairement

$$a^2+b^2>c^2.$$

8. Montrer que, si

$$\frac{a}{b}=\frac{c}{d}=\frac{e}{f} \quad : \quad \frac{a^2+c^2+e^2}{ab+cd+ef}=\frac{ab+cd+ef}{b^2+d^2+f^2}.$$

9. Si

$$\frac{x}{a^2}=\frac{y}{b^2}=\frac{z}{c^2} \quad : \quad \frac{x+y+z}{a^2+b^2+c^2}=\frac{\frac{x}{a}+\frac{y}{b}+\frac{z}{c}}{a+b+c}.$$

10. Si $\frac{y}{x}=\frac{2}{3}$, calculer $\frac{5x-y}{3x+2y}$.

11. Sachant que $\operatorname{tg} x=\frac{m}{n}$, calculer :

$$\frac{a\sin x+b\cos x}{a'\sin x+b'\cos x},$$
$$\frac{\sin(x+a)}{\cos(x+a)},$$
$$\frac{\sin(x+a)}{\sin(x+b)},$$
$$\frac{a\sin^2 x+b\sin x\cos x+c\cos^2 x}{a'\sin^2 x+b'\sin x\cos x+c'\cos^2 x},$$
$$a\sin^2 x+b\sin x\cos x+c\cos^2 x,$$
$$\sin 2x, \qquad \cos 2x,$$
$$\sin(x+a)\cos(x+b).$$

12. Soient $F_1, F_2 \ldots F_n$ des forces constantes appliquées à un point mobile M, et R leur résultante ; montrer que si M décrit un segment de droite,

$$\mathfrak{T}.\,R = \mathfrak{T}.\,F_1 + \mathfrak{T}.\,F_2 + \ldots \mathfrak{T}.\,F_n.$$

Montrer que, si $(R) = (F_1) + (F_2) + \ldots + (F_n)$: à travers une aire plane,

$$\text{flux } R = \Sigma \text{ flux } F_1.$$

13. 1° b et b' étant rationnels non carrés parfaits.

$$\sqrt{b} + \sqrt{b'}, \qquad \sqrt{b} - \sqrt{b'}$$

ne sont rationnels ni l'un ni l'autre.

(On écrira, p. ex. $\sqrt{b} = a - \sqrt{b'}$, puis on élèvera au carré ; si le nombre a était rationnel, il en serait de même de $\sqrt{b'}$.)

2° a, a', b, b' étant rationnels mais $\sqrt{b}$ irrationnel, l'égalité

$$a + \varepsilon\sqrt{b} = a' + \varepsilon'\sqrt{b'} \qquad (\varepsilon = \pm 1, \ \varepsilon' = \pm 1)$$

entraîne les suivantes

$$a = a', \qquad b = b', \qquad \varepsilon = \varepsilon'$$

14. a, b, x et y étant des nombres rationnels mais b irrationnel, l'égalité

$$\sqrt{a + \varepsilon\sqrt{b}} = \sqrt{x} + \varepsilon'\sqrt{y}$$

entraîne les suivantes

$$\begin{cases} x + y = a, \\ xy = \dfrac{b}{4}. \end{cases}$$

Si l'on se donne a et b on peut vouloir calculer x et y : *il faut que a soit positif* (on l'a supposé tel si $\varepsilon < 0$) et $a^2 - b$ carré parfait. Mais si a et $a^2 - b$ sont positifs, on peut écrire

$$\sqrt{a + \varepsilon\sqrt{b}} = \sqrt{\frac{a + \sqrt{a^2 - b}}{2}} + \varepsilon\sqrt{\frac{a - \sqrt{a^2 - b}}{2}}.$$

Qu'obtient-on en appliquant cette transformation à chacun des termes du second membre ?

15. Simplifier les expressions

$$\sqrt{6 + 4\sqrt{2}} + \sqrt{11 - 6\sqrt{2}}; \qquad \sqrt{5 + \sqrt{24}} + \sqrt{8 - \sqrt{60}} - \sqrt{7 + \sqrt{40}}$$

CHAPITRE IV

CALCUL ALGÉBRIQUE

§ 1. — Expressions algébriques.

79. — *Une* **expression algébrique** *est l'indication de calculs à effectuer sur des nombres algébriques; les uns sont donnés, les autres sont représentés par des lettres.*

Les opérations dont il est question sont l'addition, la multiplication, l'élévation à une puissance et leurs inverses, la soustraction, la division et l'extraction de racine.

Une expression algébrique est **rationnelle** *quand aucune lettre ne figure sous un radical*; les nombres donnés peuvent être irrationnels au sens de l'Arithmétique. Des expressions algébriques

$$a + b\sqrt{2}, \qquad a + 2\sqrt{b},$$

la première est rationnelle, la seconde est irrationnelle.

Dans une expression algébrique, les calculs ne peuvent être qu'*indiqués*; en disant quelles valeurs numériques on attribue aux lettres, on pourra effectuer les opérations; on aura ainsi la *valeur numérique* de l'expression algébrique.

En écrivant une expression algébrique, on suppose toujours les lettres remplacées par des nombres qui leur donnent un sens.

Dans l'expression $\frac{1}{a}$ on ne donnera pas à a la valeur 0; dans $\sqrt{a}$, on ne donnera pas à a de valeurs negatives.

L'expression

$$\frac{\sqrt{a-b}}{c-d}$$

n'a de sens que si $a > b$ et $c \neq d$.

Il est inutile de considérer des expressions telles que $\sqrt{-1-a^2}$ qui n'ont aucun sens quel que soit a.

En combinant au moyen des signes de l'Algèbre des expressions algébriques, on forme de nouvelles expressions algébriques.

Soit A et B deux expressions rationnelles; les deux expressions irrationnelles

$$A-\sqrt{B}, \qquad A+\sqrt{B},$$

qui ne diffèrent que par le signe mis devant le radical, sont dites *conjuguées*. Leur somme et leur produit

$$2A \quad \text{et} \quad A^2-B$$

sont des expressions rationnelles, c'est leur propriété caractéristique.

De la même manière, en Arithmétique,

$$3-\sqrt{7}, \qquad 3+\sqrt{7}$$

sont des nombres irrationnels conjugués.

80. — Expressions algébriques équivalentes. — ***Ce sont des expressions qui ont la même valeur numérique pour chaque système de valeurs des lettres.*** Dans toutes les égalités des chapitres précédents, les deux membres sont équivalents.

81. — Monôme entier. — ***C'est un produit de nombres algébriques : les uns sont donnés, les autres sont représentés par des lettres.***

On peut attribuer aux lettres toutes les valeurs possibles. Puisqu'on peut remplacer des facteurs par leur produit effectué, nous mettrons le monôme sous la forme du produit d'un facteur numérique et de puissances de facteurs littéraux différents

$$-\frac{2}{3}\cdot a\cdot b\cdot\frac{4}{5}\cdot a^2\cdot c\cdot b=-\frac{8}{15}a^3b^2c.$$

Le coefficient $-\frac{8}{15}$ est le produit des facteurs numériques, **la partie littérale** a^3b^2c est le produit des facteurs littéraux.

Si le coefficient est ± 1, on ne l'écrit pas :

$$a^2b \quad \text{et} \quad -a^2b$$

ont pour coefficients $+1$ et -1.

Le degré d'un monôme entier est le nombre des facteurs littéraux; notre monôme est du sixième degré en a, b, c; il est du troisième degré en a, du second degré en b et du premier degré en c. En considérant c comme ayant l'exposant 1, le degré du monôme est la somme des exposants des facteurs littéraux.

82. — Monômes semblables. — ***Ce sont des monômes qui ont même partie littérale.***

Une somme de monômes semblables peut être remplacée par un monôme unique obtenu en mettant en facteur la partie littérale

$$-\frac{3}{5}a^3b^2c+\frac{4}{3}a^3b^2c-a^3b^2c=\left(-\frac{3}{5}+\frac{4}{3}-1\right)a^3b^2c=-\frac{4}{15}a^3b^2c.$$

Une somme de monômes semblables est équivalente à un mônome semblable ayant pour coefficient la somme des coefficients.

83. — Polynôme entier. — ***C'est une somme de monômes entiers.***

Il faut remplacer les termes semblables par un seul : c'est ce qu'on appelle ***faire la réduction de termes semblables.***

Souvent, dans un polynôme, on considère les nombres représentés par des lettres comme variables; les lettres que l'on prend sont x, y, z....

Le polynôme

$$3x^2y + 4xy^2 - 5x^2 + 6y + 7$$

est à deux variables; ses coefficients sont 3, 4, — 5, 6 et 7, il n'y a aucun inconvénient à appeler coefficient le terme constant.

Le degré d'un polynôme est le plus grand des degrés de ses termes; le polynôme précédent est du 3ᵉ degré en x et y.

Il peut arriver qu'on porte particulièrement son attention sur la variable x, on écrit alors le polynôme

$$(3y - 5)x^2 + 4y^2 . x + (6y + 7),$$

c'est un polynôme du second degré en x dont les coefficients sont

$$3y - 5, \qquad 4y^2, \qquad (6y + 7).$$

Les coefficients peuvent aussi être représentés par des lettres; pour les distinguer des variables, on prend les premières lettres de l'alphabet.

Tous les polynômes du premier et du second degré en x et y peuvent s'écrire

$$ax + by + c,$$
$$ax^2 + 2bxy + cy^2 + 2dx + 2ey + f.$$

84. — Polynôme symétrique en *x* et *y*. — ***Il est symétrique s'il ne change pas quand on y permute* x *et* y.**

Un terme tel que $5x^3y^3$ est son propre symétrique; si un terme est $4x^5y^2$, le polynôme doit contenir son symétrique $4x^2y^5$, et ces deux termes réunis donnent

$$4x^2y^2(x^3 + y^3).$$

Si l'on pose

$$x + y = s, \qquad xy = p,$$

nous allons montrer que notre polynôme est un nouveau polynôme en s *et* p. Autrement dit, pour calculer la valeur numérique du polynôme donné, il suffit de connaître les valeurs numériques de $x + y$ et xy, ce qui est particulièrement important, si x et y sont les racines d'une équation du second degré.

Il suffit de démontrer le théorème pour le polynôme symétrique

$$s_n = x^n + y^n.$$

Le théorème est vrai pour $x^2 + y^2$, car

$$s_2 = x^2 + y^2 = (x + y)^2 - 2xy = s^2 - 2p.$$

Multiplions membre à membre les égalités

$$s_n = x^n + y^n,$$
$$s = x + y.$$
$$ss_n = x^{n+1} + y^{n+1} + xy\,(x^{n-1} + y^{n-1}) = s_{n+1} + ps_{n-1}$$

d'où l'on tire

$$s_{n+1} = ss_n - ps_{n-1}.$$

On sait donc calculer une somme connaissant les deux précédentes; ayant $s = s_1$ et s_2, nous aurons

$$s_3 = ss_2 - ps,$$
$$s_4 = ss_3 - ps_2,$$
$$\cdots\cdots$$

Nous savons aussi exprimer en fonction de s et p le rapport de deux polynômes symétriques. En particulier,

$$s_{-n} = x^{-n} + y^{-n}:$$
$$s_{-n} = \frac{1}{x^n} + \frac{1}{y^n} = \frac{x^n + y^n}{x^n y^n},$$
$$s_{-n} = \frac{s_n}{p^n}.$$

85. — Polynôme homogène. — *Tous les termes ont le même degré.*

Considérons seulement les polynômes homogènes en x et y, les parties littérales de leurs termes sont

$$x, \; y;$$
$$x^2, \; xy, \; y^2;$$
$$x^3, \; x^2y, \; xy^2, \; y^3.$$
$$\cdots\cdots\cdots$$

Parmi ces polynômes se trouvent les puissances successives de $x+y$.

86. — Fonction. — Une expression algébrique contenant une variable x est une fonction de x; si elle contient deux variables x et y, c'est une fonction de x et de y ....

Si deux grandeurs variables sont telles que l'une soit déterminée quand l'autre est choisie, on dit que l'une (celle que l'on veut) ***est fonction de l'autre*** : la longueur d'un cercle est une fonction de son rayon; une corde d'un cercle est une fonction de l'arc correspondant; la longueur d'une barre métallique est une fonction de sa température.

Une grandeur variable est fonction de deux autres si elle est déterminée quand les deux autres sont choisies : l'aire d'un rectangle est une fonction de sa base et de sa hauteur; le volume d'une certaine masse de gaz est une fonction de sa température et de sa pression.

A ces grandeurs correspondent leurs mesures; nous dirons, par exemple, que z est une fonction de x et de y, si z est déterminé quand x et y sont donnés. Nous écrirons

$$z = f(x, y),$$

le symbole f indiquant les opérations à faire sur x et y (elles peuvent être autres que celles de l'Algèbre) pour trouver z.

§ 2. — Addition et multiplication des polynômes en x.

87. — *On appelle* **polynôme en x** *une somme de termes de la forme* ax^α *où* x *est un nombre variable,* a *un nombre donné et* α *un entier.*

Quelques termes peuvent ne pas contenir x, c'est-à-dire être des constantes; comme $ax^0 = a$ (nº **62**), on les appelle quelquefois les termes de degré zéro.

Quand on a un polynôme en x, il faut d'abord le réduire et l'ordonner :

Le **réduire**, *c'est faire la réduction des termes semblables et celle des termes constants* (que nous pouvons considérer comme semblables).

L'ordonner, *c'est ranger les termes de manière qu'en lisant de gauche à droite les exposants aillent soit en diminuant, soit en augmentant.*

On dit que le polynôme est ordonné, dans le premier cas, suivant les puissances descendantes (ou décroissantes); dans le second cas, suivant les puissances ascendantes (ou croissantes) de la variable :

$$3x^2 - 15x + 7 - x^2 + 8 + 7x = 2x^2 - 8x + 15.$$

En réduisant et ordonnant un polynôme, on le remplace par un polynôme équivalent, d'après les théorèmes sur l'addition.

Si, en réduisant un polynôme, les termes de même degré se détruisent, le polynôme est dit *identiquement nul.*

88. — **Polynômes identiques.** — *Ce sont des polynômes réduits qui sont formés des mêmes termes.*

Un polynôme de degré n (ou d'ordre n) a $n + 1$ termes; ce polynôme étant ordonné suivant les puissances décroissantes de n, nous appellerons les coefficients

$$a_0, a_1, a_2, \ldots a_{n-1}, a_n;$$

a_n est le terme constant (coefficient de x^0). Le polynôme s'écrira donc.

$$a_0x^n + a_1x^{n-1} + a_2x^{n-2} + \dots + a_{n-1}x + a_n.$$

Si quelques coefficients sont nuls, le polynôme est dit *incomplet*.

Si les polynômes

$$a_0x^2 + a_1x + a_2 \quad \text{et} \quad 3x^2 - 7$$

sont identiques :

$$a_0 = 3, \qquad a_1 = 0, \qquad a_2 = -7.$$

Il n'est pas évident que deux polynômes équivalents (c'est-à-dire égaux pour toutes les valeurs de la variable) soient identiques ; nous le montrerons plus loin.

Remarque. — Étant donnés deux polynômes en x, A et B, il existe des polynômes dont la valeur numérique est toujours égale à leur somme, leur différence ou leur produit ; autrement dit, il existe des polynômes équivalents aux expressions algébriques

$$A + B, \qquad A - B, \qquad AB.$$

On en trouve en appliquant les règles d'addition, de soustraction et de multiplication des sommes, puis en faisant ensuite la réduction des termes semblables ; nous montrerons ensuite qu'il n'y en a pas d'autres. Après cela seulement, nous pourrons dire, par exemple, que : additionner deux polynômes en x, c'est former un polynôme en x équivalent à leur somme.

Il n'existe pas, en général, de polynôme équivalent au rapport de deux polynômes, c'est-à-dire à l'expression algébrique $\frac{A}{B}$. S'il y en a un (et alors il n'y en a qu'un), le former, c'est diviser A par B. S'il n'y en a pas, nous indiquerons (n° **111**) l'une des deux définitions de la division des polynômes en x.

89. — Addition des polynômes. — ***Étant donnés plusieurs polynômes en x, il existe un polynôme équivalent à leur somme, on l'obtient en faisant un polynôme avec tous leurs termes.*** **Additionner les polynômes donnés**, ***c'est former ce nouveau polynôme.***

Bien entendu, on fait ensuite la réduction des termes

semblables et on ordonne. Nous ne donnons pas d'exemples, nous en trouverons à propos de la multiplication.

Le degré de la somme est égal ou inférieur au plus haut degré des polynômes; si l'un des polynômes a un degré plus grand que les autres, ce degré sera celui de la somme.

90. — Polynômes opposés. — *Ce sont des polynômes dont les termes sont opposés.* — Leur somme est identiquement nulle.

91. — Soustraction. — *Retrancher un polynôme d'un autre, c'est ajouter le polynôme opposé.*

On forme évidemment ainsi un polynôme équivalent à leur différence.

92. — Multiplication. — *Étant donnés deux polynômes en* x, A *et* B, *il existe un polynôme équivalent à leur produit, on l'obtient en appliquant la règle de multiplication des sommes. Multiplier* A *par* B *c'est former ce polynôme.*

Pour faire l'opération, on ordonne les deux polynômes de la même manière. Le produit du multiplicande par un terme du multiplicateur s'appelle un produit partiel. En vue de la réduction des termes semblables il faut disposer convenablement les produits partiels dont on cherche la somme : on écrit les termes de même degré sur une colonne verticale.

Contrairement à ce qui se fait en Arithmétique, on commence les produits par la gauche.

$$\begin{array}{rrrrrr}
2x^3 & -\ 4x^2 & & & & +\ 1 \\
5x^2 & +\ 3x & & & & +\ 6 \\
\hline
10x^5 & -\ 20x^4 & & +\ 5x^2 & & \\
 & +\ 6x^4 & -\ 12x^3 & & +\ 3x & \\
 & & +\ 12x^3 & -\ 24x^2 & & +\ 6 \\
\hline
10x^5 & -\ 14x^4 & & -\ 19x^2 & +\ 3x & +\ 6
\end{array}$$

On remarquera, par exemple, qu'en écrivant le premier produit partiel où il manque un terme en x^3, nous avons laissé un vide : la raison en est évidente.

Si nous n'avons pu formuler une règle précise relative au degré d'une somme ou d'une différence, il n'en est pas de même pour le produit.

Le degré du produit de deux polynômes est égal à la somme des degrés de ces polynômes. Nous pouvons même dire : ***le terme du plus haut degré du produit est le produit des termes du plus haut degré des facteurs.***

Il y a une règle analogue pour le terme du plus bas degré.

Si, en effet, les termes du plus haut degré sont a_0x^n et b_0x^p, il y a dans le produit un terme de degré $n+p$: $a_0b_0x^{n+p}$ et il n'y en a évidemment pas d'autre.

On dit quelquefois : si les 3 polynômes, multiplicande, multiplicateur et produit sont ordonnés de la même manière, le *premier* terme du produit est égal au produit du *premier* terme du multiplicande par le *premier* terme du multiplicateur. Et de même pour les derniers termes.

Il résulte de cette remarque qu'un produit de deux polynômes contient au moins deux termes; il peut n'en contenir que deux.

Exemple :

$$\begin{array}{l} x^3 + ax^2 + a^2x + a^3 \\ x - a \\ \hline x^4 + ax^3 + a^2x^2 + a^3x \\ \qquad - ax^3 - a^2x^2 - a^3x - a^4 \\ \hline x^4 \qquad\qquad\qquad\qquad\qquad - a^4. \end{array}$$

Plus généralement

$$\boldsymbol{x^n - a^n = (x - a)(x^{n-1} + ax^{n-2} + a^2x^{n-3} + \ldots + a^{n-1})}.$$

Cette égalité doit être sue par cœur.

Autre exemple :

$$\begin{array}{llllllll}
x^4 & - ax^3 & & & + a^3x & - a^4 & & \\
x^2 & + ax & + a^2 & & & & & \\
\hline
x^6 & - ax^5 & & + a^3x^3 & - a^4x^2 & & & \\
 & + ax^5 & - a^2x^4 & & + a^4x^2 & - a^5x & & \\
 & & + a^2x^4 & - a^3x^3 & & + a^5x & - a^6 & \\
\hline
x^6 & & & & & & - a^6. &
\end{array}$$

Remarque. — Élevons un polynôme au carré. *Le premier terme du carré est le carré du premier terme; le second terme du carré est le double produit du premier terme par le second.* Il y a deux règles analogues pour le dernier et l'avant-dernier termes du carré.

93. — Exercice. — *Vérifier que le polynôme*

$$f(x) = 4x^4 - 12x^3 + 13x^2 - 6x + 1$$

est le carré d'un trinôme en x.

Si $f(x)$ est le carré d'un trinôme il est aussi le carré du trinôme obtenu en changeant tous ses signes; nous pouvons donc supposer que le coefficient du premier terme est positif.

Ce premier terme est $2x^2$ puisque son carré est $4x^4$; le double produit du premier terme par le second est $-12x^3$, donc ce second terme est $-3x$.

Pour avoir le dernier terme, il ne suffit pas de dire que son carré est 1, car il serait $+1$ ou -1; il faut dire que $-6x$ est le produit du deuxième terme -3 par le troisième : ce troisième est $+1$.

Si $f(x)$ est le carré d'un trinôme (dont le premier terme est positif), ce trinôme est

$$2x^2 - 3x + 1.$$

On vérifiera qu'il l'est effectivement.

94. — Problème. — *Trouver la condition pour que le trinôme*

$$ax^2 + bx + c$$

soit, à un facteur numérique près, le carré d'un binôme en x.

On dit alors qu'*il est carré parfait*.

Nous voulons que

$$ax^2 + bx + c = \lambda\,(mx + n)^2.$$

Mettons $mx + n$ sous la forme $m(x + \alpha)$; nous voulons que

$$ax^2 + bx + c = \mu (x + \alpha)^2,$$

ce qui exige d'abord que $\mu = a$. Divisons par a :

$$x^2 + \frac{b}{a}x + \frac{c}{a} = (x + \alpha)^2 = x^2 + 2\alpha x + \alpha^2,$$

c'est-à-dire

$$2\alpha = \frac{b}{a}, \quad \text{ou} \quad \alpha = \frac{b}{2a},$$

$$\alpha^2 = \frac{c}{a}.$$

La condition est donc que

$$\left(\frac{b}{2a}\right)^2 = \frac{c}{a} \quad \text{ou} \quad b^2 - 4ac = 0.$$

Si cette condition est vérifiée,

$$ax^2 + bx + c = a\left(x + \frac{b}{2a}\right)^2.$$

Si l'on veut que

$$ax^2 + bxy + cy^2$$

soit, à un facteur numérique près, le carré d'un binôme homogène en x et y, nous trouverons la même condition.

Si

$$b^2 - 4ac = 0,$$

$$ax^2 + bxy + cy^2 = a\left(x + \frac{b}{2a}y\right)^2 = \frac{1}{a}\left(ax + \frac{b}{2}y\right)^2.$$

95. — Produit d'un nombre quelconque de polynômes. — Rangeons ces polynômes; le produit est le polynôme que l'on obtient en multipliant le premier par le second, le résultat obtenu par le troisième.... Quel que soit l'ordre des polynômes on obtiendra le même résultat : ceci résulte de ce que l'on a formé tous les produits possibles en prenant un facteur dans chaque terme.

Le terme de plus haut degré du produit est le produit des termes du plus haut degré; son degré est la somme des degrés.

§ 3. — Polynômes équivalents.

Nous nous proposons de montrer que *deux polynômes équivalents sont identiques.*

96. — Divisibilité. — *Un polynôme* A *est divisible par un polynôme* B, *lorsque* A *est le produit de* B *par un troisième polynôme.*

L'égalité

$$x^n - a^n = (x - a)(x^{n-1} + ax^{n-2} + \dots + a^{n-1})$$

montre que $x^n - a^n$ ***est divisible*** par $x - a$.

Si plusieurs polynômes sont divisibles par B, il en est de même de leur somme. La démonstration est la même que pour la proposition analogue relative aux nombres entiers.

Nous appellerons $f(x)$ un polynôme quelconque en x; $f(a)$ représente alors le résultat obtenu en remplaçant x par a.

97. — Racine d'un polynôme. — *Un nombre* a *est dit* **racine** *d'un polynôme, si ce polynôme est nul pour la valeur* a *de* x.

Si a est racine de $f(x)$:

$$f(a) = 0.$$

98. — Théorème fondamental. — f(x) — f(a) *est divisible par* x — a.

En effet,

$$f(x) = a_0x^n + a_1x^{n-1} + \dots + a_{n-1}x + a_n, \quad (a_0 \neq 0)$$
$$f(a) = a_0a^n + a_1a^{n-1} + \dots + a_{n-1}a + a_n;$$

retranchons membre à membre :

$$f(x) - f(a) = a_0(x^n - a^n) + a_1(x^{n-1} - a^{n-1}) + \dots + a_{n-1}(x - a).$$

Chaque parenthèse est divisible par $(x-a)$,

$$f(x)-f(a)=(x-a)[a_0(x^{n-1}+\ldots+a^{n-1})+\ldots+a^{n-1}]$$

ou $$f(x)-f(a)=(x-a)\,\varphi(x), \qquad (1)$$

$\varphi(x)$ étant le polynôme entre crochets, son premier terme est a_0x^{n-1}.

99. — Théorème. — ***La condition nécessaire et suffisante pour qu'un polynôme*** f(x) ***soit divisible par*** x — a ***est que*** f(a) = o (a doit être racine du polynôme).

1° La condition est nécessaire. Si, en effet, $f(x)$ est divisible par $x-a$,

$$f(x)=(x-a)\,\varphi(x).$$

Alors, $$f(a)=0\cdot\varphi(a),$$

puisque $\varphi(x)$ a un sens quel que soit x; donc

$$f(a)=0.$$

2° La condition est suffisante. L'égalité (1) devient, en effet, si $f(a)=0$:

$$f(x)=(x-a)\,\varphi(x).$$

Les coefficients du polygone $\varphi(x)$ sont :

$$a_0,\ a_0a+a_1,\ a_0a^2+a_1a+a_2,\ \ldots$$

il est facile de voir comment on passe de l'un d'eux au suivant.

100. — Théorème. — ***Un polynôme de degré*** n ***ne peut s'annuler pour plus de*** n ***valeurs de*** x. (Il ne peut avoir plus de n racines.)

1° Le théorème est vrai si $n=1$. Prenons, en effet, le polynôme

$$f(x)=a_0x+a_1; \qquad (a_0\neq 0)$$

s'il s'annule quand $x=a$,

$$f(x)=a_0(x-a):$$

aucune valeur de x autre que a ne peut annuler ce produit.

2° Supposons le théorème démontré pour un polynôme d'ordre $n-1$. Si $f(a)=0$,

$$f(x)=(x-a)\,\varphi(x),$$

où $\varphi(x)$ est un polynôme d'ordre $n-1$. Pour que le second membre soit nul, il faut que l'un des facteurs soit nul.

Le premier l'est seulement quand $x=a$, l'autre ne peut l'être pour plus de $n-1$ valeurs de x.

Nous tirerons de ce théorème les conséquences suivantes.

1° ***Si un polynôme qui semble être d'ordre*** n (parce que la réduction des termes semblables n'est pas faite) ***s'annule pour plus de*** n ***valeurs de*** x, ***il est identiquement nul.***

Par exemple, le polynôme

$$f(x)=\frac{(x-b)(x-c)}{(a-b)(a-c)}+\frac{(x-c)(x-a)}{(b-c)(b-a)}+\frac{(x-a)(x-b)}{(c-a)(c-b)}-1$$

semble être du second degré,

$$f(a)=0,\quad f(b)=0,\quad f(c)=0;$$

donc $f(x)$ est identiquement nul :

$$\Sigma\frac{1}{(a-b)(a-c)}=0,\qquad \Sigma\frac{b+c}{(a-b)(a-c)}=0,$$

$$\Sigma\frac{bc}{(a-b)(a-c)}=1,$$

le signe Σ (sigma) indiquant une somme de trois fractions; la première seule est écrite, les deux dernières s'en déduisent en permutant circulairement a, b, c, c'est-à-dire en remplaçant a par b, b par c et c par a.

2° ***Si un polynôme d'ordre*** n,

$$f(x)=a_0x^n+\ldots+a_n$$

s'annule pour n ***valeurs*** a, b, c, ..., l ***de*** x, ***il est équivalent à***

$$\varphi(x)=a_0(x-a)(x-b)\ldots(x-l).$$

En effet, le polynôme

$$f(x) - \varphi(x)$$

est d'ordre inférieur à n (le terme en x^n manque manifestement) et s'annule pour les n valeurs données; il est identiquement nul.

3° ***Si deux polynômes, l'un de degré n, l'autre de degré égal ou inférieur à n, sont égaux pour plus de n valeurs de x, ils sont identiques.***

Leur différence qui est au plus de degré n est, en effet, nulle pour plus de n valeurs de x; elle est identiquement nulle.

4° ***Si deux polynômes sont équivalents, ils sont identiques.***

Leur différence, nulle pour toutes les valeurs de x, est en effet identiquement nulle.

101. — D'autres conséquences de la condition de divisibilité par $x - a$ peuvent être indiquées.

1° ***Si*** $f(a) = 0$, $f(b) = 0$, ***le polynôme*** $f(x)$ ***est divisible par le produit*** $(x - a)(x - b)$. On peut dire aussi : Si $f(x)$ est divisible par $(x - a)$ et $(x - b)$, il est divisible par leur produit.

Puisque
$$f(a) = 0,$$
$$f(x) = (x - a)\varphi(x),$$

où $\varphi(x)$ est un polynôme. Remplaçons dans cette égalité x par b; puisque $f(b) = 0$,

$$0 = (b - a)\varphi(a),$$

le premier facteur n'étant pas nul,

$$\varphi(a) = 0,$$

ce qui prouve que le polynôme $\varphi(x)$ est divisible par $x - b$,

$$\varphi(x) = (x - b)\varphi_1(x).$$

Par conséquent

$$f(x) = (x-a)(x-b)\varphi_1(x),$$

ou

$$a_0x^n + \ldots = (x-a)(x-b)(a_0x^{n-2} + \ldots).$$

La généralisation est immédiate. En particulier :

2° ***Si un polynôme d'ordre*** n

$$f(x) = a_0x^n + a_1x^{n-1} + \ldots + a_n \qquad (a_0 \neq 0)$$

est nul pour n ***valeurs*** a, b, c, ... l ***de*** x :

$$f(x) = a_0(x-a)(x-b)\ldots(x-l).$$

Nous voyons quelle est la forme d'un polynôme d'ordre n qui s'annule pour les n valeurs $a, b, c, \ldots l$ de x, le coefficient a_0 est arbitraire mais différent de o; cette formule met en évidence la propriété d'un polynôme d'ordre n de ne pouvoir s'annuler pour plus de n valeurs de x.

Remarque. — Nous verrons plus loin (n° **175**) en étudiant ses variations, que le trinôme $ax^2 + bx + c$ a des racines si $b^2 - 4ac$ est positif. Appelons-les x' et x'', les théorèmes sur la divisibilité nous montrent que

$$ax^2 + bx + c = a(x-x')(x'-x'').$$

En identifiant nous trouverons les formules

$$x' + x'' = -\frac{b}{a}, \qquad x'x'' = \frac{c}{a},$$

qui donnent la somme et le produit des racines.

Il est inutile, pour établir ces formules, de savoir calculer les racines.

Prenons encore l'équation du 3e degré

$$x^3 + px + q = 0;$$

Nous ne savons pas la résoudre. Cependant, nous pourrons montrer (n° **202**) que le premier membre s'annule 3 fois si

$$4p^3 + 27q^2 < 0.$$

Appelons alors α, β, γ les racines :

$$x^3 + px + q = (x - \alpha)(x - \beta)(x - \gamma);$$

par conséquent, *en identifiant* :

$$\begin{cases} \alpha + \beta + \gamma = 0, \\ \alpha\beta + \beta\gamma + \gamma\alpha = p, \\ \alpha\beta\gamma = -q. \end{cases}$$

102. — PROBLÈME. — *Former un polynôme du second degré $f(x)$ connaissant*

$$f(a), \; f(b), \; f(c).$$

Supposons que ce polynôme existe, écrivons-le

$$f(x) = a_0x^2 + a_1x + a_2.$$

Il faudrait résoudre les 3 équations du premier degré en a_0, a_1, a_2,

$$\begin{cases} a_0a^2 + a_1a + a_2 = f(a), \\ a_0b^2 + a_1b + a_2 = f(b), \\ a_0c^2 + a_1c + a_2 = f(b). \end{cases}$$

Il est plus simple de dire : les deux polynômes du second degré

$$a_0x^2 + a_1x + a_2,$$

$$f(a)\frac{(x-b)(x-c)}{(a-b)(a-c)} + f(b)\frac{(x-c)(x-a)}{(b-c)(b-a)} + f(c)\frac{(x-a)(x-b)}{(c-a)(c-b)}$$

sont égaux pour les 3 valeurs de x : a, b et c; donc ils sont identiques :

$$a_0 = \Sigma\frac{f(a)}{(a-b)(a-c)}, \qquad a_1 = -\Sigma f(a)\frac{b+c}{(a-b)(a-c)},$$

$$a_2 = \Sigma f(a)\frac{bc}{(a-b)(a-c)}.$$

Le polynôme obtenu satisfait bien à la question.

103. — PROBLÈME. — *Trouver les conditions pour que la fraction*

$$\frac{ax^2 + bx + c}{a'x^2 + b'x + c'} \qquad (a \neq 0, \; a' \neq 0)$$

conserve la même valeur quel que soit x.

Soit k cette valeur.

$$(a - ka')x^2 + (b - kb') + (c - kc') = 0,$$

quel que soit x. Donc

$$\begin{cases} a = ka', \\ b = kb', \\ c = kc' : \end{cases}$$

les coefficients des polynômes sont proportionnels.

La condition est suffisante. S'il existe un nombre k vérifiant à la fois les 3 égalités précédentes, on obtient, en ajoutant membre à membre après avoir multiplié par x^2, x et 1.

$$ax^2 + bx + c = k(a'x^2 + b'x + c')$$

ou

$$\frac{ax^2 + bx + c}{a'x^2 + b'x + c'} = k.$$

104. — Problème. — *Résoudre le système*

$$\begin{cases} a^3 + a^2x + ay + z = 0, \\ b^3 + b^2x + by + z = 0, \\ c^3 + c^2x + cy + z = 0; \end{cases}$$

a, b *et* c *sont différents.*

Supposons qu'il existe une solution (x, y, z) et formons le polynôme

$$f(X) = X^3 + x \cdot X^2 + y \cdot X + z.$$

Puisque, par hypothèse,

$$f(a) = 0, \ f(b) = 0, \ f(c) = 0 :$$
$$X^3 + x \cdot X^2 + y \cdot X + z = (X - a)(X - b)(X - c).$$

Identifions les deux polynômes, nous trouvons

$$\begin{cases} x = -(a + b + c), \\ y = ab + bc + ca, \\ z = -abc. \end{cases}$$

Cette solution convient évidemment, c'est la solution unique du système.

105. — **Problème.** — ***Peut-on mettre le trinôme du second degré***

$$ax^2 + bx + c$$

sous la forme $$a(x - x')(x - x'')?$$

Pour que cela soit possible il faut qu'on puisse déterminer x' et x'' tels que

$$\begin{cases} x' + x'' = -\dfrac{b}{a}, & (1) \\[2ex] x'x'' = \dfrac{c}{a}. & (2) \end{cases}$$

On a donc à calculer deux nombres, connaissant leur somme et leur produit (n° **65**). Nous calculerons d'abord

$$(x'' - x')^2 = \frac{b^2 - 4ac}{4a^2},$$

ce qui exige que

$$b^2 - 4ac \geqslant 0.$$

Supposons cette condition vérifiée

$$x'' - x' = \frac{\sqrt{b^2 - 4ac}}{2a}. \qquad (3)$$

($x'' > x'$ si $a > 0$; $x'' < x'$ si $a < 0$).

Nous avons maintenant la somme et la différence de x' et x''.

$$\left\{ \begin{aligned} x' &= \frac{-b - \sqrt{b^2 - 4ac}}{2a}, \\ x'' &= \frac{-b + \sqrt{b^2 - 4ac}}{2a}. \end{aligned} \right.$$

Réciproquement, ces valeurs de x' et x'' vérifient le système formé par les équations (1) et (2), donc

$$b = -a(x' + x''),$$
$$c = ax'x'';$$

par suite,

$$ax^2 + bx + c = ax^2 - a(x' + x'')x + ax'x'',$$
$$ax^2 + bx + c = a(x - x')(x - x'').$$

Le problème n'a pas de solution si $b^2 - 4ac < 0$.

Dans le cas particulier où $b^2 - 4ac = 0$, $x' = x'' = -\dfrac{b}{2a}$.

$$ax^2 + bx + c = a\left(x + \frac{b}{2a}\right)^2.$$

Pour qu'on puisse mettre le trinôme sous la forme

$$a(x - x')(x - x''),$$

il faut et il suffit qu'il ait deux racines x' et x''; nous venons d'indiquer un moyen de trouver ces racines quand elles existent; nous allons en indiquer un autre.

Mettons a en facteur

$$ax^2 + bx + c = a\left(x^2 + \frac{b}{a}x + \frac{c}{a}\right).$$

Nous allons transformer la quantité entre parenthèses : x^2 et $\frac{b}{a}x$ sont les deux premiers termes du développement du carré du binôme $x + \frac{b}{2a}$:

$$\left(x + \frac{b}{2a}\right)^2 = x^2 + \frac{b}{a}x + \frac{b^2}{4a^2},$$

$$x^2 + \frac{b}{a}x + \frac{c}{a} = \left(x + \frac{b}{2a}\right)^2 - \frac{b^2}{4a^2} + \frac{c}{a}.$$

Réunissons les deux dernières fractions en prenant $4a^2$ pour dénominateur commun et faisant en sorte que l'expression mise au numérateur soit positive.

Autrement dit, écrivons :

$$-\frac{b^2}{4a^2} + \frac{c}{a} = \frac{4ac - b^2}{4a^2}, \qquad \text{si} \quad b^2 - 4ac < 0;$$

$$-\frac{b^2}{4a^2} + \frac{c}{a} = -\frac{b^2 - 4ac}{4a^2}, \qquad \text{si} \quad b^2 - 4ac > 0.$$

Nous allons distinguer 3 cas :

1° $b^2 - 4ac < 0$; le trinôme égale

$$a\left[\left(x + \frac{b}{2a}\right)^2 + \frac{4ac - b^2}{4a^2}\right]$$

la quantité entre crochets est la somme d'une quantité supérieure ou égale à o et d'une quantité positive; elle est positive : le trinôme ne peut s'annuler.

Quelquefois, pour bien mettre en évidence que la dernière fraction est positive, on l'écrit $\left(\frac{\sqrt{4ac - b^2}}{2a}\right)^2$.

2° $b^2 - 4ac > 0$; nous écrirons le trinôme

$$a\left[\left(x + \frac{b}{2a}\right)^2 - \frac{b^2 - 4ac}{4a^2}\right]$$

et, puisque $b^2 - 4ac = \left(\sqrt{b^2 - 4ac}\right)^2$,

$$a\left[\left(x + \frac{b}{2a}\right)^2 - \left(\frac{\sqrt{b^2 - 4ac}}{2a}\right)^2\right].$$

Nous rencontrons une différence de carrés, le trinôme égale

$$a\left(x + \frac{b + \sqrt{b^2 - 4ac}}{2a}\right)\left(x + \frac{b - \sqrt{b^2 - 4ac}}{2a}\right)$$

ou, en posant

$$x' = \frac{-b - \sqrt{b^2 - 4ac}}{2a},$$

$$x'' = \frac{-b + \sqrt{b^2 - 4ac}}{2a},$$

$$\boldsymbol{ax^2 + bx + c = a(x - x')(x - x'')}.$$

3° $b^2 - 4ac = 0$; le trinôme égale

$$a\left(x + \frac{b}{2a}\right)^2 = a(x - x')^2,$$

en posant $x' = -\frac{b}{2a}$. On dit que x' est une racine double.

Les résultats que nous venons d'obtenir sont un cas particulier du théorème fondamental de la théorie des équations (n° **107**).

106. — Signe du trinôme du second degré. — Nous devons distinguer 3 cas :

1° $b^2 - 4ac < 0$: le trinôme égale a multiplié par une somme essentiellement positive : il a le signe de a;

2° $b^2 - 4ac = 0$: le trinôme égale

$$a(x - x')^2.$$

Il a le signe de a pour toutes les valeurs de x à l'exception de x' pour laquelle il est nul;

3° $b^2 - 4ac > 0$: le trinôme se met sous la forme

$$a(x - x')(x - x'').$$

Nous avons étudié (nº **76**) le signe de $(x-x')(x-x'')$; ce signe est — si x est compris entre x' et x'', il est + dans les autres cas :

Le trinôme ax^2+bx+c, *quand il n'a pas de racines, a le signe de* a *pour toutes les valeurs de* x.

Quand il a deux racines, il a le signe de a *pour toutes les valeurs de* x *non comprises entre les racines et le signe contraire quand* x *est compris entre les racines.*

Quand il a une racine double, il a le signe de a *pour toutes les valeurs de* x *à l'exception de la racine pour laquelle il est nul.*

107. — Théorème fondamental de la théorie des équations : *Un polynôme en* x *d'ordre* n *est égal au coefficient de* x^n *multiplié par un produit de facteurs de la forme* $x-a$ *et* x^2+px+q *où* $p^2-4q<0$.

A chaque facteur $x-a$ correspond une racine a du polynôme; si ce facteur se présente p fois, a est dit *une racine d'ordre* p.

108. — Signe d'un polynôme en x. — Nous cherchons quel signe prend un polynôme suivant les différentes valeurs que nous donnons à x.

Nous ne pouvons résoudre le problème que pour un polynôme mis sous la forme précédente.

Un facteur de la forme x^2+px+q, où $p^2-4q<0$, est positif pour toutes les valeurs de x; il reste donc à étudier le signe d'un produit de facteurs de la forme $x-a$ (nº **76**).

Exemple. — *Quel est le signe de*

$$y=(2x-3)(4-5x)(4x+1)?$$

Les racines sont

$$\frac{3}{2},\quad \frac{4}{5},\quad -\frac{1}{4},$$

ou, par ordre de grandeur croissante

$$-\frac{1}{4},\quad \frac{4}{5},\quad \frac{3}{2}.$$

y a le signe de

$$z = -\left(x+\frac{1}{4}\right)\left(x-\frac{4}{5}\right)\left(x-\frac{3}{2}\right),$$

nous avons le tableau suivant :

x	$-\infty$		$-\frac{1}{4}$		$\frac{4}{5}$		$\frac{3}{2}$		$+\infty$
y		$+$		$-$		$+$		$-$	

109. — Problèmes. — 1° *Trouver le signe du polynôme*

$$y = (2x^2 - 5x - 3)(3x^2 + 2x + 1)(2x^2 + 3x - 2).$$

Le premier facteur a pour racines

$$-\frac{1}{2} \quad \text{et} \quad 3;$$

le second facteur n'a pas de racines, il est toujours positif; le troisième facteur a pour racines

$$-2 \quad \text{et} \quad \frac{1}{2};$$

Donc, quatre racines; rangeons-les par ordre de grandeur croissante :

$$-2,\quad -\frac{1}{2},\quad \frac{1}{2},\quad 3;$$

y a le signe de

$$(x+2)\left(x+\frac{1}{2}\right)\left(x-\frac{1}{2}\right)(x-3):$$

x	$-\infty$		-2		$-\frac{1}{2}$		$\frac{1}{2}$		3		$+\infty$
y		$+$		$-$		$+$		$-$		$+$	

2° *Trouver le signe de la fraction*

$$y = \frac{2x^2 - 5x + 3}{2x^2 + 3x - 2}.$$

Le signe du rapport est le même que celui du produit, y a le signe de

$$(2x^2 - 5x + 3)(2x^2 + 3x - 2):$$

c'est le problème précédent.

§ 4. — Division des polynômes en x.

110. — ***Si un polynôme* A *a été obtenu en multipliant un polynôme* B *par un polynôme* Q, *diviser* A *par* B *c'est trouver* Q.**

Autrement dit, une multiplication a été faite, on connaît simplement le multiplicande B et le produit A, on demande de reconstituer le multiplicateur Q.

Les 3 polynômes sont supposés ordonnés de la même manière.

Le raisonnement s'appuie sur les deux faits suivants :

1° Le produit est la somme des produits du multiplicande par chacun des termes du multiplicateur;

2° Le premier terme du produit est obtenu en multipliant le premier terme du multiplicande par le premier terme du multiplicateur.

Le premier terme du quotient s'obtient donc en divisant le premier terme du dividende par le premier terme du diviseur. Faisons le produit de B par ce terme (c'est le premier produit partiel de la multiplication) et retranchons-le de A, nous trouverons un polynôme A_1 tel que

$$A_1 = BQ_1,$$

Q_1 étant l'ensemble des autres termes de Q : on a maintenant à diviser A_1 par B : on recommence le raisonnement.

Nous représentons la multiplication et l'opération inverse.

$$\begin{array}{rrrrrr}
2x^3 + & 4x^2 - & 5x + & 6 & & \\
3x^2 - & 7x + & 2 & & & \\
\hline
6x^5 + & 12x^4 - & 15x^3 + & 18x^2 & & \\
 & -14x^4 - & 28x^3 + & 35x^2 - & 42x & \\
 & & 4x^3 + & 8x^2 - & 10x + & 12 \\
\hline
6x^5 - & 2x^4 - & 39x^3 + & 61x^2 - & 52x + & 12
\end{array}$$

$$
\begin{array}{r|l}
6x^5 - 2x^4 - 39x^3 + 61x^2 - 52x + 12 & 2x^3 + 4x^2 - 5x + 6 \\
\hline
-6x^5 - 12x^4 + 15x^3 - 18x^2 \qquad & 3x^2 - 7x + 2 \\
\hline
-14x^4 - 24x^3 + 43x^2 - 52x + 12 & \\
+14x^4 + 28x^3 - 35x^2 + 42x \qquad & \\
\hline
4x^3 + 8x^2 - 10x + 12 & \\
-4x^3 - 8x^2 + 10x - 12 & \\
\hline
0 \qquad &
\end{array}
$$

Le dividende et le diviseur sont disposés comme en Arithmétique. Le premier terme du quotient est $3x^2$ obtenu en divisant $6x^5$ par $2x^3$. Nous avons multiplié le diviseur par $3x^2$, puis ajouté au dividende ce produit changé de signe. Le premier reste partiel

$$A_1 = -14x^4 - 24x^3 + 43x^2 - 52x + 12.$$

Il convient d'imiter plus complètement la division des nombres entiers et de n'écrire que le résultat obtenu en faisant le produit d'un terme du diviseur par un terme du quotient et en l'ajoutant, *changé de signe*, du côté du dividende.

Nous reprenons la division en l'arrêtant à la recherche du second terme du quotient

$$
\begin{array}{r|l}
6x^5 - 2x^4 - 39x^3 + 61x^2 - 52x + 12 & 2x^3 + 4x^2 - 5x + 6 \\
\hline
-14x^4 - 24x^3 + 43x^2 \qquad\qquad & 3x^2
\end{array}
$$

On pourrait même se contenter d'écrire les coefficients numériques.

REMARQUES. — Supposons A de degré n, B de degré p ($n \geqslant p$) Q est de degré $n - p$.

Si A et B sont ordonnés suivant les puissances décroissantes de x, les degrés des restes partiels sont supérieurs à p; le dernier écrit est de degré p si Q a un terme constant.

Les termes de A dont le degré est plus petit que p ne jouent aucun rôle dans la formation des premiers termes des restes partiels et par suite dans la formation du quotient. Autrement dit, *si l'on sait que* A *est divisible par* B, *on saura trouver* Q *sans connaître dans* A *les termes de degré inférieur à* p.

Supposons maintenant que A et B sont deux polynômes *quelconques* ordonnés suivant les puissances décroissantes de x (avec $n \geqslant p$), nous pouvons effectuer les opérations de la division. En nous imposant la condition de n'écrire que des polynômes, nous serons arrêtés quand nous arriverons à un reste partiel R de degré inférieur à p. Soit Q le polynôme trouvé au quotient, R a été obtenu en retranchant de A le produit BQ :

$$R = A - BQ,$$
$$A = BQ + R.$$

Nous sommes conduits à la définition suivante :

111. — Définition dans le cas général. — *A et B étant deux polynômes de degrés* n *et* p (n ⩾ p) *ordonnés suivant les puissances* **décroissantes** *de* x : *diviser* A *par* B, *c'est chercher deux polynômes* Q *et* R, R *étant de degré inférieur à* p, *tel que*

$$A = BQ + R.$$

L'équivalence indiquée par le signe = signifie qu'en effectuant les opérations du second membre, c'est-à-dire en appliquant les règles de la multiplication et de l'addition, on trouve, après réduction des termes semblables, le polynôme A.

Nous venons de montrer que le problème a une solution : on la trouve en opérant comme si A était divisible par B.

Il n'y en a pas d'autre. Pour le montrer, nous allons chercher une règle pour trouver Q et R.

Nous prenons un polynôme B de degré p, nous le multiplions par Q et ajoutons R de degré inférieur à p : nous obtenons un polynôme A. Connaissant A et B, nous voulons reconstituer Q et R.

Le premier terme de A est égal au produit des premiers termes de B et de Q, car le degré de R est plus petit que celui de BQ. Nous obtiendrons encore le premier terme de Q en divisant le premier terme de A par celui de B. Retranchons aux deux membres le produit de B par le terme trouvé, il viendra

$$A_1 = BQ_1 + R,$$

Q_1 étant l'ensemble des autres termes de Q. En recommençant le raisonnement on trouvera le second terme de Q, etc....

En somme, on retranche de A le produit de B par un monôme en x de manière à faire disparaître son terme de plus haut degré et l'on recommence ; on a le reste quand il devient de degré inférieur à p.

Donnons un exemple :

$$\begin{array}{rrrrrr|l}
10x^5 & -14x^4 & & -17x^2 & +11x & -4 & 2x^3-4x^2+1 \\
\cline{7-7}
-10x^5 & +20x^4 & & -5x^2 & & & 5x^2+3x+6 \\
\cline{1-6}
& 6x^4 & & -22x^2 & +11x & -4 & \\
& -6x^4 & +12x^3 & & -3x & & \\
\cline{2-6}
& & 12x^3 & -22x^2 & +8x & -4 & \\
& & -12x^3 & +24x^2 & & -6 & \\
\cline{3-6}
& & & 2x^2 & +8x & -10 &
\end{array}$$

$$Q = 5x^2 + 3x + 6, \qquad\qquad R = 2x^2 + 8x - 10.$$

Nous avons écrit tous les produits et restes partiels, il faut s'exercer à écrire le moins de termes possibles (nº **110**).

Remarque. — Nous trouvons, dans tous les cas, une solution et une seule. On peut montrer rapidement qu'il ne peut y avoir deux solutions au problème.

S'il y avait deux solutions

$$(Q, R), \qquad (Q_1, R_1),$$

R *et* R_1 *étant de degrés plus petits que* p, nous aurions

$$BQ + R = BQ_1 + R_1.$$

D'abord si $Q = Q_1$, $R = R_1$.

Supposons donc que Q et Q_1 ne soient pas identiques.

$$BQ - BQ_1 = R_1 - R,$$
$$B(Q - Q_1) = R_1 - R,$$

ce qui est absurde. Les deux membres, après simplification, doivent être identiques, or ils n'ont pas le même degré : celui du second membre est $< p$, celui du premier au moins égal à p.

112. — Méthode des coefficients indéterminés.

Soit un polynôme A du 5me degré à diviser par

$$B = 2x^3 - 4x^2 + 1.$$

Le quotient et le reste seront du second degré, nous pouvons les écrire, *avec des coefficients indéterminés* :

$$Q = \alpha x^2 + \beta x + \gamma,$$
$$R = mx^2 + nx + p.$$

On doit avoir

$$A = (2x^3 - 4x^2 + 1)(\alpha x^2 + \beta x + \gamma) + mx^2 + nx + p.$$

Faisons les opérations indiquées au second membre; les coefficients successifs sont

$$\begin{array}{r} 2\alpha, \\ 2\beta - 4\alpha, \\ 2\gamma - 4\beta, \\ m - 4\gamma, \\ n + \beta, \\ p + \gamma. \end{array}$$

En les égalant aux coefficients de A, nous formerons 6 équations du premier degré à 6 inconnues. La forme de ces équations est très avantageuse. Les trois premières donnent successivement α, β, γ dont le coefficient est 2, premier coefficient de B; les autres donnent ensuite m, n et p. En résolvant ces équations on fait exactement les mêmes calculs qu'en effectuant la division. Cette dernière opération dispense de poser les équations.

REMARQUE. — Il est facile de voir que, dans le cas général, on a autant d'équations que d'inconnues. Si n et p sont les degrés de A et B, Q est de degré $n - p$ et a $n - p + 1$ coefficients, R est de degré $p - 1$ et a p coefficients : il y a, au total, $n + 1$ coefficients indéterminés; $n + 1$ est le nombre des coefficients de A.

Les $n - p + 1$ premières équations ne contiennent que les coefficients de Q, elles permettent de les calculer de proche en proche.

Les autres donnent les coefficients de R.

On voit en même temps qu'il n'y a pas, en général, un polynôme Q tel que $A = BQ$.

En effet, en identifiant, on écrirait $n + 1$ équations à $n - p + 1$ inconnues : elles sont, en général, incompatibles. En introduisant R de degré $p - 1$, le nombre des inconnues devient égal à $n + 1$, le nouveau système a une solution bien déterminée.

§ 5. — Division par $x-a$.

113. — Formation du quotient et du reste de la division par $x-a$. — Il faut s'habituer à mettre rapidement un polynôme $f(x)$ sous la forme

$$(x-a)\,\varphi(x)+\mathrm{R},$$

φ étant le quotient et R le reste.

Nous emploierons la méthode des coefficients indéterminés,

$$f(x)=a_0x^n+a_1x^{n-1}+a_2x^{n-2}+\ldots+a_{n-2}x^2+a_{n-1}x+a_n;$$

(dans chaque terme, la somme de l'indice du coefficient et de l'exposant de x est égale à n),

$$\varphi(x)=b_0x^{n-1}+b_1x^{n-2}+\ldots+b_{n-2}x+b_{n-1};$$

le reste R *ne dépend pas de* x.

Voici les équations à résoudre et les formules donnant les solutions :

$$\left\{\begin{array}{lll} a_0 & =b_0, & \\ a_1 & =b_1 & -b_0a, \\ a_2 & =b_2 & -b_1a, \\ \ldots & \ldots & \ldots \\ a_{n-1} & =b_{n-1} & -b_{n-2}a, \\ a_n & =\mathrm{R} & -b_{n-1}a. \end{array}\right. \qquad \left\{\begin{array}{lll} b_0 & =a_0, & \\ b_1 & =b_0a & +a_1, \\ b_2 & =b_1a & +a_2, \\ \ldots & \ldots & \ldots \\ b_{n-1} & =b_{n-2}a & +a_{n-1}, \\ \mathrm{R} & =b_{n-1}a & +a_n. \end{array}\right.$$

D'où la règle :

Le premier coefficient du quotient égale le premier coefficient du dividende.

Le coefficient de x^{k-1} ***du quotient s'obtient au moyen des coefficients de*** x^k ***dans le quotient et le dividende : on multiplie par*** a ***celui du quotient*** (on vient de le calculer) ***et on ajoute celui du dividende.***

Le reste s'obtient par la même règle au moyen des termes constants des mêmes polynômes.

114. — Théorème. — *Le reste de la division du polynôme* f(x) *par* x — a *est* f(a).

Nous l'avons déjà montré (nº **98**). C'est une conséquence des équations précédentes. Prenons celles du premier système, et, pour former $f(a)$, multiplions par a^n, a^{n-1}, ..., a, 1 et ajoutons : tous les b sont éliminés, le résultat cherché est obtenu.

Il faut même recommander dans les applications, si on veut $f(a)$, de refaire les calculs précédents, c'est-à-dire de calculer successivement

$$b_0,\ b_1,\ b_2,\ \ldots,\ b_{n-1},\ R,$$

au lieu de chercher les valeurs numériques de chaque terme de $f(a)$ et d'additionner.

On y est conduit naturellement. Prenons simplement

$$f(a) = \alpha a^3 + \beta a^2 + \gamma a + \delta.$$

On peut l'écrire $(\alpha a^2 + \beta a + \gamma)\, a + \delta$,
la parenthèse vaut

$$(\alpha a + \beta)\, a + \gamma\ :$$

on calculera donc successivement cette dernière parenthèse, la précédente et enfin $f(a)$.

On démontre plus rapidement le théorème de la manière suivante :

$$f(x) = (x - a)\, \varphi(x) + R,$$

R étant indépendant de x ;

$$f(a) = 0 \cdot \varphi(a) + R = R.$$

Nous pouvons à nouveau retrouver la condition nécessaire et suffisante pour que $f(x)$ soit divisible par $x - a$: elle est que

$$f(a) = 0.$$

1º La condition est nécessaire ; on reprend le raisonnement du nº **99**.

2º Elle est suffisante, car si on divise $f(x)$ par $x - a$, l'opération se fait sans reste.

On s'exercera à écrire des égalités comme les suivantes :

$$5x^3 - 2x^2 + 1 = (x - 3)\,(5x^2 + 13x + 39) + 118,$$
$$5x^3 - 2x^2 + 1 = (x + 2)\,(5x^2 - 12x + 24) - 47.$$

115. — Exemples. — 1º *Diviser* $x^n + a^n$ *par* $x - a$.

Nous savons déjà que le reste est $2a^n$; en appliquant la règle de formation du quotient, on trouve

$$x^n + a^n = (x - a)(x^{n-1} + ax^{n-2} + \ldots + a^{n-2}x + a^{n-1}) + 2a^n.$$

Cette formule résulte d'ailleurs de l'égalité

$$x^n + a^n = (x^n - a^n) + 2a^n.$$

2° *Diviser* $x^n - a^n$ *par* $x + a$.

Le reste s'obtient en remplaçant dans le dividende x par a :

$$(-a)^n - a^n;$$

il est nul si n est pair, il est égal à $-2a^n$ si n est impair :

$$x^n - a^n = (x + a)(x^{n-1} - ax^{n-2} + a^2x^{n-3} - \ldots - a^{n-1}) \ (n \text{ pair}).$$

On trouve les termes de la division précédente pris alternativement avec les signes + et —.

Ne pas oublier que le nombre des termes du quotient est n.

On a encore (n impair)

$$x^n - a^n = (x + a)(x^{n-1} - ax^{n-2} + a^2x^{n-3} - \ldots + a^{n-1}) - 2a^n.$$

§ 6. — Fractions rationnelles.

116. — *Une* **fraction rationnelle** *est le rapport de deux polynômes.*

L'expression

$$\frac{a^2 + 2ab}{a - b}$$

est une fraction rationnelle; on peut donner à a et b toutes les valeurs possibles pourvu qu'elles ne soient pas égales (n° **79**).

Les premières questions qui se posent relativement aux fractions rationnelles sont les suivantes : simplification, réduction au même dénominateur, addition, multiplication et division. Il est inutile de les reprendre; le mieux est de faire les exercices que nous indiquons plus loin.

Nous ferons remarquer seulement que si nous avons à

réduire au même dénominateur des fractions ayant pour dénominateurs

$$x^2 - x - 2, \quad x^2 - 1, \quad x^2 + 2x - 3,$$

nous mettrons ces dénominateurs sous la forme

$$(x+1)(x-2), \quad (x+1)(x-1), \quad (x-1)(x+3) :$$

le dénominateur commun est

$$(x+3)(x+1)(x-1)(x-2).$$

§ 7. — Applications.

117. — PROBLÈME. — *Déterminer α et β pour que le polynôme*

$$f(x) = x^3 + \alpha x + \beta$$

soit divisible par $(x-1)(x-2)$.

1re méthode. — Appliquons le théorème du nº **101**. Il faut écrire que $f(1)$ et $f(2)$ sont nuls :

$$\begin{cases} f(1) = 1 + \alpha + \beta = 0, \\ f(2) = 8 + 2\alpha + \beta = 0. \end{cases}$$

On tire de là

$$\alpha = -7, \qquad \beta = 6.$$

2e méthode. — Écrivons que $f(x)$ est divisible par $x - 1$ et que le quotient $\varphi(x)$ est divisible par $x - 2$, c'est-à-dire que $\varphi(2) = 0$:

$$f(x) = (x-1)[x^2 + x + (1+\alpha)] + (1 + \alpha + \beta),$$

on trouve le système

$$\begin{cases} 1 + \alpha + \beta = 0, \\ 7 + \alpha \qquad = 0. \end{cases}$$

3e méthode. — Effectuons la division de $f(x)$ par

$$(x-1)(x-2) = x^2 - 3x + 2.$$

Écrivons que le reste

$$(\alpha + 7)x + (\beta - 6)$$

est identiquement nul :

$$\alpha + 7 = 0, \quad \beta - 6 = 0.$$

4e méthode (méthode des coefficients indéterminés). — Le quotient est de la forme $x + m$; on doit avoir, par définition,

$$x^3 + \alpha x + \beta = (x^2 - 3x + 2)(x + m);$$

égalons les coefficients :

$$\begin{cases} 0 = m - 3, \\ \alpha = 2 - 3m. \\ \beta = 2m. \end{cases}$$

Ce système donne m, α et β.

118. — Problème. — *Trouver le reste de la division par le produit* $(x - a)(x - b)(x - c)$ *d'un polynôme* $f(x)$ *dont le degré est au moins égal à* 3.

Appelons $\varphi(x)$ le quotient; le reste est un polynôme du second degré

$$R(x) = mx^2 + nx + p.$$

On a

$$f(x) = (x - a)(x - b)(x - c)\varphi(x) + mx^2 + nx + p. \qquad (1)$$

Faisons successivement x égal à a, b, c :

$$f(a) = ma^2 + na + p,$$
$$f(b) = mb^2 + nb + p,$$
$$f(c) = mc^2 + nc + p.$$

Le polynôme $R(x)$ est donc connu par les valeurs $f(a)$, $f(b)$, $f(c)$, qu'il prend pour les valeurs a, b, c de x; nous sommes ramenés à un problème précédent (n° **102**).

On peut résoudre le problème autrement.

Supposons qu'on divise f par $x - a$, le quotient f_1 par $x - b$, le nouveau quotient f_2 par $x - c$:

$$\begin{aligned} f &= (x - a) f_1 + \alpha, && 1 \\ f_1 &= (x - b) f_2 + \beta, && x - a \\ f_2 &= (x - c)\varphi + \gamma, && (x - a)(x - b) \end{aligned}$$

où α, β, γ sont des constantes.

Pour faire disparaître f_1 et f_2, multiplions par 1, $x - a$ et $(x - a)(x - b)$, puis additionnons membre à membre :

$$(1) \qquad f = (x - a)(x - b)(x - c)\varphi + \alpha + \beta(x - a) + \gamma(x - a)(x - b).$$

Cette égalité montre que le quotient est φ, et le reste, le polynôme du second degré

$$R(x) = \alpha + \beta(x - a) + \gamma(x - a)(x - b).$$

Pour calculer α, β, γ, sans effectuer les divisions, substituons encore successivement a, b, c à x dans (1) :

$$\begin{aligned} f(a) &= \alpha, \\ f(b) &= \alpha + \beta(b-a), \\ f(c) &= \alpha + \beta(c-a) + \gamma(c-a)(c-b), \end{aligned}$$

d'où l'on tire facilement α, β et γ.

119. — REMARQUE SUR LES ÉQUATIONS. — Nous ne savons pas calculer les racines d'un polynôme du troisième degré; cependant si nous connaissons une de ses racines, on peut trouver les autres, s'il y en a.

Soit, par exemple,

$$f(x) = x^3 - 2x^2 - 5x + 6.$$

il s'annule quand $x = 1$; on mettra donc le polynôme sous la forme

$$f(x) = (x-1)(x^2 - x - 6):$$

il n'y a plus qu'à chercher les racines d'un trinôme du second degré, elles sont ici -2 et 3.

120. — ***Condition pour que deux équations à une inconnue aient une racine commune.*** (Voir n° **308**.)

Soit
$$f(x) = 0,$$
$$\varphi(x) = 0,$$

ces deux équations; nous cherchons la relation qui doit exister entre les coefficients pour qu'elles aient une racine commune.

Nous supposons φ du premier ou du second degré, le degré de f étant $\geqslant 2$:

1° φ est du premier degré : il n'y a qu'à calculer sa racine et à écrire qu'elle appartient à l'autre équation;

2° φ est du second degré.

On pourrait aussi calculer une racine de φ et substituer dans f, mais on introduirait un radical. Pour avoir la condition sous la forme d'un polynôme égalé à 0, il faudrait faire disparaître ce radical pour une élévation au carré; il resterait ensuite à chercher quel signe il convient de mettre devant le radical pour avoir la racine commune. On doit éviter l'introduction de ce radical : pour résoudre le problème, on peut ne rien savoir sur l'équation du second degré.

Divisons f par φ; f et φ étant ordonnés suivant les puissances ascendantes de x :

$$f(x) = \varphi(x) \cdot Q(x) + f_1(x),$$

le reste f_1 est du premier degré.

Si f et φ ont une racine commune, elle annule f_1 et par suite la racine commune appartient à φ et f_1.

Réciproquement, si φ et f_1 ont une racine commune, elle annule f; nous sommes ramenés à chercher la condition pour que les équations

$$\varphi(x) = 0,$$
$$f_1(x) = 0,$$

aient une racine commune : c'est le problème précédent.

Faisons la division même dans le cas où φ est du premier degré.

$$\varphi(x) = ax + b,$$

f_1 est indépendant de x.

$$f_1 = f\left(-\frac{b}{a}\right).$$

Écrire que $f_1 = 0$ revient à dire que la racine $-\frac{b}{a}$ de φ appartient à f.

121. — Problème. — f(x) *étant un polynôme à coefficients rationnels, calculer*

$$f(\alpha)$$

si

$$\alpha = 3 - \sqrt{7}.$$

$3 - \sqrt{7}$ et $3 + \sqrt{7}$ sont racines d'une équation du second degré à coefficients rationnels, puisque leur somme et leur produit sont rationnels; cette équation est

$$\varphi(x) = x^2 - 6x + 2 = 0.$$

Dans ce problème,

$$f_1(x) = mx + n,$$

où m et n sont rationnels.

$$f(\alpha) = m(3 - \sqrt{7}) + n = (3m + n) - m\sqrt{7}.$$

Supposons que f(x) *admette la racine* α : m *et* n sont nuls. Si m n'était pas nul, nous aurions

$$m\alpha + n = 0 \quad \text{ou} \quad \alpha = -\frac{m}{n},$$

ce qui est impossible, puisque α est irrationnel. Donc $m = 0$ et par suite $n = 0$.

$$f(x) = (x^2 - 6x + 2)\,Q(x).$$

Donc, *si un polynôme* f(x) *à coefficients rationnels admet la racine irrationnelle* $3 - \sqrt{7}$, *il admet aussi la racine conjuguée* $3 + \sqrt{7}$.

122. — Homogénéité. — Soit à résoudre un problème de la forme suivante : *On donne trois segments de droites*; a, b, c *sont leurs mesures avec une unité quelconque* : construire un quatrième segment dont la longueur, avec la même unité, peut être calculée par la formule

$$x = f(a, b, c).$$

Il faut qu'on trouve le même segment quelle que soit l'unité choisie. Avec une unité m fois plus petite les mesures sont ma, mb, mc, mx, il faut donc que, quel que soit m,

$$mx = f(ma, mb, mc),$$

ou

$$f(ma, mb, mc) = mf(a, b, c) :$$

c'est ce qui arrive, par exemple, avec les fonctions suivantes :

$$a + b, \quad \frac{ab}{c}, \quad \frac{a^2 + b^2}{a + b}, \quad \sqrt{ab}, \quad \sqrt{\frac{abc}{d}}, \quad \dots$$

123. — **Théorème.** — ***Si entre des longueurs mesurées avec une unité quelconque, on a une relation de la forme***

$$f(a, b, c) = 0,$$

f ***étant un polynôme : ce polynôme est homogène.***

Prenons une unité m fois plus petite, les mesures deviennent m fois plus grandes : ma, mb, mc; il faut donc que, quel que soit m,

$$f(ma, mb, mc) = 0.$$

Supposons, par exemple, f du second degré; il contient

des termes du second degré, des termes du premier degré et un terme indépendant. Appelons-les f_2, f_1, f_0.

$$f = f_2 + f_1 + f_0 = 0.$$

Alors, si nous remplaçons a par ma, b par mb, c par mc :

$$m^2 f_2 + m f_1 + f_0 = 0,$$

quel que soit m. Donc

$$f_2 = 0, \quad f_1 = 0, \quad f_0 = 0.$$

Si f n'est pas homogène, il n'y a pas de terme indépendant de a, b, c: on a deux relations homogènes

$$f_2 = 0, \qquad f_1 = 0.$$

Dans un triangle rectangle, si l'on a trouvé

$$2(b^2 + c^2 - a^2) + 5(b - a \sin B) = 0,$$

c'est que séparément,

$$b^2 + c^2 - a^2 = 0, \qquad b - a \sin B = 0.$$

On peut très bien avoir des formules non homogènes, mais alors l'unité est précisée. — Prenons un triangle rectangle dont les côtés valent 3^m et 4^m : l'hypoténuse égale 5^m. Appelons b, c et a ces nombres, on peut écrire l'égalité non homogène

$$b^2 + c^2 = 5a;$$

cette formule ne serait pas vérifiée si a, b, c étaient les mesures des mêmes longueurs en décimètres.

Il nous arrivera souvent d'écrire des équations non homogènes, nous représenterons alors notre unité.

EXERCICES

16. Choisir λ et μ pour que les polynômes en x

$$m(x + \lambda)^2 + n(x + \mu)^2 \text{ et } m(x + a)^2 + n(x + b)^2$$

soient identiques.

17. Choisir λ, m et n pour que, identiquement,

$$\lambda(x - 1)(x - 2) - (mx + n)^2 = x^2 - 32x + 6.$$

18. Déterminer deux polynômes, $f(x)$ du second degré et $\varphi(x)$ du premier degré, tels que

$$f^2(x) + (1 - x^2)\varphi^2(x) = 1.$$

19. Faire le produit

$$(a-b)(a+b)(a^2+b^2)(a^4+b^4)\ldots$$

le nombre des facteurs étant quelconque. — Trouver le produit des mêmes facteurs sauf le premier.

20. Choisir λ pour que le trinôme

$$ax^2+bx+c-\lambda(x^2+1)$$

soit un carré parfait.

21. Déterminer α et β de manière que

$$x^4+\alpha x^3+\beta x^2+12x+9$$

soit un carré parfait.

22. Trouver le polynôme dont les polynômes suivants sont des carrés parfaits :

1° $$(x^2+a^2)^2-6ax(x-a)^2-3a^2x^2;$$

2° $$x^6-6x^5+15x^4-20x^3+15x^2-6x+1;$$

3° $$a^6-4a^5b+8a^4b^2-10a^3b^3+8a^2b^4-4ab^5+b^6.$$

23. Choisir λ pour que le polynôme en x et y

$$(x^2+y^2)^2-2\lambda xy(x+y)(x-y)$$

soit un carré parfait.

24. Le produit de 4 entiers consécutifs augmenté de 1 est un carré parfait.

25. Calculer a, b, c sachant que

$$x^4+ax^3+bx^2+cx+1 \quad \text{et} \quad x^4+2ax^3+2bx^2+2cx+1$$

sont des carrés parfaits.

26. Soit a, b, c trois nombres quelconques et

$$A=a^2-bc,\qquad B=b^2-ca,\qquad C=c^2-ab.$$

Montrer que :

1° $$\frac{A^2-BC}{a}=\frac{B^2-CA}{b}=\frac{C^2-AB}{c};$$

2° $A^3+B^3+C^3-3ABC$ est le carré d'un polynôme.

27. Montrer que les 3 fractions

$$\alpha=\frac{a^2-c^2+\sqrt{a^4+b^4+c^4-a^2b^2-a^2c^2-b^2c^2}}{a^2-b^2}$$

et β et γ, qu'on obtient par permutation circulaire, ont un produit égal à 1.

28. Sachant que $\sin x+\cos x=a$, calculer $\sin^n x+\cos^n x$.

29. Exprimer $y_n=x^n+\frac{1}{x^n}$ en fonction de $y=x+\frac{1}{x}$.

30. Calculer

$$(5+\sqrt{7})^4+(5-\sqrt{7})^4.$$

31. Déterminer α et β pour que $x^4+3x^2+\alpha x+\beta$ soit divisible par x^2-x-1.

32. Déterminer α et β pour que $3x^4 - 14x^3 - 23x^2 + 38x + \alpha$ soit divisible par $x^2 - 6x + \beta$.

33. Calculer α et β sachant que

$$(x^2 + \alpha x + 1)(x^2 + \beta x + 1) = x^4 + 5x^3 + 8x^2 + 5x + 1.$$

34. Que faut-il pour que le polynôme $ax^3 + 3bx^2 + 3cx + d$ soit divisible par $ax^2 + 2bx + c$?

35. Montrer que le polynôme

$$(x + 1)^{12} - x^{12} - 2x - 1$$

est divisible par

$$2x^3 + 3x^2 + x.$$

36. Mettre le polynôme $2x^3 - 5x^2 + 8x - 1$ sous la forme

$$\alpha(x-1)(x-2)(x-3) + \beta(x-1)(x-2) + \gamma(x-1) + \delta.$$

37. Montrer que le polynôme

$$\begin{aligned}&[(b+c)^2 + (a+x)^2](b-c)(a-x)\\ &+ [(c+a)^2 + (b+x)^2](c-a)(b-x)\\ &+ [(a+b)^2 + (c+x)^2](a-b)(c-x)\end{aligned}$$

est identiquement nul.

38. Vérifier que

$$nx^{n+1} - (n+1)x^n + 1$$

est divisible par $(x-1)^2$.

39. Choisir a et b pour que

$$x^4 + ax + b$$

soit divisible par $(x-1)^2$.

40. Déterminer c pour que le polynôme

$$x^3 - 3b^2x + 2c^3$$

soit divisible par $(x-a)$ et par $(x-b)$.

41. Compléter l'égalité

$$(x^2 + 5x + 6) = (x + \quad)(x + \quad).$$

42. On a divisé un polynôme A par $x - a$ et par $x - b$:

$$A = (x-a)Q + R.$$
$$A = (x-b)Q' + R'.$$

Peut-on simplement, connaissant Q, Q', R, R', trouver le quotient et le reste de la division de A par $(x-a)(x-b)$?

43. Calculer les coefficients du polynôme en x

$$F(a, x) = (1 + ax)(1 + a^2x)\dots(1 + a^nx).$$

[On partira de l'identité

$$(1 + a^{n+1}x)F(a,x) = (1 + ax)F(a, ax).]$$

Faire ensuite tendre a vers 1 pour trouver le développement de $(1 + x)^n$.

44. Si 4 nombres α, β, γ, δ sont tels que :

$$\alpha + \beta + \gamma + \delta = 0,$$
$$\frac{1}{\alpha} + \frac{1}{\beta} + \frac{1}{\gamma} + \frac{1}{\delta} = 0.$$

ils sont deux à deux opposés.

45. Trouver le reste de x^m par $x^3 - 1$.
Trouver le reste de $x^{14} + x^7 + 1$ par $x^3 - 1$.
Montrer que ce polynôme est divisible par $x^2 + x + 1$.

46. Trouver le reste de la division de $x^n - 1$ par $x^p - 1$. $(n > p.)$
Que faut-il pour que $x^n - 1$ soit divisible par $x^p - 1$?

47. Choisir m pour que le polynôme

$$x^3 - 1 - m(x - 1)$$

soit divisible par $(x - 1)^2$.

48. 1° Calculer le quotient et le reste de la division de

$$6x^4 - 7x^3 + ax^2 + 3x + 2 \text{ par } x^2 - x + m;$$

2° Déterminer a et m de manière que le reste s'annule quel que soit x:
3° Remplacer a et m par les valeurs ainsi déterminées et mettre le dividende sous la forme d'un produit de facteurs du premier degré.

(*École de physique et chimie.*)

49. Trouver les conditions pour que

$$x^3 + 3ax^2 + 3bx + c$$

soit divisible par $x^2 + 2ax + b$.

50. Mettre sous la forme d'un produit de facteurs du premier degré le polynôme

$$(x^2 - 3x + 4)^2 - 5x(x^2 - 3x + 4) + 6x^2.$$

51. Trouver le quotient et le reste de la division de

$$x^n \text{ par } (x - a)(x - b).$$

52. Montrer que si un polynôme $f(x, y, z)$ est divisible par $x - y$ et par $x - z$, il l'est par $(x - y)(x - z)$.

53. Mettre sous la forme de produits de facteurs du premier degré les polynômes

$$x^2(y - z) + y^2(z - x) + z^2(x - y);$$
$$x^3(y - z) + y^3(z - x) + z^3(x - y).$$

54. Trouver la condition pour qu'un polynôme en x et y soit équivalent à 0, c'est-à-dire nul pour toutes les valeurs de x et y.

55. Sachant que le carré S^2 de l'aire d'un triangle de côtés a, b, c est exprimé par un polynôme du 4e degré en a, b, c : trouver ce polynôme.

56. Si $f(x, y)$ est un polynôme symétrique devenant nul quand $x = y$, il est divisible par $(x - y)^2$.

57. Démontrer que

$$x^3 + y^3 - 3xy + 1$$

est divisible par $x + y + 1$.

58. Montrer que

$$a^3 + b^3 + c^3 + 3(a + b)(b + c)(c + a)$$

est divisible par $a + b + c$. Effectuer la division.

59. Montrer que

$$(x + y + z)^3 - (x^3 + y^3 + z^3)$$

est divisible par $x+y$. Mettre ce polynôme sous la forme d'un produit de facteurs du premier degré.

60. Diviser

$$x^3+y^3+z^3-3xyz \quad \text{par} \quad x+y+z.$$

61. Soit le polynôme

$$f(x)=3x^4-14x^3-23x^2-2x-3;$$

calculer $f(\alpha)$ sachant que

$$\alpha=3-\sqrt{7}.$$

62. Soit un polynôme $f(x)$ à coefficients rationnels; et deux nombres irrationnels conjugués

$$a-\sqrt{b}, \qquad a+\sqrt{b}.$$

Montrer que

$$f(a-\sqrt{b}), \qquad f(a+\sqrt{b})$$

sont aussi conjugués.

63. Que faut-il pour que la fraction

$$\frac{ax+by+c}{a'x+b'y+c'}$$

soit indépendante de x et de y?

64. Simplifier les expressions :

1. $$\frac{x^2-x-2}{x^2+x-2}\cdot\frac{x^3-1}{x^3-8}.$$

2. $$\frac{1}{3+\dfrac{2}{x+1}}\cdot\frac{1}{x+\dfrac{1}{2+\dfrac{x-1}{x-3}}}.$$

3. $$\frac{(x^2-x-1)(x^2+x-1)}{x^4-3x^2+1}.$$

4. $$\frac{(x-1)^4+x^4+1}{(x-1)^2+x^2+1}.$$

5. $$\frac{(ab+1)^2-(a+b)^2}{(a^2-1)(b^2-1)}.$$

6. $$\frac{1}{1-x}+\frac{1}{1+x}+\frac{2}{1+x^2}+\frac{4}{1+x^4}.$$

7. $$\frac{1}{x^2-5x+6}+\frac{3}{x^2-9}+\frac{1}{x^2+x-6}.$$

8. $$\frac{a^2-b^2-c^2-2bc}{a+b+c}\cdot\frac{a+b-c}{a^2+c^2-2ac-b^2}.$$

9. $$\frac{x^2-x-6}{x^2-3x+2}\cdot\frac{x^2+x-6}{x^2+x-2}\cdot\frac{x^2-1}{x^2+6x+9}.$$

10. $$\frac{9x^2-24}{x-1-\dfrac{1}{1-\dfrac{x}{4+x}}}.$$

11. $$\frac{2-4x}{4x-2-\dfrac{4x}{1+\dfrac{\dfrac{1}{2x-1}}{1+\dfrac{1}{4x-1}}}}.$$

12. $$\frac{x^2}{1-\dfrac{1}{x^2+\dfrac{\frac{1}{x}}{x+\frac{1}{x}}}}+\frac{x^2-2}{1-\dfrac{1}{x^2-\dfrac{\frac{1}{x}}{x-\frac{1}{x}}}}.$$

13. $$\left(\frac{a}{b-\dfrac{b^2}{a}}+\frac{b}{a-\dfrac{a^2}{b}}\right)\cdot\frac{1}{\dfrac{a^2}{b}-\dfrac{b^2}{a}}.$$

14. $$\frac{(2x+3)^2-(x-1)^2}{(3x-1)^2-(2x-5)^2},\qquad \frac{(2x+1)^2-(x+3)^2}{(2x+3)^2-(x+1)^2}.$$

15. $$\frac{(x^2+x-1)(x^2-x+1)-(x^2+x+1)(x^2-x-1)}{(x^2+x-1)(x^2+x+1)-(x^2-x+1)(x^2-x-1)}.$$

16. $$\frac{\left(1+\dfrac{2}{x^2+5x+4}\right)\left(1-\dfrac{4x}{x^2+2x-3}\right)}{1-\dfrac{3x}{x^2+3x-4}}.$$

17. $$\frac{(x^2+x+1)^3-(x^2-x+1)^3}{(x^2+x+1)^3-(x^2-x+1)^3}.$$

18. $$\frac{4}{x^2-5x+6}-\frac{3}{x^2-4x+3}+\frac{2}{x^2-3x+2}.$$

19. $$\frac{x^2-x+1}{x^2+x+1}+\frac{2x(x-1)^2}{x^4+x^2+1}+\frac{2x^2(x^2-1)^2}{x^8+x^4+1}.$$

20. $$\frac{x^3-x^2+x-1}{(x-1)^2(x-2)}+\frac{2x^2+9x+7}{x^2-1}-\frac{2x+1}{x-2}.$$

65. Simplifier le rapport de

$$\left(\frac{x+2}{x-2}+\frac{x-2}{x+2}\right)\left(\frac{x+2}{x-2}-\frac{x-2}{x+2}\right)\quad \text{à}\quad \frac{1}{(x+2)^2}+\frac{1}{(x-2)^2}.$$

66. Montrer que si

$$x=\frac{b^2+c^2-a^2}{2bc},\qquad y=\frac{(a+c-b)(a+b-c)}{(a+b+c)(b+c-a)},$$

on a

$$(x+1)(y+1)=2.$$

67. Montrer : 1° que la fraction

$$\frac{\dfrac{x-a}{1+ax}-\dfrac{x-b}{1+bx}}{1+\dfrac{(x-a)(x-b)}{(1+ax)(1+bx)}}$$ est indépendante de x.

2° que si

$$(a-b)(1+xy)=(x-y)(1+ab),$$

on a aussi

$$(a+y)(1-bx)=(b+x)(1-ay).$$

68. Remplacer x par $\frac{2a^2-3b^2}{a+2b}$ dans $\frac{x+2a}{x-3b}$.

69. Calculer les expressions

$$x=\cfrac{a}{a-b-\cfrac{b^2}{a-b-\cfrac{a^2}{a-b}}},\qquad x=\cfrac{1}{1-\cfrac{1}{1-\cfrac{1}{1-a}}}.$$

70. Choisir a, b, c sachant que :

1° $$\frac{5x-11}{2x^2+x-6}=\frac{a}{x+2}+\frac{b}{2x-3},$$

2° $$\frac{x^2+3x-2}{x^2-1}=a+\frac{b}{x+1}+\frac{c}{x-1},$$

3° $$\frac{11x^2-23x}{(2x-1)(x^2-9)}=\frac{a}{2x-1}+\frac{b}{x+3}+\frac{c}{x-3}.$$

CHAPITRE V

PREMIÈRES APPLICATIONS DES NOMBRES ALGÉBRIQUES

§ 1. — Points mobiles sur un axe.

124. — Théorème. — *Soit sur une droite deux points* A *et* B, *il existe sur cette droite deux points tels que*

$$\frac{MA}{MB} = k. \qquad (k \neq 1.)$$

Supposons, par exemple,

$$k = \frac{5}{3}.$$

1° Cherchons M entre A et B. Si $\frac{MA}{MB} = \frac{5}{3}$, c'est que, MB étant divisé en 3 parties égales, MA en contient 5; AB en contient 8. On divisera donc AB en 8 parties égales; en prenant 5 de ces parties à partir de A on aura le point cherché.

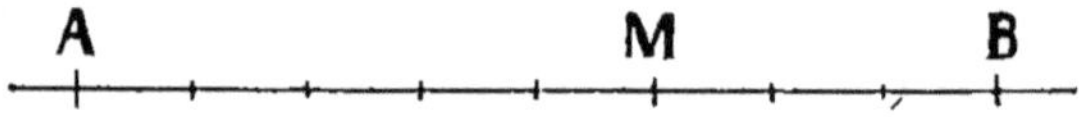

Fig. 34.

2° Cherchons M en dehors du segment AB. MA devant être plus grand que MB, M sera à droite de B. Si MB est divisé en 3 parties, MA en contient 5, et AB 2 : la construction est facile.

Fig. 35.

On remarquera que les deux points trouvés sont du même côté du milieu de AB.

Si l'on choisit un sens sur la droite : pour le premier point

$$\frac{\overline{MA}}{\overline{MB}} = -\frac{5}{3},$$

pour le second

$$\frac{\overline{MA}}{\overline{MB}} = \frac{5}{3}.$$

Il en résulte que *un point de la droite est bien défini par l'équation*

$$\frac{\overline{MA}}{\overline{MB}} = k.$$

***Si* k *est négatif,* M *est entre* A *et* B; *il est sur le prolongement si* k *est positif. Il n'y a aucun point correspondant à* k = 1.**

Pour calculer $\overline{MA}$ et $\overline{MB}$, on écrira (n° **27**) :

$$\frac{\overline{MA}}{k} = \frac{\overline{MB}}{1} = \frac{\overline{MB} - \overline{MA}}{1-k} = \frac{\overline{AB}}{1-k},$$

$$\overline{MA} = \frac{k}{1-k} \cdot \overline{AB}, \qquad \overline{MB} = \frac{1}{1-k} \cdot \overline{AB}.$$

Au lieu de définir la position du point M par son abscisse, on peut le faire par la valeur k du rapport $\frac{\overline{MA}}{\overline{MB}}$, k *ne dépend pas de l'unité de longueur.*

125. — Problème. — *Trouver le point d'application de la résultante de deux forces parallèles.*

P et Q étant les mesures algébriques des forces données qu'on suppose ne pas former un couple, il y a une résultante

$$R = P + Q. \qquad (P + Q \neq 0.)$$

Le point d'application est tel que

$$\frac{\overline{CA}}{\overline{CB}} = -\frac{Q}{P}.$$

Appelons a, b, c, les abscisses de A, B, C :

$$\frac{a-c}{b-c}=-\frac{Q}{P}.$$

$$Rc=Pa+Qb,$$

équation qui permet de calculer c et qui donne le théorème des moments par rapport au plan mené par O perpendiculairement à la droite.

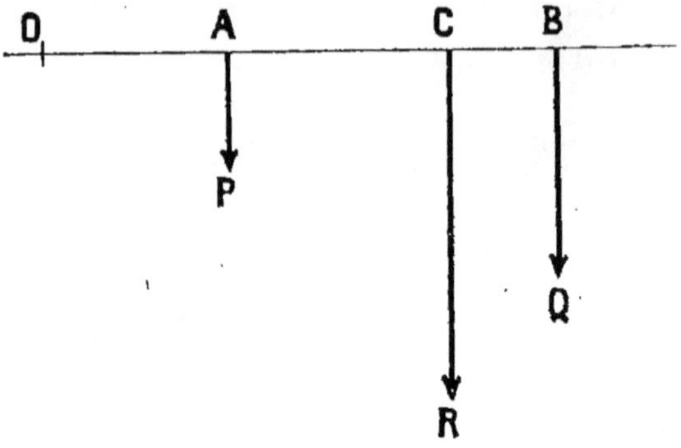

Fig. 36.

126. — Division harmonique. — *Deux points* C *et* D *d'une droite sont dits* **conjugués harmoniques** *par rapport à deux points* A *et* B *de cette droite lorsqu'ils divisent le segment* AB *dans le même rapport*

$$\frac{CA}{CB}=\frac{DA}{DB}.$$

En écrivant cette proportion

$$\frac{AC}{AD}=\frac{BC}{BD},$$

on conclut que A et B sont conjugués harmoniques par rapport à C et D.

On dit encore que C et D divisent harmoniquement AB ou que les quatre points A, B, C, D forment une division harmonique.

Si on donne des signes aux segments de droite.

$$\frac{\overline{CA}}{\overline{CB}}=-\frac{\overline{DA}}{\overline{DB}} \quad \text{ou} \quad \frac{\overline{CA}}{\overline{CB}}+\frac{\overline{DA}}{\overline{DB}}=0.$$

127. — Problème. — *Trouver la relation qui existe entre les abscisses de deux points* M et M′ *qui divisent harmoniquement* AB.

Prenons une origine quelconque, appelons a et b les abscisses de A et B, x et x' celles de M et M′ :

$$\frac{\overline{MA}}{\overline{MB}}+\frac{\overline{M'A}}{\overline{M'B}}=0,$$

$$\frac{a-x}{b-x}+\frac{a-x'}{b-x'}=0,$$

$$2xx'-(a+b)(x+x')+2ab=0. \qquad (1)$$

Par un choix convenable de l'origine, cette formule peut se simplifier; on peut faire disparaître, soit le 3ᵉ terme, soit le 2ᵉ.

1° Pour que le 3ᵉ terme disparaisse, il faut que a ou b soit nul. Choisissons l'origine en A : $a=0$, $b=\overline{AB}$, alors

$$2xx'-b(x+x')=0,$$

$$\frac{1}{b}=\frac{1}{2}\left(\frac{1}{x}+\frac{1}{x'}\right), \qquad \frac{2}{\overline{AB}}=\frac{1}{\overline{AM}}+\frac{1}{\overline{AM'}};$$

$\overline{AB}$ est moyenne harmonique entre $\overline{AM}$ et $\overline{AM'}$.

2° Pour que le second terme de (1) disparaisse, il faut que $a+b=0$, c'est-à-dire que l'origine soit au milieu I de AB. Alors, $a=-b$, l'équation devient

$$xx'=b^2, \qquad \overline{IM}\,.\,\overline{IM'}=\overline{IB}^2.$$

IB est moyenne géométrique entre IM et IM'.

La relation entre x et x' peut servir à calculer l'un quand on connaît l'autre; elle permet aussi de voir comment se déplace l'un des points quand on déplace l'autre.

Nous prendrons la dernière, $xx'=b^2$.

On peut dire d'abord : x et x' sont de même signe, puisque $xx'>0$, M et M' sont du même côté de I; nous l'avons déjà remarqué (nº **124**) : si $|k|>1$, les deux points sont à droite de I; ils sont à gauche dans le cas contraire.

Supposons x et x' positifs (M et M' à droite de I); puisque le produit xx' est constant, quand un facteur augmente, l'autre diminue : *les déplacements de* M *et* M' *sont de sens contraire*.

Prenons deux groupes de points (M, M') (M_1, M'_1) (toujours à droite de I), le plus petit des segments MM' et $M_1M'_1$ est à l'intérieur du plus grand. Il est important de remarquer que *le plus petit segment est celui dont le milieu est le plus près de* I. En effet (**56**)

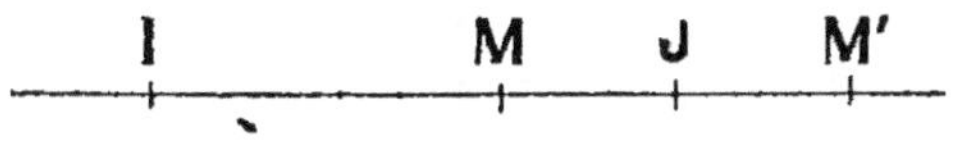

Fig. 37.

$$(x+x')^2=(x'-x)^2+4xx'=(x'-x)^2+4b^2.$$

Si J est le milieu de MM', $IJ=\dfrac{x+x'}{2}$,

$$4IJ^2=MM'^2+4b^2.$$

Les longueurs MM' *et* IJ *varient dans le même sens.*

128. — Changement d'origine. — Nous venons de voir comment des résultats deviennent plus simples par un choix convenable de l'origine; nous allons maintenant chercher à simplifier, par un changement d'origine, des expressions contenant l'abscisse d'un point quelconque.

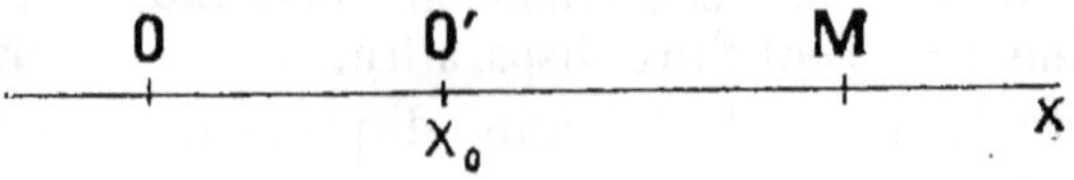

Fig. 38.

Définissons la nouvelle origine O' par son abscisse

$$\overline{OO'} = x_0;$$

soit X la nouvelle abscisse d'un point M et x l'ancienne

$$x = \overline{OM}, \qquad X = \overline{O'M};$$

$$\overline{OM} = \overline{OO'} + \overline{O'M},$$

donc, $$x = x_0 + X \quad \text{et} \quad X = x - x_0.$$

1er exemple. — *Simplifier le binôme* ax + b.

$$ax + b = a(x_0 + X) + b = aX + (ax_0 + b);$$

c'est une expression de la même forme; on choisira x_0 de manière que

$$ax_0 + b = 0, \quad x_0 = -\frac{b}{a};$$

et alors $$ax + b = aX = a \cdot \overline{O'M}.$$

Cette transformation s'obtient simplement en mettant a *en facteur* :

$$ax + b = a\left(x + \frac{b}{a}\right);$$

il reste à poser $$x + \frac{b}{a} = X.$$

2e exemple. — *Simplifier le trinôme* $ax^2 + bx + c$.

Remplaçons encore x par $x_0 + X$, nous trouverons

$$aX^2 + (2ax_0 + b)X + (ax_0^2 + bx_0 + c).$$

Profitons de l'indétermination de x_0 pour faire disparaître le terme en X :

$$2ax_0 + b = 0, \quad x_0 = -\frac{b}{2a};$$

nous trouverons

$$ax^2 + bx + c = aX^2 + \frac{4ac - b^2}{4a}$$
$$= aX^2 + c_1 = a.\overline{O'M}^2 + c_1.$$

Si le trinôme en x a deux racines x' et x'', le trinôme en X aura pour racines

$$X' = x' - x_0, \quad X'' = x'' - x_0.$$

Nous avons déjà mis le trinôme sous la forme

$$a\left(x + \frac{b}{2a}\right)^2 + \frac{4ac - b^2}{4a};$$

le changement d'origine est défini par l'équation

$$x + \frac{b}{2a} = X.$$

3e exemple. — *Considérons encore le polynôme du 3e degré*

$$x^3 + ax^2 + bx + c.$$

On peut, par un changement d'origine, avoir un polynôme en X ne contenant pas de terme en X^2. On trouve

$$x_0 = -\frac{a}{3}.$$

On fera aussi le calcul en considérant x^3 et ax^2 comme les premiers termes du développement du cube de $x + \frac{a}{3}$.

Le polynôme du 3e degré se ramène ainsi à la forme

$$X^3 + pX + q.$$

129. — Supposons maintenant que deux points M et M' mobiles sur Ox ont leurs abscisses liées par une certaine relation, un changement d'origine va permettre de simplifier cette relation.

1er exemple : $ax + bx' + c = 0.$

$$x = x_0 + X, \qquad x' = x_0 + X';$$

nous trouvons

$$aX + bX' + (a+b)x_0 + c = 0.$$

Supposons d'abord $a + b \neq 0$; nous poserons

$$(a+b)x_0 + c = 0 \quad \text{ou} \quad x_0 = -\frac{c}{a+b},$$

la relation deviendra

$$aX + bX' = 0 \quad \text{ou} \quad \frac{X'}{X} = -\frac{a}{b} :$$

les points M et M' sont homothétiques par rapport au point O', le rapport d'homothétie étant $-\frac{a}{b}$. O' est le point où les points mobiles sont confondus.

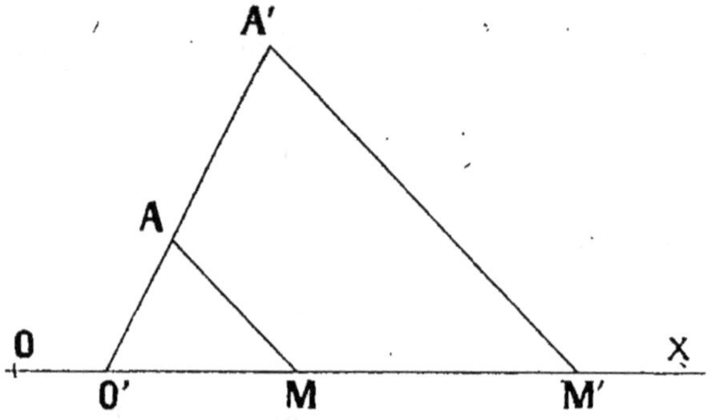

Fig. 39.

Si A et A' sont deux points homologues en dehors de Ox, les droites AM et A'M' tournent autour de A et A' en restant parallèles.

Cette homothétie devient une symétrie par rapport à O' si $a = b$. Si maintenant $a + b = 0$ ou $b = -a$, le changement d'origine ne permet pas une simplification. La relation devient

$$a(x - x') + c = 0$$

$$x' - x = \frac{c}{a} = \overline{MM'} :$$

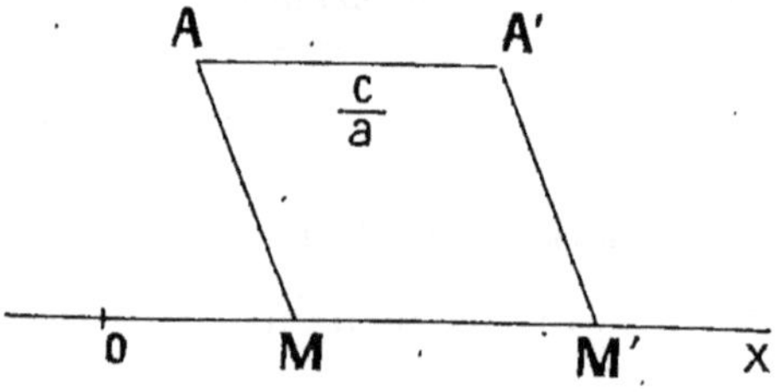

Fig. 40.

on passe de M à M' par une translation mesurée par $\frac{c}{a}$.

Il y a une construction analogue à la précédente, mais la droite qui joint deux points homologues A et A' est parallèle à Ox.

2e exemple :

$$xx' + a(x + x') + b = 0.$$

$$(x_0 + X)(x_0 + X') + a(X + X' + 2x_0) + b = 0$$

$$XX' + (a + x_0)(X + X') + (x_0^2 + 2ax_0 + b) = 0.$$

On est naturellement conduit à poser $x_0 = -a$ et alors

$$XX' = a^2 - b.$$

En considérant xx', ax, ax' comme les trois premiers termes du développement de $(x+a)(x+a')$, il vient

$$xx' + a(x + x') + b = (x + a)(x' + a) + b - a^2.$$

On devra donc prendre pour nouvelle origine le point d'abscisse $-a$.

Écartons le cas où $a^2 - b$ est nul. XX' est alors nul : l'un des points est en O', l'autre est arbitraire.

Si $a^2 - b \neq 0$, M et M' sont inverses par rapport à O', la puissance d'inversion étant $a^2 - b$. Deux cas sont à distinguer :

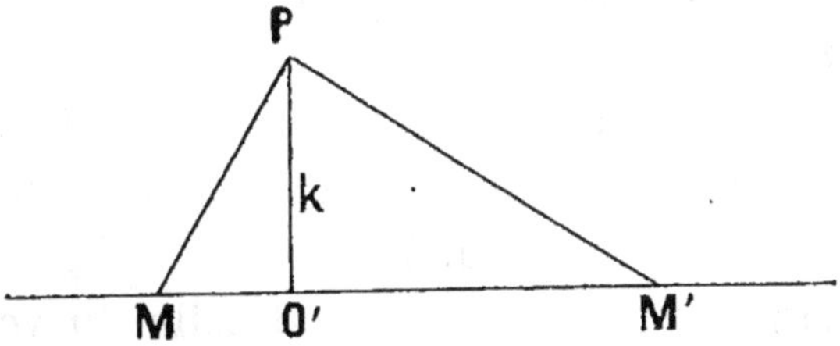

Fig. 41.

1° $a^2 - b < 0$. Nous poserons

$$a^2 - b = -k^2,$$

k étant la racine carrée du nombre opposé. En élevant à O'x une perpendiculaire O'P $= k$, l'angle MPM' est droit ; les points M et M' sont de part et d'autre de O' et *se déplacent dans le même sens.*

2° $a^2 - b > 0$. Alors $a^2 - b = k^2$,

$$XX' = k^2.$$

Nous avons vu que les deux points sont conjugués harmoniques par rapport aux points dont les nouvelles abscisses sont $-k$ et $+k$.

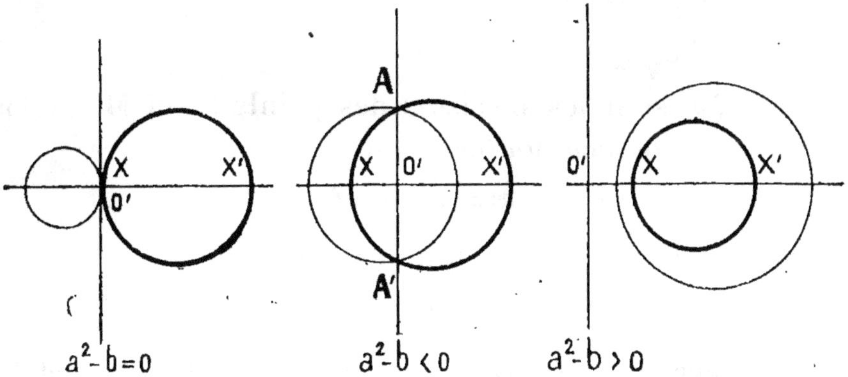

Fig. 42.

Il est commode de considérer M et M' comme les extrémités d'un diamètre d'un cercle variable : la puissance de O' par rapport à ce cercle est constante ; ce cercle appartient à un faisceau.

130. — Mouvement rectiligne uniforme. — Rappelons comment on donne une mesure algébrique au temps. On choisit un instant comme *origine du temps*. Un autre instant est déterminé par un nombre algébrique t : c'est le temps qui sépare cet instant de l'origine, affecté du signe + s'il lui est postérieur et du signe — s'il lui est antérieur.

Un mouvement rectiligne est dit* uniforme *s'il est toujours de même sens et si le chemin parcouru est proportionnel au temps employé à le parcourir.

La vitesse, dans ce mouvement, ***est le vecteur décrit par le mobile dans l'unité des temps.*** (Plus exactement, c'est une grandeur représentée par ce vecteur.)

La mesure algébrique v de la vitesse est celle du vecteur vitesse.

Soient V, M_0 et M les positions du point au temps 0, 1 et t :

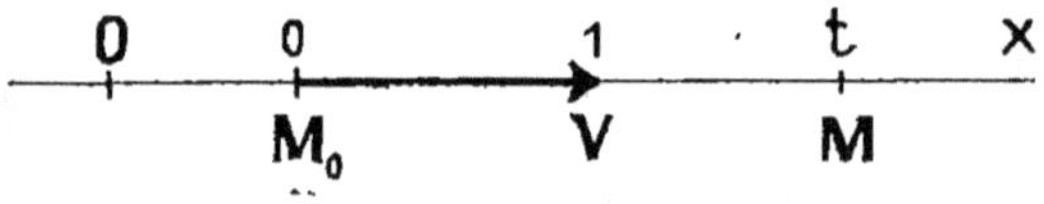

Fig. 43.

$$\frac{(M_0M)}{(M_0V)} = t, \qquad (M_0M) = (M_0V)\, t,$$

et, comme $\overline{M_0M} = v$:

$$\overline{M_0M} = vt.$$

Si x_0, x sont les abscisses des points M_0 et M, la *formule du mouvement uniforme* est

$$\boldsymbol{x = x_0 + vt}.$$

Si le mobile passe en M_0 au temps t_0,

$$x = x_0 + v\,(t - t_0).$$

Il est intéressant de considérer deux mobiles M et M' dont les abscisses

$$x = x_0 + vt,$$
$$x' = x'_0 + v't,$$

et d'étudier la correspondance entre les points M et M' (nº **129**).

§ 2. — Coordonnées cartésiennes.

131. — Géométriquement, pour déterminer la position d'un point M dans un plan où l'on a choisi un point fixe O, on se donne le vecteur OM.

Algébriquement, après avoir mené par O deux axes rectangulaires Ox, Oy, on se donne les projections du vecteur OM sur ces axes.

Étant donnés deux rectangulaires Ox, Oy *et un point* M, *on appelle* **coordonnées de** M *les projections du vecteur* OM *sur ces axes.*

La projection sur Ox *s'appelle l'***abscisse** *et la projection sur* Oy *s'appelle l'***ordonnée**.

Si les axes ne sont pas rectangulaires, la projection sur chaque axe se fait parallèlement à l'autre. Nous supposerons toujours les axes rectangulaires.

Quand on parle du point M qui a pour coordonnées x et y, on écrit M (x, y).

Sur la figure 44

$$x = \overline{OP}, \qquad y = \overline{OQ}.$$

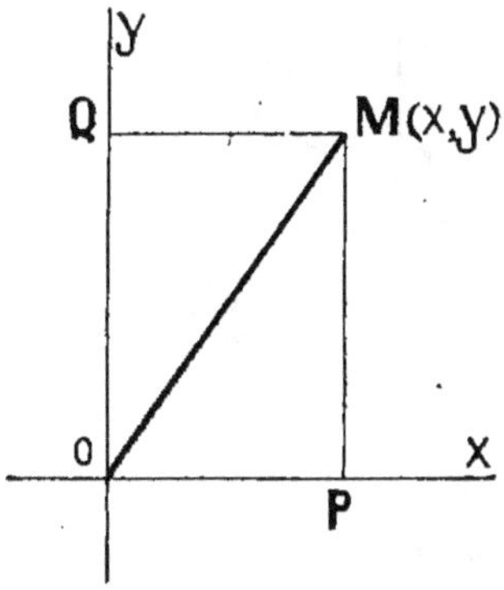

Fig. 44.

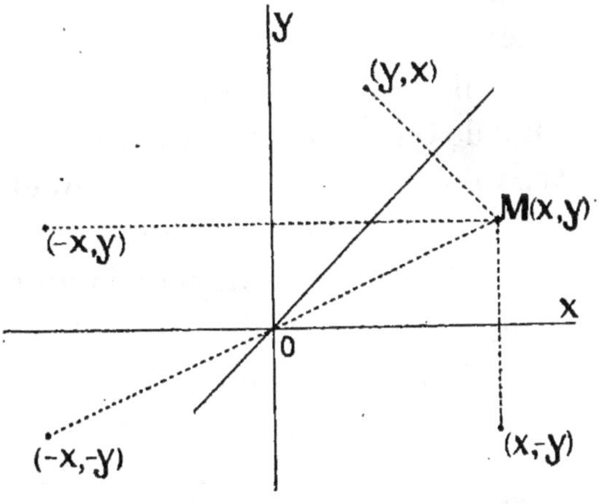

Fig. 45.

Réciproquement, *si on se donne deux nombres algébriques* x *et* y, *ils définissent un point.*

Nous avons représenté (fig. 45) les symétriques d'un point M par rapport aux axes, à l'origine et à la première bissectrice, et indiqué leurs coordonnées.

132. — Problème. — *Connaissant les coordonnées d'un sommet d'un carré de centre O ; calculer celles des autres sommets.*

Si la figure tourne, autour de O, d'un angle droit dans le sens positif xOy, A vient sur B, Ox vient sur Oy et Oy sur Ox' ; donc l'abscisse de A devient l'ordonnée de B et son ordonnée devient l'opposé de l'abscisse de B. Les coordonnées de B sont donc $(-b, a)$.

On passera de la même manière de B à C, puis de C à D :

$$A(a, b), \qquad B(-b, a),$$
$$C(-a, -b), \qquad D(b, -a).$$

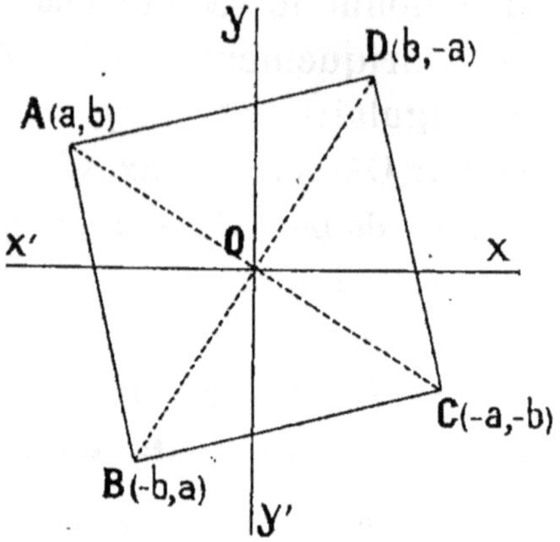

Fig. 46.

Dans le cas particulier où l'angle $xOA = \varphi$ et $OA = 1$, on trouve, par ce procédé, les formules de la Trigonométrie :

$$\cos\left(\varphi + \frac{\pi}{2}\right) = -\sin\varphi, \qquad \sin\left(\varphi + \frac{\pi}{2}\right) = \cos\varphi.$$

133. — Direction dans le plan. — Une direction est définie par un axe Ou passant par l'origine. Cet axe est déterminé soit par l'un des angles dont il faut faire tourner Ox autour de O pour l'amener sur Ou (le sens positif est celui pour lequel une rotation d'un angle droit amène Ox sur Oy), soit par un point A (a,b) de la demi-droite Ou.

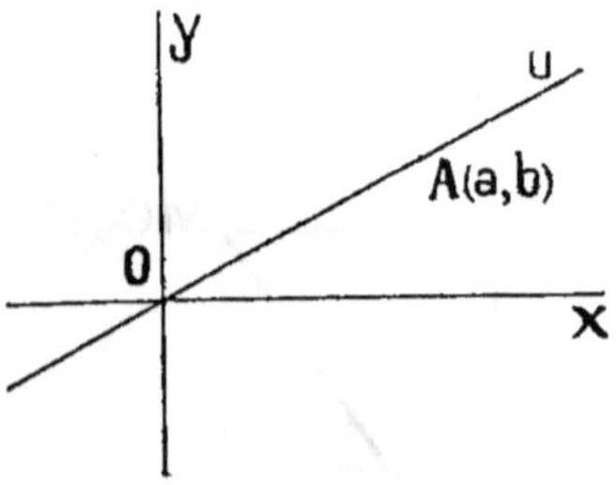

Fig. 47.

En Trigonométrie, on prend le point à l'unité de distance de l'origine : ses coordonnées sont le cosinus et le sinus de l'angle xOu.

Si nous voulons seulement fixer la position de la droite Ou sans lui attribuer un sens, nous pourrons, sauf quand il s'agit de la droite Oy, prendre le point qui a pour abscisse l'unité, son ordonnée est le *coefficient angulaire de* Ou.

134. — Problème. — *Calculer les coordonnées d'un point* M *connaissant sa distance à l'origine* OM = r *et l'angle* θ *que fait* OM *avec* Ox.

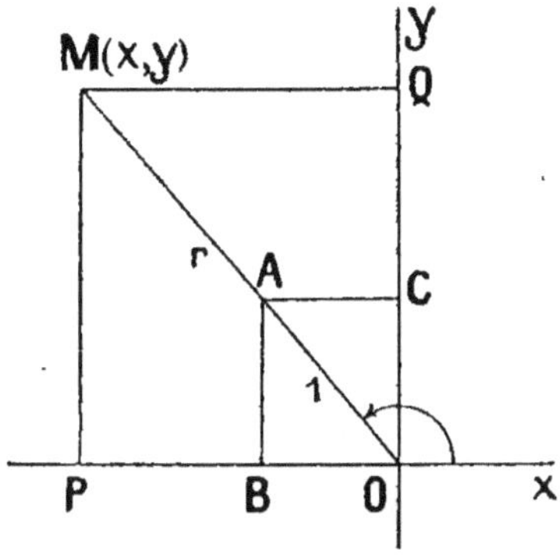

Fig. 48.

Prenons sur OM un point A à l'unité de distance de O. Les projections de OA, c'est-à-dire les coordonnées de A, sont, par définition, cos θ et sin θ :

$$\overline{OB} = \cos\theta, \qquad \overline{OC} = \sin\theta.$$

Les figures homothétiques PMQ, BAC donnent

$$\frac{\overline{OP}}{\overline{OB}} = \frac{\overline{OQ}}{\overline{OC}} = r,$$

c'est-à-dire

$$\frac{x}{\cos\theta} = \frac{y}{\sin\theta} = r;$$

$$\begin{cases} x = r\cos\theta, \\ y = r\sin\theta. \end{cases}$$

135. — Projections d'un vecteur sur un axe. — *On donne les projections du vecteur sur les axes (c'est-à-dire les coordonnées du point* M*, extrémité du vecteur* OM *équipollent) et l'angle* φ *que fait l'axe* Ou *avec* Ox.

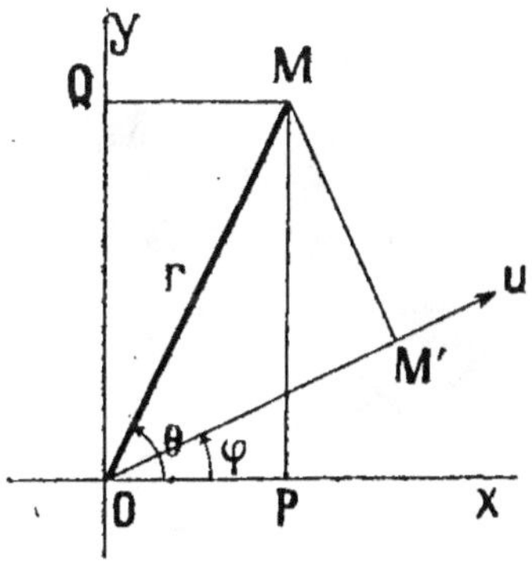

Fig. 49.

Le théorème des projections donne

$$\text{proj. } OM = \text{proj. } OP + \text{proj. } PM,$$

ou

$$\text{proj. } OM = \text{proj. } OP + \text{proj. } OQ.$$

Sur Ou,

$$\overline{OM'} = \text{proj. } OM = x\cos\varphi + y\sin\varphi.$$

Projetons, en particulier, sur la direction OM :

$$\overline{OM} = r = x\cos\theta + y\sin\theta = r\cos^2\theta + r\sin^2\theta = r(\cos^2\theta + \sin^2\theta).$$

C'est ainsi que l'on démontre habituellement le théorème de Pythagore,

$$\cos^2\theta + \sin^2\theta = 1,$$
$$OM^2 = r^2 = x^2 + y^2.$$

136. — PROBLÈME. — *Connaissant* x *et* y, *calculer* r *et* θ.

$$\begin{cases} x = r\cos\theta, \\ y = r\sin\theta. \end{cases}$$

Élevons les deux membres au carré et additionnons,

$$x^2 + y^2 = r^2,$$
$$r = \sqrt{x^2 + y^2},$$

comme nous venons déjà de le trouver.

L'équation que nous venons de former ne peut remplacer aucune des deux autres. Pour que celles-ci soient vérifiées, nous en tirerons

$$\cos\theta = \frac{x}{r} = \frac{x}{\sqrt{x^2 + y^2}},$$

$$\sin\theta = \frac{y}{r} = \frac{y}{\sqrt{x^2 + y^2}}.$$

L'angle θ est donné par son cosinus et son sinus, c'est-à-dire à un multiple près de 2π.

137. — Projections d'un vecteur M_0M. — *On connaît les coordonnées des extrémités.*

Joignons l'origine aux extrémités du vecteur; nous avons l'égalité vectorielle

$$(OM_1) = (OM_0) + (M_0M_1)$$

ou

$$(M_0M_1) = (OM_1) - (OM_0).$$

Projetons sur Ox et Oy

$$\text{proj}_{Ox}\, M_0M_1 = x_1 - x_0,$$
$$\text{proj}_{Oy}\, M_0M_1 = y_1 - y_0.$$

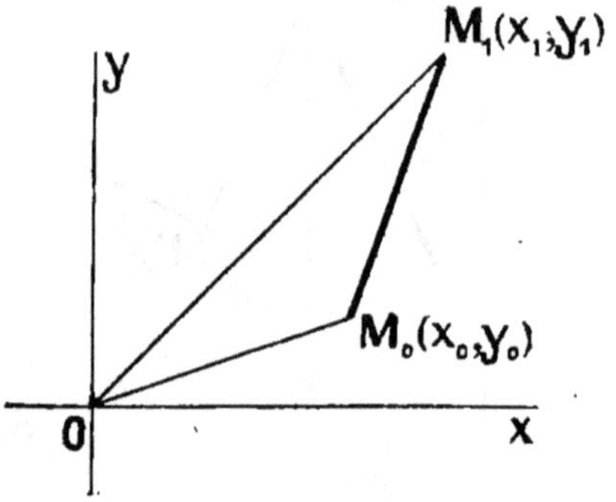

Fig. 50.

138. — **Théorème.** — ***Les projections des deux vecteurs parallèles sont proportionnelles.***

Soient AB et CD ces vecteurs : les vecteurs équipollents OM et OM′ ont les mêmes projections, ils sont portés par la même droite. Les figures OPMQ, OP'M'Q' sont homothétiques par rapport à l'origine; donc

$$\frac{\overline{OP}}{\overline{OP'}} = \frac{\overline{OQ}}{\overline{OQ'}},$$

c'est le théorème énoncé.

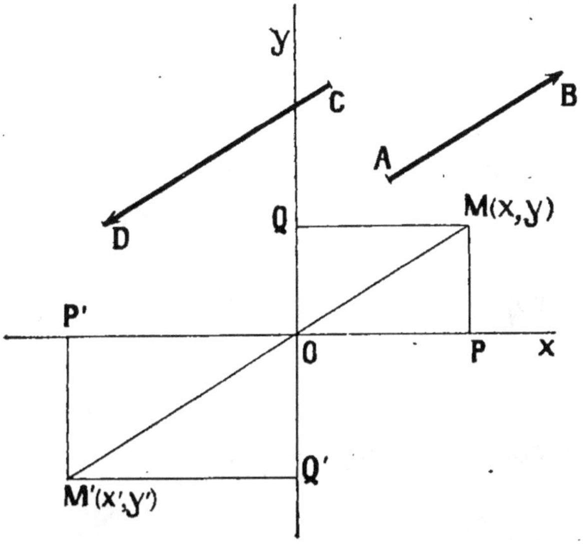

Fig. 51.

139. — Changement d'axes. — *Trouver des formules permettant de calculer les coordonnées d'un point par rapport à deux axes rectangulaires, connaissant ses coordonnées par rapport à deux autres axes rectangulaires.*

En appelant xOy, $x'O'y'$ les deux systèmes d'axes, nous supposons les angles xOy, $x'O'y'$ de même sens.

Nous n'examinerons que deux cas particuliers; leur connaissance suffit d'ailleurs pour résoudre le cas général.

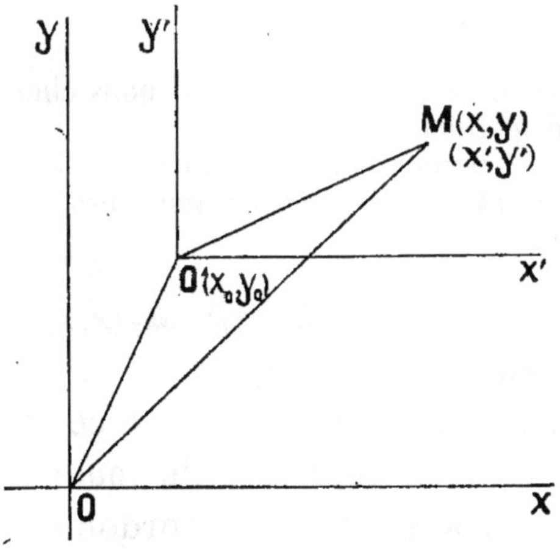

Fig. 52.

1° Translation d'axes. — La position des nouveaux axes est fixée par les coordonnées x_0, y_0 de l'origine O'.

Les projections sur les axes du vecteur OM sont

$$x' = x - x_0,$$
$$y' = y - y_0.$$

2° **Rotation d'axes.** — Les nouveaux axes sont obtenus en faisant tourner les anciens d'un angle φ autour de O.

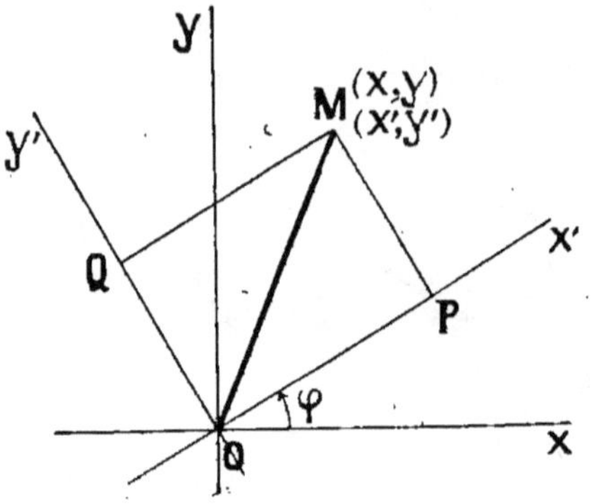

Fig. 53.

Construisons les nouvelles coordonnées de M :

$$\overline{OP} = x', \qquad \overline{OQ} = y'.$$

Le théorème des projections donne

pr. OM = pr. OP + pr. OQ.

sur Ox : $\qquad x = x' \cos\varphi + y' \cos\left(\varphi + \frac{\pi}{2}\right);$

sur Oy : $\qquad y = x' \cos\left(\frac{\pi}{2} - \varphi\right) + y' \cos\varphi;$

ou

$$\begin{cases} x = x' \cos\varphi - y' \sin\varphi, \\ y = x' \sin\varphi + y' \cos\varphi. \end{cases}$$

On les résoudra par rapport à x' et y'.

Nous faisons un calcul analogue en Trigonométrie quand nous cherchons la formule fondamentale d'addition.

Supposons $OM = 1$, $x'OM = b$, et remplaçons φ par a : les anciennes coordonnées de M sont $\cos(a + b)$ et $\sin(a + b)$; les nouvelles sont $\cos b$ et $\sin b$.

140. — **Distance de deux points M_0 (x_0, y_0), M_1 (x_1, y_1).**

Nous avons déjà fait ce calcul (n° **135**) quand l'un des points est l'origine. Le cas général se ramène à ce cas particulier. Faisons une translation d'axes de manière que M_0 devienne l'origine, les nouvelles coordonnées de M_1 sont $\qquad x_1 - x_0, \qquad y_1 - y_0;$

donc $\qquad M_0M_1^2 = (x_1 - x_0)^2 + (y_1 - y_0)^2.$

Le carré de la distance de deux points est égal au carré de la différence des abscisses plus le carré de la différence des ordonnées.

Reprenons la démonstration. M_0M_1 est l'hypoténuse d'un triangle rectangle M_0AM_1 dont les côtés de l'angle droit valent

$$|x_1 - x_0| \quad \text{et} \quad |y_1 - y_0|,$$

il n'y a plus qu'à appliquer le théorème de Pythagore (fig. 54).

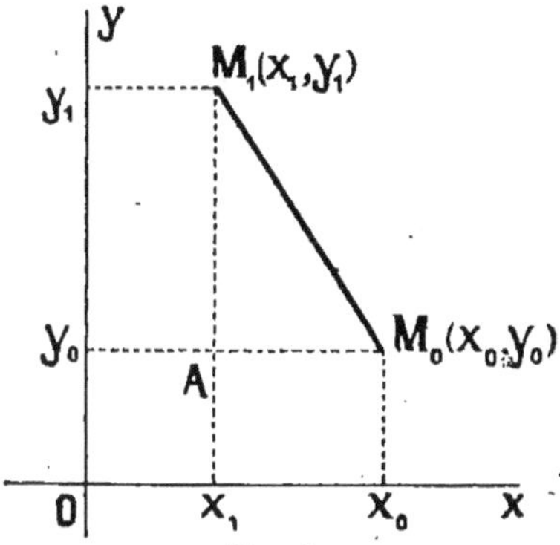

Fig. 54.

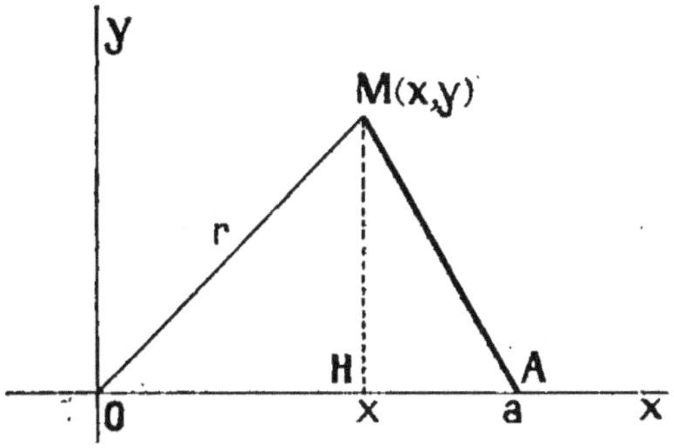

Fig. 55.

En particulier, si on calcule la distance du point $M(x,y)$ au point $A(a, o)$ de l'axe des x (fig. 55),

$$MA^2 = (x-a)^2 + y^2 = x^2 + y^2 + a^2 - 2ax.$$

Que a soit positif ou négatif :

$$MA^2 = r^2 + a^2 - 2a \cdot \overline{OH},$$

nous trouvons la formule dont les applications sont si nombreuses en Géométrie.

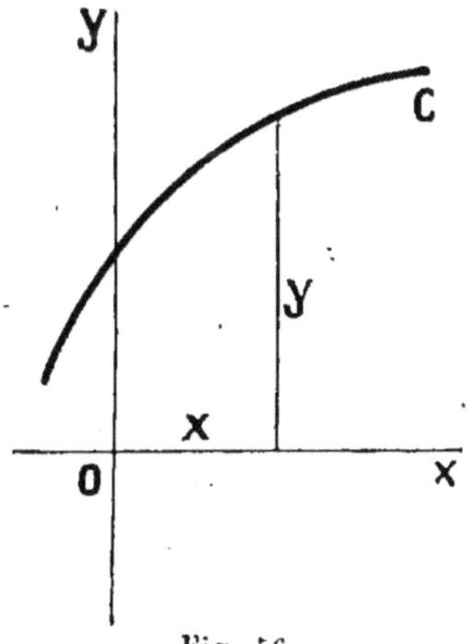

Fig. 56.

141. — Équation d'une ligne. — ***Quand un point décrit une ligne, il y a en général une relation entre les coordonnées d'un de ses points, cette relation s'appelle* l'équation de la courbe.**

Il y a une relation entre deux nombres variables lorsque, l'un étant choisi, l'autre est déterminé. C'est ce qui arrive manifestement pour les coordonnées d'un point de la courbe C (fig. 56).

Cette relation n'existe pas si la ligne est une droite parallèle à l'un des axes.

Prenons par exemple la droite Δ parallèle à Oy, tous ses points ont même abscisse x_0 et, pour cette valeur de l'abscisse, y est indéterminé; nous appellerons encore l'équation

$$x = x_0$$

l'équation de la droite Δ.

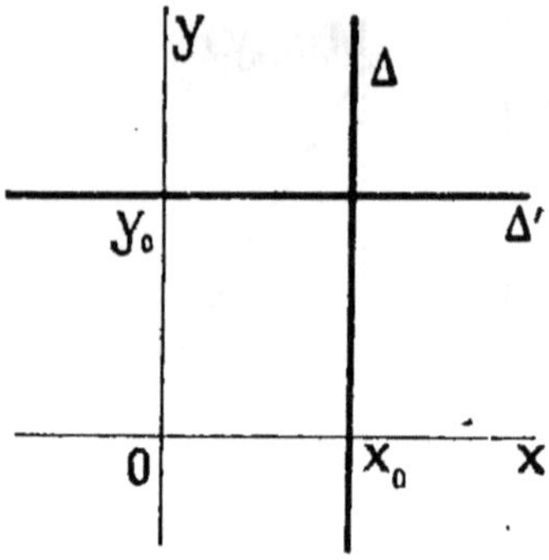

Fig. 57.

En général l'ordonnée est une fonction de l'abscisse; il y a exception avec Δ. Sur la droite Δ',

$$y = y_0.$$

y est constant, on peut considérer une constante comme un cas particulier d'une fonction.

Nous allons chercher les équations du cercle, de la droite et de la parabole.

§ 3. — La droite.

142. — Équation de la droite. — Nous allons montrer qu'à *une droite correspond une équation du premier degré en* x *et* y. (*Les termes en* x *et* y *ne peuvent manquer en même temps.*)

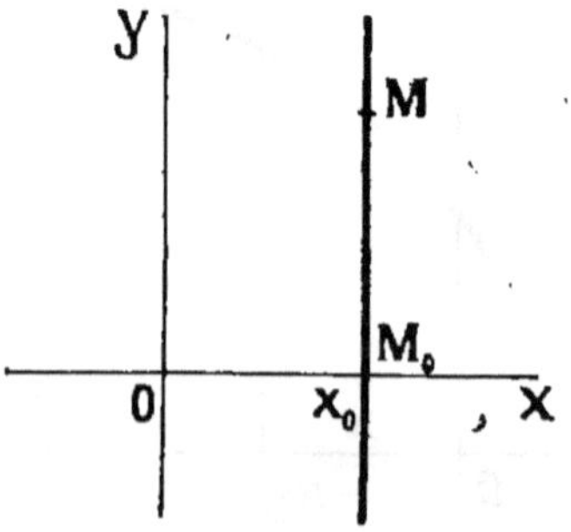

Fig. 58.

Quoiqu'on puisse ne distinguer que deux cas : la droite est parallèle ou non à Oy, nous allons en considérer trois; mais le second rentre dans le troisième.

1° La droite est parallèle à Oy. — Tous les points ont une même abscisse, celle de M_0 égale à x_0 : l'équation de la droite est

$$x = x_0.$$

Réciproquement, à cette équation correspond évidemment une droite parallèle à Oy et passant par le point M_0 (x_0) de Ox (fig. 58).

2° **La droite est parallèle à** Ox. — Nous trouverons de la même manière

$$y = y_0.$$

3° **La droite Δ est quelconque.** — Prenons sur la parallèle menée par l'origine le point K d'abscisse 1, son ordonnée m s'appelle le coefficient angulaire de la droite (fig. 59).

Appelons p l'ordonnée du point B où est coupé l'axe des y (ordonnée à l'origine); la droite est définie par m et p.

***Le coefficient angulaire** d'une droite non parallèle à* Oy *est l'ordonnée du point d'abscisse* 1 *de la parallèle menée par l'origine.*

***L'ordonnée** à l'origine d'une droite est celle du point de cette droite qui a pour abscisse* 0, *c'est-à-dire du point où elle coupe l'axe des* y.

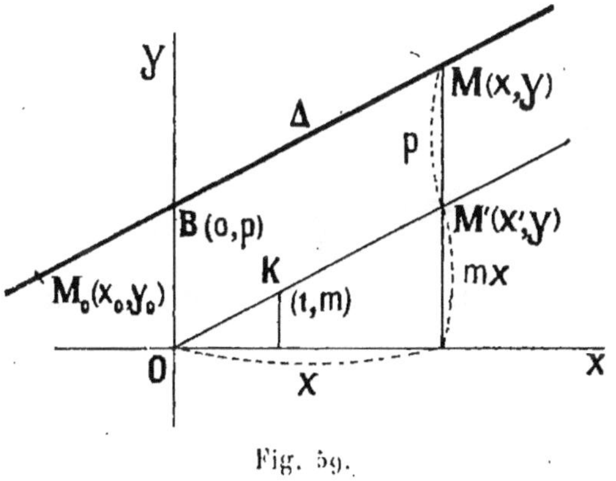

Fig. 59.

Les deux vecteurs BM et OK étant parallèles, leurs projections sont proportionnelles (n° **138**) :

$$\frac{y-p}{m} = \frac{x}{1};$$

ou

$$y = mx + p.$$

La figure met en évidence les deux parties de l'ordonnée mx et p.

Si la droite passe par l'origine, l'équation est

$$y = mx.$$

Réciproquement, m et p étant deux nombres quelconques, à l'équation précédente correspond une droite.

Imaginons la ligne dont on nous donne l'équation; construisons la droite qui a m pour coefficient angulaire et p pour ordonnée à l'origine; elle a aussi cette équation, les deux lignes sont confondues.

En effet, à chaque valeur de x correspond une même valeur de y et par suite un même point sur ces deux lignes; autrement dit, toute parallèle à Oy coupe ces lignes en un même point.

Réciproquement, à une équation du premier degré

$$ax + by + c = 0$$

correspond une droite.

Nous supposons, bien entendu, que a et b ne sont pas simultanément nuls. Il suffit de vérifier que cette équation peut se mettre sous l'une des formes

$$x = x_0, \qquad y = y_0, \qquad y = mx + p.$$

1er cas particulier : $b = 0$; alors $a \neq 0$; l'équation devient

$$ax + c = 0 \quad \text{ou} \quad x = -\frac{c}{a} = x_0.$$

2e cas particulier : $a = 0$; alors $b \neq 0$,

$$y = -\frac{c}{b} = y_0.$$

Cas général. — a et b ne sont pas nuls. Nous tirons de l'équation

$$y = -\frac{a}{b}x - \frac{c}{b},$$

ou, en posant $-\frac{a}{b} = m$ et $-\frac{c}{b} = p$:

$$y = mx + p.$$

143. — Équation d'une droite passant par un point. — Pour définir la position d'une droite non parallèle à Oy, on peut se donner son coefficient angulaire m et un quelconque de ses points M_0 (x_0, y_0). Écrivons que les vecteurs M_0M et OK (fig. 59) ont leurs projections proportionnelles :

$$\frac{1}{x - x_0} = \frac{m}{y - y_0},$$

$$y - y_0 = m(x - x_0).$$

En faisant varier m, on a toutes les droites passant par M_0 à l'exception de la parallèle à Oy.

En mettant l'équation sous la forme

$$\frac{y - y_0}{x - x_0} = m,$$

on peut dire que

Le coefficient angulaire de la droite qui joint deux points (non sur une parallèle à Oy) est égal au rapport de la différence des ordonnées à la différence des abscisses.

144. — ÉQUATION D'UNE DROITE PASSANT PAR DEUX POINTS

$$M_0(x_0, y_0), \qquad M_1(x_1, y_1).$$

Dans le cas particulier où $x_0 = x_1$, la droite est parallèle à Oy, son équation est

$$x = x_0.$$

Supposons $x_0 \neq x_1$, le coefficient angulaire est

$$\frac{y_1 - y_0}{x_1 - x_0},$$

l'équation demandée est

$$\frac{y - y_0}{x - x_0} = \frac{y_1 - y_0}{x_1 - x_0},$$

elle exprime que les vecteurs M_0M et M_0M_1 ont des projections proportionnelles.

145. — ÉQUATION D'UNE DROITE DONT ON CONNAIT L'ABSCISSE ET L'ORDONNÉE A L'ORIGINE.

$$\overline{OA} = a \qquad \text{et} \qquad \overline{OB} = b.$$

C'est celle d'une droite passant par les points $A(a, o)$, $B(o, b)$; il n'y a qu'à appliquer la formule précédente. On peut dire aussi :

L'équation est

$$\frac{x}{a} + \frac{y}{b} = 1;$$

elle représente, en effet, une droite; en cherchant les points où cette droite coupe les axes, on trouve bien les points A et B.

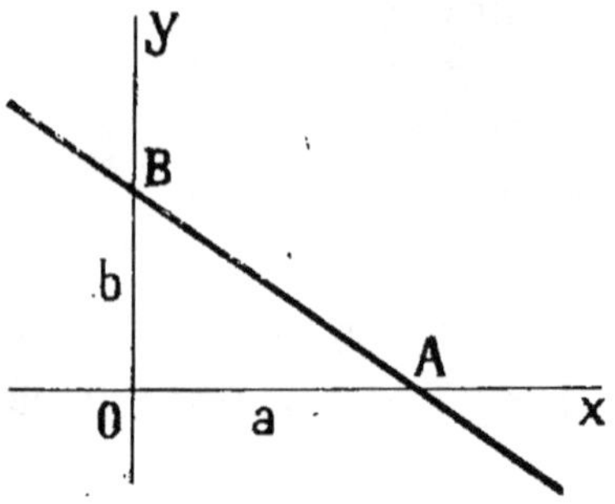

Fig. 60.

REMARQUES. — Pour construire une droite non parallèle aux axes dont l'équation est donnée, on peut :

ou bien calculer l'ordonnée et l'abscisse à l'origine;
ou bien le coefficient angulaire et l'ordonnée à l'origine;
ou bien déterminer deux de ses points.

Rien ne suppose, dans la démonstration que nous avons donnée, que les ordonnées et les abscisses sont mesurées avec la même unité. Si l'unité est la même, le coefficient angulaire m est la tangente de l'angle que fait Δ avec Ox, c'est-à-dire de l'un quelconque des angles dont il faut faire tourner Ox; positivement dans le sens xOy pour l'amener sur Δ.

C'est aussi la *pente* de la droite. Nous supposons qu'un point parcourt la ligne de gauche à droite; nous comptons la pente positivement quand il monte, négativement quand il descend.

146. — Problème. — ***Quels sont les points du plan pour lesquels***

$$ax + by + c > 0\,?$$

La question est simple si l'un des coefficients a ou b est nul.

Prenons le cas général. Résolvons l'inégalité par rapport à y; elle prendra, suivant que b est positif ou négatif, la forme

$$y > mx + p, \qquad (1)$$

ou

$$y < mx + p. \qquad (2)$$

Considérons seulement l'inégalité (1); et construisons la droite qui a pour équation

$$y = mx + p,$$

c'est-à-dire $$ax + by + c = 0.$$

L'inégalité (1) signifie que, pour chaque valeur de x, l'ordonnée y doit être supérieure à celle du point de la droite qui a x pour abscisse : l'inégalité (1) exprime que le point de coordonnées x et y doit être au-dessus de la droite.

Toutes les fois qu'on voudra résoudre graphiquement une inégalité du premier degré à deux inconnues, on résoudra l'inégalité par rapport à y et on interprétera l'inégalité. Si cette inégalité a la forme* (1), *le point* (x, y) *doit être au-dessus de la droite; avec la forme* (2) *il doit être au-dessous.

Remarquer que la droite qui a pour équation

$$ax + by + c = 0$$

divise le plan en deux régions; dans l'un, le premier membre est positif, dans l'autre il est négatif. On distinguera ces deux régions en cherchant dans laquelle se trouve un point connu.

Considérons, par exemple, les droites

(D) $$3x + 5y - 7 = 0,$$
(D') $$2x - 3y = 0;$$

l'origine est dans la région négative de la première, le point (1, 0) est dans la région positive de la seconde.

147. — **Intersection de deux droites.** — Il faut résoudre le système formé par leurs équations, nous étudierons ce problème plus loin (nº **286**).

148. — Problème. — *Résoudre le système formé par trois inéquations du premier degré :*

$$\begin{cases} 2x - 3y + 5 > 0, & \text{(I)} \\ 3x + 5y - 2 > 0, & \text{(II)} \\ 5x + 2y - 16 > 0. & \text{(III)} \end{cases}$$

Algébriquement, il faut résoudre ces inégalités par rapport à une même lettre, par exemple, par rapport à y :

$$y < \frac{2x+5}{3}, \qquad y > \frac{2-3x}{5}, \qquad y > \frac{16-5x}{2},$$

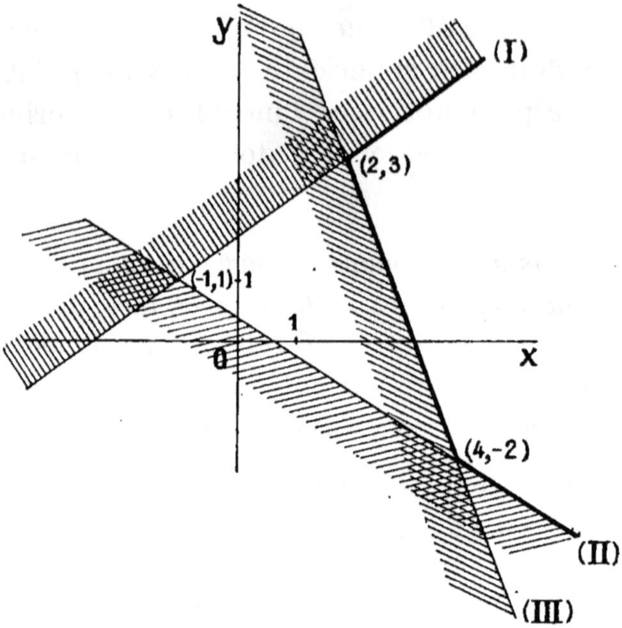

Fig. 61.

puis ranger les seconds membres par ordre de grandeur croissante; appelons ces seconds membres y_1, y_2, y_3 :

$$y_1 - y_2 = \frac{2x+5}{3} - \frac{2-3x}{5} = \frac{19x+19}{15} \quad \text{a le signe de } x+1,$$

$$y_1 - y_3 = \frac{2x+5}{3} - \frac{16-5x}{2} = \frac{19x-38}{6} \qquad \text{»} \qquad x-2$$

$$y_2 - y_3 = \frac{2-3x}{5} - \frac{16-5x}{2} = \frac{19x-76}{10} \qquad \text{»} \qquad x-4$$

Les signes de ces différences dépendent de la position de x par rapport aux nombres -1, 2 et 4 :

1°	$x < -1$,	on a l'ordre	y_1, y_2, y_3;
2°	$-1 < x < 2$,	»	y_2, y_1, y_3;
3°	$2 < x < 4$,	»	y_2, y_3, y_1;
4°	$x > 4$,	»	y_3, y_2, y_1.

Nous voulons

$$y < y_1, \qquad y > y_2 \qquad \text{et} \qquad y > y_3,$$

on a les réponses suivantes :

1° $x < 2$, pas de solution ;

2° $2 < x < 4$, $y_3 < y < y_1$, ou $\dfrac{16 - 5x}{2} < y < \dfrac{2x + 5}{3}$;

3° $x > 4$, $y_2 < y < y_1$, ou $\dfrac{2 - 3x}{5} < y < \dfrac{2x + 5}{3}$.

Il est avantageux de traduire géométriquement les inéquations proposées. Construisons les droites (I), (II) et (III) dont les équations s'obtiennent en égalant à zéro les premiers membres des inéquations, la figure montre dans quelle région doit être le point (x, y).

Lorsqu'on a déterminé cette région, il est facile d'écrire les inégalités précédentes qui donnent la solution du problème.

149. — Problème. — *λ étant un paramètre variable, montrer que le point dont les coordonnées sont*

$$x = \frac{1 - 5\lambda}{\lambda - 2}, \qquad y = \frac{2\lambda + 5}{\lambda - 2},$$

décrit une droite.

Supposons que cette droite existe ; soit

$$ax + by + c = 0$$

son équation. Nous devons avoir, *quel que soit* λ,

$$a\frac{1 - 5\lambda}{\lambda - 2} + b\frac{2\lambda + 5}{\lambda - 2} + c = 0,$$

ou $$a(1 - 5\lambda) + b(2\lambda + 5) + c(\lambda - 2) = 0.$$

Ce binôme en λ doit être identiquement nul :

$$\begin{cases} -5a + 2b + c = 0, \\ a + 5b - 2c = 0. \end{cases}$$

Nous en tirons (n° **293**)

$$\frac{a}{-9} = \frac{b}{-9} = \frac{c}{-27};$$

nous prendrons $a = 1$, $b = 1$, $c = 3$: il y a une droite décrite par le point, son équation est

$$x + y + 3 = 0.$$

§ 4. — Le cercle.

150. — Équation du cercle. — On donne son centre $C(a, b)$ et son rayon R.

Il suffit d'écrire que la longueur $MC = R$:

$$(x - a)^2 + (y - b)^2 = R^2.$$

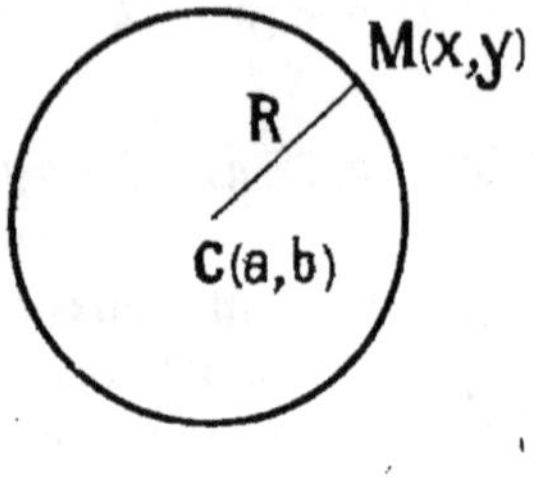

Fig. 62.

En particulier, si le centre du cercle est l'origine, l'équation devient

$$x^2 + y^2 = R^2.$$

Développons l'équation :

$$x^2 + y^2 - 2ax - 2by + (a^2 + b^2 - R^2) = 0,$$

elle est du second degré (nº **83**) avec cette particularité qu'il n'y a pas de terme en xy et que les termes en x^2 et y^2 ont le même coefficient.

Nous allons montrer que si une ligne à une équation qui jouit de ces propriétés, c'est un cercle. Nous pouvons, en divisant tous les termes par le coefficient de x^2, supposer que x^2 et y^2 ont pour coefficient l'unité.

Une équation de la forme

$$x^2 + y^2 - 2ax - 2by + c = 0$$

représente un cercle si

$$a^2 + b^2 - c \geqslant 0.$$

On peut chercher une translation d'axes ramenant l'équation à la forme $x^2 + y^2 - R^2 = 0$; il est aussi simple de considérer x^2 et $-2ax$ comme des termes du développement du carré de $x - a$, y^2 et $-2by$ étant des termes du carré de $y - b$. L'équation prend la forme

$$(x - a)^2 + (y - b)^2 = a^2 + b^2 - c. \qquad (1)$$

1° $a^2 + b^2 - c > 0$; en appelant R sa racine carrée,

$$(x-a)^2 + (y-b)^2 = R^2;$$

c'est l'équation d'un cercle de rayon R ayant pour centre le point C (a, b).

2° $a^2 + b^2 - c = 0$; l'équation

$$(x-a)^2 + (y-b)^2 = 0$$

n'a d'autre solution que

$$x = a, \qquad y = b.$$

Par analogie avec le cas précédent, on dit souvent que l'équation représente un cercle de centre C (a, b) et de rayon nul.

3° $a^2 + b^2 - c < 0$; l'équation n'a pas de solution, le premier membre de l'équation (1) ne pouvant être négatif.

151. — Signification géométrique du polynôme en *x* et *y*

$$f(x,y) = x^2 + y^2 - 2ax - 2by + c.$$

Nous avons encore 3 cas à examiner.

1° $a^2 + b^2 - c > 0$. Le polynôme peut être écrit

$$(x-a)^2 + (y-b)^2 - R^2.$$

C'est l'expression

$$MC^2 - R^2,$$

puissance du point $M(x,y)$ par rapport au cercle dont on a l'équation en égalant le polynôme à 0.

2° $a^2 + b^2 - c = 0$; le polynôme égale MC^2.

3° $a^2 + b^2 - c < 0$. On peut poser $a^2 + b^2 - c = -h^2$; on trouve alors

$$f(x,y) = MC^2 + h^2;$$

c'est la distance de M au point situé à la distance h du plan sur la perpendiculaire en C.

Dans le cas où $a^2 + b^2 - c > 0$, le signe de $f(x,y)$ permet de dire si le point $M(x,y)$ est à l'intérieur ou à l'extérieur du cercle :

1° $f(x,y) < 0$, $MC^2 - R^2 < 0$, $MC < R$, M ***est à l'intérieur***;
2° $f(x,y) = 0$, $MC = R$, M ***est sur le cercle***;
3° $f(x,y) > 0$, $MC > R$, M ***est à l'extérieur***.

EXEMPLE. — Soit l'équation

$$f(x,y) = x^2 + y^2 - 6x + 8y + 5 = 0:$$

elle représente un cercle puisque $a^2 + b^2 - c = 3^2 + 4^2 - 5 > 0$. Considérons le point $M(1, -2)$;

$$f(1, -2) = -12:$$

M est à l'intérieur du cercle.

Reprenons l'équation

$$x^2 + y^2 + 2ax + 2by + c = 0,$$

qui (n° **150**) représente un cercle quand

$$a^2 + b^2 - c > 0.$$

Ce cercle divise le plan en deux régions; montrons à nouveau que le premier membre est négatif ou positif, suivant que le point $M(x, y)$ est dans la région intérieure ou dans la région extérieure.

Par le point M menons la parallèle Δ à Oy; sur cette droite x est constant. Considérons alors le trinôme en y :

$$y^2 + 2by + (x^2 + 2ax + c).$$

1° Δ ne coupe pas le cercle : le trinôme n'a pas de racines; il conserve, quel que soit y, le signe de son premier terme, il est toujours positif;

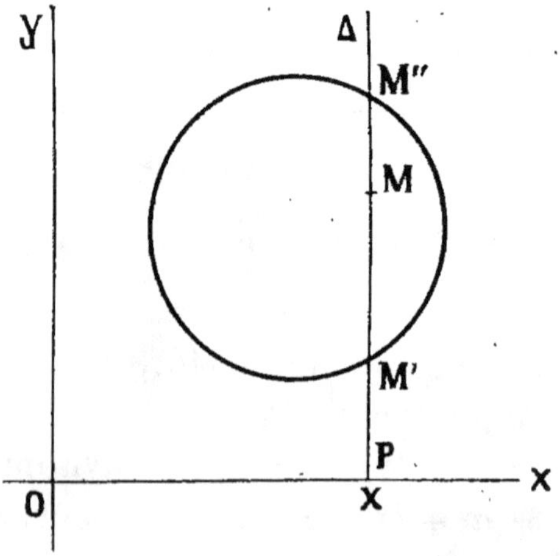

Fig. 63.

2° Δ coupe le cercle en deux points M′ et M″ dont les ordonnées sont y' et y''. Le trinôme en y est négatif pour les valeurs de y comprises entre y' et y'', c'est-à-dire quand M est entre M′ et M″; il est positif dans le cas contraire.

§ 5. — La parabole.

152. — *La* **parabole** *est, dans un plan, le lieu du point à égale distance d'un point* F *et d'une droite* Δ *de ce plan.*

Le point F s'appelle le **foyer**; la droite Δ, qui est supposée ne pas passer par le foyer, s'appelle la **directrice**; leur distance $FD = p$ caractérise la parabole : c'est le **paramètre**.

Prenons comme axe des x la perpendiculaire abaissée de F sur Δ : c'est l'axe de symétrie de la parabole. L'équation de la courbe n'aura que deux termes en prenant l'origine au milieu de FD, sommet de la parabole.

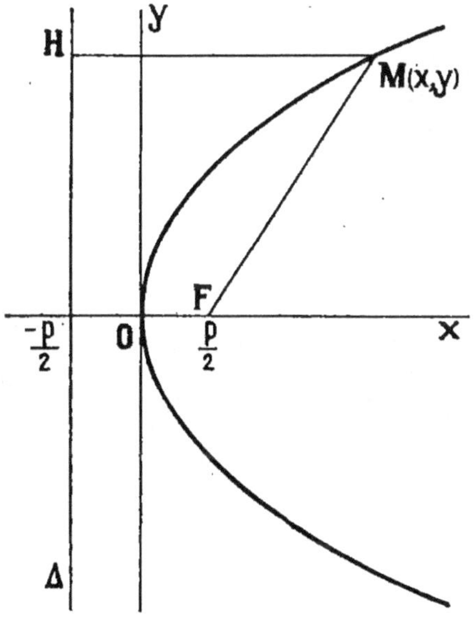

Fig. 64.

D'abord

$$MF^2 = \left(x - \frac{p}{2}\right)^2 + y^2.$$

Ensuite, les abscisses de M et de H étant x et $-\frac{p}{2}$,

$$MH = \left|x + \frac{p}{2}\right|.$$

Nous pouvons même écrire

$$MH = x + \frac{p}{2},$$

car M ne peut évidemment être à gauche de Δ. Écrivons que MF et MH ont même carré :

$$\left(x - \frac{p}{2}\right)^2 + y^2 = \left(x + \frac{p}{2}\right)^2 \qquad (1)$$

ou

$$y^2 = 2px. \qquad (2)$$

A cette équation correspond une courbe, tous ses points

appartiennent à la parabole. Ils vérifient, en effet, l'équation (1) qui exprime que MF et MH ont même carré et, par suite, sont égaux.

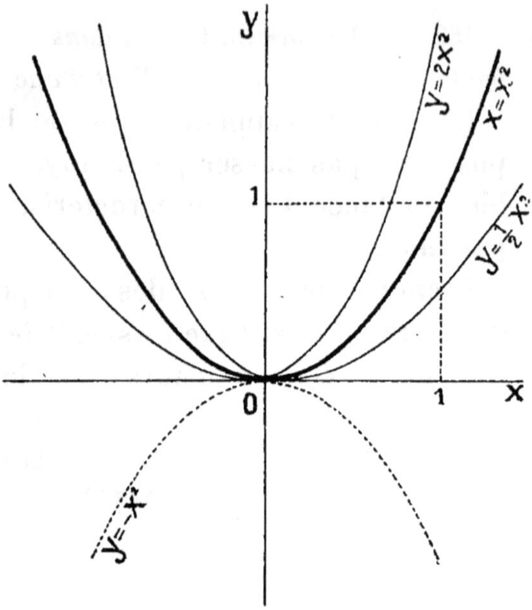

Fig. 65.

REMARQUE. — La parabole symétrique de la précédente par rapport à Oy a pour équation

$$y^2 = -2px.$$

Souvent (fig. 65) c'est Oy qui est l'axe de la parabole et Ox la tangente au sommet, son équation est alors

$$x^2 = 2py$$

ou

$$y = \frac{x^2}{2p}.$$

Cette équation met en évidence une propriété très importante de la parabole : avec les axes de coordonnées choisis, l'ordonnée est proportionnelle au carré de l'abscisse.

L'équation

$$y = ax^2$$

représente une parabole dont Oy est l'axe et Ox la tangente au sommet.

Si $a > 0$, $\qquad a = \frac{1}{2p}, \qquad p = \frac{1}{2a};$

si $a < 0$, $\qquad p = -\frac{1}{2a}.$

De l'équation de la parabole nous allons déduire des constructions par points. Nous pouvons :

1° Choisir y arbitrairement et construire x d'après la formule

$$x = \frac{y^2}{2p},$$

x est troisième proportionnelle entre $2p$ et y;

2° Choisir x arbitrairement positif, et construire y d'après la formule

$$y^2 = 2p \cdot x,$$

y est moyenne proportionnelle entre $2p$ et x.

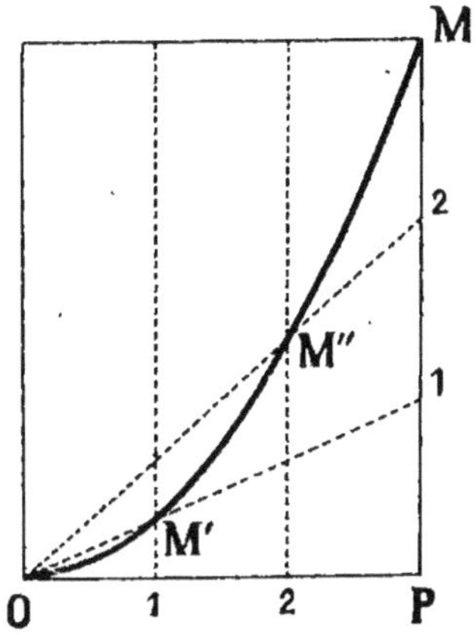

Fig. 66.

Nous montrerons (p. 193) que la tangente en M passe par le milieu de OP.

Il est plus simple de choisir une unité de longueur et de remplacer ces constructions par des calculs.

Une construction très employée résulte de l'équation mise sous la forme (l'axe de la parabole est Oy)

$$\frac{y}{x} = \frac{x}{2p},$$

la pente de la droite OM est proportionnelle à l'abscisse de M ; la figure montre comment, un point M étant connu, on peut en tracer d'autres.

153. — Théorème. — *L'équation*

$$y = ax^2 + bx + c, \qquad (a \neq 0)$$

représente une parabole.

Nous pouvons, en effet, ramener l'équation à la forme $Y = aX^2$ par une translation d'axes.

Soit (x_0, y_0) une nouvelle origine,

$$x = X + x_0, \qquad y = Y + y_0;$$

la nouvelle équation est

$$\begin{aligned} Y + y_0 &= a(X + x_0)^2 + b(X + x_0) + c, \\ &= aX^2 + (2ax_0 + b)X + ax_0^2 + bx_0 + c. \end{aligned}$$

Il restera $\qquad Y = aX^2,$

si l'on détermine x_0 et y_0 par les conditions

$$\begin{cases} 2ax_0 + b = 0, \\ y_0 = ax_0^2 + bx_0 + c, \end{cases}$$

qui donnent

$$x_0 = -\frac{b}{2a}, \qquad y_0 = \frac{4ac - b^2}{4a}.$$

Plus rapidement, nous écrirons le trinôme

$$y = a\left(x + \frac{b}{2a}\right)^2 + \frac{4ac - b^2}{4a},$$

et poserons

$$x + \frac{b}{2a} = X, \qquad y = Y + \frac{4ac - b^2}{4a^2}.$$

Pour tous les points au-dessus de la courbe

$$y > ax^2 + bx + c;$$

pour les autres, $\qquad y < ax^2 + bx + c.$

REMARQUES. — 1° Nous rencontrerons parfois des équations de la forme

$$y = \sqrt{ax + b}.$$

La courbe correspondante et sa symétrique par rapport à Ox :

$$y = -\sqrt{ax + b},$$

font partir de la courbe unique

$$y^2 = ax + b,$$

ou

$$y^2 = aX,$$

en posant

$$x + \frac{b}{a} = X.$$

Cette dernière courbe est une parabole d'axe Ox, *la ligne représentée par l'équation proposée est la partie de cette parabole située au-dessus de* Ox.

2° Il nous arrivera souvent, en construisant la courbe

$$y = ax^2 + bx + c,$$

de ne pas prendre la même unité pour l'abscisse et l'ordonnée : nous aurons néanmoins une parabole.

En effet, supposons l'unité d'ordonnée m fois plus grande que l'unité d'abscisse; mesurons les ordonnées avec cette dernière unité, y sera remplacé par mY, l'équation devient

$$mY = ax^2 + bx + c,$$

elle n'a pas changée de forme.

154. — Résolution graphique d'une équation du second degré. — Nous la supposons à coefficients numériques.

Premier procédé. — Soit cette équation

$$ax^2 + bx + c = 0.$$

On construit la parabole

$$y = ax^2 + bx + c,$$

pour déterminer ses points d'intersection avec l'axe des x; leurs abscisses sont les racines cherchées. Bien entendu, on construira seulement les parties de la parabole voisines de Ox.

Deuxième procédé. — Nous pouvons considérer les racines comme les abscisses des points communs aux lignes

$$\begin{cases} y = x^2, \\ ay + bx + c = 0, \end{cases}$$

une parabole et une droite.

La parabole peut être tracée sur le papier quadrillé une fois pour toutes. On l'utilisera avec toutes les équations du second degré.

Appliquons une idée analogue à la construction des racines d'une équation du troisième degré, par exemple

$$x^3 - 3x + 1 = 0.$$

Multiplions par x, nous introduisons les racines $x = 0$,

$$x^4 - 3x^2 + x = 0.$$

Il faut chercher les abscisses des points (autres que O) communs aux deux paraboles

$$\begin{cases} x^2 - y = 0, \\ y^2 - 3y + x = 0. \end{cases}$$

Les points d'intersection sont sur un cercle. Additionnons, en effet, membre à membre, nous obtenons une équation pouvant remplacer la seconde

$$x^2 + y^2 - 4y + x = 0,$$

c'est un cercle facile à construire : il passe par O, les coordonnées de son centre sont $-\frac{1}{2}$ et 2.

EXERCICES

71. On donne sur une droite 2 groupes de points A,B ; C,D leurs abscisses sont

$$-11, \quad 2; \quad 9, \quad 17.$$

Trouver deux points M et M' conjugués harmoniques par rapport aux points A et B, et aux points C et D.

72. On considère 3 points sur un axe, ils déterminent 3 segments. On considère toutes les mesures algébriques de rapports de segments de même origine : les calculer connaissant l'une d'elles.

73. Deux segments AB, A'B' sont homothétiques par rapport à O, P et P' sont conjugués harmoniques de O par rapport à A et B, A' et B'.

1° Trouver un point M tel que

$$\overline{MA} \cdot \overline{MB} = \overline{MA'} \cdot \overline{MB'}.$$

2° Montrer que M est le milieu de PP'.

74. On donne les deux équations

$$ax^2 + bx + c = 0,$$
$$a'x^2 + b'x + c' = 0.$$

Faire un changement d'origine pour que les racines des nouvelles équations aient même produit.

75. Montrer que la droite

$$(\lambda^2 + 2\lambda + 1)\,x + (3\lambda^2 - \lambda + 4)\,y - (\lambda^2 - 3\lambda + 6) = 0,$$

où λ est un paramètre variable, passe par un point fixe.

76. Trouver la distance d'un point M (x, y) à une droite Δ.

$$ax + by + c = 0$$

en faisant d'abord une rotation d'axes qui rende Δ parallèle à l'un d'eux.

77. Faire dans l'expression

$$Ax^2 + 2Bxy + Cy^2$$

la substitution
$$\begin{cases} x = x'\cos\alpha - y'\sin\alpha, \\ y = x'\sin\alpha + y'\cos\alpha. \end{cases}$$

On obtient la nouvelle expression

$$A'x'^2 + 2B'x'y' + C'y'^2.$$

1° Montrer que $A' + C' = A + C, \qquad A'C' - B'^2 = AC - B^2.$

2° Choisir α pour que $B' = 0$ et calculer A' et C'.

78. Trouver la distance de l'origine à la droite $ax + by + c = 0$ en partant de l'identité de Lagrange.

$$(x^2 + y^2)(a^2 + b^2) - (ax + by)^2 = (ay - bx)^2.$$

Trouver de même la distance à la droite du point A (α, β).

79. Résoudre graphiquement les inégalités

$$\begin{cases} 3x - 5y - 2 < 0, \\ 2x - y + 1 > 0, \\ x + 3y - 10 > 0. \end{cases}$$

80. Construire la ligne

$$x^2 - 3x + 7 = y^2 - 3y + 7.$$

81. On considère les droites qui ont pour équations

$$\lambda x + (\lambda + 1)y = 2\lambda - 1,$$
$$(3 - \lambda)x + (6 - 2\lambda)y = \lambda + 1.$$

1° Montrer que la première passe par un point fixe;

2° En est-il de même de la seconde?

3° Pour quelles valeurs de λ les droites sont-elles ou confondues, ou parallèles?

82. Soit le point A (a, b); trouver les cercles tels que la puissance d'un point M de l'axe des x par rapport à ce cercle égale MA^2.

83. Trouver tous les cercles tels que la puissance d'un point quelconque de l'axe des x par rapport à ces cercles égale $x^2 + bx + c$.

84. Construire la courbe.

$$y = 2 - x^2 + 2\sqrt{(x^2 - 1)^2}.$$

85. Construire la ligne

$$y = x^2 + x + \sqrt{(x^2 - 1)^2}.$$

86. Que représentent les équations

$$y = \sqrt{1 - \sqrt{x^2} - \sqrt{(x - 1)^2}},$$
$$y = \sqrt{\sqrt{x^2} + \sqrt{(x - 1)^2} - 1},$$
$$y = \sqrt{\sqrt{x^2} + \sqrt{(x - 1)^2}}\ ?$$

87. Autour du centre d'un rectangle homogène tourne une sécante : trouver les lieux des centres de gravité des deux parties.

88. Ranger par ordre de grandeur croissante les polynômes

$$u = x^2 + 4x - 7,$$
$$v = 2x^2 + 12x - 7,$$
$$w = 3x^2 + 9x - 5.$$

89. On donne 2 longueurs a et b; construire deux autres longueur x et y telles que

$$\frac{a}{x} = \frac{x}{y} = \frac{y}{b}$$

en considérant x et y comme les coordonnées d'un point.

Prendre comme exemple $a = 1, \quad b = 2.$

90. Résoudre graphiquement les inégalités

$$(y + 2x - 1)(y - x^2 + 5x - 3) < 0;$$
$$(x^2 - 4)(y^2 - 1) < 0.$$

CHAPITRE VI

LIMITES — CONTINUITÉ

§ 1. — Définitions.

155. — *Imaginons une fonction* y *de* x *définie dans un intervalle comprenant* a (elle peut ne pas être définie pour la valeur a de x) : *on dit que* y *tend vers* b *quand* x *tend vers* a, *et l'on écrit*

$$y \rightarrow b \quad \text{quand } x \rightarrow a,$$

lorsque, en se donnant un nombre positif β *aussi petit qu'on veut, on sait calculer un nombre positif* α *tel que l'inégalité*

$$|x - a| < \alpha,$$

entraîne l'inégalité $$|y - b| < \beta.$$

Il ne s'agit pas de trouver toutes les valeurs de x pour lesquelles cette dernière inégalité est satisfaite, mais simplement d'être sûr que si

$$a - \alpha < x < a + \alpha :$$
$$b - \beta < y < b + \beta.$$

y diffère aussi peu qu'on veut de b en maintenant x assez voisin de a.

Si la fonction n'est pas définie quand x *égale* a *mais a une limite* b, *on convient de lui donner cette valeur* (**vraie valeur**).

Il peut arriver qu'on fasse tendre x vers a par valeurs plus grandes ou par valeurs plus petites; une fonction peut ne pas se comporter de la même manière dans les deux cas.

Si a est l'extrémité supérieure de l'intervalle considéré, on ne peut évidemment que faire croître x, dans cet intervalle, par valeurs inférieures à a.

Nous admettrons que :

La limite d'une somme est la somme des limites.

La limite d'un produit est le produit des limites.

Cela veut dire que si, lorsque $x \to a$,

$$y \to b \quad \text{et} \quad z \to c :$$
$$x + z \to b + c, \qquad yz \to bc.$$

La limite d'un rapport est le rapport des limites. Ceci suppose que le dénominateur ne tend pas vers zéro :

si $$c \neq 0, \qquad \frac{y}{z} \to \frac{b}{c}.$$

La limite de la racine carrée est la racine carrée de limite. On suppose bien entendu cette dernière positive :

$$y \to b > 0, \qquad \sqrt{y} \to \sqrt{b}.$$

Pour comprendre ces théorèmes, il faut se reporter au calcul des approximations en Arithmétique. Supposons, par exemple, que deux nombres b et c ont pour valeurs approchées y et z; on sait choisir y et z suffisamment voisins de b et de c pour que l'erreur commise, en remplaçant bc par yz, soit aussi petite qu'on veut.

Si l'on veut que $$|yz - bc| < \delta,$$

on trouve qu'il suffit que

$$|y - b| < \beta \quad \text{et} \quad |z - c| < \gamma,$$

β et γ étant deux nombres convenables.

Ici, y et z dépendent de x; pour que la première inégalité soit satisfaite, il *suffit* que $|x - a| < \alpha'$,

pour que la seconde le soit, il suffit que

$$|x - a| < \alpha'' :$$

les deux conditions seront satisfaites si

$$|x - a| < \alpha,$$

α étant le plus petit des deux nombres α' et α''.

156. — Continuité. — *Une fonction* f (x), *définie dans un intervalle* (a , b), *est dite* **continue** *lorsque, pour chaque valeur* x_0 *de l'intervalle,*

$$f(x) \to f(x_0),$$

si $$x \to x_0.$$

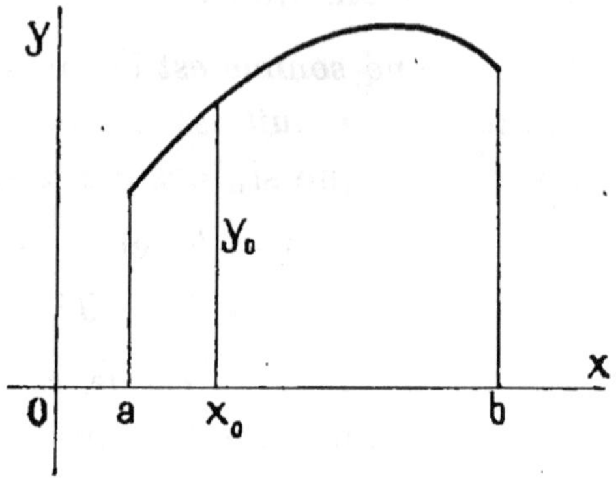

Fig. 67.

On sait démontrer qu'*une telle fonction va d'une valeur à une autre en passant par toutes les valeurs intermédiaires*; nous retrouvons là le vrai sens de la continuité.

Géométriquement, une fonction continue est représentée par une courbe continue.

Voici comment s'est introduite la définition algébrique de la continuité. Supposons la fonction représentable par une courbe continue.

Soit (x_0, y_0) un point de cette courbe : pour que, x variant à partir de x_0, y soit compris entre $y_0 - \beta$ et $y_0 + \beta$, il faut rester sur l'arc CD. En prenant α assez petit, on déterminera un arc HK faisant partie du premier; donc si x croît de $x_0 - \alpha$ à $x_0 + \alpha$, y restera compris entre $y_0 - \beta$ et $y_0 + \beta$: nous avons exprimé ce fait en disant que $y \to y_0$ quand $x \to x_0$. Nous venons de trouver la condition nécessaire pour que la fonction soit continue, au sens ordinaire du mot; Cauchy a montré que cette condition est suffisante.

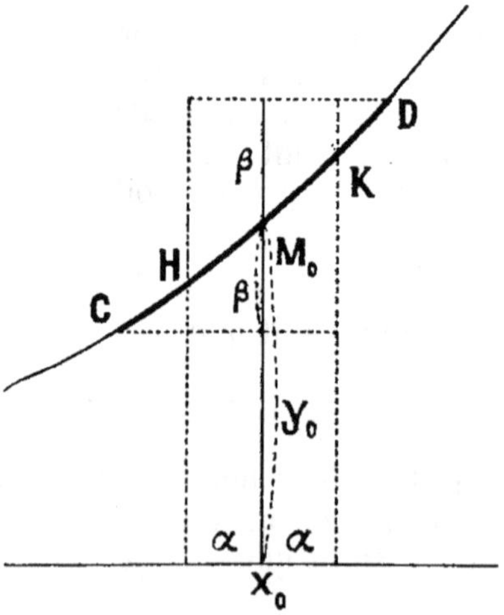

Fig. 68.

Il résulte de ce que nous avons admis sur les limites et la continuité (nous admettons par conséquent) que :

1° *Une somme de fonctions continues est continue;*

2° *Un produit de fonctions continues est continu;*

3° ***Le rapport de deux fonctions continues est continu dans tout intervalle où le dénominateur ne s'annule pas;***

4° ***La racine carrée d'une fonction continue positive est une fonction continue.***

La fonction x étant naturellement continue (à l'équation $y = x$ correspond une droite), x^2, x^3 ... sont des fonctions continues (2°); ax, bx^2, cx^3 ... le sont aussi (2°), puis leur somme (1°) : ***un polynôme est une fonction continue dans tout intervalle.***

En fait, les fonctions que nous considérerons sont continues dans tout intervalle où elles sont définies.

Donnons quelques exemples simples :

1°
$$y = x + \frac{x}{\sqrt{x^2}} = x + \frac{x}{|x|}.$$

Cette fonction n'a pas de sens quand $x = 0$, elle est donc définie dans les intervalles

$$(-\infty, 0) \text{ et } (0, +\infty).$$

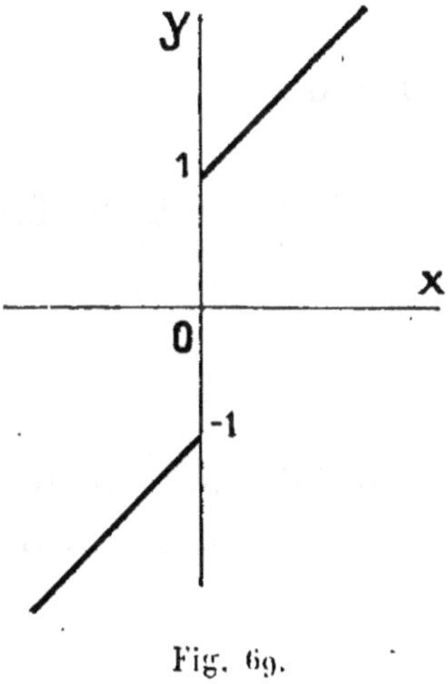

Fig. 69.

Dans le premier, puisque

$$\sqrt{x^2} = -x, \quad \frac{x}{\sqrt{x^2}} = -1,$$

$$y = x - 1.$$

Dans le second, $\sqrt{x^2} = x$,

$$y = x + 1.$$

La ligne représentative se compose de deux demi-droites qui n'ont pas même extrémité.

On trouve immédiatement la limite vers laquelle y quand x tend vers 0 par valeurs plus petites, et il y a une autre limite quand x tend vers 0 par valeurs plus grandes.

2° $y = \frac{1}{x}$. Elle n'a pas de sens quand $x = 0$, elle est définie et continue dans les deux intervalles $(-\infty, 0)$, $(0, +\infty)$. Nous l'étudions plus loin.

3° $y = \frac{x^2}{\sqrt{x^2}}$. La fonction n'est pas définie quand $x = 0$,

si $x < 0$, $y = -x$;

si $x > 0$, $y = x$.

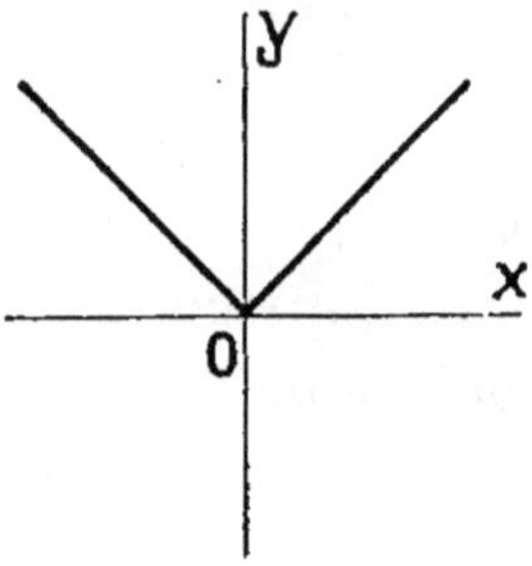

Fig. 70.

Quoique la fonction ne soit pas définie quand $x = 0$, elle tend vers o quand $x \to 0$; nous dirons qu'elle est nulle quand $x = 0$.

157. — Problème. — ***Étudier comment se comporte la fonction $\frac{1}{x}$ quand x tend vers o.***

Quand x tend vers o, c'est-à-dire devient, en valeur absolue, inférieur à tout nombre positif α.

$$|x| < \alpha,$$

alors $$|y| > \frac{1}{\alpha},$$

$|y|$ devient plus grand que tout nombre donné.

Si nous voulons que $|y| > N$,

N étant un nombre aussi grand qu'on veut, il faut prendre

$$\alpha < \frac{1}{N}.$$

On dit qu'*un* ***nombre augmente indéfiniment*** (ou tend vers l'infini) ***quand sa valeur absolue devient aussi grande qu'on veut.***

Donc, quand x tend vers o, $\frac{1}{x}$ augmente indéfiniment.

Nous dirons encore :

Quand un nombre tend vers o, ***son inverse augmente indéfiniment. La réciproque est vraie.*** Bien entendu, les deux nombres sont de même signe.

Nous conviendrons, si x tend vers o par valeurs positives, d'écrire $x = +\varepsilon$ (c'est uniquement pour mettre le signe $+$, on pourrait écrire $+0$); donc,

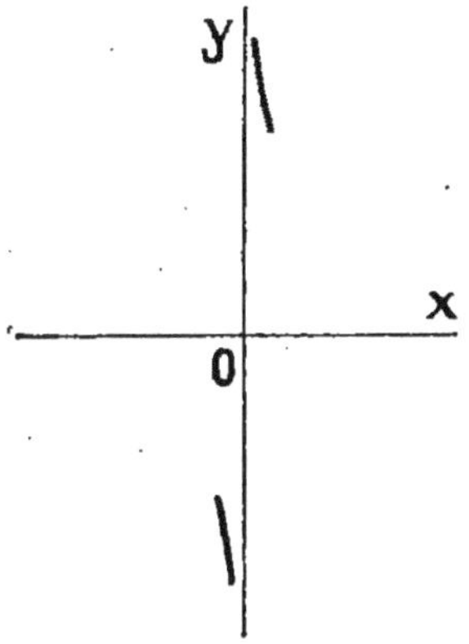

Fig. 71.

$$\text{si} \quad x = +\varepsilon, \qquad y = +\infty,$$
$$\text{si} \quad x = -\varepsilon, \qquad y = -\infty.$$

Construisons la courbe pour les petites valeurs de x, nous avons deux branches de courbes C et C'; quand le point s'éloigne indéfiniment, par exemple sur la branche C, sa distance à l'axe des y tend vers o : on dit que l'axe des y est *asymptote* à la branche C.

Asymptote. — *Une droite est dite* ***asymptote*** *à une branche infinie de courbe lorsque la distance d'un point de la courbe à cette droite tend vers* o *quand le point s'éloigne indéfiniment sur cette branche.*

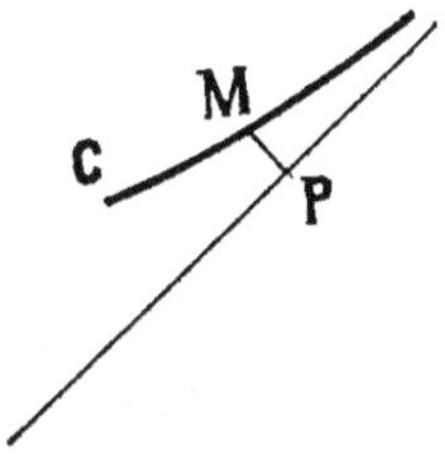

Fig. 72.

158. — Remarque sur les racines de l'équation du second degré. — a, b, c, *étant des fonctions continues d'un paramètre* λ, *les racines de l'équation* $ax^2 + bx + c = 0$, *qui sont données par les formules*

$$\frac{-b \pm \sqrt{b^2 - 4ac}}{2a},$$

sont continues dans tout intervalle où $b^2 - 4ac > 0$ et $a \neq 0$.

Appelons a_0, b_0, c_0 les valeurs de a, b, c correspondant à la valeur λ_0 de λ.

Supposons $c_0 = 0$: l'équation a pour racines o et $-\frac{b_0}{a_0}$. Donc, quand $\lambda \to \lambda_0$, une des racines tend vers o et l'autre vers $-\frac{b_0}{a_0}$. (L'équation a des racines, car la quantité sous le radical tend vers b_0^2 qui est un nombre positif.)

Supposons $c_0 = 0$, $b_0 = 0$: l'équation a une racine double égale à o. Donc, quand $\lambda \to \lambda_0$, les deux racines, si elles existent, tendent vers o.

Nous avons toujours supposé $a \neq 0$ puisque nous parlons d'une équation du second degré. Supposons que $a_0 = 0$, on peut se demander ce que deviennent les racines quand $\lambda \to \lambda_0$. Posons

$$x = \frac{1}{x'},$$

l'équation que donne x', inverse de x, est

$$cx'^2 + bx' + a = 0.$$

Examinons simplement le cas où $a_0 = 0$, $b_0 \neq 0$. Si $\lambda \to \lambda_0$, une valeur de $x' \to 0$, la valeur correspondante de x augmente indéfiniment.

Un autre cas particulier intéressant est celui où

$$b_0^2 - 4a_0c_0 = 0.$$

Supposons que, si $\lambda \to \lambda_0$, $b_0^2 - 4a_0c_0 \to 0$ par valeurs positives. Cela n'arrive pas nécessairement; si cela arrive, ce peut être uniquement quand $\lambda \to \lambda_0$ par valeurs plus grandes (ou plus petites). Alors les deux racines tendent vers $-\frac{b_0}{2a_0}$: c'est pour cela qu'on dit que, quand $b^2 - 4ac = 0$, l'équation du second degré a une racine double.

§ 2. — Rapport de deux fonctions continues $\frac{f(x)}{\varphi(x)}$.

159. — Supposons que, quand $x = a$, les deux termes du rapport $f(x)$ et $\varphi(x)$ aient un sens, il en sera de même du rapport, sauf dans le cas où le dénominateur est nul.

Si $\varphi(a) \neq 0$, la valeur du rapport est $\frac{f(a)}{\varphi(a)}$; dans le cas particulier où $f(a) = 0$, le rapport est nul.

Supposons donc $\varphi(a) = 0$. Deux cas peuvent se présenter.

1° $f(a) \neq 0$. Prenons la fraction inverse $\frac{\varphi(x)}{f(x)}$, elle est nulle quand $x = a$, et, puisqu'elle est continue, elle tend vers 0 quand x tend vers a. Donc la fraction primitive augmente indéfiniment quand x tend vers a. On dit souvent : *la fraction est infinie quand* $x = a$.

160. — Forme $\frac{0}{0}$. — Supposons maintenant que les deux termes du rapport $\frac{f(x)}{\varphi(x)}$ s'annulent quand $x = a$, le rapport prend la forme $\frac{0}{0}$, il n'est pas défini. En général, quand x tend vers a :

ou bien le rapport tend vers une limite qu'on appelle **la vraie valeur de la fraction** (nous avons convenu (nº **155**) de la prendre pour valeur du rapport),

ou bien le rapport augmente indéfiniment.

Supposons que $f(x)$ et $\varphi(x)$ soient des polynômes; ils sont (nº **99**) divisibles par $x - a$. Appelons $f_1(x)$ et $\varphi_1(x)$ les quotients

$$\frac{f(x)}{\varphi(x)} = \frac{(x-a)\,f_1(x)}{(x-a)\,\varphi_1(x)};$$

x étant supposé différent de a, on peut diviser les deux termes par $x - a$:

$$\frac{f(x)}{\varphi(x)} = \frac{f_1(x)}{\varphi_1(x)}.$$

Trois cas peuvent se présenter :

1º $\varphi_1(a) \neq 0$. La seconde fraction quand $x = a$ égale $\frac{f_1(a)}{\varphi_1(a)}$ et, comme elle est continue, elle tend vers cette valeur quand x tend vers a, il en est de même pour la fraction donnée.

2º $\varphi_1(a) = 0$, $f_1(a) \neq 0$. La seconde fraction, et par suite la première, augmente indéfiniment quand $x \to a$.

3º $\varphi_1(a) = 0$, $f_1(a) = 0$. La fraction $\frac{f_1(x)}{\varphi_1(x)}$ se présente aussi sous la forme $\frac{0}{0}$, les deux termes sont à nouveau divisibles par $x - a$: on recommence le raisonnement.

EXEMPLE. — *Quelle est la valeur du rapport*

$$\frac{x^2 - 1}{x^3 - 1} \quad \textit{quand } x = 1 ?$$

Divisons haut et bas par $x - 1$:

$$\frac{x^2 - 1}{x^3 - 1} = \frac{x + 1}{x^2 + x + 1},$$

la seconde fraction égale $\frac{2}{3}$ quand $x = 1$: $\frac{2}{3}$ est la vraie valeur de la fraction proposée.

161. — PROBLÈME. — *Comment se comporte la fonction*

$$y = \frac{f(x)}{\varphi(x)} = \frac{2x^2 - 3x + 5}{(x - 1)(x - 2)} = \frac{2x^2 - 3x + 5}{x^2 - 3x + 2}$$

lorsque x *tend vers* 1 *ou* 2, *racines du dénominateur?*

Pour ces valeurs le numérateur n'est pas nul; quand x tend vers 1 ou 2 la fraction augmente indéfiniment.

$f(1) = 4$; quand x passe par la valeur 1 le numérateur reste positif, le dénominateur passe par 0, du positif au négatif. Nous écrirons :

si $\quad x = 1 - \varepsilon, \qquad y = +\infty;$

si $\quad x = 1 + \varepsilon, \qquad y = -\infty.$

$f(2) = 3$; on trouve de la même manière

si $\quad x = 2 - \varepsilon, \qquad y = -\infty;$

si $\quad x = 2 + \varepsilon, \qquad y = +\infty.$

Les droites $x = 1$, $x = 2$ sont asymptotes à la courbe.

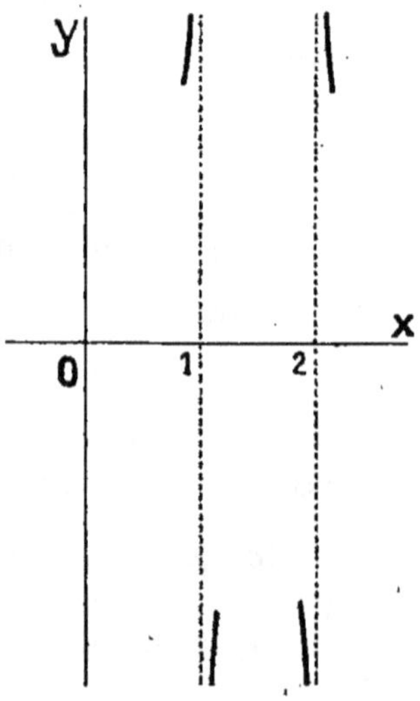

Fig. 73.

REMARQUE. — Reprenons le cas où le rapport de deux polynômes prend la forme $\frac{0}{0}$ quand $x = a$. On peut, par le changement de variable $x = a + x'$, ramener ce cas à celui où la forme $\frac{0}{0}$ se présente quand $x = 0$.

Soit par exemple

$$y = \frac{3x^2 + 4x^3}{2x^3 - 5x^4};$$

nous allons montrer que *la fraction se comporte comme si le numé-*

rateur et le dénominateur étaient remplacés par leurs termes de plus bas degré. Nous pouvons en effet écrire

$$y = \frac{3x^2\left(1 + \frac{4}{3}x\right)}{2x^3\left(1 - \frac{5}{2}x\right)} = \frac{3x^2}{2x^3} \cdot \frac{1 + \frac{4}{3}x}{1 - \frac{5}{2}x}.$$

Nous avons un produit de deux fractions; la seconde tend vers 1 : y se comporte donc comme $\frac{3x^2}{2x^3} = \frac{3}{2x}$.

Si $x \to 0$ par valeurs négatives, $y \to -\infty$;
Si $x \to 0$ — positives, $y \to +\infty$.

162. — **Problème.** — ***Une courbe***

$$y = f(x)$$

passe par l'origine ($f(0) = 0$), ***trouver la pente de la tangente en ce point.***

Il faut joindre par une droite O à un point M de la courbe, cette droite a pour pente

$$\frac{y}{x} = \frac{f(x)}{x};$$

puis faire tendre x vers 0 pour que M se rapproche indéfiniment de M :

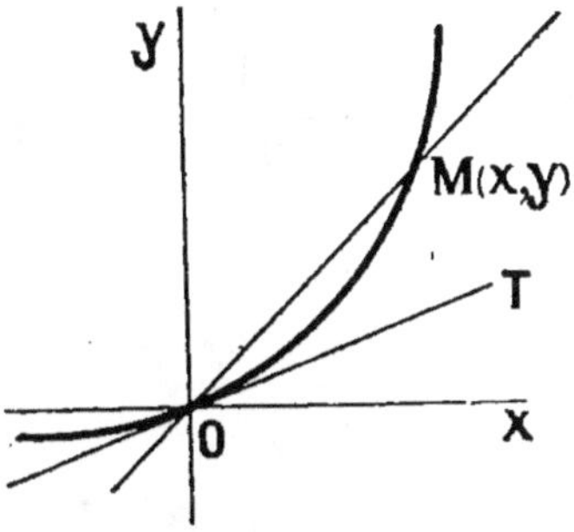

Fig. 74.

Si une courbe passe par l'origine, la pente de la tangente en ce point est la limite vers laquelle tend $\frac{y}{x}$ ***quand*** x ***tend vers*** 0.

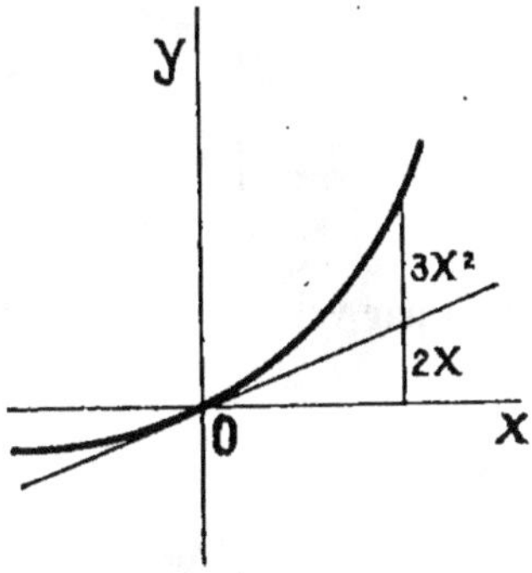

Fig. 75.

EXEMPLES. —

1° $$y = 3x^2 + 2x,$$

$$\frac{y}{x} = 3x + 2,$$

la pente de la tangente est 2 (fig. 75).

On peut même voir comment la courbe est placée par rapport à la tangente. Il suffit de remarquer que la pente de la sécante est plus grande que 2 si $x > 0$, et plus petite que 2 si $x < 0$.

Nous pouvons dire aussi que l'excès de l'ordonnée d'un point de la courbe sur celle de la tangente est $3x^2$, quantité toujours positive.

2°
$$y = x^3 - 2x^2,$$
$$\frac{y}{x} = x^2 - 2x,$$

sa limite est nulle, la courbe est tangente à Ox.

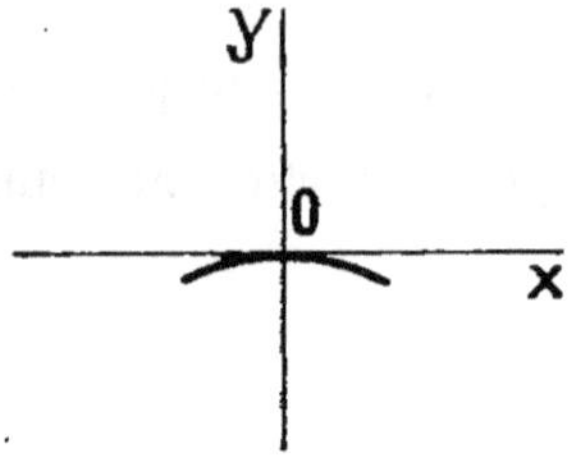

Écrivons

$$\frac{y}{x} = x(x - 2);$$

Fig. 76.

quand x est très petit, le second facteur est négatif, $\frac{y}{x}$ a le signe de $-x$ (fig. 76).

3°
$$y = \sqrt{x}, \qquad (x > 0)$$
$$\frac{y}{x} = \frac{1}{\sqrt{x}}$$

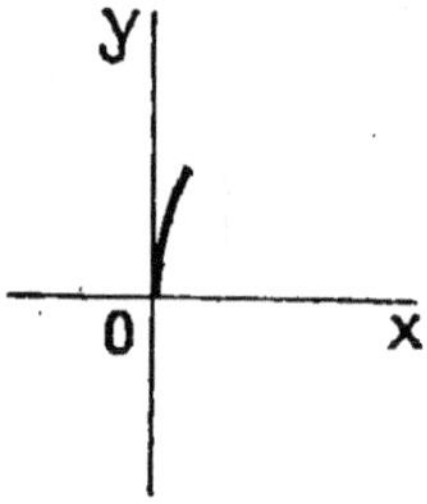

qui augmente indéfiniment quand $x \to 0$, la courbe est tangente en O à Oy (fig. 77).

Fig. 77.

4°
$$y = \sqrt{x^3},$$

x doit être positif; $\frac{y}{x} = \sqrt{x} \to 0$:

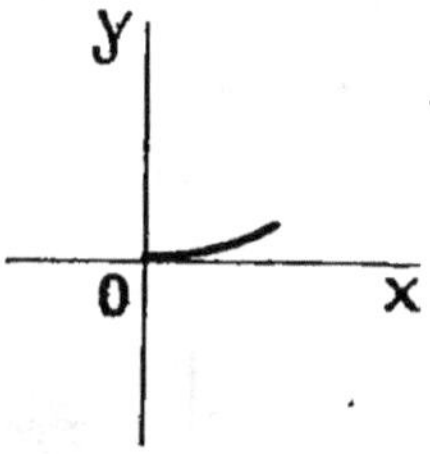

C représente la forme de la courbe au voisinage de O (fig. 78).

5°
$$y = \sqrt[3]{x^2},$$

Fig. 78.

x peut être positif ou négatif; la courbe est symétrique par rapport à Oy. Faisons tendre x vers 0 par valeurs positives :

$$\frac{y}{x} = \sqrt[3]{\frac{1}{x}}$$

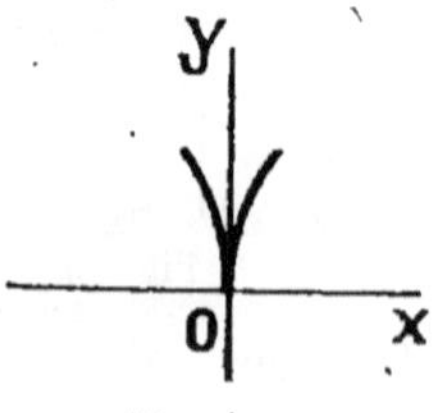

augmente indéfiniment avec x (fig. 79).

6° Soit l'équation

$$y = (x - a)\varphi(x)$$

Fig. 79.

où $\varphi(a)$ a un sens. La courbe passe par le point $A(a,o)$ de l'axe des x; la pente de la tangente en A est

$$\lim \frac{y}{x-a} = \lim \varphi(x);$$

quand $x \to o$, c'est $\varphi(a)$.

7° Considérons enfin

$$x = \sqrt{(x-a)(x-b)}, \qquad (a < b)$$

la courbe passe encore par la pointe $A(a,o)$.

$$\frac{y}{x-a} = \sqrt{\frac{x-b}{x-a}};$$

il faut faire tendre x vers a par valeurs plus grandes, ce rapport grandit indéfiniment : la tangente est perpendiculaire à Ox.

163. — Problème. — ***Imaginons maintenant une courbe*** $y = f(x)$ ***passant encore par l'origine et y ayant une tangente distincte de*** Oy :

$$\lim. \frac{f(x)}{x} = m.$$

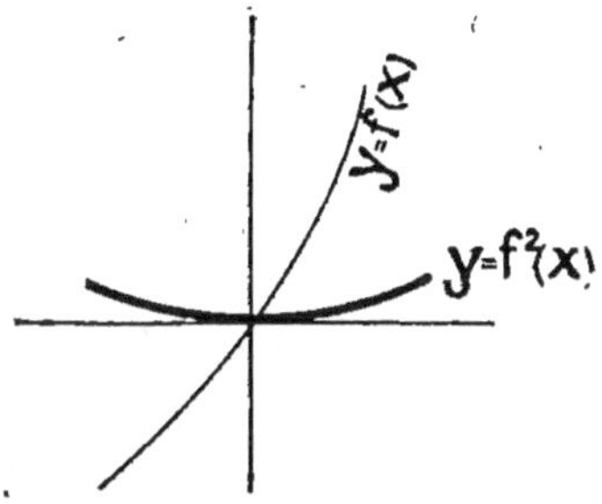

Fig. 80.

Quelle est la tangente à la courbe $y = f^2(x)$?

$$\frac{y}{x} = \frac{f^2(x)}{x} = \left[\frac{f(x)}{x}\right]^2 \cdot x,$$

produit de deux facteurs; le premier tend vers m^2, le second vers o : la courbe est tangente à Ox.

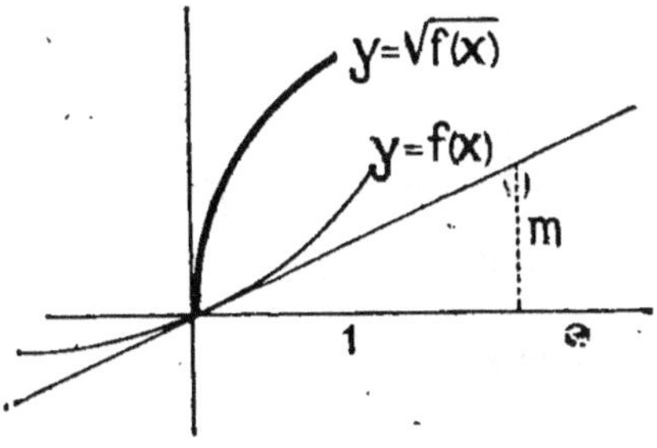

Fig. 81.

Quelle est la tangente à la courbe $y = \sqrt{f(x)}$? *Nous supposerons* $m \neq o$, par exemple, $m > o$. Si $\frac{f(x)}{x} \to m$, c'est que $f(x)$, quand x est suffisamment petit, a le signe de x; comme il doit être positif, nous faisons tendre x vers o par valeurs positives :

$$\frac{y}{x}=\frac{\sqrt{f(x)}}{x}=\frac{\sqrt{f(x)}}{\sqrt{x}}\cdot\frac{1}{\sqrt{x}}=\sqrt{\frac{f(x)}{x}}\cdot\frac{1}{\sqrt{x}}.$$

Le premier facteur tend vers $\sqrt{m}$, le second vers $+\infty$, la courbe est tangente à Oy (fig. 81).

Si $m<0$, x tend vers o par valeurs négatives,

$$\frac{y}{x}=\frac{\sqrt{f(x)}}{\sqrt{-x}}\cdot\frac{1}{\sqrt{-x}}=\sqrt{\frac{f(x)}{-x}}\cdot\frac{1}{\sqrt{-x}}:$$

la conclusion est la même.

164. — Cas où $x=\pm\infty$. — ***Quand $|x|$ augmente indéfiniment, un polynôme se comporte comme son terme du plus haut degré.***

Soit $$f(x)=ax^2+bx+c.$$

Mettons ax^2 en facteur

$$f(x)=ax^2\left(1+\frac{b}{a}\cdot\frac{1}{x}+c\cdot\frac{1}{x^2}\right).$$

Quand $|x|$ augmente indéfiniment, $\frac{1}{x}$ tend vers o, la parenthèse tend vers 1, $f(x)$ grandit indéfiniment comme ax^2.

Si le polynôme est de degré pair, le signe est le même pour $+\infty$ et $-\infty$; il n'est pas le même avec les polynômes de degré impair : on en conclura qu'un polynôme de degré impair qui est une fonction continue doit s'annuler : *il a au moins une racine.*

Quand $|x|$ augmente indéfiniment, une fraction rationnelle se comporte comme si le numérateur et le dénominateur étaient réduits à leurs termes du plus haut degré.

Cela veut dire que si $\frac{f}{\varphi}$ tend vers une limite non nulle, l'autre rapport tend vers la même limite ; si $\frac{f}{\varphi}$ tend vers o, l'autre rapport tend vers o et a le même signe. Si $\frac{f}{\varphi}$ tend vers $+\infty$ ou $-\infty$, il en est de même de l'autre rapport.

Nous allons montrer pour cela que la fraction est égale au rapport de ces deux termes multiplié par une quantité qui tend vers 1.

Soit $$y = \frac{f(x)}{\varphi(x)} = \frac{ax^2 + bx + c}{dx + g}.$$

Si $x = \pm\infty$, y prend la forme $\frac{\infty}{\infty}$. Mettons au numérateur et au dénominateur le terme du plus haut degré en facteur

$$y = \frac{ax^2\left(1 + \frac{b}{a}\cdot\frac{1}{x} + \frac{c}{a}\cdot\frac{1}{x^2}\right)}{dx\left(1 + \frac{g}{d}x\right)},$$

$$y = \frac{ax^2}{dx}\cdot\frac{1 + \frac{b}{a}\cdot\frac{1}{x} + \frac{c}{a}\cdot\frac{1}{x^2}}{1 + \frac{g}{d}\cdot\frac{1}{x}}.$$

C'est un produit de deux facteurs, le second tend vers 1; tout se passe comme si y se réduisait à $\frac{ax^2}{dx}$.

Il faut retenir les conclusions partielles suivantes :

1° f *de degré inférieur à* φ, $y \to 0$;
2° f *de même degré que* φ, $y \to$ *une constante*;
3° f *de degré supérieur à* φ, y *augmente indéfiniment.*

Plaçons-nous dans ce dernier cas. Divisons f par φ :

$$f = \varphi . Q + R,$$

R étant de degré inférieur à celui de φ.

$$\frac{f}{\varphi} = Q + \frac{R}{\varphi}.$$

Quand x augmente indéfiniment $\frac{R}{\varphi}$ tend vers 0; la fraction $\frac{f}{\varphi}$ diffère infiniment peu d'un polynôme.

Imaginons la courbe $y = \frac{f(x)}{\varphi(x)}$; l'ordonnée se compose de deux parties

$$\overline{PM'} = Q, \qquad \overline{M'M} = \frac{R}{\varphi}.$$

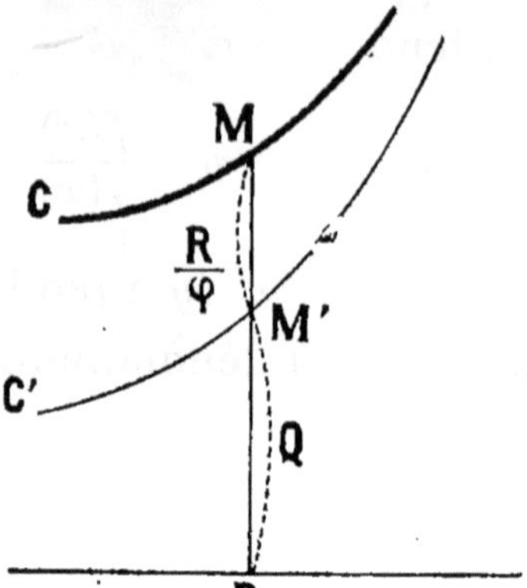

Fig. 82.

Le point M' décrit une courbe C' dont l'équation est

$$y = Q(x);$$

quand M' s'éloigne indéfiniment sur C, M'M tend vers o, le point M se rapproche indéfiniment de C' : on dit que c'est une **courbe asymptote.**

1er exemple : $$y = \frac{2x+3}{4x^2+5x-7}.$$

La fraction tend vers o avec

$$\frac{2x}{4x^2} = \frac{1}{2x};$$

la fraction a le signe de x, la courbe représentative a deux branches infinies pour lesquelles Ox est une asymptote (fig. 83).

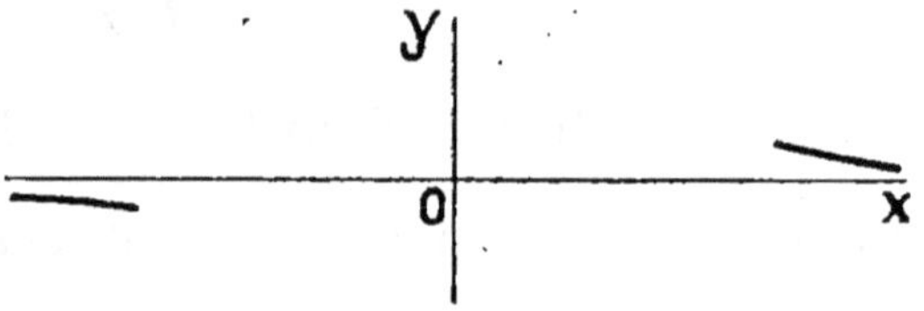

Fig. 83.

2e exemple : $$y = \frac{3x^2+5x-2}{2x^2-x+7}.$$

Lorsque x tend vers $\pm\infty$, la fraction se comporte comme $\frac{3x^2}{2x^2} = \frac{3}{2}$: elle tend vers $\frac{3}{2}$. Cherchons si c'est par valeurs plus grandes ou plus petites.

$$y - \frac{3}{2} = \frac{13x + \ldots\ldots}{2(2x^2-x+7)}$$

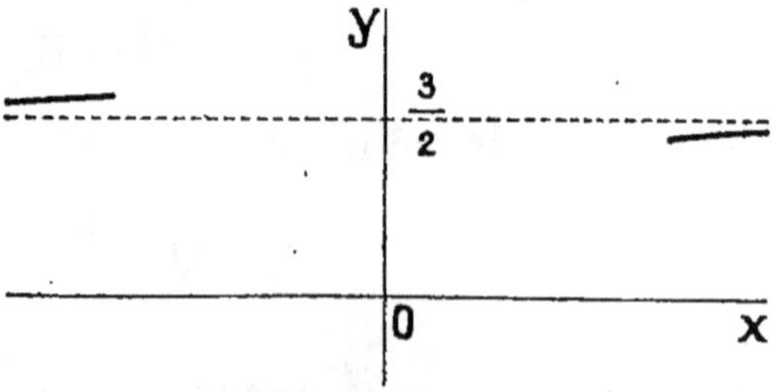

Fig. 84.

tend vers o avec le signe de $\frac{13x}{4x^2} = \frac{13}{4x}$, c'est-à-dire le signe contraire de x : la droite $y = \frac{3}{2}$

est une asymptote. La figure 84 montre la disposition de la courbe par rapport à cette droite.

3e exemple : $$y = \frac{x^2 - 2x - 1}{2x - 1}.$$

Si $|x|$ augmente indéfiniment, la fraction augmente indéfiniment comme

$$\frac{x^2}{2x} = \frac{x}{2}.$$

Effectuons la division :

$$y = \frac{x}{2} - \frac{3}{4} - \frac{7}{4(2x - 1)}.$$

L'ordonnée y se compose de deux parties : $\frac{x}{2} - \frac{3}{4}$ qui est celle d'un point de la droite

$$y = \frac{x}{2} - \frac{3}{4}$$

et $-\frac{7}{4(2x - 1)}$ qui tend vers o comme $-\frac{7}{8x}$.

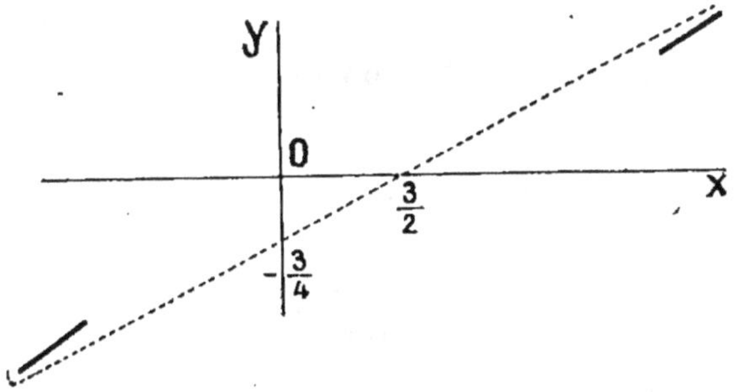

Fig. 85.

La droite que nous venons de trouver est une asymptote (fig. 85).

4e exemple :

$$y = \frac{x^3}{x - 1} = x^2 + x + 1 + \frac{1}{x - 1};$$

la parabole $$y = x^2 + x + 1$$
est une courbe asymptote.

165. — Remarque. — D'une manière générale, on doit remplacer x par $\frac{1}{x'}$, puis faire tendre x' vers o. Souvent on divise simplement les deux termes de chaque fraction par une puissance de x telle que l'un des termes de la fraction tende vers une limite non nulle. On refera ce calcul pour les fractions rationnelles.

Quelle est la valeur de la fraction

$$y = \frac{2x + 1}{x - \sqrt{x^2 + 1}}$$

quand $x = -\infty$?

La fraction prend la forme $\frac{\infty}{\infty}$. Divisons les deux termes par x en n'oubliant pas que, x étant négatif, on divisera $\sqrt{x^2 + 1}$ par x en divisant sous le radical par x^2 et en changeant le signe :

$$y = \frac{2 + \frac{1}{x}}{1 + \sqrt{1 + \frac{1}{x^2}}}$$

si $$x = -\infty, \qquad y = 1.$$

166. — Problème. — *Comment se comporte*

$$y = \sqrt{x^2 - 6x + 7} - \sqrt{x^2 - 6x + 3}$$

si $x \to \pm \infty$?

L'expression prend la forme $\infty - \infty$. Multiplions et divisons par la somme des radicaux,

$$y = \frac{4}{\sqrt{x^2 - 6x + 7} + \sqrt{x^2 - 6x + 3}} :$$

y tend vers 0 par valeurs positives.

167. — Remarque. — a *étant supposé positif, quand* |x| *augmente indéfiniment, la différence*

$$y = \sqrt{ax^2 + bx + c} - \sqrt{ax^2 + bx + c'} \to 0.$$

Les trinômes sous les radicaux diffèrent d'une constante.
Multiplions et divisons par la somme des deux radicaux :

$$y = \frac{c - c'}{\sqrt{ax^2 + bx + c} + \sqrt{ax^2 + b'x + c'}};$$

le numérateur est constant, le dénominateur augmente indéfiniment.

Le premier trinôme peut se mettre sous la forme

$$a\left(x + \frac{b}{2a}\right)^2 + \frac{4ac - b^2}{4a}.$$

Prenons pour second trinôme le premier terme de cette somme

$$\sqrt{a\left(x + \frac{b}{2a}\right)^2};$$

nous pourrons extraire la racine carrée. Elle sera

$$\sqrt{a}\left(x+\frac{b}{2a}\right) \qquad \text{ou} \qquad -\sqrt{a}\left(x+\frac{b}{2a}\right)$$

suivant que l'on fera tendre x vers $+\infty$ ou $-\infty$; le numérateur $c-c'$ est ici

$$\frac{4ac-b^2}{4a}.$$

Nous écrirons, par exemple, pour faire tendre x vers $+\infty$,

$$\sqrt{x^2+a^2}=x+\frac{a^2}{x+\sqrt{x^2+a^2}},$$

$$\sqrt{x^2-a^2}=x-\frac{a^2}{x+\sqrt{x^2-a^2}}.$$

Au contraire si $x \to -\infty$,

$$\sqrt{x^2+a^2}=-x+\frac{a^2}{\sqrt{x^2+a^2}-x},$$

$$\sqrt{x^2-a^2}=-x+\frac{a^2}{x-\sqrt{x^2-a^2}}.$$

EXERCICES

91. Trouver la tangente aux points d'abscisse 1 des courbes

$$y=(x-1)^\alpha(3x^2+5x-2),$$

en supposant $\alpha = 1;\ 2;\ 3.$

92. Trouver les valeurs de

$$y=2x+1-\sqrt{x^2+5x-1} \qquad \text{pour} \quad x=\pm\infty.$$

93. Choisir m et p pour que la fonction

$$mx+p-\sqrt[3]{8x^3+12x^2+5x+7}$$

soit, pour $x=\pm\infty$, 1° finie; 2° nulle.

94. Vers quelle limite tend

$$\frac{\sqrt{x+1}-\sqrt{x^2+x+1}}{x}$$

quand x tend vers 0?

95. On considère les deux fonctions

$$f(x)=x^2+5x-1, \qquad \varphi(x)=x^2+3x-2.$$

Trouver les valeurs, pour $x=\pm\infty$, de

$$f-\varphi, \qquad \sqrt{f}-\sqrt{\varphi} \qquad \sqrt[4]{f}-\sqrt[4]{\varphi}.$$

CHAPITRE VII

VARIATIONS DES FONCTIONS
MÉTHODE DIRECTE

§ 1. — Méthode directe.

168. — ***Considérons une fonction*** $f(x)$ ***définie et continue dans un intervalle*** (a, b), ***nous faisons croître la variable*** x ***de*** a ***à*** b, ***alors la fonction est croissante si***

$$f(x) > f(x_0) \quad \text{avec} \quad x > x_0,$$

décroissante si

$$f(x) < f(x_0) \quad \text{avec} \quad x > x_0,$$

constante si $\qquad f(x) = f(x_0).$

x ***et*** x_0 ***étant deux valeurs quelconques de l'intervalle.***

Nous admettons que si la fonction est continue dans un intervalle, on peut décomposer cet intervalle en d'autres où la fonction est, soit constante, soit croissante, soit décroissante.

La courbe dont l'équation est $y = f(x)$ ***est dite la courbe représentative des variations de la fonction.***

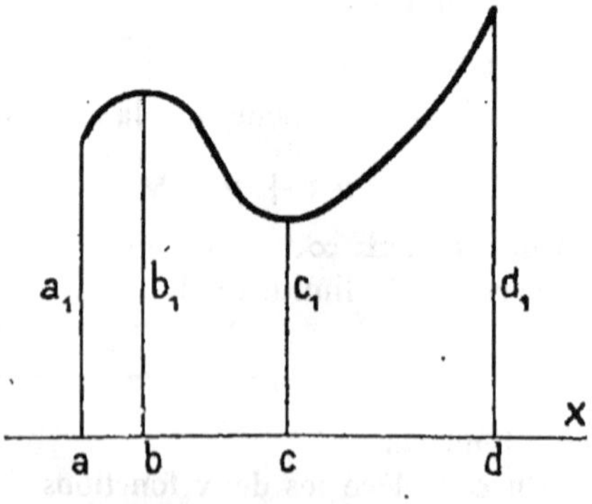

Fig. 86.

x croissant, le point (x, y) se déplace sur la courbe vers la droite, dans le sens Oy si y croît, dans le sens contraire si y décroît.

Sur la figure, l'intervalle (a, d) a été divisé en trois :

Si x croît de a à b, y croît de a_1 à b_1;
si x croît de b à c, y décroît de b_1 à c_1; etc....
Nous l'écrirons :

$$\begin{array}{c|ccccccc|} x & a & & b & & c & & d \\ y & a_1 & \nearrow & b_1 & \searrow & c_1 & \nearrow & d_1 \end{array}$$

Quand $x = b$, la fonction *passe par un maximum* (ce maximum de y est relatif aux valeurs voisines); quand $x = c$, la fonction *passe par un minimum*.

La plus petite valeur de la fonction est c_1 (*minimum absolu*), la plus grande est d_1 (*maximum absolu*).

Nous avons déjà étudié les variations des fonctions du premier et du second degré

$$mx + p, \qquad ax^2 + bx + c;$$

les courbes représentatives sont une droite et une parabole.

Soit encore

$$y = \sqrt{x^2} + \sqrt{(x-1)^2}.$$

Rappelons-nous que la racine carrée de x^2 est x quand x est positif et $-x$ quand x est négatif. Alors

$$\begin{array}{lll} 1^\circ & x < 0, & y = -x - (x-1) = -2x + 1; \\ 2^\circ & 0 < x < 1, & y = x - (x-1) = 1; \\ 3^\circ & x > 1, & y = x + x - 1 = 2x - 1. \end{array}$$

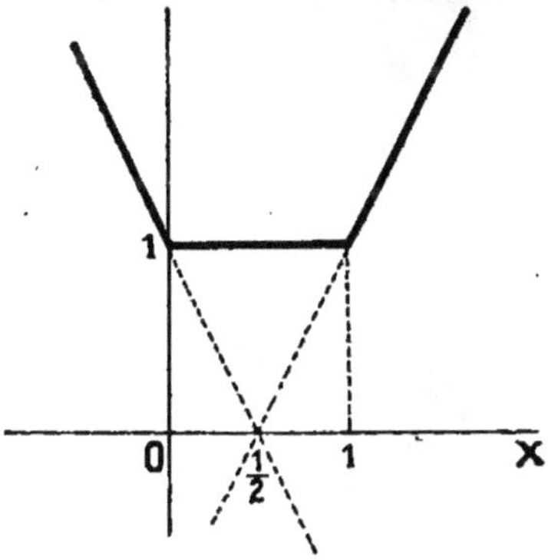

Fig. 87.

Dans chaque cas, l'équation représente une droite (fig. 87).

La fonction est définie et continue dans l'intervalle $(-\infty, +\infty)$; cet intervalle est décomposé en trois autres $(-\infty, 0)$, $(0, 1)$, $(1, +\infty)$: dans le premier elle est décroissante, dans le second elle est constante, dans le troisième elle est croissante.

Pour étudier les variations d'une fonction, on peut essayer d'abord de partir des définitions. Soit, par exemple la fonction

$$f(x) = x + \frac{1}{x};$$

elle est continue dans chacun des intervalles $(-\infty, 0)$ $(0, +\infty)$.

Supposons, par exemple x et x_0 positifs, $x > x_0$;

$$f(x) - f(x_0) = x - x_0 + \frac{1}{x} - \frac{1}{x_0},$$

$$= (x - x_0)\left(1 - \frac{1}{xx_0}\right).$$

Il faut étudier le signe de $1 - \frac{1}{xx_0}$ qui est celui de $xx_0 - 1$.

Cette quantité est négative si x et x_0 sont inférieurs à 1, elle est positive si x et x_0 sont supérieurs à 1.

La fonction est décroissante dans l'intervalle $(0, 1)$; elle est croissante dans l'intervalle $(1, +\infty)$.

On raisonnerait de même en supposant x et x_0 négatifs.

169. — Pour étudier les variations d'une fonction, nous emploierons deux méthodes générales : 1° la méthode directe; 2° la méthode des dérivées.

Dans ce chapitre nous développerons la première méthode. Nous avons indiqué à propos des inégalités les principes sur lesquels elle repose.

Appelons $y = f(x)$ une fonction dont nous connaissons les variations; posons

$$y_0 = f(x_0);$$

prenons la fonction dans un intervalle où elle est continue.

Nous avons dit (nº **78**) avec d'autres notations que :

1° c étant une constante quelconque, si

$$y > y_0 : \qquad y + c > y_0 + c;$$

donc y + c ***varie dans le même sens que*** y.

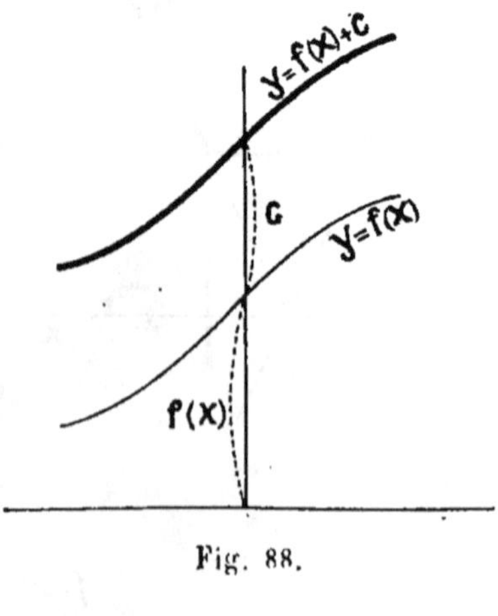

Fig. 88.

Géométriquement, la courbe $y = f(x) + c$ s'obtient

en donnant à la courbe $y = f(x)$ une translation parallèle à Oy et égale à c.

2° c étant une constante *positive*, si

$$y > y_0 : \qquad cy > cy_0;$$

donc cy ***varie dans le même sens que*** y ***quand*** c ***est une constante positive.***

Si c ***est une constante négative,*** y ***et*** cy ***varient en sens contraire.***

En particulier, y *et* — y ***varient en sens contraire.***

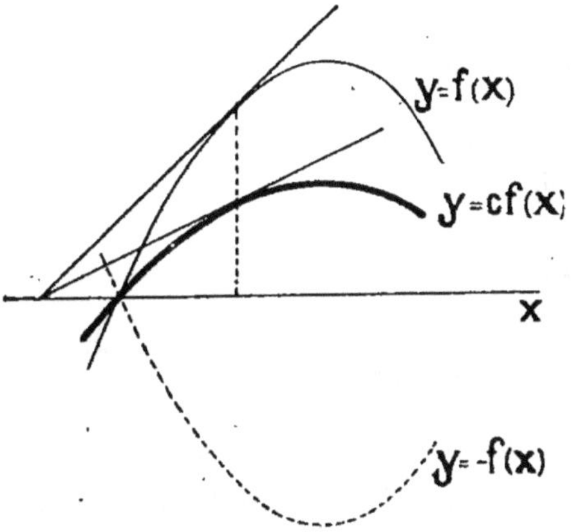

Fig. 89.

Il y a entre les deux courbes $y = f(x)$ et $y = cf(x)$ la même relation qu'entre la projection d'une courbe et son rabattement, la charnière étant l'axe des x.

On montrera facilement que les tangentes en deux points correspondants coupent Ox au même point.

3° ***Si***

$$y > y_0 : \qquad y^3 > y_0^3;$$

le cube (une puissance impaire quelconque) ***d'une fonction varie dans le même sens que cette fonction.***

4° y et y_0 étant positifs, si

$$y > y_0 : \qquad y^2 > y_0^2.$$

Si une fonction est positive, son carré varie dans le même sens qu'elle.

5° y et y_0 étant négatifs, si

$$y > y_0 : \qquad y^2 < y_0^2.$$

Si une fonction est négative, son carré varie en sens contraire.

6° y et y_0 étant positifs, si

$$y > y_0 : \qquad \sqrt{y} > \sqrt{y_0};$$

la racine carrée d'une fonction (nécessairement positive) *varie dans le même sens que la fonction.*

7° y et y_0 étant de même signe, si

$$y > y_0 : \qquad \frac{1}{y} < \frac{1}{y_0}.$$

Si une fonction a un signe invariable, son inverse varie en sens contraire.

7° Enfin, nous avons montré que si

$$y > y_0 \quad \text{et} \quad z > z_0 :$$
$$y + z > y_0 + z_0.$$

Si plusieurs fonctions varient dans le même sens, leur somme varie dans ce sens.

On dit qu'on emploie la méthode directe :

1° *Lorsque, connaissant les variations d'une fonction et dans certains cas son signe, on en déduit celles de cette fonction augmentée d'une constante ou multipliée par une constante, de ses puissances, de ses racines et de son inverse, etc.*

2° *Lorsque, connaissant les variations de plusieurs fonctions, on en déduit, dans les cas où c'est possible, celles de leur somme, de leur produit, de leur rapport, etc.*

Remarque importante. — Lorsque nous avons étudié les variations d'une fonction, nous savons dire : 1° si elle s'annule ; 2° si elle prend une valeur donnée, et combien de fois ; 3° quel est son signe. Il faut s'exercer à résoudre cette question après toute étude de variations.

Nous ne chercherons pas à déduire les variations d'un produit de celles de ses facteurs, une réponse n'est possible que lorsque les valeurs absolues de ces facteurs varient dans le même sens, la valeur absolue du produit varie dans ce sens ; c'est ce qui arrive pour

$$(3 + 2 \sin x)(1 + \sin x)(4 + 3 \sin x).$$

De même, si on connaît les variations des termes d'un rapport, on ne sait trouver directement celles du rapport que lorsque les valeurs absolues des termes varient en sens contraire ; exemple

$$\frac{\sin x}{\cos^2 x}.$$

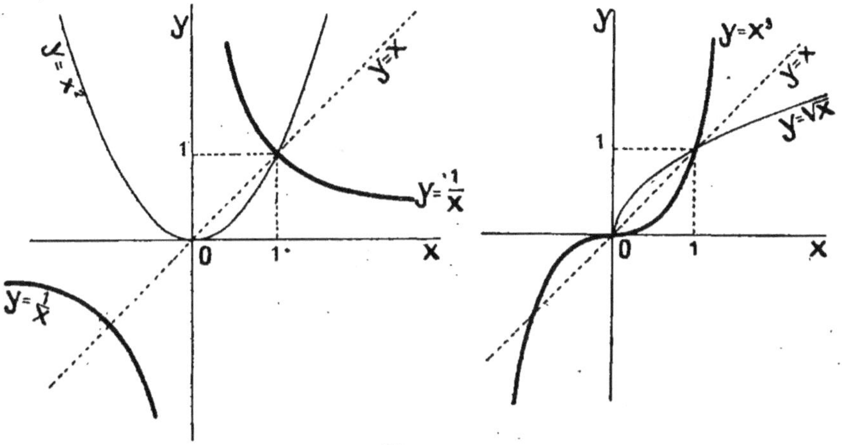

Fig. 90.

Nous conseillons au lecteur de prendre x comme fonction dont on connaît les variations et de construire avec soin les lignes

$$y = x, \quad y = x^2, \quad y = x^3, \quad y = \sqrt{x}, \quad y = \frac{1}{x}.$$

170. — Variations de la fonction

$$y = ax + b.$$

$ax + b$ varie dans le même sens que ax, qui varie lui-même dans le même sens que x si $a > 0$ et en sens contraire quand $a < 0$.

1° $a > 0$.

x	$-\infty$		$+\infty$	(Fig. 91).
$ax + b$	$-\infty$	$\nearrow$	$+\infty$	

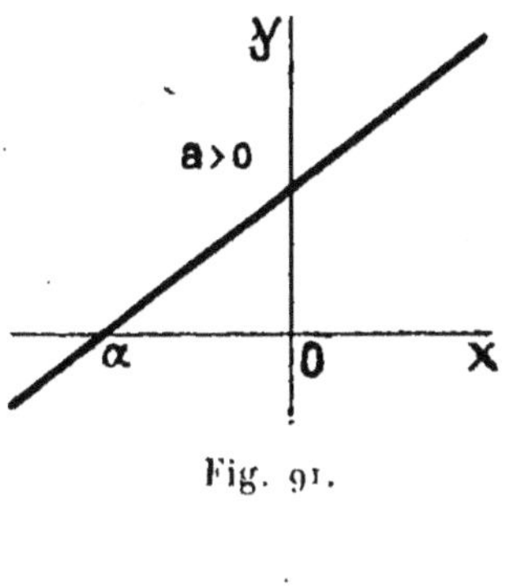

Fig. 91.

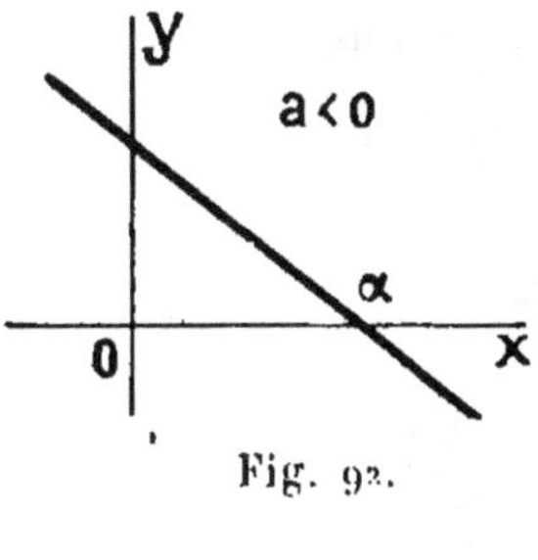

Fig. 92.

La ligne représentant les variations est une droite, un point de la ligne s'élève quand on s'avance vers la droite (fig. 91).

2° $a < 0$

x	$-\infty$		$+\infty$
$ax + b$	$+\infty$	$\searrow$	$-\infty$

(Fig. 92).

RACINE. — Dans les deux cas, $ax + b$ a une racine α. Nous l'avons déjà calculée (n° **61**). Nous écrirons

$$ax + b = a\left(x + \frac{b}{a}\right).$$

Ce produit ne peut être nul que si le second facteur l'est. $ax + b$ a donc une racine $\alpha = -\frac{b}{a}$,

$$ax + b = a(x - \alpha).$$

SIGNE. — Il résulte immédiatement de cette forme, il résulte aussi de l'étude des variations du premier membre.

Le binôme $ax + b$ ***a le signe de*** a ***si*** x ***est plus grand que sa racine*** α, ***il a le signe contraire si*** $x < \alpha$.

Connaissant les variations de $ax + b$, nous savons trouver celles de $(ax + b)^2$, $\sqrt{ax + b}$, $\frac{1}{ax + b}$. Prenons un exemple numérique.

171. — PROBLÈMES. — 1° *Étudier les variations de*

$$y = (2x - 3)^2.$$

Nous connaissons les variations de $2x - 3$, nous savons qu'il passe du négatif au positif pour la valeur $\frac{3}{2}$ de x.

x	$-\infty$		$\frac{3}{2}$		$+\infty$
$2x - 3$	$-\infty$	$\nearrow$	0	$\nearrow$	$+\infty$
$(2x - 3^2)$	$+\infty$	$\searrow$	0	$\nearrow$	$+\infty$

2° *Étudier les variations de*

$$y = \frac{1}{2x - 3}.$$

Le dénominateur s'annulant quand $x = \frac{3}{2}$, la fonction est définie et continue dans les intervalles $\left(-\infty, \frac{3}{2} - \varepsilon\right)$, $\left(\frac{3}{2} + \varepsilon, +\infty\right)$.

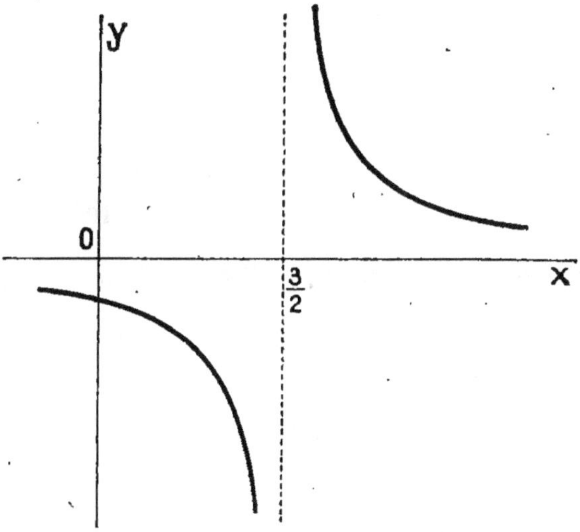

Fig. 93.

Dans chacun de ces intervalles, elle varie en sens contraire de $2x - 3$, c'est-à-dire décroît.

x	$-\infty$		$\frac{3}{2} - \varepsilon$	$\frac{3}{2} + \varepsilon$		$-\infty$
$2x - 3$	$-\infty$	$\nearrow$	$-\varepsilon$	ε	$\nearrow$	$-\infty$
$\frac{1}{2x - 3}$	$-\varepsilon$	$\searrow$	$-\infty$	$+\infty$	$\searrow$	$+\varepsilon$

(Fig. 93).

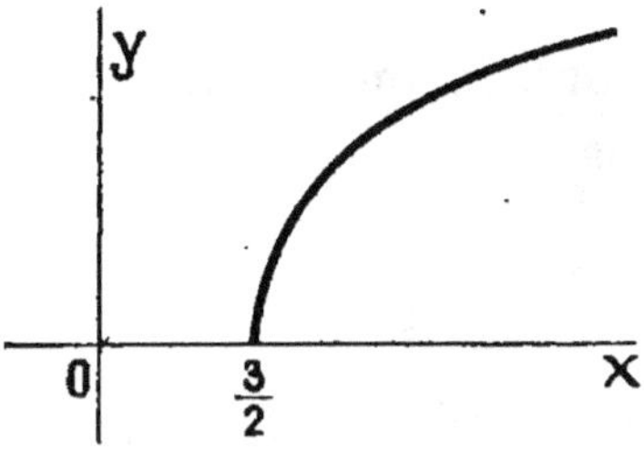

Fig. 94.

3° *Étudier les variations de*

$$y = \sqrt{2x - 3}.$$

Pour que la quantité sous le radical soit positive, il faut que

$$x \geqslant \frac{3}{2}.$$

x	$\frac{3}{2}$		$+\infty$
$2x-3$	0	$\nearrow$	$+\infty$
$\sqrt{2x-3}$	0	$\nearrow$	$+\infty$

(Fig. 94).

Nous savons que la courbe est la partie située au-dessus de Ox d'une parabole ayant Ox pour axe de symétrie.

172. — Variations de la fonction homographique.

$$y = \frac{ax+b}{a'x+b'}.$$

Nous supposons a et a' différents de o.

La fraction est définie pour toutes les valeurs de x, à l'exception de $-\frac{b'}{a'}$ pour laquelle le dénominateur est nul.

Nous ferons donc croître x successivement dans les deux intervalles

$$\left(-\infty, -\frac{b'}{a'}-\varepsilon\right), \qquad \left(-\frac{b'}{a'}+\varepsilon, +\infty\right)$$

où elle est continue.

Le dénominateur a un signe invariable dans chacun de ces intervalles, il est facile de trouver le sens de sa variation en partant des définitions. Appelons $f(x)$, la fonction

$$f(x) - f(x_0) = \frac{ax+b}{a'x+b'} - \frac{ax_0+b}{a'x_0+b'},$$
$$= \frac{(ab'-ba')(x-x_0)}{(a'x+b')(a'x_0+b')}.$$

Comme nous prenons x et x_0 dans le même intervalle le dénominateur est positif. Nous trouvons donc que, *dans chacun des deux intervalles*

La fonction est croissante si		$ab'-ba' > 0$,
—	***constante si***	$ab'-ba' = 0$,
—	***décroissante si***	$ab'-ba' < 0$.

On trouvera le même résultat en transformant la fraction rationnelle par la formule $\frac{A}{B} = Q + \frac{R}{B}$; Q et R sont des constantes.

Au lieu d'effectuer la division du numérateur par le dénominateur, on peut, en remarquant que le quotient est $\frac{a}{a'}$, écrire

$$\frac{ax + b}{a'x + b'} = \frac{a}{a'} + \left(\frac{ax + b}{a'x + b'} - \frac{a}{a'}\right),$$
$$= \frac{a}{a'} - \frac{ab' - ba'}{a'(a'x + b')}.$$

Le binôme $a'(a'x + b')$, dont le premier coefficient est a'^2, va constamment en croissant; $\frac{1}{a'(a'x + b')}$ décroît; $-\frac{ab' - ba'}{a'(a'x + b')}$ croît ou décroît suivant que $ab' - ba'$ est positif ou négatif, etc.

173. — Problème. — *Un point* M *parcourt une droite sur laquelle sont marqués deux points* A *et* B, *étudier les variations de* $\frac{\overline{MA}}{\overline{MB}}$.

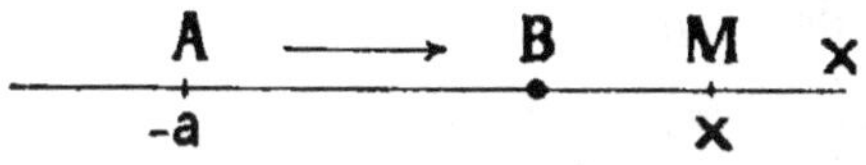

Fig. 95.

Soit a la longueur AB; choisissons sur la droite le sens positif AB et prenons B comme origine.

L'abscisse de A est $-a$; appelons x l'abscisse de M :

$$\frac{\overline{MA}}{\overline{MB}} = \frac{-a - x}{-x} = \frac{a + x}{x};$$

nous sommes amenés à l'étude des variations de la fonction

$$y = \frac{x + a}{x} = 1 + \frac{a}{x}.$$

La fonction n'a pas de sens quand $x = 0$, nous faisons donc croître x successivement dans les intervalles $(-\infty, -\varepsilon)$, $(\varepsilon, +\infty)$.

x	$-\infty$		$-\varepsilon$	ε		$+\infty$
$\frac{a}{x}$	$-\varepsilon$	↘	$-\infty$	$+\infty$	↘	$+\varepsilon$
$1 + \frac{a}{x}$	$1 - \varepsilon$	↘	$-\infty$	$+\infty$	↘	$1 + \varepsilon$

(Fig. 96).

Pour construire la courbe, il faut choisir d'abord une unité de longueur pour représenter les ordonnées.

Après l'étude de la variation de $\frac{\overline{MA}}{\overline{MB}}$, nous voyons qu'à chaque valeur du rapport correspond un point; cette étude est faite souvent avant celle de la division harmonique (n° **126**). On remarquera que si $M(x)$ et $M'(x')$ divisent harmoniquement AB,

$$1+\frac{a}{x}=-\left(1+\frac{a}{x'}\right),$$

ou $$\frac{1}{x}+\frac{1}{x'}=-\frac{2}{a}.$$

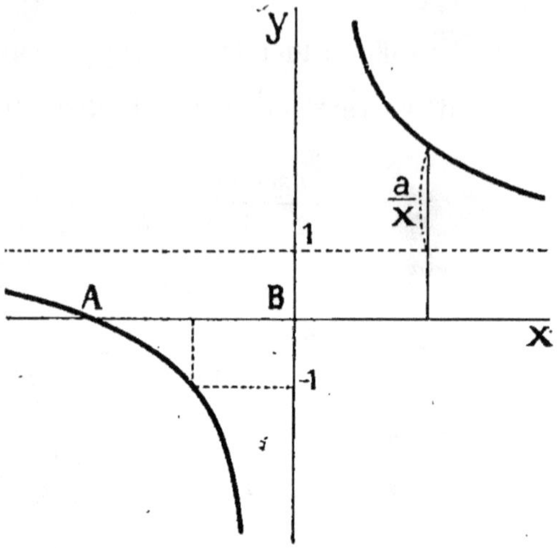

Fig. 96.

REMARQUE. — L'étude de la fraction $\frac{ax+b}{a'x+b'}$ correspond au problème de Géométrie précédent. Appelons α et α' les racines des deux termes; ce sont les abscisses de deux points A et A'.

$$\frac{ax+b}{a'x+b'}=\frac{a(x-\alpha)}{a'(x-\alpha')}=\frac{a}{a'}\cdot\frac{\overline{AM}}{\overline{A'M}}.$$

174. PROBLÈME. — *Étudier les variations de la fonction*

$$f(x)=\frac{a^2}{x-p}+\frac{b^2}{x-q}+\frac{c^2}{x-r}, \qquad (p<q<r).$$

C'est une somme des fonctions décroissantes, elle est décroissante dans chacun des intervalles $(-\infty, p)$, (p, q), (q, r), $(r, +\infty)$ où elle est continue (fig. 97).

On déduira de cette étude :

1° Que l'équation du second degré $f(x)=0$ a

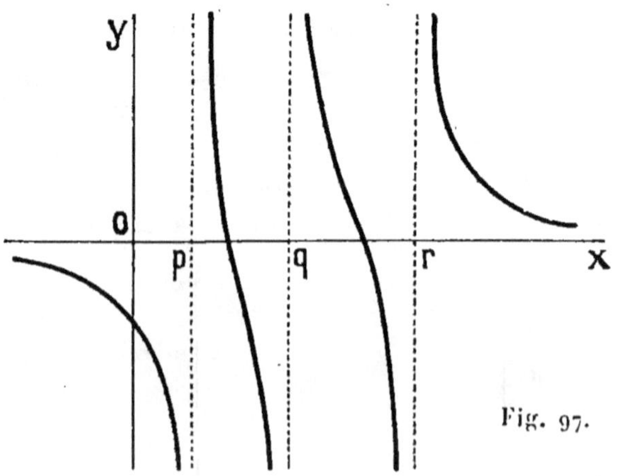

Fig. 97.

une racine dans l'intervalle $(p\,,q)$ et une racine dans l'intervalle $(q\,,r)$;
2° Que les équations du troisième degré

$$f(x)=k, \qquad f(x)=k',$$

ont des racines qui alternent.

175. — Variations du trinôme du second degré

$$y=ax^2+bx+c.$$

Nous connaissons les variations de ax^2 et de $bx+c$, mais elles ne sont pas toujours de même sens. Nous allons alors mettre le trinôme sous la forme

$$a\left(x+\frac{b}{2a}\right)^2+\frac{4ac-b^2}{4a}.$$

Nous savons étudier les variations de cette fonction, puisque nous connaissons celles de $x+\frac{b}{2a}$ et son signe. Ce signe change quand x passe par la valeur $-\frac{b}{2a}$, nous ferons donc croître x successivement dans les deux intervalles $\left(-\infty,-\frac{b}{2a}\right)$, $\left(-\frac{b}{2a},+\infty\right)$.

Les variations sont de deux formes suivant que a est positif ou négatif.

$$a>0$$

x	$-\infty$		$-\frac{b}{2a}$		$+\infty$
$x+\frac{b}{2a}$	$-\infty$	↗	0	↗	$+\infty$
$\left(x+\frac{b}{2a}\right)^2$	$+\infty$	↘	0	↗	$+\infty$
$a\left(x+\frac{b}{2a}\right)^2$	$+\infty$	↘	0	↗	$+\infty$
ax^2+bx+c	$+\infty$	↘	$\frac{4ac-b^2}{4a}$	↗	$+\infty$

Ce qui s'énonce ainsi : a étant positif,

Si x croît de $-\infty$ à $\frac{b}{2a}$, le trinôme décroît de $+\infty$ à $\frac{4ac-b^2}{4a}$;

Si x croît de $-\frac{b}{2a}$ à $+\infty$, le trinôme croît de $\frac{4ac-b^2}{4a}$ à $+\infty$.

Lorsque a est négatif, $\left(x+\frac{b}{2a}\right)^2$ et $a\left(x+\frac{b}{2a}\right)^2$ varient en sens contraire, le tableau devient

x	$-\infty$		$-\frac{b}{2a}$		$+\infty$
y	$-\infty$	$\nearrow$	$\frac{4ac-b^2}{4a}$	$\searrow$	$-\infty$

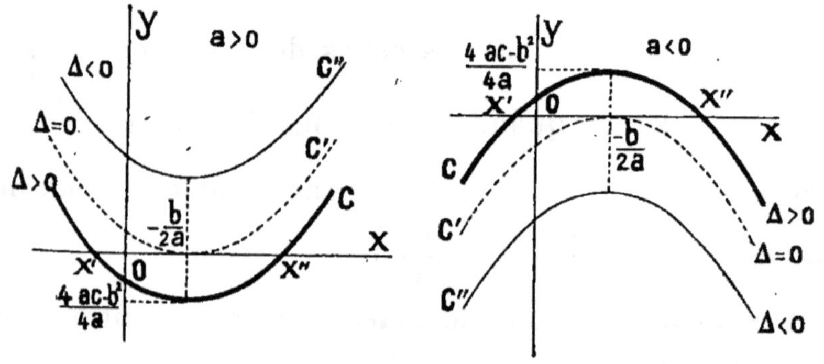

Fig. 98.

Sur chaque figure, les paraboles C, C′, C″ correspondent à la même valeur de a et b mais à des valeurs différentes de c. Leurs positions sont fixées par le signe de

$$\Delta = b^2 - 4ac$$

qui se trouve sous le radical dans le calcul des racines du trinôme.

Signe. — La figure (ou le tableau des variations) permet de résoudre à nouveau (n° 105) la question de l'existence des racines et du signe du trinôme.

Que a soit positif ou négatif :

1° ***Si*** $b^2 - 4ac < 0$, ***le trinôme ne s'annule pas, il a un signe invariable qui est celui de*** a ;

2° ***Si*** $b^2 - 4ac = 0$, ***le trinôme est nul quand*** $x = -\frac{b}{2a}$, ***il a le signe de*** a ***pour toutes les autres valeurs de*** x ;

3° ***Si*** $b^2 - 4ac > 0$, ***le trinôme a deux racines; il a le signe de*** a ***pour toutes les valeurs de*** x ***non comprises entre les racines, il a le signe contraire pour les valeurs de*** x ***comprises entre les racines.***

Ayant les variations de $ax^2 + bx + c$, nous pouvons avoir celles de $(ax^2 + bx + c)^2$, $\sqrt{ax^2 + bx + c}$, $\frac{1}{ax^2 + bx + c}$.

Prenons un exemple numérique.

176. Problèmes. — 1° *Variations de*

$$x = (2^2 - 4x + 3)^2 = [(x - 1)(x - 3)]^2.$$

Nous connaissons les variations du trinôme $x^2 - 4x + 3$, elles changent de sens quand x passe par la valeur 2 ; le signe change quand x passe par les valeurs 1 et 3.

x	$-\infty$		1		2		3		$+\infty$
$x^2 - 4x + 3$	$+\infty$	↘	0	↘	-1	↗	0	↗	$+\infty$
y	$+\infty$	↘	0	↗	1	↘	0	↗	$+\infty$

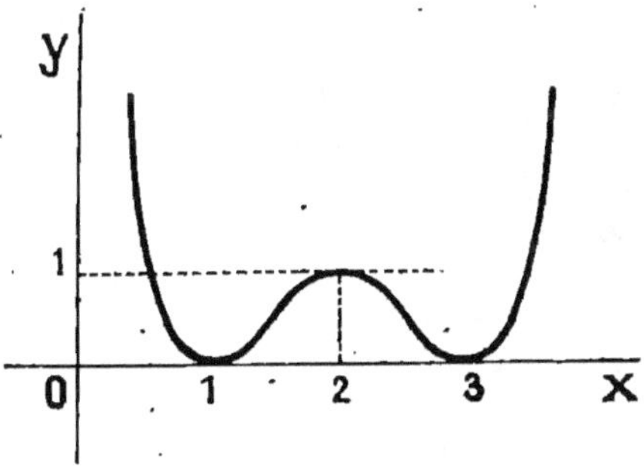

Fig. 99.

Nous écrivons le trinôme $x^2 - 4x + 3$ sous la forme $(x - 2)^2 - 1$ pour étudier ses variations, et sous la forme $(x - 1)(x - 3)$ pour étudier son signe.

2° *Variations de* $y = \dfrac{1}{x^2 - 4x + 3} = \dfrac{1}{(x-1)(x-3)}$.

La fraction n'a pas de sens si x égale 1 ou 3, elle est définie et continue dans chacun des trois intervalles

$$(-\infty,\ 1-\varepsilon),$$
$$(1+\varepsilon,\ 3-\varepsilon),$$
$$(3+\varepsilon,\ +\infty);$$

et y varie en sens inverse du dénominateur. Comme le sens de la variation de celui-ci change quand x passe par la valeur 2, nous formerons le tableau suivant :

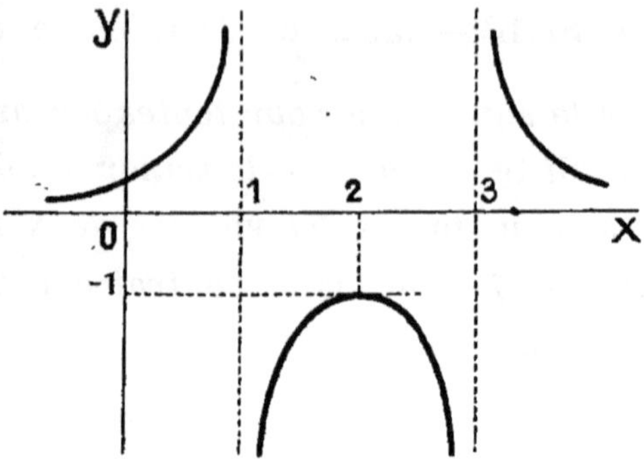

Fig. 100.

x	$-\infty$		$1-\varepsilon$	$1+\varepsilon$		2		$3-\varepsilon$	$3+\varepsilon$		$+\infty$
$x^2 - 4x + 3$	$+\infty$	↘	ε	$-\varepsilon$	↘	-1	↗	$-\varepsilon$	$+\varepsilon$	↗	$+\infty$
y	$+\varepsilon$	↗	$+\infty$	$-\infty$	↗	-1	↘	$-\infty$	$+\infty$	↘	$+\varepsilon$

3° *Variations de*

$$y = \sqrt{x^2 - 4x + 3} = \sqrt{(x-1)(x-3)}.$$

La fonction est définie et continue dans les deux intervalles $(-\infty, 1)$, $(3, +\infty)$; elle varie dans le même sens que le trinôme sous le radical :

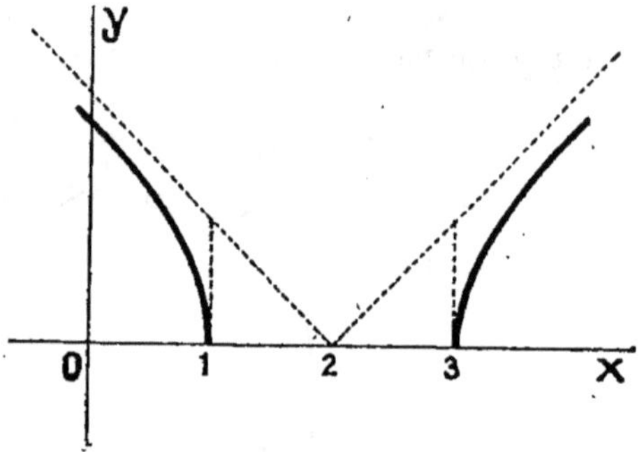

Fig. 101.

x	$-\infty$		1		2		$+\infty$
$(x-1)(x-3)$	$+\infty$	↘	0	╳	0	↗	$+\infty$
y	$+\infty$	↘	0		0	↗	$+\infty$

Puisque $x^2 - 4x + 3 = (x-2)^2 - 1$, quand $|x|$ grandira indéfiniment, nous écrirons la fonction (n° **167**) :

$$x > 0 \qquad y = x - 2 + \frac{-1}{x - 2 + \sqrt{x^2 - 4x + 3}},$$

$$x < 0 \qquad y = -x + 2 + \frac{-1}{-(x-2) + \sqrt{(x-2)^2 - 1}}.$$

Dans les deux cas, la fraction tend vers o par valeurs négatives, chaque branche de courbe est au-dessous de l'asymptote correspondante.

Nous avons montré (nº **163**) que la tangente est parallèle à Oy aux points d'abscisses 1 et 3.

4° *Variations de*

$$y = \sqrt{x^2 - 4x + 5} = \sqrt{(x-2)^2 + 1}.$$

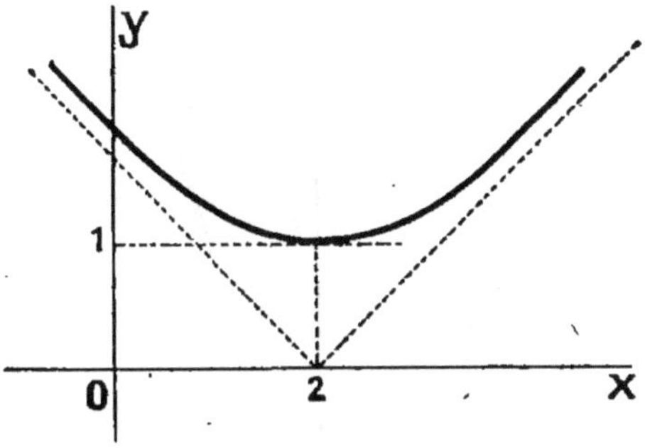

Fig. 102.

La fonction est définie et continue pour toutes les valeurs de x, elle varie dans le même sens que le trinôme situé sous le radical :

x	$-\infty$		2		$+\infty$
$x^2 + 4x + 5$	$+\infty$	↘	1	↗	$+\infty$
y	$+\infty$	↘	1	↗	$+\infty$

Pour les valeurs très grandes de $|x|$, nous écrirons la fonction

$$x > 0, \qquad y = x - 2 + \frac{1}{x - 2 + \sqrt{x^2 - 4x + 5}};$$

$$x < 0, \qquad y = -x + 2 + \frac{1}{-x + 2 + \sqrt{(x-2)^2 + 1}};$$

dans les deux cas, la fraction tend vers o par valeurs positives, les deux branches infinies de la courbe sont au-dessus de l'asymptote.

177. — Variations de la fonction

$$y = x - \frac{\ }{x}.$$

Nous prenons cette fonction comme exemple d'une somme dont les deux termes x et $-\frac{1}{x}$ varient dans le même sens : la fonction est constamment croissante, elle n'a pas de sens quand $x = 0$.

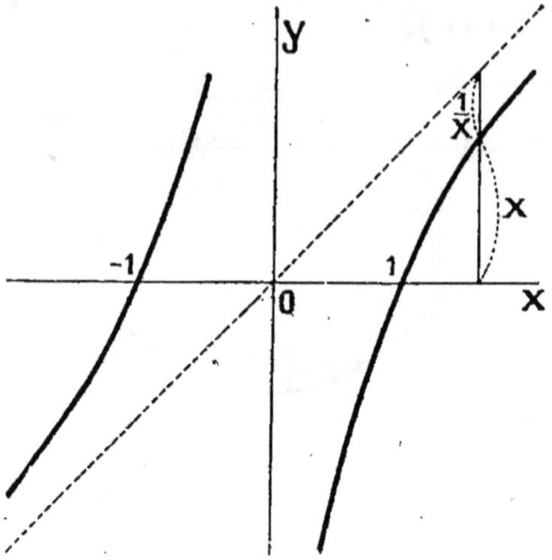

Fig. 103.

x	$-\infty$		$-\varepsilon$	ε		$+\infty$
$x - \frac{1}{x}$	$-\infty$	$\nearrow$	$+\infty$	$-\infty$	$\nearrow$	$+\infty$

La droite $y = x$ est asymptote oblique.

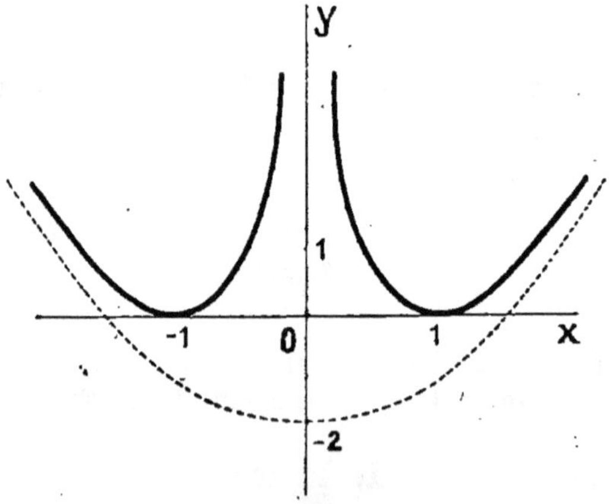

Fig. 104.

Des variations de $x - \frac{1}{x}$, on déduit celles de son carré et de sa racine carrée :

1°
$$y = \left(x - \frac{1}{x}\right)^2 = x^2 - 2 + \frac{1}{x^2},$$

la parabole $y = x^2 - 2$ est asymptote (fig. 104).

2°
$$y=\sqrt{x-\frac{1}{x}}=\sqrt{\frac{(x+1)(x-1)}{x}}.$$

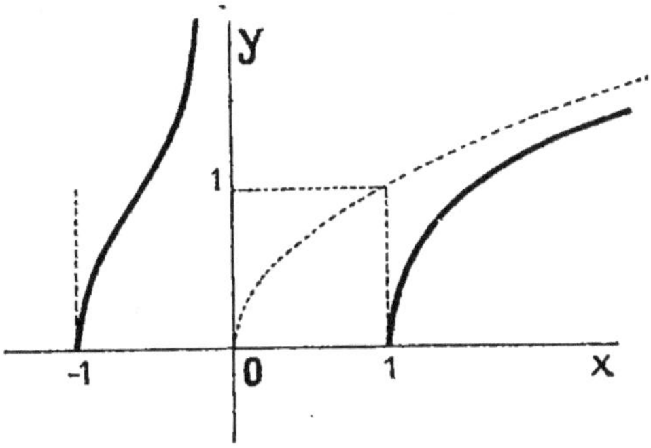

Fig. 105.

x ne peut varier que dans les intervalles $(-1, 0)$ et $(1, +\infty)$ où $x-\frac{1}{x}$ est positif; la parabole $y=\sqrt{x}$ est asymptote, car

$$\sqrt{x-\frac{1}{x}}-\sqrt{x}=\frac{-\frac{1}{x}}{\sqrt{x-\frac{1}{x}}+\sqrt{x}}.$$

Cette expression tend vers 0 (par valeurs négatives) quand $x\to+\infty$.

Aux points $(-1, 0)$, $(1, 0)$ la tangente est parallèle à Oy (n° **163**).

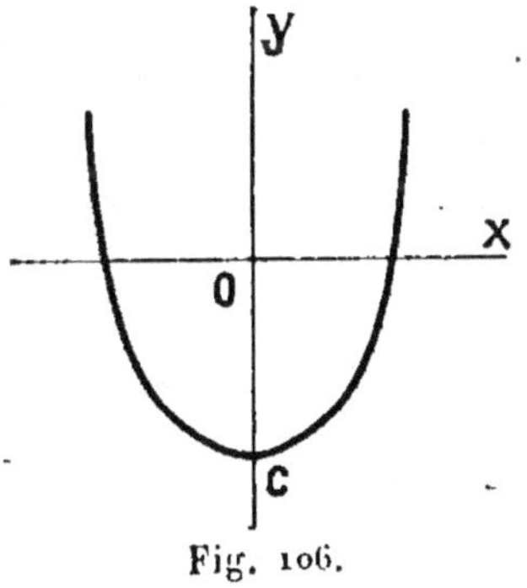

Fig. 106.

178. — Variations du trinôme bicarré.

$$y=ax^4+bx^2+c.$$

Si a et b ont le même signe, ax^4 et bx^2 varient dans le même sens et aussi ax^4+bx^2+c. Comme les variations de x^2 changent de sens quand x change de signe, nous ferons croître x de $-\infty$ à 0, puis de 0 à $+\infty$.

$a>0$

x	$-\infty$		0		$+\infty$
x^2	$+\infty$	↘	0	↗	$+\infty$
ax^4+bx^2+c	$+\infty$	↘	c	↗	$+\infty$

(Fig. 106).

$a < 0$

x	$-\infty$		0		$+\infty$
$ax^4 + bx^2 + c$	$-\infty$	$\nearrow$	c	$\searrow$	$-\infty$

Si a et b sont de signe contraire, ax^4 et bx^2 ne varient plus dans le même sens, il faut transformer le trinôme. Écrivons-le

$$y = a\left(x^2 + \frac{b}{2a}\right)^2 + \frac{4ac - b^2}{4a}.$$

$-\dfrac{b}{2a}$ est positif, appelons α sa racine carrée, le polynôme est de la forme

$$y = a(x^2 - \alpha^2)^2 + \beta.$$

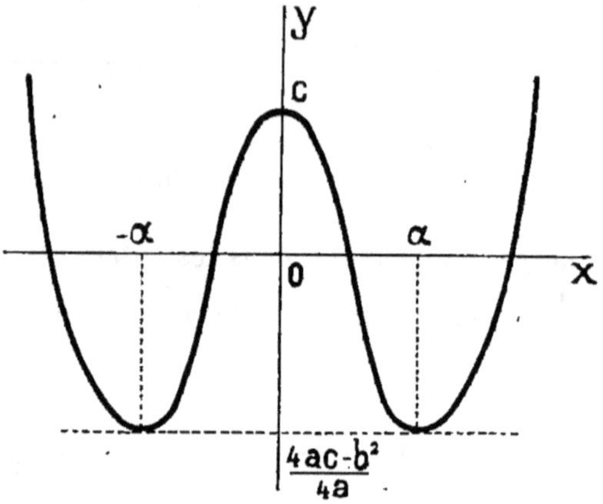

Fig. 107.

Nous connaissons les variations de $x^2 - \alpha^2$ et son signe; nous avons le tableau suivant :

$a > 0$

x	$-\infty$		$-\alpha$		0		α		$+\infty$
$x^2 - \alpha^2$	$+\infty$	$\searrow$	0	$\searrow$	$-\alpha^2$	$\nearrow$	0	$\nearrow$	$+\infty$
$a(x^2 - \alpha^2)^2$	$+\infty$	$\searrow$	0	$\nearrow$	$a\alpha^4$	$\searrow$	0	$\nearrow$	$+\infty$
y	$+\infty$	$\searrow$	β	$\nearrow$	c	$\searrow$	β	$\nearrow$	$+\infty$

$$\alpha = \sqrt{-\frac{b}{2a}}, \qquad \beta = \frac{4ac - b^2}{4a}.$$

Ces variations permettent de discuter l'existence des racines et, dans tous les cas, d'étudier le signe du trinôme.

On traitera de la même manière le cas où $a < 0$.

179. — Étudier les variations de $a \cos x + b \sin x + c$.

Si l'un des deux premiers coefficients est nul, la fonction prend la forme

$$a \cos x + c \quad \text{ou} \quad b \sin x + c;$$

ses variations s'obtiennent directement.

Le cas général se ramène à l'un de ces cas particuliers en changeant convenablement l'origine de la variable ; il serait maladroit d'appliquer la méthode des dérivées.

Posons (nº **136**)

$$\begin{cases} a = r\cos\varphi, \\ b = r\sin\varphi, \end{cases}$$

c'est-à-dire

$$r = \sqrt{a^2+b^2}, \qquad \cos\varphi = \frac{a}{\sqrt{a^2+b^2}}, \qquad \sin\varphi = \frac{b}{\sqrt{a^2+b^2}}.$$

L'expression proposée devient

$$r(\cos x\cos\varphi + \sin x\sin\varphi) + c$$

ou

$$r\cos(x-\varphi) + c;$$

cette fonction varie dans le même sens que $\cos(x-\varphi)$.

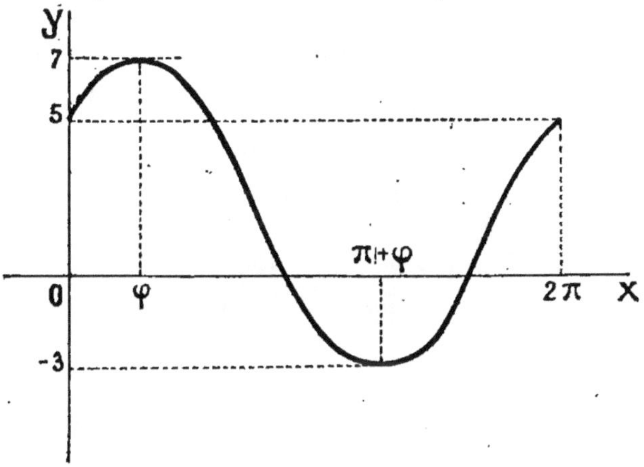

Fig. 108.

180. — Exemple. — *Étudier les variations de*

$$y = 3\cos x + 4\sin x + 2.$$

$$r = 5, \qquad \cos\varphi = \frac{3}{5} = 0{,}6, \qquad \sin\varphi = \frac{4}{5} = 0{,}8.$$

$$y = 5\cos(x-\varphi) + 2. \qquad \text{(fig. 108)}.$$

EXERCICES

96. Étudier par la méthode directe les variations des fonctions

1° $x^3 - 3x$;

2° $(x^4 - x^2 - 3)(x^4 - x^2 + 3) + 8$;

3° $x + \sqrt{x^2 + 1}$.

97. Dans un cône de rayon R et de hauteur h on inscrit un cylindre de rayon x : calculer sa surface *totale*.

Étudier les variations de cette surface

1° si $h = 2R$;

2° si $h = \frac{R}{2}$;

3° dans le cas général.

98. On donne une parabole et un point sur l'axe : étudier les variations de la distance de ce point à un point de la parabole.

99. On donne une ellipse et un point sur l'un des axes de symétrie : étudier les variations de la distance de ce point à un point de l'ellipse.

100. On donne un rectangle ABCD; $AB = A$, $BC = b$. On portera sur les côtés AB, BC, CD, DA

$$AA' = BB' = CC' = DD' = x :$$

Étudier les variations de l'aire du quadrilatère A'B'C'D'.

CHAPITRE VIII

DÉRIVÉES

§ 1. — Définitions. Dérivées de quelques fonctions simples.

181. — **Définition**. — Nous allons être conduits à la notion de dérivée par l'étude de la variation des fonctions. Nous avons dit (nº **168**) que si, dans un intervalle, une fonction continue est croissante : pour toutes les valeurs de x_0 et x prises dans cet intervalle,

$$f(x) - f(x_0) \quad \text{a le signe de} \quad x - x_0;$$

il a le signe contraire quand la fonction est décroissante. Prenons le rapport

$$\frac{f(x) - f(x_0)}{x - x_0},$$

il est nul si la fonction est constante;
il est positif quand la fonction est croissante;
il est négatif quand la fonction est décroissante.

Lorsque x tend vers x_0, le rapport tend en général vers une limite (nous le constaterons pour les fonctions simples que nous étudierons).

On appelle **dérivée** *d'une fonction continue* $f(x)$ *pour une valeur* x_0 *de* x *la limite vers laquelle tend le rapport*

$$\frac{f(x) - f(x_0)}{x - x_0}$$

lorsque $x \to x_0$.

Cette limite existe en général, nous la représenterons par le symbole $f'(x_0)$.

$$f'(x_0) = \lim_{x=x_0} \frac{f(x) - f(x_0)}{x - x_0}.$$

Si on fait abstraction de l'indice de x, la dérivée de la fonction $y = f(x)$ s'écrit

y' ou $f'(x)$. (Lagrange.)

Quand la variable passe de x_0 à x, on dit qu'elle prend l'accroissement $x - x_0$, cet accroissement est d'ailleurs positif ou négatif suivant que $x > x_0$ ou $x < x_0$; celui de la fonction est $y - y_0 = f(x) - f(x_0)$. On définit souvent la dérivée : ***la limite vers laquelle tend le rapport de l'accroissement de la fonction à l'accroissement de la variable quand celui-ci tend vers zéro.***

On est encore conduit à la notion de dérivée par la recherche des tangentes à une courbe $y = f(x)$.

182. — Tangente. — *Nous appellerons* **tangente** *à une courbe* C, *en un point* M_0 *de cette courbe, la position limite de la droite joignant* M_0 *à un autre point* M *de la courbe quand* M *se rapproche indéfiniment de* M_0.

Cette position limite existe avec les courbes simples que nous aurons à considérer.

Rien n'empêche d'appliquer la définition à une droite, la tangente est confondue avec la droite.

En Géométrie, à propos de la tangente au cercle, à l'ellipse....., on a d'abord donné la définition suivante :

La tangente est une droite qui n'a qu'un point commun avec la courbe, c'est-à-dire, comme son nom l'indique, une droite qui touche la courbe.

Mais, avec la courbe C de la figure 109, la droite MT touche bien la courbe en M_0, mais elle la coupe en N. On a alors imaginé la seconde définition.

Dans le cas du cercle, de l'ellipse, on montre facilement l'existence de la position limite M_0T de la droite M_0M : la droite M_0T satisfait à l'ancienne définition.

183. — Théorème. — *Le coefficient angulaire de la tangente à une courbe* $y = f(x)$ *au point d'abscisse* x_0 *est égal à la dérivée* $f'(x_0)$.

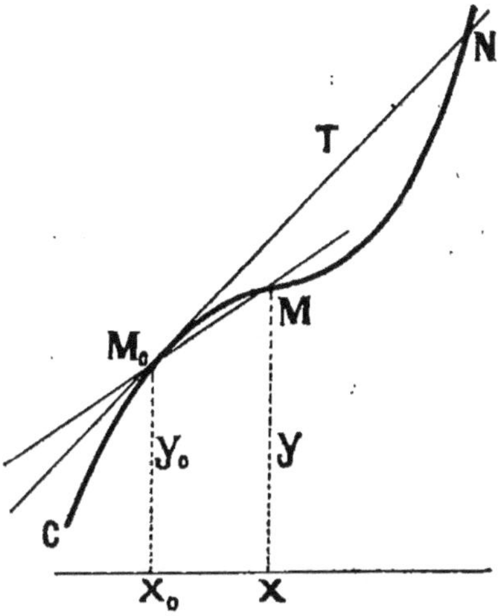

Fig. 109.

En effet le coefficient angulaire de la sécante M_0M est (nº **143**)

$$\frac{y - y_0}{x - x_0} = \frac{f(x) - f(x_0)}{x - x_0};$$

pour que **M** se rapproche indéfiniment de M_0, il faut que x tende vers x_0.

Si la fonction a une dérivée, la courbe a une tangente; si la courbe a une tangente, la fonction a une dérivée, chacun de ces faits est une conséquence de l'autre.

184. — La connaissance de la dérivée permet la construction de la tangente; nous allons indiquer d'autres constructions intéressantes.

Sous-tangente et sous-normale. — *Ce sont les mesures algébriques des vecteurs* PU *et* PN *comptés sur l'axe des* x *à partir de* P *jusqu'à la tangente et jusqu'à la normale.*

$$\text{Sous-tangente} = \overline{PU}, \qquad \text{sous-normale} = \overline{PN}.$$

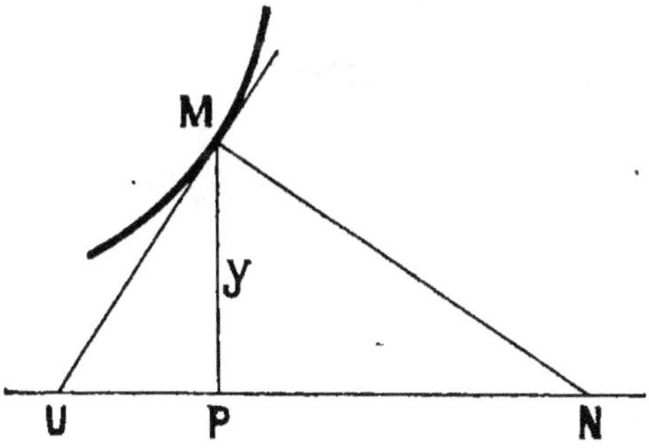

Fig. 110.

Le vecteur UM a pour projections

$$\overline{PU} = -\overline{PU} \quad \text{et} \quad y,$$

donc sa pente

$$y' = \frac{y}{-\overline{PU}},$$

$$\overline{PU} = -\frac{y}{y'} = -\frac{f(x)}{f'(x)}.$$

De l'égalité $y^2 = -\overline{PU}\,.\,\overline{PN}$, on déduit que

$$\overline{PN} = yy' = f(x)\,.\,f'(x).$$

On sait donc déterminer le point U et le point N.

EXEMPLES. — Si nous traçons la parabole

$$x^2 = 2py \quad \text{ou} \quad y = \frac{x^2}{2p},$$

nous trouvons $$-\frac{y}{y'} = -\frac{x}{2};$$

la tangente passe au milieu de OP (fig. 111).

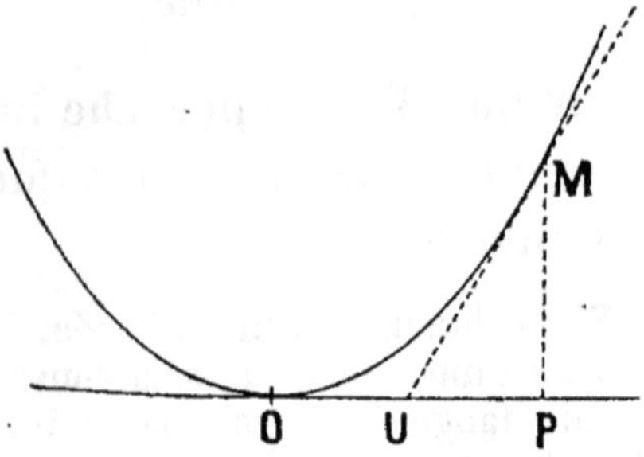

Fig. 111.

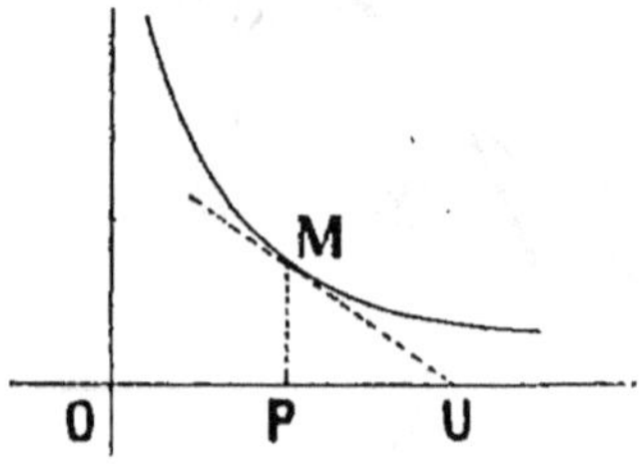

Fig. 112.

Prenons encore l'hyperbole équilatère

$$xy = k^2 \quad \text{ou} \quad y = \frac{k^2}{x}.$$

$$\overline{PU} = -\frac{y'}{y} = x.$$

P *est le milieu de* OU (fig. 112).

185. — Calcul de quelques dérivées. — 1° ***La dérivée de*** $ax + b$ ***est*** a.

En effet

$$f(x) - f(x_0) = a(x - x_0),$$

$$\frac{f(x) - f(x_0)}{x - x_0} = a,$$

$$f'(x_0) = a.$$

2° ***La dérivée de*** $ax^2 + bx + c$ ***est*** $2ax + b$.

$$f(x) - f(x_0) = a(x^2 - x_0^2) + b(x - x_0),$$

$$\frac{f(x) - f(x_0)}{x - x_0} = a(x + x_0) + b,$$

$$f'(x_0) = 2ax_0 + b.$$

3° *La dérivée de* x^n (*n entier*) *est* nx^{n-1}.

En effet (no **92**)

$$f(x) - f(x_0) = x^n - x_0^n$$
$$= (x - x_0)(x^{n-1} + x_0 x^{n-2} + \ldots + x_0^{n-1}),$$
$$\frac{f(x) - f(x_0)}{x - x_0} = x^{n-1} + x_0 x^{n-2} + \ldots + x_0^{n-1};$$

le second membre est une somme de n termes qui tendent tous vers x_0^{n-1} :

$$f'(x_0) = nx_0^{n-1}.$$

4° *La dérivée de* $\dfrac{1}{x^n}$ (*n entier*) *est* $-\dfrac{n}{x^{n+1}}$.

$$f(x) - f(x_0) = \frac{1}{x^n} - \frac{1}{x_0^n} = -\frac{x^n - x_0^n}{x^n x_0^n},$$
$$\frac{f(x) - f(x_0)}{x - x_0} = -\frac{x^{n-1} + x_0 x^{n-2} + \ldots + x_0^{n-1}}{x^n x_0^n}$$

dont la limite est

$$-\frac{nx_0^{n-1}}{x_0^{2n}} = -\frac{n}{x_0^{n-1}}.$$

En particulier, *la dérivée de* $\dfrac{1}{x}$ *est* $-\dfrac{1}{x^2}$.

5° *La dérivée de* $\dfrac{ax + b}{a'x + b'}$ *est* $\dfrac{ab' - ba'}{(a'x + b')^2}$.

Nous prenons, bien entendu, la fonction dans un intervalle où le dénominateur ne s'annule pas.

$$f(x) - f(x_0) = \frac{ax + b}{a'x + b'} - \frac{ax_0 + b}{a'x_0 + b'},$$
$$= \frac{(ab' - ba')(x - x_0)}{(a'x + b')(a'x_0 + b')},$$
$$\frac{f(x) - f(x_0)}{x - x_0} = \frac{ab' - ba'}{(a'x + b')(a'x_0 + b')}.$$

Il ne reste plus qu'à remplacer x par x_0.

6° *La dérivée de* \sqrt{x} *est* $\dfrac{1}{2\sqrt{x}}$. — La fonction est définie dans l'intervalle $(0, +\infty)$. Il faut considérer le rapport

$$\frac{\sqrt{x} - \sqrt{x_0}}{x - x_0}.$$

Multiplions et divisons par la somme des radicaux, il vient, après simplification,

$$\frac{1}{\sqrt{x} + \sqrt{x_0}}$$

dont la limite est $\frac{1}{2\sqrt{x_0}}$ quand $x \to x_0$.

Pour trouver la dérivée dans des cas plus compliqués, nous allons changer de notations.

§ 2. — Théorèmes pour le calcul des dérivées.

186. — L'indice de x_0 a été mis pour que, dans le calcul de la dérivée, il soit bien clair que x seul est variable.

Souvent on ne met pas cet indice, la valeur variable est alors $x + \Delta x$, Δx étant l'accroissement de x, on appelle alors Δy l'accroissement correspondant de y; ***la dérivée de la fonction* y, *pour la valeur considérée de* x, *est donc la limite vers laquelle tend le rapport***

$$\frac{\Delta y}{\Delta x}$$

quand Δx ***tend vers*** 0.

Au lieu de la notation y' (Lagrange), on peut prendre celle de Leibniz

$$\frac{dy}{dx}$$

qui rappelle l'origine de la dérivée. Il ne faut l'employer, *au début*, que comme symbole de la dérivée sans chercher à y voir le rapport de deux quantités dy et dx.

Dans la suite, u, v, w représentent des fonctions continues de x dont les dérivées sont u', v', w' ; a, b, c sont des constantes.

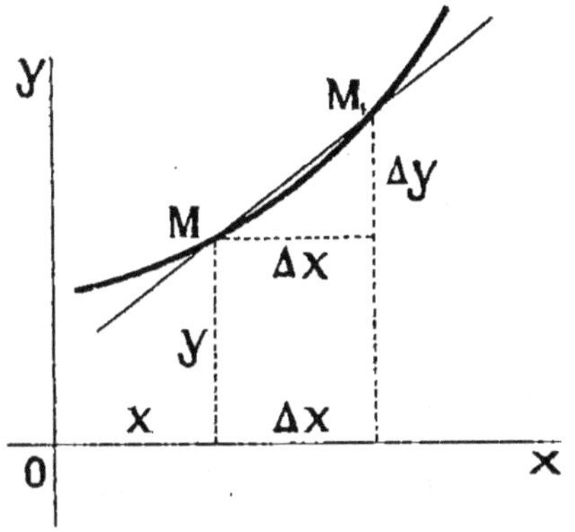

Fig. 113.

Sur la figure nous avons marqué les accroissements Δx et Δy qui tendent vers o quand M_1 se rapproche indéfiniment de M. Ce seraient les ordonnées du point mobile M_1 si on transportait l'origine des axes au point fixe M.

Chercher la limite de $\frac{\Delta y}{\Delta x}$, c'est chercher la tangente à l'origine par le procédé déjà indiqué (n° **162**).

187. — Vitesse dans le mouvement rectiligne.

La recherche du sens de la variation d'une fonction, la construction des tangentes conduisent à la notion de dérivée. On y est amené encore par la considération de la vitesse dans le mouvement rectiligne varié.

Vitesse moyenne. — Soient M et M' la position du mobile aux temps t et $t+\Delta t$, x et $x+\Delta x$ leurs abscisses : *la vitesse moyenne de ce mobile pendant l'intervalle de temps correspondant est celle du point animé d'un mouvement uniforme qui parcourrait le même chemin dans le même temps.* (Les deux mobiles partent et arrivent en même temps.) Soit v_m cette vitesse moyenne :

$$\Delta x = v_m \cdot \Delta t, \qquad v_m = \frac{\Delta x}{\Delta t}.$$

***La vitesse* v *au temps* t *est la limite vers laquelle tend la vitesse moyenne prise dans l'intervalle de temps* (t, t + Δt) *quand* Δt *tend vers* o :**

$$v = \frac{dx}{dt}.$$

188. — Théorèmes. — 1° ***La dérivée d'une constante est nulle.*** C'est évident, le rapport que l'on considère ayant un numérateur nul. Géométriquement, la ligne représentative est une parallèle à Ox, la droite MM_1 qui joint deux de ses points a un coefficient angulaire nul.

2° ***La dérivée de* au *est* au'** :

$$\Delta y = a(u + \Delta u) - au = a\Delta u,$$

$$\frac{\Delta y}{\Delta x} = a \cdot \frac{\Delta u}{\Delta x},$$

il n'y a plus qu'à faire tendre Δx vers zéro.

3° ***La dérivée d'une somme est la somme des dérivées.***

$$y = u + v + w,$$

$$\Delta y = u + \Delta u + v + \Delta v + w + \Delta w - (u + v + w).$$

$$\Delta y = \Delta u + \Delta v + \Delta w;$$

l'accroissement d'une somme est, en effet, la somme des accroissements de ses termes.

$$\frac{\Delta y}{\Delta x} = \frac{\Delta u}{\Delta x} + \frac{\Delta v}{\Delta x} + \frac{\Delta w}{\Delta x};$$

donc, en passant à la limite :

$$y' = u' + v' + w'.$$

De même, la dérivée de $au + bv + cw$ est $au' + bv' + cw'$.

4° ***La dérivée de* uv *est* uv' + vu'** :

$$y = uv,$$

$$\Delta y = (u + \Delta u)(v + \Delta v) - uv,$$

$$= u\Delta v + v\Delta u + \Delta u \,.\, \Delta v.$$

Pour diviser un produit par un nombre, il suffit de diviser un facteur :

$$\frac{\Delta y}{\Delta x} = u\frac{\Delta v}{\Delta x} + v\frac{\Delta u}{\Delta x} + \Delta u \cdot \frac{\Delta v}{\Delta x}.$$

Quand Δx tend vers zéro, les deux premiers termes du second membre donnent bien $uv' + vu'$; quant au troisième, c'est un produit de deux facteurs, le premier tend vers o, l'autre vers v', sa limite est nulle.

Le premier membre tend donc aussi vers une limite....

Si l'on énonce la dérivée : $uv' + vu'$, c'est parce qu'on a l'habitude de prononcer les lettres accentuées les dernières ; pratiquement on laisse les lettres en place et l'on calcule comme s'il y avait

$$u'v + uv'.$$

5° ***La dérivée d'un produit de* n *facteurs est la somme des* n *produits obtenus en remplaçant un facteur par sa dérivée.***

Par exemple, si

$$y = uvw,$$
$$y' = u'vw + uv'w + uvw'.$$

Considérons y comme le produit de uv par w :

$$y = (uv)w,$$
$$y = (uv)w' + (u'v + uv')w, \qquad \text{etc....}$$

Le théorème étant démontré pour 3, on le démontre pour 4, etc.

En particulier, *la dérivée de* u^n *est* $nu^{n-1}u'$. u^n est en effet un produit de n facteurs égaux à u, la dérivée est une somme de n termes égaux à $u^{n-1}u'$.

On peut aussi démontrer la formule de proche en proche. Admettons que la dérivée de

$$u^{n-1} \quad \text{soit} \quad (n-1)u^{n-2}u';$$

si

$$y = u^n = u \cdot u^{n-1},$$
$$y' = u' \cdot u^{n-1} + u \cdot (n-1)u^{n-2}u' = nu^{n-1}u'.$$

Puisque la dérivée de x est 1 :

la dérivée de x^2 est $2x$.

. . . .

— x^n est nx^{n-1}.

ce qui permet de trouver la dérivée d'un polynôme.

189. — Problème. — *Trouver la dérivée de* $y = u^2 \cdot v^3$.

C'est un produit de deux facteurs u^2 et v^3 dont les dérivées sont $2uu'$ et $3v^2v'$: donc

$$y' = 2uu' \cdot v^3 + u^2 \cdot 3v^2v'$$
$$= uv^2(2u'v + 3uv').$$

Exemple : $y = (3x - 1)^2 \cdot (4x + 7)^3$;
$y = 30(3x - 1)(4x + 7)^2(2x + 1)$.

Il faut bien se garder de développer la fonction, d'abord pour des raisons évidentes de simplicité, mais surtout parce que, la plupart du temps, on calcule la dérivée pour avoir son signe : il est nécessaire de la mettre sous la forme d'un produit.

Dans la dérivée de $u^p \cdot v^q$, $u^{p-1}\, v^{q-1}$ se met en facteur.

6° ***La dérivée de*** $\frac{1}{v}$ ***est*** $-\frac{v'}{v^2}$.

Nous supposons x dans un intervalle où v ne s'annule pas; nous donnons à x un accroissement suffisamment petit pour que $x + \Delta x$ soit dans cet intervalle.

$$y = \frac{1}{v},$$

$$\Delta y = \frac{1}{v + \Delta v} - \frac{1}{v} = -\frac{\Delta v}{v(v + \Delta v)}.$$

Pour diviser la fraction par Δx, il suffit de diviser le numérateur :

$$\frac{\Delta y}{\Delta x} = -\frac{\frac{\Delta v}{\Delta x}}{v(v + \Delta v)}.$$

Si $\Delta x \to 0$, $\frac{\Delta v}{\Delta x} \to v'$, $v(v + \Delta v) \to v^2$, le théorème est démontré.

La dérivée de $\frac{a}{v}$ *est* $-\frac{av'}{v^2}$.

7° ***La dérivée de*** $\frac{u}{v}$ ***est*** $\frac{u' - uv'}{v^2}$ ***ou*** $\frac{u'v - uv'}{v^2}$.

v n'est naturellement pas nul pour la valeur d'x considérée; nous supposons Δx assez petit pour que v ne s'annule pas.

$$y = \frac{u}{v} = u \cdot \frac{1}{v};$$

nous avons à prendre la dérivée d'un produit

$$y' = u' \cdot \frac{1}{v} + u \cdot \frac{-v'}{v^2};$$

il reste à réduire au même dénominateur.

Exemples :

$$y = \frac{ax + b}{a'x + b'}, \qquad y' = \frac{ab' - ba'}{(a'x + b')^2};$$

$$y = \frac{ax^2 + bx + c}{a'x^2 + b'x + c'},$$

$$y' = \frac{(ab' - ba')x^2 - 2(ca' - ac')x + (bc' - cb')}{(a'x^2 + b'x + c')^2}.$$

De la première dérivée, il faut retenir le numérateur $ab' - ba'$ qui a même signe qu'elle.

Pour le numérateur de la seconde dérivée, on remarquera qu'il est du second degré, les termes en x^3 disparaissant.

Il n'est pas inutile de l'apprendre par cœur.

8° ***La dérivée de*** $\sqrt{u}$ ***est*** $\frac{u'}{2\sqrt{u}}$.

Pour la valeur de x considérée, u est supposé positif : Δx est supposé assez petit pour que u reste positif.

$y = \sqrt{u}$; donnons à x l'accroissement Δx, u prend l'accroissement Δu. et la fonction l'accroissement

$$\Delta y = \sqrt{u + \Delta u} - \sqrt{u},$$

$$\frac{\Delta y}{\Delta x} = \frac{\sqrt{u + \Delta u} - \sqrt{u}}{\Delta x}.$$

Multiplions et divisons par la somme des radicaux :

$$\frac{\Delta y}{\Delta x} = \frac{\Delta u}{\Delta x} \cdot \frac{1}{\sqrt{u + \Delta u} + \sqrt{u}},$$

produit de 2 facteurs : le premier tend vers u', le second vers $\frac{1}{2\sqrt{u}}$; donc le premier tend vers une limite qui est celle que nous avons indiquée.

190. — Dérivées d'ordre supérieur. — La dérivée

d'une fonction est en général (sauf si elle est du premier degré) une fonction que l'on peut à son tour dériver.

La **dérivée seconde** *est la dérivée de la dérivée, la* **dérivée troisième** *est celle de la dérivée seconde....*

Nous indiquons les notations de Lagrange et de Leibniz :

$$y'' = \frac{d^2y}{dx^2}; \qquad y''' = \frac{d^3y}{dx^3}; \ \ldots$$

§ 3. — Dérivées des lignes trigonométriques de x.

191. — Le calcul de ces dérivées repose sur le théorème suivant :

Dans un cercle, le rapport de la corde à l'arc tend vers 1 *quand l'arc tend vers* 0. Nous l'énoncerons encore

$\frac{\sin x}{x}$ tend vers 1 quand $x \to 0$.

$$\lim_{x=0} \frac{\sin x}{x} = 1.$$

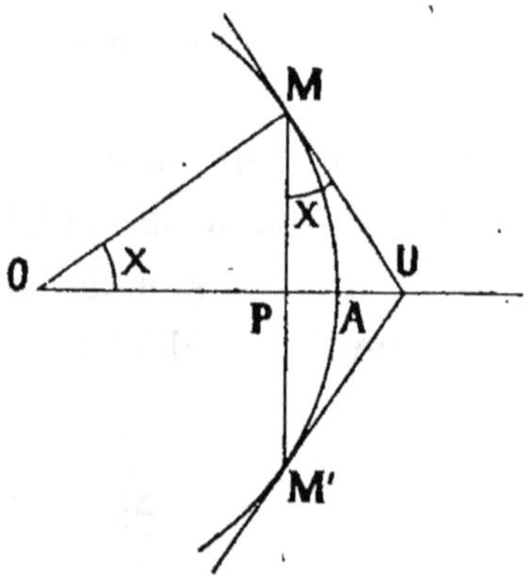

Fig. 114.

Supposons d'abord que x tende vers 0 par valeurs positives, nous pouvons le supposer plus petit que $\frac{\pi}{2}$. Dessinons le cercle trigonométrique : l'arc MM' est compris entre la corde MM' et la ligne enveloppante MUM' :

$$\text{AM} = x, \qquad \text{MP} = \sin x, \qquad \text{MU} = \frac{\text{MP}}{\cos x} = \frac{\sin x}{\cos x}.$$

Puisque

$$\text{MM}' < \text{arc}\,\text{MM}' < \text{MU} + \text{UM}',$$

$$\sin x < x < \frac{\sin x}{\cos x}.$$

Divisons par $\sin x$ qui est positif :

$$1 < \frac{x}{\sin x} < \frac{1}{\cos x}.$$

Faisons maintenant tendre x vers 0; $\frac{x}{\sin x}$, qui est compris entre 1 et $\frac{1}{\cos x}$ qui tend vers 1, tend vers 1. Son inverse $\frac{\sin x}{x}$ tend aussi vers 1.

Si x est négatif, on pose $x = -x'$; x' tend vers 0 par valeurs positives :

$$\frac{\sin x}{x} = \frac{\sin(-x')}{-x'} = \frac{\sin x'}{x'}$$

qui tend vers 1.

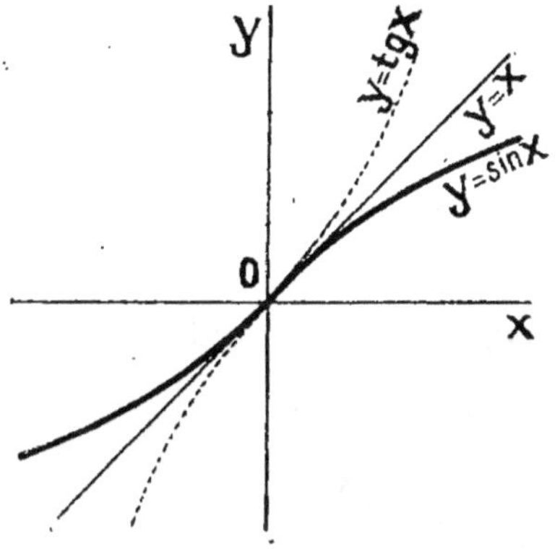

Fig. 115.

Construisons la courbe

$$y = \sin x,$$

elle passe par l'origine, la limite cherchée donne la pente de la tangente en ce point, cette tangente est la bissectrice de l'angle xOy.

Remarque. — Soit à chercher la limite d'une expression où figure le sinus d'un arc x tendant vers 0. Nous remplacerons $\sin x$ par $\frac{\sin x}{x} \cdot x$ et appliquerons le théorème précédent. Prenons quelques exemples :

1° *Trouver la limite de* $\frac{\operatorname{tg} x}{x}$ *quand* $x \to 0$.

Écrivons
$$\frac{\operatorname{tg} x}{x} = \frac{\sin x}{x} \cdot \frac{1}{\cos x} :$$

la limite est 1. La courbe $y = \operatorname{tg} x$ passe par l'origine, sa tangente est la bissectrice de l'angle xOy; on trouvera facilement la position de la courbe par rapport à la tangente (fig. 115).

2° *Trouver la limite de*

$$y = \frac{2\sin x + 3x + 4x^2}{3\sin x - x}, \qquad \textit{quand } x \to 0.$$

Divisons haut et bas par x :

$$y = \frac{2\frac{\sin x}{x} + 3 + 4x}{3\frac{\sin x}{x} - 1},$$

$$y \to \frac{5}{2}.$$

3° *Dans le problème de la réfraction, trouver la limite de* $\frac{i}{r}$ *quand* $r \to 0$.

$$\frac{i}{r} = \frac{\frac{i}{\sin i} \cdot \sin i}{\frac{r}{\sin r} \cdot \sin r} = n \frac{\frac{i}{\sin r}}{\frac{r}{\sin r}};$$

$$\frac{i}{r} \to n.$$

192. — **Théorèmes.** — 1° ***La dérivée de*** $y = \sin x$ ***est*** $\cos x$.

Donnons à x l'accroissement Δx, celui de y est

$$\Delta y = \sin(x + \Delta x) - \sin x$$
$$= 2 \sin \frac{\Delta x}{2} \cdot \cos\left(x + \frac{\Delta x}{2}\right).$$

Calculons $\frac{\Delta y}{\Delta x}$ en mettant en évidence $\frac{\sin\frac{\Delta x}{2}}{\frac{\Delta x}{2}}$, il vient

$$\frac{\Delta y}{\Delta x} = \frac{\sin\frac{\Delta x}{2}}{\frac{\Delta x}{2}} \cdot \cos\left(x + \frac{\Delta x}{2}\right).$$

C'est un produit de deux facteurs, le premier tend vers 1 et le second vers $\cos x$:

$$\frac{dy}{dx} = \cos x.$$

2° ***La dérivée de* cos x *est* — sin x.**

Faisons un calcul analogue

$$\Delta y = \cos(x + \Delta x) - \cos x$$
$$= -2 \sin \frac{\Delta x}{2} \sin\left(x + \frac{\Delta x}{2}\right).$$

$$\frac{\Delta y}{\Delta x} = -\frac{\sin \frac{\Delta x}{2}}{\frac{\Delta x}{2}} \sin\left(x + \frac{\Delta x}{2}\right), \qquad \text{etc.}$$

La dérivée du cosinus se trouve, en Cinématique, d'une manière très simple.

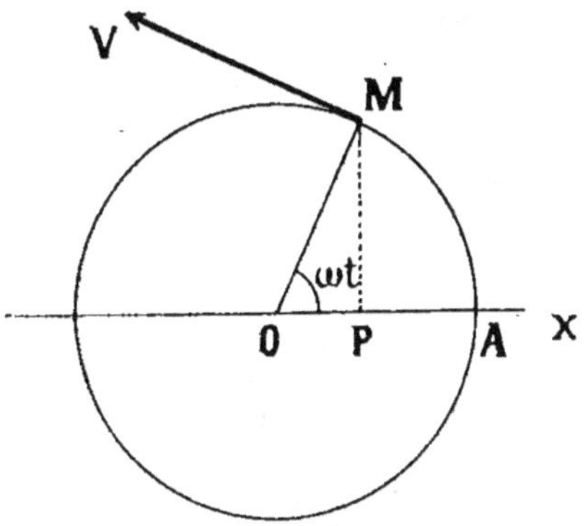

Fig. 116.

Un rayon OM d'un cercle tourne avec une vitesse angulaire ω, la vitesse de M est représentée par le vecteur MV de longueur Rω. Projetons M en P sur un diamètre fixe : l'abscisse du point P est

$$x = R \cos \omega t;$$

sa vitesse, projection de MV, égale $R\omega \cos\left(\omega t + \frac{\pi}{2}\right)$, donc

$$\frac{dx}{dt} = -R\omega \sin \omega t.$$

3° ***La dérivée de* tg x *est* $\frac{1}{\cos^2 x} = 1 + tg^2 x$.**

$$\Delta y = \operatorname{tg}(x + \Delta x) - \operatorname{tg} x = \frac{\sin \Delta x}{\cos x \cdot \cos(x + \Delta x)};$$

$$\frac{\Delta y}{\Delta x} = \frac{\sin \Delta x}{\Delta x} \cdot \frac{1}{\cos x \cdot \cos(x + \Delta x)}.$$

C'est un produit de deux facteurs; le premier tend vers 1 et le second vers $\frac{1}{\cos^2 x}$.

Nous pouvons dire aussi

$$y = \frac{\sin x}{\cos x};$$

nous avons à prendre la dérivée d'un rapport :

$$y' = \frac{\cos x \cdot \cos x - \sin x\,(-\sin x)}{\cos^2 x} = \frac{1}{\cos^2 x}.$$

§ 4. — Dérivée d'une fonction de fonction.

193. — Définition. — *Considérons une fonction* y = f(u) *où* u *est une fonction de la variable* x, f(u) *s'appelle une* **fonction de fonction.**

Si nous savons calculer la dérivée u' de u et la dérivée f_u' de $f(u)$ où u est considéré comme la variable indépendante, nous savons aussi calculer la dérivée de $f(u)$, ou, comme on dit souvent, *la dérivée de* f(u) *par rapport à* x.

Donnons en effet à x l'accroissement Δx, u s'accroît de Δu et, par suite, y de Δy.

$$\frac{\Delta y}{\Delta x} = \frac{\Delta y}{\Delta u} \cdot \frac{\Delta u}{\Delta x}.$$

Faisons tendre Δx vers o, Δu tend vers o, Δy également,

$$\frac{\Delta}{\Delta x} \to u',$$

$$\frac{\Delta y}{\Delta u} \to f_u';$$

finalement,

$$\frac{\Delta y}{\Delta x} \to f_u' \cdot u'.$$

De là les deux formules

$$\boldsymbol{y' = f_u' \cdot u'},$$

$$\frac{dy}{dx} = \frac{dy}{du} \cdot \frac{du}{dx}.$$

***La dérivée de* y *est égale à sa dérivée par rapport à* u *multipliée par la dérivée de* u** (par rapport à x).

EXEMPLES. — 1° $y = (ax+b)^n$.

$$u = ax + b, \qquad y = u^n.$$
$$\frac{du}{dx} = a, \qquad \frac{dy}{du} = nu^{n-1},$$
$$\frac{dy}{dx} = n(ax+b)^{n-1}a.$$

2° $y = \sin^n x$,
$$\frac{dy}{dx} = n\sin^{n-1}x\cos x.$$

3° $y = \sin nx$.

Ici
$$u = nx, \qquad y = \sin u$$
$$\frac{du}{dx} = n, \qquad \frac{dy}{du} = \cos u,$$
$$\frac{dy}{dx} = n\cos nx.$$

4° *Déduire la dérivée de* $\cos x$ *de celle de* $\sin x$.

$$y = \cos x = \sin\left(\frac{\pi}{2} - x\right),$$
$$u = \frac{\pi}{2} - x, \qquad y = \sin u,$$
$$\frac{du}{dx} = -1, \qquad \frac{dy}{du} = \cos u,$$
$$y' = -\sin x.$$

5° $y = 5(2x+3)^2 - 4(2x+3) + 7$.
$$u = 2x + 3, \qquad y = 5u^2 - 4u + 7.$$
$$\frac{du}{dx} = 2, \qquad \frac{dy}{du} = 10u - 4$$
$$y' = [10(2x+3) - 4]2.$$

REMARQUE. — Après avoir reconnu qu'on a affaire à une fonction de fonction, il faut écrire immédiatement la dérivée en faisant mentalement les transformations intermédiaires.

EXERCICES

101. Calculer les dérivées successives de $\frac{2x}{x^2-1} = \frac{1}{x+1} + \frac{1}{x-1}$.

102. Calculer les dérivées successives de

$$(1+x)^n = 1 + \alpha_1 x + \alpha_2 x^2 + \ldots + x^n.$$

Déterminer les valeurs des coefficients α.

103. Trouver les dérivées de

1° $\sin a \cos x + \cos a \sin x$;

2° $\cos a \cos x + \sin a \sin x$;

3° $\cos^2 x + \sin^2 x$;

4° $\cos^2 x - \sin^2 x$;

5° $2 \sin x \cos x$.

104. Trouver la limite, quand x tend vers 0, de l'expression

$$\frac{f(x+h) + f(x-h) - 2f(x)}{h^2}$$

dans le cas où $f(x) = x^2, x^3, \frac{1}{x}, \frac{1}{x^2} \ldots$

105. Deux suites de polynômes

$$f_1, f_2, \ldots f_n, \ldots$$
$$\varphi_1, \varphi_2, \ldots \varphi_n, \ldots$$

sont telles que

$$f_{n+1} = x\varphi_n + f_n,$$
$$\varphi_{n+1} = \varphi_n - x f_n.$$

1° Connaissant

$$f_n^2 + \varphi_n^2 \quad \text{et} \quad \varphi_n f'_n - f_n \varphi'_n$$

calculer

$$f_{n+1}^2 + \varphi_{n+1}^2 \quad \text{et} \quad \varphi_{n+1} f'_{n+1} - f_{n+1} \varphi'_{n+1}.$$

2° En supposant que $f_1 = x, \quad \varphi_1 = 1$,
calculer

$$f_n^2 + \varphi_n^2, \quad \varphi_n f'_n - f_n \varphi'_n, \quad f_n f'_n + \varphi_n \varphi_n.$$
$$\varphi_n f'_{n+1} - \varphi'_{n+1} f_n, \quad f_n f'_{n+1} + \varphi_n \varphi'_{n+1}.$$

3° Montrer que

$$f'_{n+1} = +(n+1)\varphi_n,$$
$$\varphi'_{n+1} = -(n+1) f_n.$$

106. Soit $f(x)$ un polynôme d'ordre n ayant n racines : montrer que le polynôme $f \cdot f'' - f'^2$ ne peut s'annuler.

107. Soit $$y = x^4 + \alpha x^3 + \beta x^2 + \gamma x + \delta.$$

Déterminer les coefficients pour que, identiquement,

$$(x^2 - 1)\, y'' - 12 y = 0.$$

Résoudre ensuite l'équation

$$y = 0.$$

CHAPITRE IX

APPLICATION DES DÉRIVÉES A L'ÉTUDE DES VARIATIONS DE FONCTIONS

§ 1. — Méthode des dérivées.

194. — Considérons un intervalle où la fonction est continue. Nous avons déjà admis (nº **168**) qu'on peut diviser cet intervalle en d'autres où la fonction est, ou constante, ou croissante, ou décroissante (voir fig. 87). Nous supposons qu'elle a une dérivée pour toutes les valeurs de cet intervalle (sauf peut-être aux extrémités).

Cherchons comment se comporte la dérivée dans chacun de ces cas.

1º **La fonction est constante.** — Dans ce cas particulier, la dérivée est nulle pour toutes les valeurs de x. En effet, le rapport dont on cherche la limite est constamment nul.

Géométriquement, la ligne représentative est un segment de droite parallèle à Ox : la tangente en chaque point d'une droite est, d'après la définition (**182**), confondue avec la droite.

Réciproquement, si la dérivée est constamment nulle, la fonction est constante. En effet, la tangente en chaque point de la ligne étant parallèle à Ox, cette ligne est un segment de droite parallèle à Ox.

2º **La fonction est croissante.** — Le rapport

$$\frac{f(x) - f(x_0)}{x - x_0} > 0.$$

Quand $x \to x_0$, ce rapport tend vers $f'(x_0)$, cette limite d'un nombre positif est positive ou nulle, ou, si l'on veut, n'est pas négative :

$$f'(x_0) \geqslant 0.$$

La dérivée n'est pas nulle pour toutes les valeurs de x_0, car alors la fonction ne serait pas croissante, mais constante : elle ne pourra être nulle que pour des valeurs particulières de x_0. Géométriquement, si toute corde relative à un arc de courbe a une pente positive, il en est de même de toute tangente. En des points particuliers, la tangente peut avoir une pente nulle. Sur l'arc CB (fig. 117), la fonction est croissante, la pente de la tangente est positive, sauf en D où elle est nulle.

3° **La fonction est décroissante.** — On montrerait de la même manière que la dérivée est négative : elle peut être nulle pour des valeurs particulières de x.

La réciproque se démontre par l'absurde. Si dans un intervalle la dérivée est positive, sauf pour certaines valeurs de x où elle est nulle, la fonction est croissante. Elle ne peut être, en effet, ni constante ni décroissante.

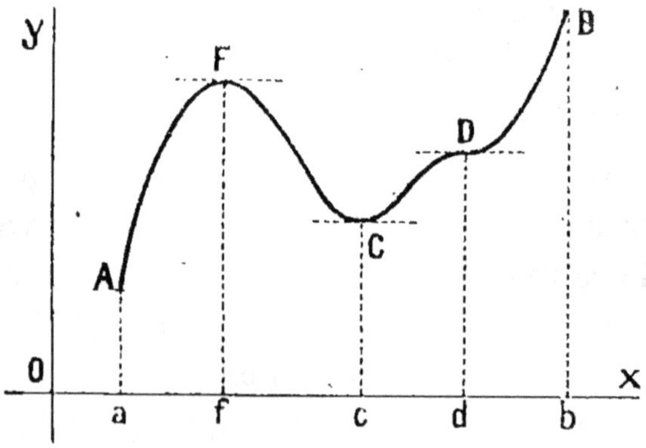

Fig. 117.

De même, si la dérivée est négative, sauf pour certaines valeurs de x où elle est nulle, la fonction est décroissante.

La traduction géométrique de ces réciproques est la suivante : Si en tous les points d'un arc de courbe, les tangentes ont des pentes positives, sauf en certains points où la tangente est parallèle à Ox, toutes les cordes ont des pentes positives....

Donc :

Si dans un intervalle, la fonction est constante, la dérivée est nulle;

Si la fonction est croissante, la dérivée est positive (elle peut être nulle pour certaines valeurs de la variable);

Si la fonction est décroissante, la dérivée est négative, sauf pour certaines valeurs de x où elle peut être nulle.

Réciproquement, dans un intervalle :

***Si la dérivée est nulle, la fonction est constante*;**

Si la dérivée est positive (sauf pour des valeurs particulières de x où elle est nulle), la fonction est croissante;

Si la dérivée est négative, la fonction est décroissante.

Pour étudier les variations d'une fonction, nous suivrons donc la règle suivante :

1° ***Déterminer les intervalles où la fonction est définie et continue*** ; 2° ***Calculer la dérivée;*** 3° ***Décomposer chaque intervalle en d'autres où rivée est ou bien nulle ou bien de signe invariable*** ; ***quer le théorème précédent*** ; 5° ***Donner un table s variations et construire la courbe.***

§ 2. — Variations de quelques polynômes.

195. — Variations du binôme du premier degré.

$$y = ax + b.$$

Il est inutile, pour étudier ces variations, d'employer la dérivée. Rappelons-nous seulement que la ligne représentative est une droite dont le coefficient angulaire (dérivée de y) est a.

196. — Variations du trinôme du second degré.

$$y = ax^2 + bx + c.$$

La fonction est définie pour toutes les valeurs de x : sa dérivée est un binôme du premier degré :

$$y' = 2ax + b = 2a\left(x + \frac{b}{2a}\right).$$

Nous pouvons tout de suite former le tableau des variations :

$a > 0$

x	$-\infty$		$-\frac{b}{2a}$		$+\infty$
y'		$-$		$+$	
y	$+\infty$	$\searrow$	$\frac{4ac-b^2}{4a}$	$\nearrow$	$+\infty$

Et de même si $a < 0$ (n° **175**).

197. — Variations du trinôme bicarré.

$$y = ax^4 + bx^2 + c.$$

La fonction est définie et continue pour toute valeur de x.

$$y' = 4ax^3 + 2bx,$$
$$y' = 4ax\left(x^2 + \frac{b}{2a}\right).$$

Une racine de la dérivée est o ; il n'y a pas d'autres racines si b et a sont de même signe, il y en a deux, $\pm\sqrt{-\frac{b}{2a}}$, si b et a sont de signe contraire.

Nous n'examinerons que deux cas.

1° a et b positifs :

x	$-\infty$		0		$+\infty$
y'		$-$		$+$	
y	$+\infty$	$\searrow$	c	$\nearrow$	$+\infty$

(Fig. 106).

Dans ce cas, la considération de la dérivée est inutile, la méthode directe (nº **178**) donne immédiatement la réponse.

2º $a > 0$, $b < 0$ (fig. 107) :

x	$-\infty$		$-\sqrt{\frac{-b}{2a}}$		0		$\sqrt{\frac{-b}{2a}}$		$+\infty$
y'		$-$		$+$		$-$		$+$	
y	$+\infty$	↘	$\frac{4ac-b^2}{4a}$	↗	c	↘	$\frac{4ac-b^2}{4a}$	↗	$+\infty$

En supposant a négatif, on aurait des courbes symétriques des précédentes par rapport à Ox.

198. — PROBLÈME. — *Un point* M *parcourt une droite,* A *et* B *sont deux points à la même distance de cette droite : étudier les variations du produit* MA · MB.

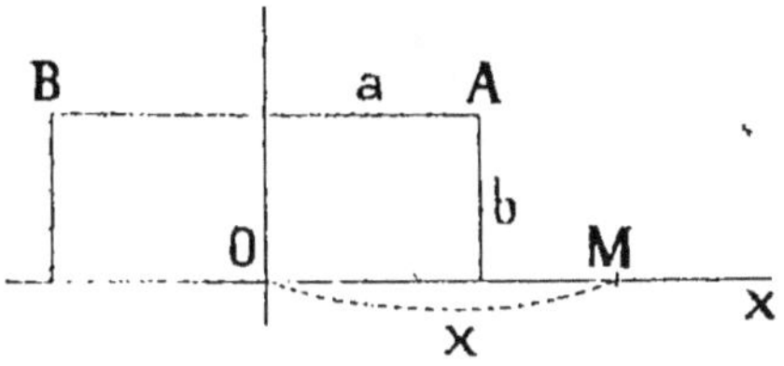

Fig. 118.

Sur la droite nous choisissons un sens, l'origine est le pied de la perpendiculaire au milieu de AB. MA · MB varie dans le même sens que son carré.

$$MA^2 = (x-a)^2 + b^2 = x^2 + a^2 + b^2 - 2ax,$$
$$MB^2 = (x+a)^2 + b^2 = x^2 + a^2 + b^2 + 2ax.$$

Nous avons à multiplier la somme de deux nombres par leur différence.

Nous allons étudier les variations de la fonction

$$y = MA^2 \cdot MB^2 = x^4 - 2(a^2 - b^2)x^2 + (a^2 + b^2)^2.$$

qui sont de même sens que celles de MA · MB; il suffit de faire croître x à partir de 0.

La dérivée

$$y' = 4[x^2 - (a^2 - b^2)] = 4[x^2 + (b^2 - a^2)].$$

1er cas, $a < b$, y' est positif. Quand M, partant de O, décrit la demi-droite Ox, MA · BM croît de OA · OB (ou OA^2) à $+\infty$.

2e cas, $a > b$, la dérivée s'annule pour $x = \sqrt{a^2 - b^2}$ et l'on a le tableau suivant :

x	0		$\sqrt{a^2-b^2}$		$+\infty$
y'		$-$		$+$	
MA · MB	a^2+b^2	↘	$2ab$	↗	$+\infty$

Géométriquement, on raisonne ainsi : imaginons le cercle circonscrit au triangle MAB et appelons 2 R son diamètre :

$$MA \cdot MB = 2\,R \cdot b\,;$$

MA · MB varie dans le même sens que R. Nous allons donc faire varier R et voir comment se déplace le point M.

Construisons d'abord le cercle C de diamètre AB.

1° *Le cercle* C *ne coupe pas* Ox. Déplaçons sur CO, à partir de C, vers le bas, le centre d'un cercle passant par A : pour une position I du centre le cercle devient tangente en O à Ox; si le rayon continue à grandir, M se déplace vers la droite.

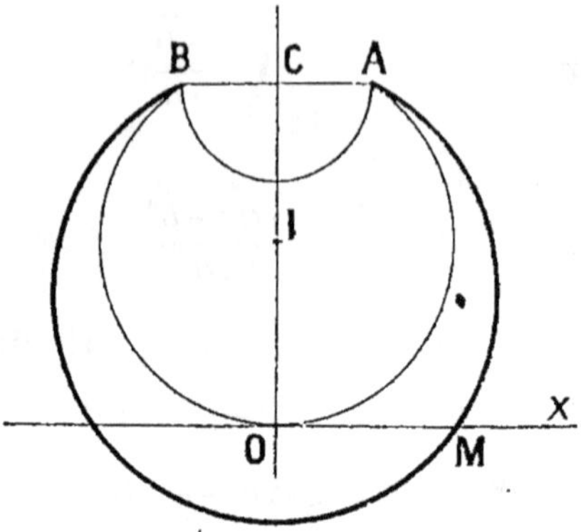

Fig. 119.

Inversement, du déplacement de M on déduit la variation du diamètre et par suite de MA.MB.

2° *Le cercle* C *coupe* Ox *en deux points* D *et* F.

Déplaçons le centre du cercle à partir de C, vers le haut : le point M ira de D vers O, le cercle deviendra tangente puis cessera de couper.

Si le centre, partant de C, va vers le bas, M va vers la gauche : on a tous les éléments pour résoudre le problème proposé.

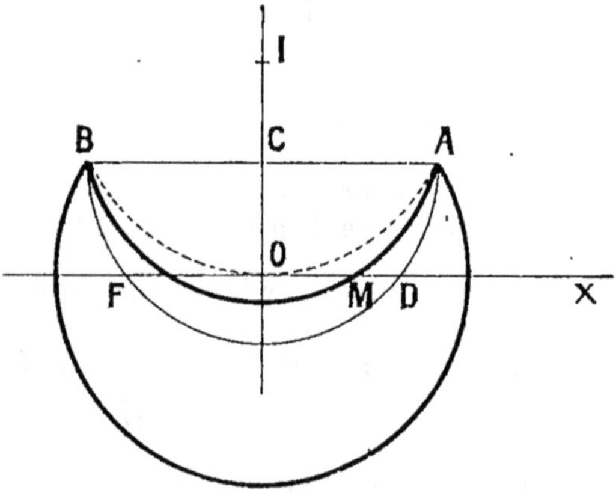

Fig. 120.

199. — Variations du polynôme du troisième degré.

$$y = x^3 + px + q.$$

Nous ne les étudierons qu'avec des coefficients numériques ; nous ferons simplement deux remarques sur la courbe qui les représente.

1° La courbe a un centre.

Supposons d'abord $q = 0$, l'équation devient

$$y = x^3 + px.$$

Si un point (x, y) est sur la courbe, le point $(-x, -y)$, qui lui est symétrique par rapport à l'origine, est aussi sur la courbe, car

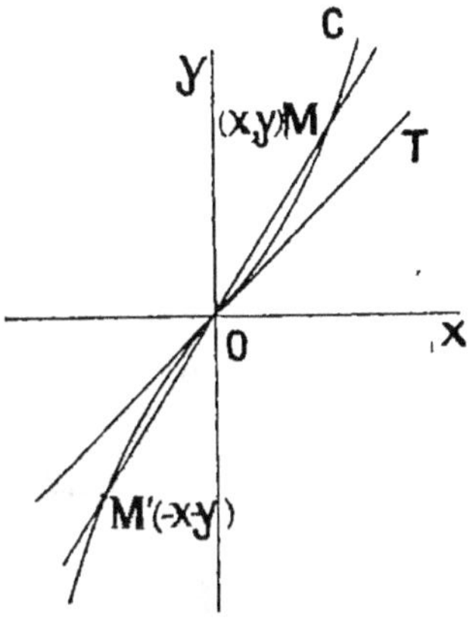

Fig. 121.

$$(-y) = (-x)^3 + p(-x).$$

La pente de la tangente OT à l'origine est p, limite de $\frac{y}{x}$; si M décrit l'arc OC à droite de Oy, son symétrique décrit l'arc OC', ces deux arcs sont de part et d'autre de la tangente, O est un point d'inflexion.

Si $q \neq 0$, le centre est le point $(0, q)$ où la courbe coupe Oy, car, en y transportant l'origine, l'équation prend la forme précédente.

2° Pour voir comment la forme de la courbe varie avec p et q, on remarquera que l'ordonnée s'obtient en ajoutant celles des lignes

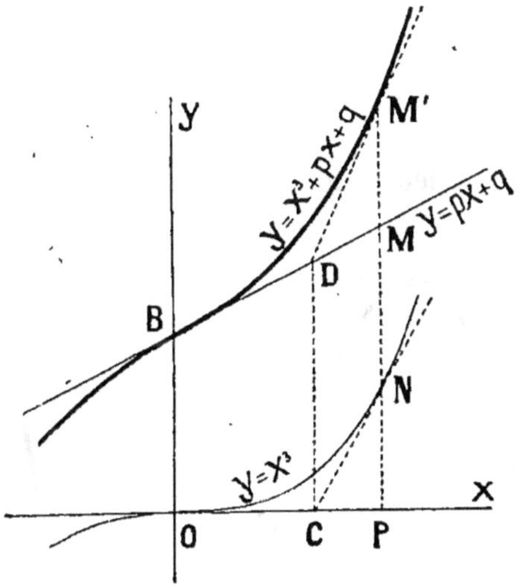

Fig. 122.

$$y = x^3, \qquad y = px + q;$$

la première sera construite une fois pour toutes.

On démontrera que les points C et D se correspondent sur les tangentes et que

$$PC = \frac{1}{3} OP.$$

La dérivée

$$y' = 3x^2 + p;$$

elle a des racines si $p < 0$; nous aurons donc à distinguer les deux cas $p > 0$ et $p < 0$.

200. — Problème. — *Étudier les variations de*

$$y = x^3 + 3x + 2.$$

C'est le cas où $p > 0$. Il n'est pas nécessaire de prendre la dérivée car x^3, $3x + 2$ et par suite leur somme varient dans le même sens que x; la fonction est constamment croissante. Si nous calculions la dérivée $3x^2 + 3$, ce serait uniquement pour voir comment varie la pente de la tangente.

Nous retrouvons une inflexion au point où la courbe coupe Oy, car le sens de variation de la pente de la tangente y change.

L'équation du 3e degré

$$x^3 + 3x + (2 - y) = 0,$$

où y est un paramètre variable, a une racine et une seule quel que soit y; elle grandit avec y.

201. — Problème. — *Étudier les variations de*

$$y = x^3 - 3x + 1.$$

Dans ce cas, p est négatif, la dérivée a des racines. Cette dérivée est

$$y' = 3x^2 - 3 = 3(x^2 - 1),$$

elle a le signe de $x^2 - 1$, qui s'annule quand x égale -1 ou $+1$.

x	$-\infty$		-1		1		$+\infty$
y'		$+$		$-$		$+$	
y	$-\infty$	↗	3	↘	-1	↗	$+\infty$

Le trinôme s'annule pour trois valeurs de x; si l'on pouvait les calculer, on connaîtrait le signe du trinôme (n° **76**). Nous pouvons avec la courbe discuter l'équation du 3e degré en x

$$x^3 - 3x + (1 - y) = 0,$$

où y est un paramètre.

$y < -1$: une seule racine (< 0);

$-1 < y < 3$: 3 racines;

$y > 3$: une seule racine (> 0).

On étudiera le signe des racines et on les calculera dans les cas particuliers où $y = -1$ ou 3.

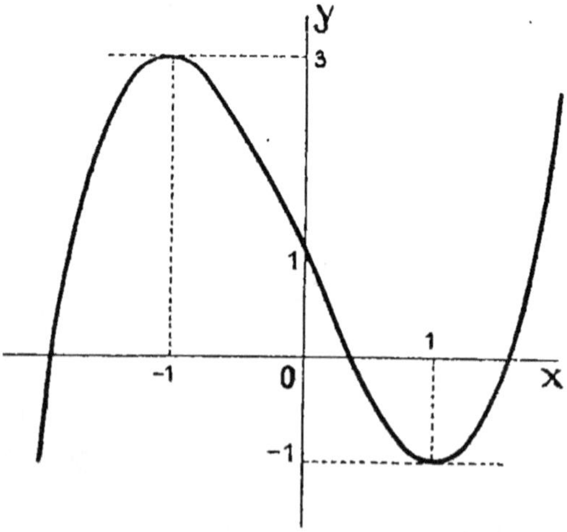

Fig. 123.

202. — Remarque sur l'équation du 3e degré. — Nous avons vu (n° **128**) comment, par un choix convenable de l'origine de l'abscisse, le terme en x^2 d'un polynôme du 3e degré peut manquer. L'équation du 3e degré se met habituellement sous la forme

$$f(x) = x^3 + px + q = 0.$$

Il est facile de trouver combien cette équation a de racines.

Si $p > 0$, le premier membre ne passe qu'une fois par o : puisqu'il est croissant.

Si $p < 0$, elle peut avoir une ou trois racines, cherchons seulement quand il y en a trois.

Il faut que le maximum du trinôme soit positif et le minimum négatif ou simplement que leur produit soit négatif. La condition est suffisante, car si ce produit est négatif, le maximum qui est plus grand que le minimum est positif, le minimum est négatif. Appelons α et β les racines de la dérivée du premier membre $3x^2 + p$.

Pour calculer $f(\alpha)$, nous allons (nº **121**) remplacer $f(x)$ par le reste de sa division par $3x^2 + p$:

$$f(x) = (3x^2 + p)\frac{x}{3} + \left(2p\frac{x}{3} + q\right).$$

$$f(\alpha) = \frac{2}{3}p\alpha + q,$$

$$f(\beta) = \frac{2}{3}p\beta + q,$$

$$f(\alpha)\cdot f(\beta) = \frac{4}{9}p^2\alpha\beta + \frac{2}{3}pq(\alpha + \beta) + q^2$$

et, comme
$$\alpha + \beta = 0, \qquad \alpha\beta = \frac{p}{3},$$

$$f(\alpha)\cdot f(\beta) = \frac{4p^3}{27} + q^2 = \frac{4p^3 + 27q^2}{27}.$$

La condition nécessaire d'existence de trois racines est donc

$$4p^3 + 27q^2 < 0.$$

Elle est *suffisante*, car, si cette condition est vérifiée, p est négatif : α et β existent.....

203. — Reprenons les fonctions

$$y = (x - a)(x - b)(x - c)(x - d),$$
$$y = (x - a)(x - b)^2(x - c),$$
$$y = (x - a)(x - b)^3(x - c),$$

dont nous avons étudié le signe (nº **76**).

Sans étudier la dérivée on a immédiatement une première idée des variations de la fonction. On construit

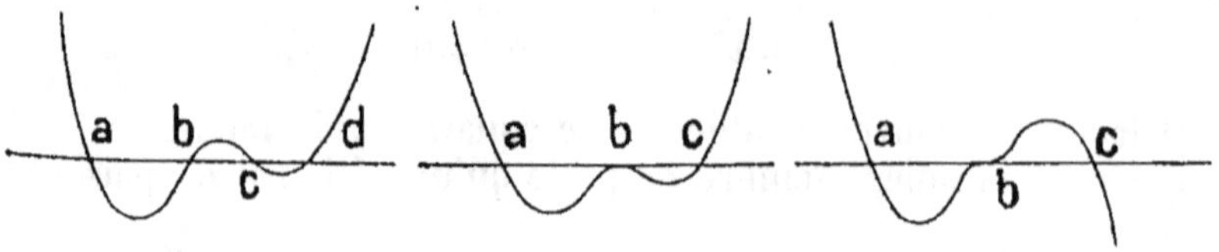

Fig. 124.

des courbes telles que les précédentes, elles renseignent sur la position des racines de la dérivée.

§ 3. — Variations de quelques fractions rationnelles.

204. — Variations de la fraction $\dfrac{ax+b}{a'x+b'}$.

Nous avons dû, pour étudier les variations de cette fonction (p. 178), la transformer; il vaut mieux se servir de la dérivée. Nous l'avons déjà calculée, elle a le signe de $ab'-ba'$. Il est facile de retrouver les résultats obtenus.

205. — Variations de la fraction

$$y=\frac{ax^2+bx+c}{a'x^2+b'x+c'}.$$

Nous ne chercherons pas quels sont tous les cas qui peuvent se présenter. Voici la marche à suivre :

1° Déterminer les valeurs de x pour lesquelles la fonction est définie; elle ne cesse de l'être que lorsque le dénominateur est nul. On saura dans quels intervalles la fonction est définie et continue.

2° Calculer la dérivée, son signe est (p. 200) celui du polynôme

$$(ab'-ba')x^2-2(ca'-ac')x+(bc'-cb').$$

Ce polynôme est en général du second degré.

Pour savoir s'il a des racines, il faudra former la quantité

$$R = (ca' - ac')^2 - (ab' - ba')(bc' - cb')$$

que nous rencontrerons plus loin (n° **308**).

Trois cas pourront se présenter :

1° $R < 0$, la dérivée a toujours le signe $ab' - ba'$, la fonction varie toujours dans le même sens. Comme les valeurs de la fonction pour $x = \infty$ et $-\infty$ sont égales $\left(\frac{a}{a'}\right)$, la fonction doit avoir des discontinuités.

Le cas $R < 0$ ne se présente que lorsque le dénominateur peut s'annuler. Nous montrerons (n° **310**) que les deux termes de la fraction ont des racines qui alternent, on le vérifiera sur l'exemple (p. 220);

2° $R > 0$: nous trouverons différents genres de variations;

3° $R = 0$. Nous verrons (n° **308**) que les deux termes de la fraction ont une racine commune. On sera dans ce cas lorsque le dénominateur ayant des racines, une de ces racines appartient au numérateur : on simplifiera la fraction.

Le polynôme que nous venons de considérer peut se réduire à un binôme du premier degré, à une constante, et même être identiquement nul. Dans ce dernier cas,

$$ab' - ba' = 0, \quad ca' - ac' = 0, \quad bc' - cb' = 0;$$

nous savons (n° **103**) que la fraction proposée est une constante.

206. — Calcul du maximum et du minimum. — Pour une valeur de x qui annule la dérivée, le calcul de la valeur correspondante de la fonction se simplifie :

$$\text{Si } y = \frac{u}{v}, \qquad y' = \frac{vu' - uv'}{v^2},$$

et comme y' est nul, $vu' - uv' = 0$:

$$\frac{u}{v} = \frac{u'}{v'} = \frac{2ax + b}{2a'x + b'}.$$

207. — Problèmes. — 1° *Étudier les variations de :*

$$y = \frac{2x^2 - 3}{x^2 - 2x + 2}$$

Le dénominateur ne pouvant s'annuler, la fonction est continue quel que soit x.

$$y' = \frac{-4x^2 + 14x - 6}{(x^2 - 2x + 2)^2},$$

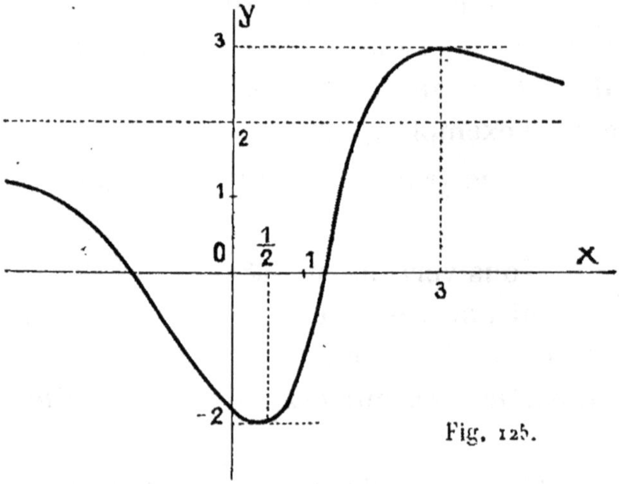

Fig. 125.

elle a le signe du trinôme

$$-2x^2 + 7x - 3$$

dont les racines sont $\frac{1}{2}$ et 3.

x	$-\infty$	$\nearrow$	$\frac{1}{2}$	$\nearrow$	3	$\nearrow$	$+\infty$
y'		$-$		$+$		$-$	
y	2	$\searrow$	-2	$\nearrow$	3	$\searrow$	2

2° *Étudier les variations de*

$$y = \frac{x^2 - 4x + 7}{x^2 - 7x + 10}.$$

Le dénominateur s'annule pour les valeurs 2 et 5 de x; pour ces valeurs le numérateur n'est pas nul; la fonction est définie et continue dans les trois intervalles

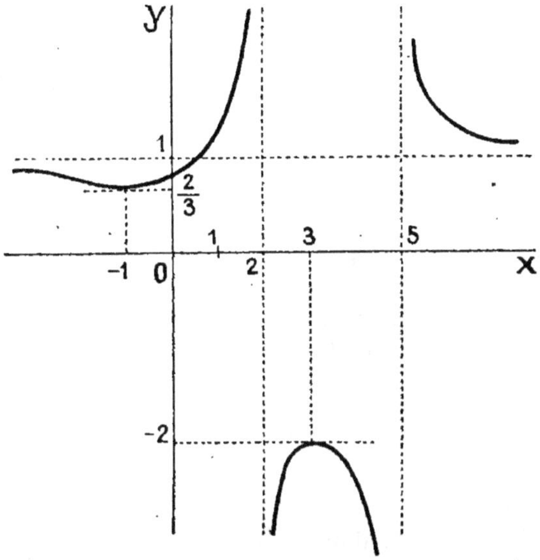

Fig. 126.

$$(-\infty \,,\, 2-\varepsilon),$$
$$(2-\varepsilon \,,\, 5-\varepsilon),$$
$$(5+\varepsilon \,,\, +\infty).$$

La dérivée

$$y' = \frac{-3x^2+6x+9}{(x^2-7x+10)^2}$$

a le signe de

$$-(x^2-2x-3),$$

trinôme du second degré qui a pour racines -1 et 3.

Il ne reste plus qu'à fournir le tableau des variations et à construire la courbe.

x	$-\infty$		-1		2		3		5		$+\infty$
y'		$-$		$+$		$+$		$-$		$-$	
y	1	↘	$\frac{2}{3}$	↗	$+\infty \mid -\infty$	↗	-2	↘	$-\infty \mid +\infty$	↘	1

3° *Étudier les variations de*

$$y = \frac{x^2-4x+3}{x^2-7x+10}.$$

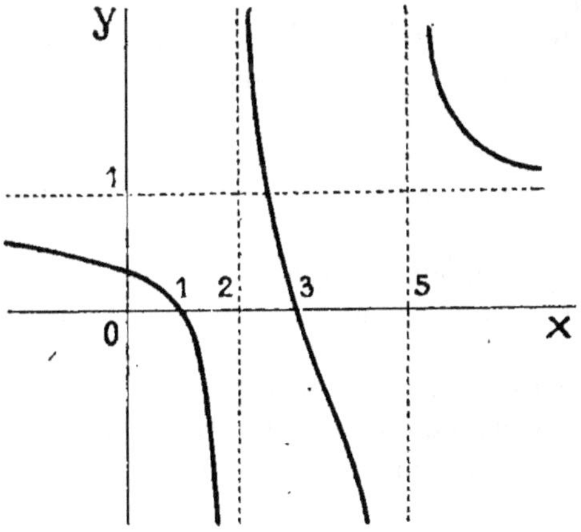

Fig. 127.

Discontinuités pour les mêmes valeurs de x que dans l'exercice précédent.

La dérivée

$$y' = \frac{-3x^2+14x-19}{(x^2-7x+10)^2}$$

a le signe du numérateur, qui est toujours négatif : y est constamment décroissant

x	$-\infty$	↗	2	↗	5	↗	$+\infty$
y	1	↘	$-\infty \mid +\infty$	↘	$-\infty \mid +\infty$	↘	1

208. — Remarque. — Nous avons rencontré 3 formes de courbes. Pour former des équations correspondantes, on procède de la manière suivante :

1re *forme.* — Le dénominateur ne doit pas avoir de racines. On peut choisir une racine γ de la dérivée en prenant

$$\frac{\lambda(x-\gamma)^2}{x^2+px+q}+\mu, \qquad (p^2-4q<0).$$

2e *forme.* — Le dénominateur doit avoir deux racines α et β ; quant au numérateur il doit, ou ne pas avoir de racines, ou avoir des racines qui n'alternent pas avec celles du numérateur. Comme les racines de la dérivée sont plus importantes que celles de la fonction, on prendra

$$\frac{\lambda(x-\gamma)^2}{(x-\alpha)(x-\beta)}+\mu,$$

où λ, μ, α, β, γ sont arbitraires.

3e *forme.* — Les deux termes doivent avoir des racines qui alternent

$$\frac{\lambda(x-m)(x-n)}{(x-\alpha)(x-\beta)},$$
$$\alpha<m<\beta<n \quad \text{ou} \quad m<\alpha<n<\beta.$$

209. — Problème. — *Étudier les variations de*

$$y=\frac{x^2-3x+2}{x^2-7x+10}.$$

Le dénominateur a des racines : 2 et 5, le dénominateur est nul quand $x=2$. Si x est différent de 2, nous pouvons diviser les deux termes par $x-2$:

$$y=\frac{x-1}{x-7}.$$

La première fraction n'est pas définie quand $x=2$; nous avons convenu de lui donner comme valeur, quand $x=2$, la limite vers laquelle elle tend, c'est-à-dire la valeur de la seconde fraction. Donc, nous avons à étudier les variations de la seconde fraction.

On vérifiera, comme nous l'avons annoncé, que si nous prenons la dérivée de la fraction non simplifiée, son numérateur a une racine double égale à 2.

210. — Problème. — *Étudier les variations de*

$$y=\frac{x^2-5x+7}{x-2}$$

définie dans les intervalles $(-\infty\ ,\ 2)$, $\quad (2, +\infty)$.

$$y' = \frac{x^2 - 4x + 3}{(x-2)^2}\,;$$

le numérateur a pour racines 1 et 3 :

x	$-\infty$		1		2			3		$+\infty$
y'		$+$		$-$			$-$		$+$	
y	$-\infty$	$\nearrow$	-3	$\searrow$	$-\infty$	$+\infty$	$\searrow$	1	$\nearrow$	$+\infty$

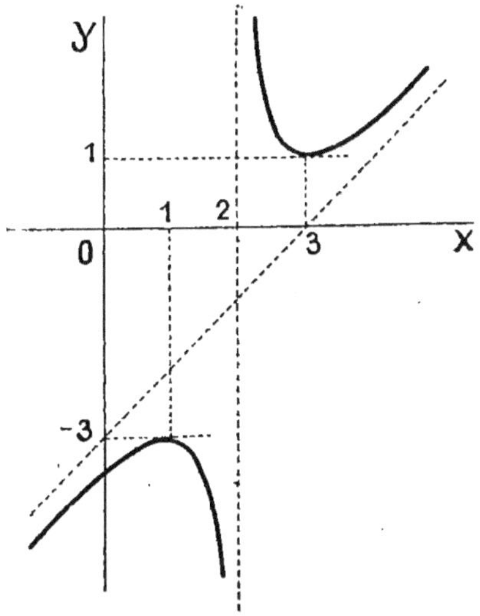

Fig. 128.

En écrivant l'équation (p. 164)

$$y = x - 3 + \frac{1}{x-2},$$

on met en évidence l'asymptote oblique.

211. — Problème. — *Former l'équation qui donne le maximum et le minimum de la fraction* $\dfrac{ax^2 + bx + c}{a'x^2 + b'x + c'}$ *(quand il y en a).*

Prenons un exemple :

$$y = \frac{2x^2 - 3}{x^2 - 2x + 2}.$$

Première méthode. — Si l'on étudie les variations de cette fraction, on trouve que le maximum et le minimum correspondent aux valeurs de x qui annulent la dérivée, c'est-à-dire qui vérifient l'équation

$$-2x^2 + 7x - 3 = 0.$$

Or, si x est une racine de cette équation, y est égal (n° **206**) au rapport des dérivées des deux termes de la fraction

$$y = \frac{4x}{2(x-1)} = \frac{2x}{x-1}\,;$$

il faut donc résoudre le système formé par ces deux équations. Pour former l'équation en y, nous tirerons x de la seconde et porterons dans la première

$$\left\{\begin{aligned} x &= \frac{y}{y-2}, \\ y^2 - y - 6 &= 0. \end{aligned}\right.$$

Deuxième méthode (indirecte). — Cherchons à calculer x pour que la fraction prenne une valeur donnée y, nous aurons à résoudre l'équation

$$(y-2)x^2 - 2y \cdot x + (2y+3) = 0.$$

Elle aura des racines si

$$y^2 - (y-2)(2y+3) \geqslant 0,$$

ou

$$y^2 - y - 6 \leqslant 0.$$

Le premier membre a des racines entre lesquelles doit être compris y : la plus petite racine est le minimum, l'autre le maximum.

Donc, l'équation cherchée est

$$y^2 - y - 6 = 0.$$

Si y vérifie cette équation, l'équation en x a une racine double donnée par la formule

$$x = \frac{y}{y-2}.$$

nous retrouvons le procédé précédent.

Remarque. — Quand on emploie la méthode *indirecte*, les résultats peuvent se présenter autrement.

Cherchons le maximum et le minimum de la fonction

$$y = \frac{2x-1}{x^2-6x+5}.$$

Il faut écrire que l'équation en x :

$$y \cdot x^2 - 2(3y+1)x + (5y+1) = 0$$

a des racines. On doit avoir

$$4y^2 + 5y + 1 \geqslant 0,$$

c'est-à-dire

$$y \leqslant -1 \quad \text{ou} \quad y \geqslant -\frac{1}{4}.$$

La fraction peut prendre :

1° toutes les valeurs inférieures à -1 : -1 est leur *maximum* ;

2° les valeurs supérieures à $-\frac{1}{4}$: $-\frac{1}{4}$ est leur *minimum*.

212. — Problème. — *Étudier les variations de la fonction*

$$y = x + \frac{1}{x}.$$

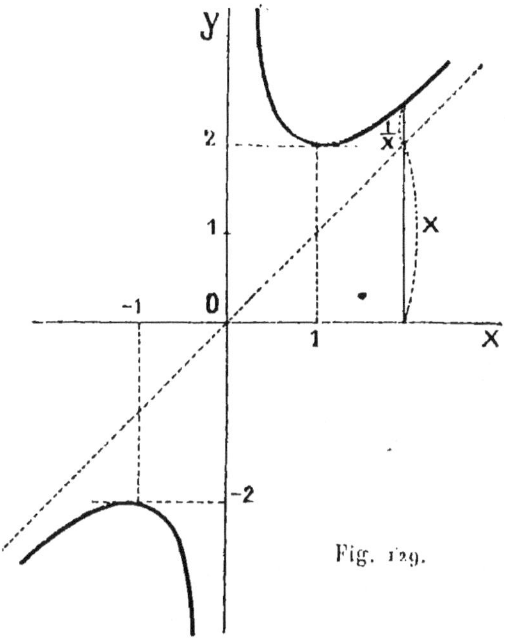

Fig. 129.

Elle est définie dans les intervalles

$$(-\infty, -\varepsilon), \quad (\varepsilon, +\infty).$$

La dérivée

$$y' = 1 - \frac{1}{x^2}$$

a le signe de

$$x^2 - 1$$

dont les racines sont -1 et 1.

Formons le tableau des variations :

x	$-\infty$		-1		ε	ε		1		$+\infty$
y'		$+$		$-$			$-$		$+$	
y	$-\infty$	↗	-2	↘	$-\infty$	$+\infty$	↘	2	↗	$+\infty$

On construira la courbe représentative en remarquant que la courbe a une asymptote oblique

$$y = x.$$

Connaissant les variations de $x + \frac{1}{x}$, nous aurons tout de suite celles de son carré, de sa racine carrée et de son inverse.

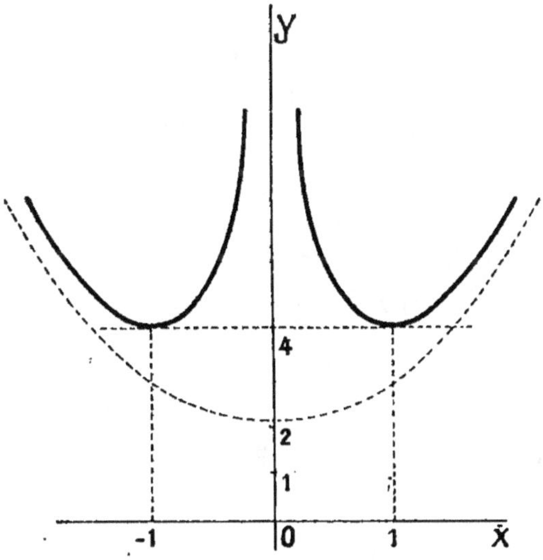

Fig. 130.

1° $$y = \left(x + \frac{1}{x}\right)^2 = x^2 + 2 + \frac{1}{x^2},$$

nous aurons la parabole asymptote $y = x^2 + 2$ (fig. 130).

2° $$y = \sqrt{x + \frac{1}{x}},$$

x devra être positif; il y a encore une parabole asymptote $y = \sqrt{x}$, car

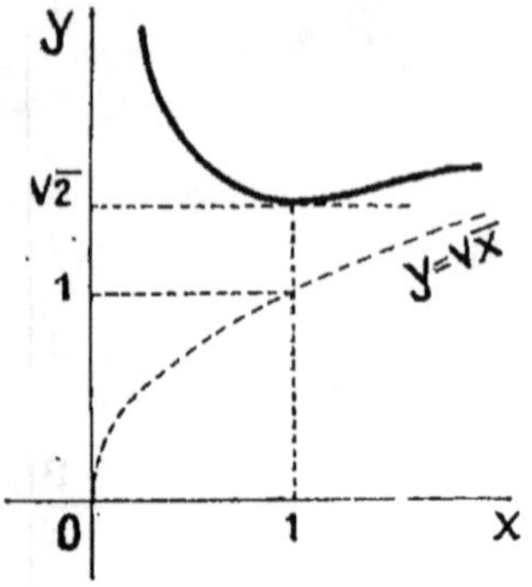

Fig. 131.

$$\sqrt{x + \frac{1}{x}} - \sqrt{x} = \frac{\frac{1}{x}}{\sqrt{x + \frac{1}{x}} + \sqrt{x}},$$

qui tend vers o quand x augmente indéfiniment (fig. 131).

3° $$y = \frac{1}{x + \frac{1}{x}} = \frac{x}{x^2 + 1}.$$

Le lecteur construira la courbe analogue à celle de la figure 125.

213. — Problème. — *Étudier les variations de la fonction*

$$y = \left(x + \frac{1}{x}\right)^2 + a\left(x + \frac{1}{x}\right) + b.$$

Elle est définie dans les deux intervalles $(-\infty, 0)$, $(0, +\infty)$; c'est une fonction de la fonction $x + \frac{1}{x}$.

La dérivée

$$y' = \left[2\left(x + \frac{1}{x}\right) + a\right]\left(1 - \frac{1}{x^2}\right);$$

elle a le signe du polynôme

$$x(x^2 - 1)\left(x^2 + \frac{a}{2}x + 1\right),$$

mais elle ne s'annule qu'en même temps que les deux derniers facteurs.

Les deux premiers facteurs ont pour racines -1, 0, 1.

Pour étudier le 3e facteur, nous supposerons $a > 0$; le cas où $a < 0$ se traite de la même manière. Ce facteur n'a pas de racine si $a < 4$. Il en a deux, α et β, si $a > 4$; elles sont négatives et comme leur produit égale 1, elles sont séparées par -1. On a alors l'ordre suivant pour les racines du dernier polynôme

$$\alpha, \quad -1, \quad \beta, \quad 0, \quad 1$$

(0 n'est pas racine de la dérivée).

Si a égale α ou β,

$$x + \frac{1}{x} = -\frac{a}{2}, \quad y = b - \frac{a^2}{4}.$$

On a alors les tableaux suivants :

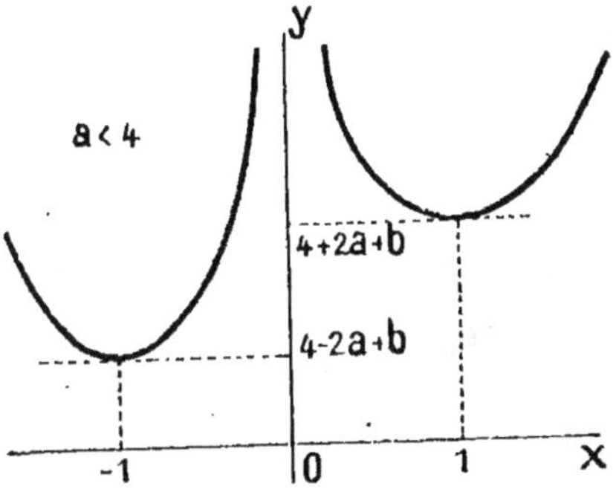

Fig. 132.

1° $a < 4$ (fig. 132).

x	$-\infty$		-1		$-\varepsilon$	ε		1		$+\infty$
y'		$-$		$+$			$-$		$+$	
y	$+\infty$	$\searrow$	$4-2a+b$	$\nearrow$	$+\infty$	$+\infty$	$\searrow$	$4+2a+b$	$\nearrow$	$+\infty$

$\left(\text{Pour } x = \pm\varepsilon,\ x + \frac{1}{x} = \pm\infty, \text{ le trinôme donné en } x + \frac{1}{x} = +\infty\right).$

2° $a > 4$ (fig. 133).

x	$-\infty$		α		-1		β		$-\varepsilon$	ε		1		$+\infty$
y'		$-$		$+$		$-$		$+$			$-$		$+$	
y	$+\infty$	$\searrow$	$b-\frac{a^2}{4}$	$\nearrow$	$4-2a+b$	$\searrow$	$b-\frac{a^2}{4}$	$\nearrow$	$+\infty$	$+\infty$	$\searrow$	$4+2a+b$	$\nearrow$	$+\infty$

En écrivant $y = x^2 + ax + b + 2 + \frac{a}{x} + \frac{b}{x^2}$,

on remarque qu'il y a une parabole asymptote

$$y = x^2 + ax + b + 2 ;$$

l'excès de l'ordonnée du point de la courbe sur celui de la parabole qui correspond au même x est

$$\frac{a}{x} + \frac{b}{x^2} = \frac{1}{x}\left(a + \frac{b}{x}\right),$$

il a le signe de $\frac{a}{x}$.

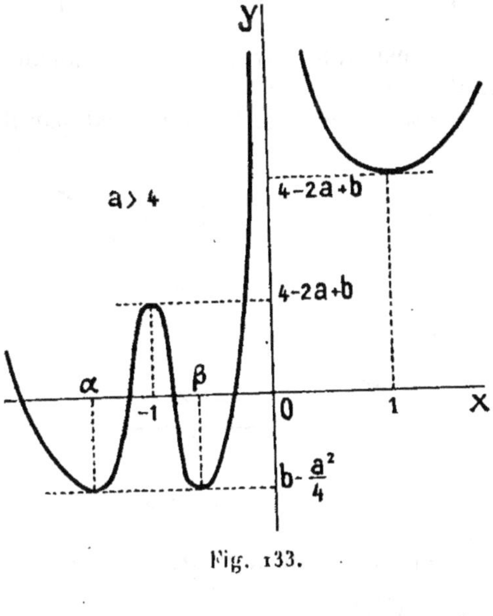

Fig. 133.

Remarque. — Supposant a fixe, on fera varier b et on étudiera, au moyen des courbes, l'existence, le signe des racines de la fonction donnée, c'est-à-dire de l'équation réciproque du 4e degré

$$x^4 + ax^3 + (b + 2)\,x^2 + ax + 1 = 0.$$

§ 4. — Variations de quelques fonctions irrationnelles.

214. — Problème. — *Trouver les variations de*

$$y = x + \sqrt{x^2 - 1}\,.$$

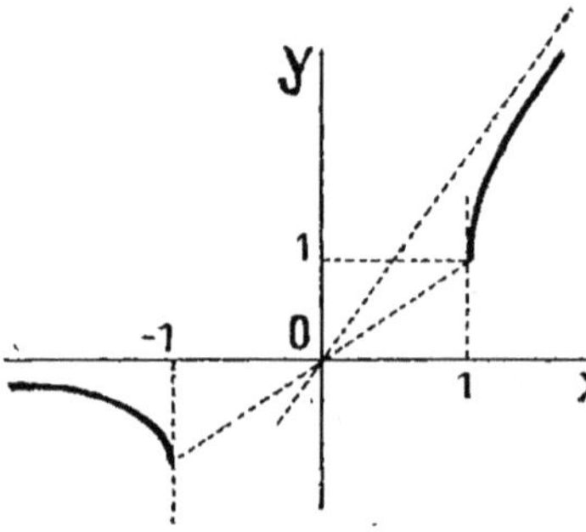

Fig. 134.

La fonction est définie et continue dans les deux intervalles

$$(-\infty\,,\,-1), \qquad (1\,,\,+\infty).$$

$$y' = 1 + \frac{x}{\sqrt{x^2 - 1}}$$

a le signe de

$$x + \sqrt{x^2 - 1}\,,$$

c'est-à-dire de x dont la valeur absolue est plus grande que le radical.

x	$-\infty$		-1		1		$+\infty$
y'		$-$		╳		$+$	
y	0	↘	-1		1	↗	$+\infty$

La droite $y = 2x$ $(x > 0)$ est une asymptote, la branche de courbe correspondante est au-dessous.

Aux points A et B la dérivée est infinie : la tangente est parallèle à Oy.

215. — Problème. — *Trouver les variations de*

$$y = x + \sqrt{x^2 + 1}\,.$$

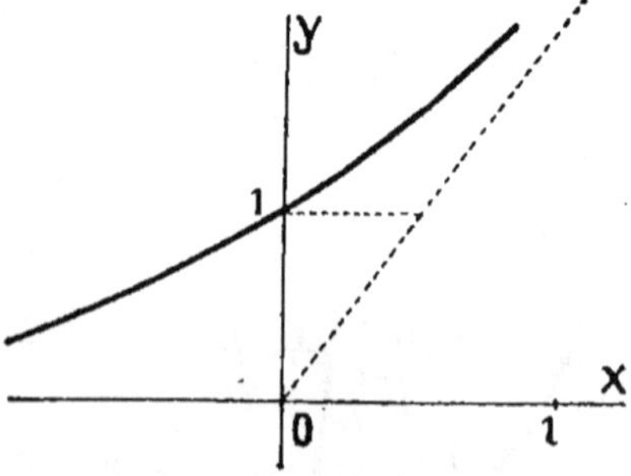

Fig. 135.

Elle est définie et continue pour toutes les valeurs de x.

$$y' = 1 + \frac{x}{\sqrt{x^2 + 1}}$$

et a le signe de $x + \sqrt{x^2 + 1}$, elle est donc toujours positive.

Si $x = -\infty$, y prend la forme $\infty - \infty$; en multipliant et divisant par $\sqrt{x^2+1} - x$, elle s'écrit :

$$y = \frac{1}{\sqrt{x^2+1} - x},$$

quand $x \to -\infty$, $y \to 0$ par valeurs positives.

Si $x = +\infty$, $y = +\infty$; comme

$$\sqrt{x^2+1} = x + (\sqrt{x^2+1} - x) = x + \frac{1}{\sqrt{x^2+1} + x},$$

$$y = 2x + \frac{1}{\sqrt{x^2+1} + x} ;$$

la droite $y = 2x$ est une asymptote et la courbe est au-dessus.

La fonction croît de 0 à $+\infty$ (fig. 135).

On construira de la même manière la courbe $y = x - \sqrt{x^2+1}$.

Les deux courbes correspondent à l'équation unique

$$(y - x)^2 = x^2 + 1,$$

ou

$$x = \frac{y^2 - 1}{2y} = \frac{1}{2}\left(y - \frac{1}{y}\right).$$

216. — Problème. — *Étudier les variations de la fonction*

$$y = \frac{x + \sqrt{(5x-12)(x-4)}}{2(x-2)}.$$

Elle est définie si $x \neq 2$ et non compris dans l'intervalle $\left(\frac{12}{5}, 4\right)$

Calculons la dérivée :

$$2y'(x-2)^2 = (x-2)\left(1 + \frac{5x-16}{\sqrt{(5x-12)(x-4)}}\right) - x - \sqrt{(5x-12)(x-4)},$$

$$y' = \frac{3x - 8 - \sqrt{(5x-12)(x-4)}}{(x-2)^2\sqrt{5x^2 - 32x + 48}},$$

elle a le signe du numérateur.

Si $x < \frac{8}{3}$ $\left[\frac{8}{3}\right.$ est dans l'intervalle $\left.\left(\frac{12}{5}, 4\right)\right]$, ce numérateur est négatif.

Si $x > \frac{8}{3}$, le numérateur aura le signe de son produit par la quantité conjuguée

$$(3x-8)^2 - (5x^2 - 32x + 48) = 4x^2 - 16x + 16 = 4(x-2)^2,$$

y' est positif. Donc :

x	$-\infty$		$2-\varepsilon$	$2+\varepsilon$		$\frac{12}{5}$		4		$+\infty$
y'		$-$			$-$				$-$	
y	$-\frac{\sqrt{5}-1}{2}$	$\searrow$	$-\infty$	$+\infty$	$\searrow$	3		1	$\nearrow$	$\frac{\sqrt{5}+1}{2}$

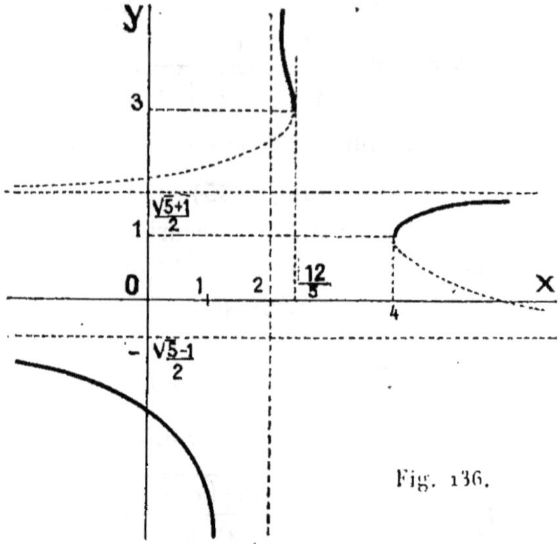

Fig. 136.

Quand on veut faire $x = -\infty$, il faut avoir soin d'écrire d'abord le numérateur

$$x - x\sqrt{5 - \frac{32}{x} + \frac{48}{x}}.$$

REMARQUE. — Il est préférable, pour construire la courbe, de prendre y comme variable indépendante et d'étudier les variations de x.

Isolons le radical et élevons au carré

$$2y(x-2) - x = \sqrt{5x^2 - 32x + 48},$$
$$[2y(x-2) - x]^2 = 5x^2 - 32x + 48,$$

puis après simplification et division par $x - 2$:

$$y^2(x-2) - xy + 6 - x = 0. \qquad (1)$$

A une valeur de x correspondent deux valeurs de y : celle qui est proposée, et une autre dont l'expression s'en déduit en mettant le signe $-$ devant le radical. *Notre* y *est la plus grande des deux si le dénominateur* x — 2 *est positif; c'est la plus petite dans le cas contraire.*

Résolvons l'équation (1) par rapport à x qui y figure au premier degré :

$$x = 2\,\frac{y^2 - 3}{y^2 - y - 1}.$$

Voici le tableau des variations :

y	$-\infty$		$-\frac{\sqrt{5}-1}{2}$		1		$\frac{\sqrt{5}+1}{2}$		3		$+\infty$
x'		$-$	$\Vert$	$-$		$+$	$\Vert$	$+$		$-$	
x	2	$\searrow$	$-\infty \;\Vert\; +\infty$	$\searrow$	4	$\nearrow$	$+\infty \;\Vert\; -\infty$	$\nearrow$	$\frac{12}{5}$	$\searrow$	2

Il reste à construire la courbe en remarquant bien que la variable indépendante est l'ordonnée.

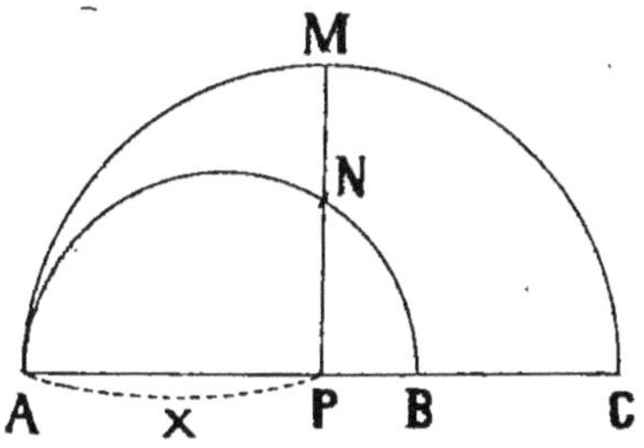

Fig. 137.

217. — PROBLÈMES. — *Deux demi-cercles sont décrits sur les segments de droites* $AB = 2r$, $AC = 2R$; *une sécante* PMN *se déplace perpendiculairement au diamètre commun : étudier les variations de* $PM + PN$.

Prenons $AP = x$ comme variable; nous avons, dans l'intervalle $(0, 2r)$, à étudier les variations de la fonction continue

$$y = \sqrt{2Rx - x^2} + \sqrt{2rx - x^2}.$$

$$y' = \frac{R - x}{\sqrt{2Rx - x^2}} + \frac{r - x}{\sqrt{2rx - x^2}};$$

son signe est celui de

$$u = (R - x)\sqrt{2rx - x^2} + (r - x)\sqrt{2Rx - x^2}.$$

Cherchons en même temps le signe de

$$v = (R - x)\sqrt{2rx - x^2} - (r - x)\sqrt{2Rx - x^2}:$$

il faut considérer le produit uv dont l'expression est rationnelle, la somme $u + v$, puis aussi la différence $u - v$, pour savoir, de u ou de v, quel est le plus grand.

$$uv \quad \text{a le signe de} \quad \frac{2Rr}{R + r} - x,$$

$$u + v \quad \text{»} \quad R - x,$$

$$u - v \quad \text{»} \quad r - x.$$

La fraction $\frac{2Rr}{R+r}$ est comprise dans l'intervalle $(0, 2r)$, puisqu'elle peut s'écrire $2r \cdot \frac{R}{R+r}$; elle est comprise entre r et R, c'est leur moyenne harmonique,

$$r < \frac{R+r}{2Rr} < R.$$

1° $x < \frac{2Rr}{R+r}$. uv et $u+v$ sont positifs, u et v sont positifs;

2° $x = \frac{2Rr}{R+r}$. $uv = 0$, $u+v > 0$, $v-u > 0$; donc v est positif et u est nul;

3° $x > \frac{2Rr}{R+r}$. $uv < 0$, u et v sont de signe contraire et comme $u < v$, u est négatif (v est positif).

On a donc le tableau suivant :

x	0		$\frac{2Rr}{R+r}$		$2r$	
y'		$+$		$-$		(Fig. 138).
y	0	$\nearrow$	$2\sqrt{Rr}$	$\searrow$	$2\sqrt{r(R-r)}$	

REMARQUE. — L'étude du signe de y' peut se faire sur la figure : y' est la somme des pentes des tangentes en M et N. Ces deux pentes vont constamment en diminuant ; on voit facilement que, quand x croît de 0 à $2r$, y' décroît de $+\infty$ à $-\infty$. y' s'annule donc pour une valeur de x que l'on obtiendra en résolvant l'équation $y' = 0$. Cette valeur est $\frac{2Rr}{R+r}$; elle divise l'intervalle $(0, 2r)$ en deux : dans le premier y' est positif, il est négatif dans le second.

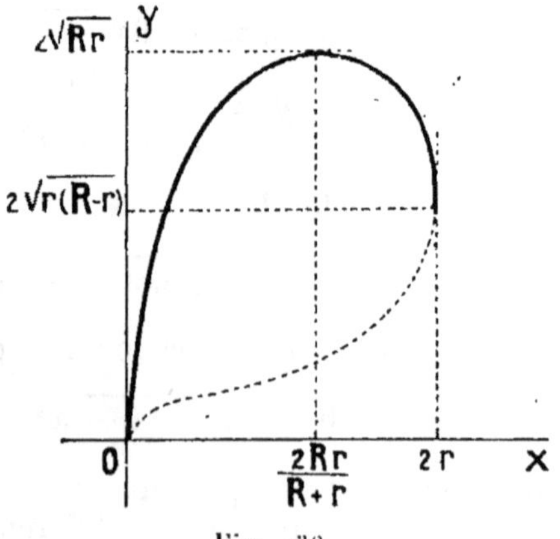

Fig. 138.

218. — PROBLÈME. — *Les données étant les mêmes, étudier les variations de* PM — PN.

$$y = \sqrt{2Rx - x^2} - \sqrt{2rx - x^2}.$$

y' a le signe de la quantité appelée v; nous avons vu que v est toujours > 0, la fonction est constamment croissante (trait pointillé).

Quelle est la valeur de y' quand $x = 0$?

$$y' = \frac{R - x}{\sqrt{2Rx - x^2}} - \frac{r - x}{\sqrt{2rx - x^2}}.$$

y' prend la forme $\infty - \infty$. Écrivons les dénominateurs

$$\sqrt{x}\sqrt{2R - x}, \qquad \sqrt{x}\sqrt{2r - x}.$$

$$y' = \frac{(R - x)\sqrt{2r - x} - (r - x)\sqrt{2R - x}}{\sqrt{x}\sqrt{2r - x}\sqrt{2R - x}},$$

le numérateur tend vers une limite non nulle, le dénominateur tend vers o, y' augmente indéfiniment. La tangente en A à la courbe pointillée est verticale.

Nous sommes maintenant capables de discuter le problème suivant :

219. — Problème. — *On donne deux demi-cercles de diamètre* $AB = 2r$ *et* $AC = 2R$: *mener une sécante perpendiculaire à* AB *telle que* $PM + PN = l$.

1re méthode. — Prenons pour inconnue $AP = x$; il faut résoudre l'équation

$$\sqrt{2Rx - x^2} + \sqrt{2rx - x^2} = l;$$

c'est d'ailleurs suffisant, car une solution x, rendant positives les quantités sous le radical, est comprise entre o et $2r$, elle donne donc un point P sur le segment AB; l'équation exprime que les perpendiculaires PM et PN ont une somme égale à l.

Nous serons conduits à une équation du second degré qui sera la même si l'on demande que $PM - PN = l$. Cette équation aura donc deux racines si $l < 2\sqrt{Rr}$, appelons-les x' et x''. La figure montre que :

1° si $l < 2\sqrt{r(R - r)}$, x' convient;

2° si $2\sqrt{r(R - r)} < l < 2\sqrt{Rr}$, x' et x'' conviennent.

Dans le 1er cas, pour la solution x'', $PM - PN = l$.

EXERCICES

108. Deux points M et M' ont leurs abscisses liées par la relation

$$(x - 4)(x' + 4) + 25 = 0.$$

Étudier les variations de MM'. (*Baccalauréat.*)

109. Étudier les variations des fonctions :

1° $$y = 2\left(\frac{2x - 3}{x - 2}\right)^2 - 12\left(\frac{2x - 3}{x - 2}\right) + 15;$$

2° $y = x\left(\frac{x-1}{x+1}\right)^2$;

3° $y = \left(\frac{2x+1}{x-2}\right)^2$;

4° $y = (x+1)x(x-4)(x-5)$;

5° $y = x\sqrt{1-x^2}$;

6° $y = \sqrt{1+x} \pm \sqrt{1-x}$;

7° $\frac{\sin 4x}{\sin x}$.

110. Étudier les variations de la surface totale d'un cône inscrit à une sphère.

111. Un point M parcourt un cercle, on le joint à deux points A et B situés sur un diamètre. Étudier les variations de l'angle AMB.

112 On donne une ellipse, une corde mobile MM′ tourne autour du foyer F, étudier les variations de l'aire du triangle MF′M′.

113. On donne un demi-cercle AB; une corde CD a une direction invariable : étudier les variations de l'aire du quadrilatère ACDB.

114. Soit un triangle ABC rectangle en A et tel que AB = AC, P un point de BC et DF une sécante mobile parallèle à BC : étudier les variations de l'angle DPF.

115. Sur une droite, deux segments AB et PQ ont même milieu O; en A et B on mène deux perpendiculaires. Étudier les variations de l'angle sous lequel on voit de P le segment d'une droite mobile passant par Q et limité à ces perpendiculaires.

116. Étudier les variations de

$$y = \frac{(x-1)^2 x}{2-x}.$$

Construire la courbe

$$y = \sqrt{\frac{(x-1)^2 x}{2-x}};$$

construire les tangentes au point (0, 1).

117. Si u est une fonction croissante, la fonction

$$y = \frac{u+x}{1-ux}$$

l'est aussi.

118. On considère le rapport

$$\frac{x^2 - 2\lambda x + 1}{x - \mu}.$$

Choisir λ et μ pour que le maximum soit a et le minimum b.

119. Construire sur une même feuille les courbes

$$y = \frac{(x+1)^2}{x^2 - 2x + a}$$

où

$$a = -8, \quad 0, \quad 1, \quad 3.$$

120. On considère la parabole $y = x^2 + 3x$.
Étudier les variations de la distance de l'origine à un point de la courbe.

121. Soit la parabole $y = x^2 + 2x - \frac{1}{4}$.

Autour de l'origine tourne une sécante de coefficient angulaire m. Étudier les variations de la corde obtenue.

122. On donne un demi-cercle de diamètre $AB = 2R$. Autour de A tourne un angle $CAD = \alpha$. Étudier les variations du volume engendré par la rotation autour de AB de l'aire limitée par les cordes AC et AD et par l'arc CD.

123. On connaît une corde a d'un cercle de rayon R et l'angle α qu'elle fait avec la tangente en A. Par A on mène deux cordes faisant le même angle x avec AB :

Étudier la variation de la surface MAN.

124. Montrer que la fonction

$$\frac{x^2}{x^2 + x + 1} + a$$

a pour minimum a; calculer son maximum et la valeur d'x correspondante.

125. Combien le polynôme

$$f(x) = 2x^4 + 3x^2 - 2x - 1$$

a-t-il de racines? $\left(\text{Étudier les variations de } \frac{f(x)}{x}\right)$

126. Étudier les variations de l'aire d'un triangle inscrit à un cercle de rayon R et dont on connaît le point de rencontre H des hauteurs situé à la distance a du centre. On prendra pour variable la distance de H à un sommet du triangle.

127. On donne le polynôme

$$x^4 - 12x^3 + 49x^2 + \alpha x + \beta.$$

Choisir α et β pour que deux de ses racines soient 1 et 2 et calculer les autres.

α et β étant ainsi déterminés :

1° Mettre, de toutes les manières possibles, le polynôme sous la forme d'un produit de deux trinômes du second degré;

2° Étudier les variations de ce polynôme.

128. On connaît la hauteur h et le demi-angle au sommet α d'un cône de révolution; on inscrit au cône indéfini une sphère.

x étant la distance du sommet au centre :

1° Entre quelles limites doit varier x pour que la sphère coupe le plan de base?

2° x étant compris entre ces limites, étudier les variations du volume du solide commun.

129. On donne un demi-cercle de diamètre AB, on mène une corde CD parallèle à AB : étudier les variations de $AC^2 + CD^2$.

130. On donne un cercle O de rayon R et un point A intérieur ($OA = a$); autour de A tournent deux cordes BC, DF symétriques par rapport à OA. Étudier les variations de l'aire du quadrilatère ayant pour sommets les extrémités de ces cordes.

131. Étudier les variations de la diagonale d'un rectangle inscrit à un secteur circulaire.

132. On donne un demi-cercle de diamètre $AB = 2R$; un point M décrit ce demi-cercle, MP est la perpendiculaire abaissée de M sur AB; étudier les variations de $AM + MP$.

133. Un point M parcourt un cercle, A et B sont deux points symétriques par rapport au centre : étudier les variations de la différence des angles A et B du triangle AMB.

134. Étudier les variations de la fonction

$$y = \frac{49}{x-9} - \frac{49}{x+9} - \frac{9}{x-1} + \frac{9}{x+1}.$$

135. On donne un cercle et une corde AB; deux cordes AC, AD font un même angle avec AB : étudier les variations :

1° De l'aire du quadrilatère CADB ;

2° De l'aire du triangle CAD.

136. Sur la droite OA de longueur l, on prend entre O et A un point M situé à la distance x de O. On construit sur la base OM le triangle équilatéral OMD, puis sur MA le carré MABC, et l'on tire CD.

1° Calculer la surface y du pentagone OABCD ;

2° Construire la courbe qui représente les variations de y ;

3° Former les équations des tangentes à la courbe aux points d'abscisse 0 et l et calculer les coordonnées du point de rencontre. (*Baccalauréat.*)

137. A quelle condition doivent satisfaire λ et μ pour que la fraction

$$\frac{(x-\lambda)(x-\mu)}{(x-a)(x-b)}$$

n'ait ni maximum ni minimum.

138. On donne un cercle O de rayon R et un point A $(OA = a)$; une corde mobile BC est parallèle à OA : étudier les variations de l'angle BAC.

139. On donne un cercle O de rayon R et un point A intérieur $(OA = a)$; autour de A tournent deux cordes BC, DF, faisant un angle α. Étudier les variations du produit BC · DF.

140. Étudier les variations de

1° $$y = \frac{3\left(x+\frac{1}{x}\right)+2}{2\left(x+\frac{1}{x}\right)-5};$$

2° $$y = \frac{2x^4+75x^3+4x^2+75x+2}{6x^4-35x^3+62x^2-35x+6}.$$

141. 1° Construire la courbe $y = \dfrac{x^3}{x-1}$;

2° Déterminer la tangente au point d'abscisse $\frac{1}{2}$;

3° Trouver les points où la tangente est parallèle à la précédente.

(*Baccalauréat.*)

142. On donne un cylindre de hauteur h et de rayon R. On imagine un tronc de cône de même hauteur dont la surface latérale divise celle du cylindre dans le rapport k.

Étudier les variations du volume du tronc de cône, puis celles du minimum si k croît à partir de 1.

143. On donne un cercle de diamètre $AB = 2R$. Étudier les variations de l'angle sous lequel on voit d'un point P de AB ($OP = a$) la portion d'une tangente limitée aux tangentes en A et B.

144. On donne les trinômes du second degré

$$u = x^2 - 6x + 5, \qquad v = x^2 - 5x + 6,$$

et on considère les fractions

$$y = \frac{u}{v}, \qquad z = \frac{mu + nv}{u + pv},$$

m, n, p désignant les nombres donnés quelconques :

1° Étudier les variations de la fonction $y = \frac{u}{v}$;

2° Comparer la variation de z à celle de y et montrer que ces deux fonctions de x varient toujours dans le même sens ou toujours en sens contraire selon que $mp - n$ est positif ou négatif;

3° Déterminer n et p en fonction de m de manière que le maximum et le minimum de z soient respectivement égaux au maximum et au minimum de y, ou au minimum et au maximum de y.

Distinguer les valeurs de m pour lesquelles on se trouve dans l'un ou l'autre de ces deux cas. (*Agrégation des jeunes filles.*)

145. Étudier les variations de $y = \operatorname{tg} 3a$ en fonction de $x = \operatorname{tg} a$. Même question avec $y = \operatorname{tg} 4a$.

146. Étudier les variations de

1° $$y = \cos x + \sin x - \sin x \cos x;$$

2° $$y = \frac{\cos x + \sin x - 1}{\cos x - \sin x - 2}.$$

147. Quelles sont les valeurs que l'on peut donner à x pour qu'il existe un nombre α tel que

$$\cos \alpha = \frac{x^2 - 5x + 4}{x^2 - 4}.$$

(*Institut agronomique.*)

148. Montrer que le numérateur de la fraction

$$\frac{ax^2 + 2bx + c}{x^2 + 1}$$

dont le maximum et le minimum sont $+1$ et -1, peut se mettre sous la forme

$$(1 - x^2) \cos \alpha + 2x \sin \alpha.$$

149. Quelle valeur faut-il donner à m pour que la fraction

$$\frac{x^2 - 6x + 5}{x^2 + 4x + m}$$

ne passe ni par un maximum ni par un minimum?

150. On donne deux points A (a, b), B (a, b); un point M est mobile sur Ox : étudier les variations de MB — MA.

151. Étant donnée l'équation en u

$$\frac{u}{uy - x} + \frac{1}{y - ux} - 1 = 0. \quad (1)$$

1° Quelle doit être la position du point M (x, y) :

a) pour que les racines u', u'' de (1) soient égales ;

b) pour que ces racines soient réelles ;

c) pour qu'elles soient positives ?

2° Supposant $x = 2$ et $y = 1$, étudier les variations du premier membre de (1) quand u croît de $-\infty$ à $+\infty$. (*Baccalauréat.*)

152. Quelles valeurs doit-on donner à h pour que la fraction

$$\frac{x^2 - hx + 1}{x^2 + x + 1}$$

reste comprise entre -3 et $+3$ pour toutes les valeurs de x ?

(*Saint-Cyr.*)

153. 1° Étudier les variations de la fonction $y = \frac{x - 2}{(x - 1)^2}$ et construire la courbe ;

2° Soient M_1 et M_2 les points de la courbe qui ont pour ordonnée a : former l'équation en t dont les racines t_1 et t_2 sont les coefficients angulaires des droites OM_1, OM_2. Peut-on déterminer une ou plusieurs valeurs de A telles que l'on ait $t_1 t_2 = -1$;

3° Soient m_1 et m_2 les coefficients angulaires des tangentes en M_1 et M_2 : déterminer A de manière que l'on ait $m_1 m_2 = -\frac{a^2}{2}$. (*École navale.*)

154. On considère l'expression

$$\Delta = \left(a^2 + \frac{\lambda}{2} - x\right)^2 + \left[a(1 - \lambda) - x\right]^2$$

qui dépend des deux variables λ et x et où a est supposé positif :

1° En supposant λ fixe, étudier les variations Δ. Maximum, minimum ; les distinguer. Discuter en faisant varier λ ;

2° Classer par ordre de grandeur les trois valeurs remarquables (max. min.) de Δ. Discuter.

3° Trouver tous les cas où deux de ces valeurs sont égales.

(*École navale.*)

CHAPITRE X

AIRES ET VOLUMES

220. — Dérivée d'une aire. — Prenons une fonction $f(x)$ *positive* et considérons l'aire S limitée par la courbe $y = f(x)$, l'axe des x et deux parallèles à Oy, l'une fixe d'abscisse a et l'autre mobile d'abscisse $x > a$. S est une fonction de x dont nous allons chercher la dérivée.

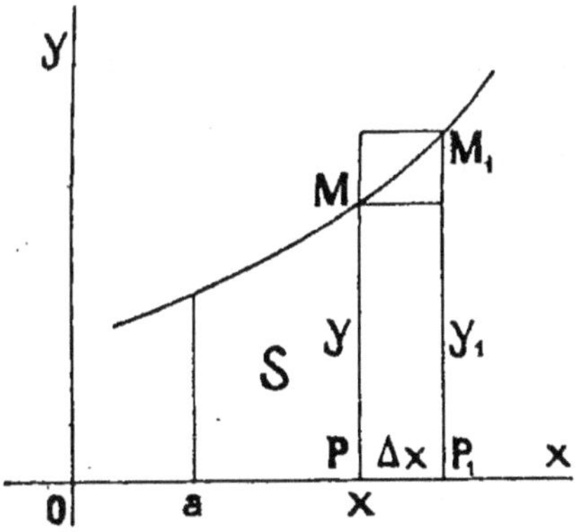

Fig. 139.

Donnons à x l'accroissement *positif* Δx; nous pouvons rendre Δx assez petit pour que, dans l'intervalle $(x, x + \Delta x)$, y varie dans un seul sens; supposons que y aille en croissant.

L'aire ΔS est comprise entre celles des rectangles de base Δx et de hauteurs y et y_1 :

$$y \cdot \Delta x < \Delta S < y_1 \Delta x.$$

Divisons par Δx qui est positif,

$$y < \frac{\Delta S}{\Delta x} < y_1;$$

quand Δx tend vers o, $\frac{\Delta S}{\Delta x}$ tend manifestement vers y,

$$\frac{dS}{dx} = y$$

la dérivée de l'aire S est égale à l'ordonnée.

Pour calculer S on a donc à chercher une fonction connaissant sa dérivée.

Au lieu de limiter l'aire à l'axe des x, on peut la limiter à une seconde courbe $y = \varphi(x)$, $(0 < \varphi < f)$ (fig. 140).

$$S = ABMP - ACNP;$$

sa dérivée est

$$PM - PN = f(x) - \varphi(x) = NM;$$

$$\frac{dS}{dx} = NM.$$

Le lecteur projettera cette aire sur un plan mené par Ox et faisant un angle aigu α avec le plan xOy; il trouvera l'importante formule

$$s = S.\cos\alpha$$

s étant la projection de S.

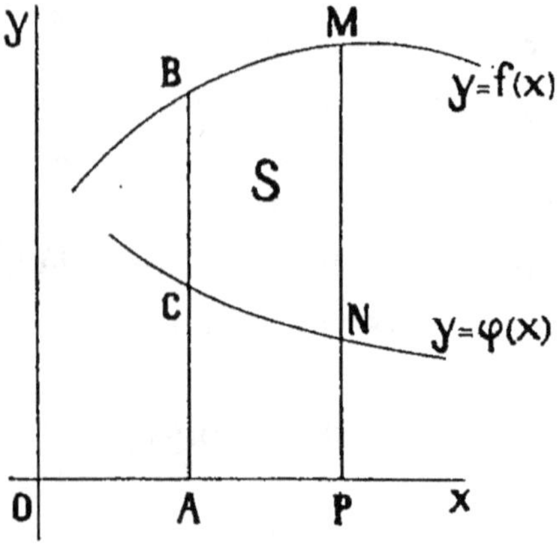

Fig. 140.

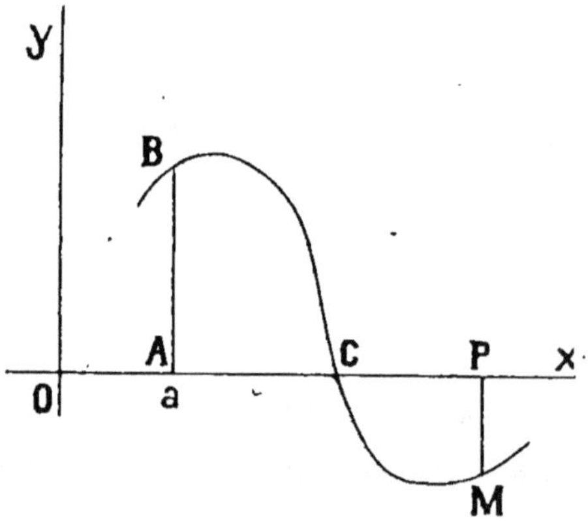

Fig. 141.

221. — Généralisation. — Si la fonction $f(x)$ est négative, l'aire ABMP devra être affectée du signe — pour que sa dérivée soit encore $f(x)$.

Considérons maintenant une fonction $f(x)$ prenant les deux signes (fig. 141) et déplaçons l'ordonnée mobile à partir de AB; quand l'abscisse croît de $\overline{OA}$ à $\overline{OC}$, l'aire croît de zéro à ABC; si ensuite elle croît de $\overline{OC}$ à $\overline{OP}$, elle diminue de CMP : il faudra donc considérer S comme étant égale à ABC — CMP pour que l'égalité $\frac{dS}{dx} = y$ convienne pour toutes les valeurs de x.

REMARQUE. — Nous retrouvons le théorème fondamental sur la variation des fonctions. Construisons la courbe

$$y = f'(x).$$

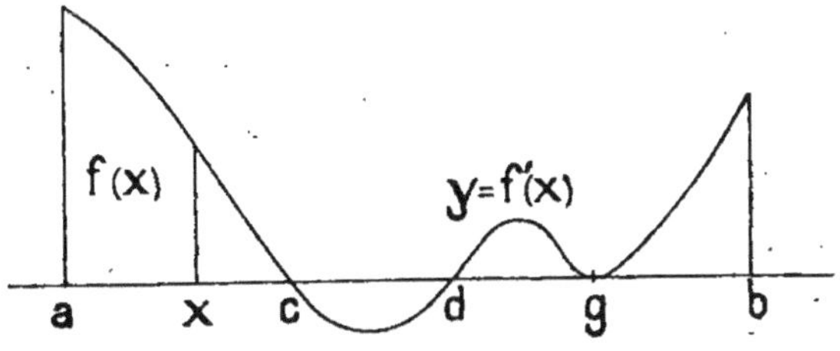

Fig. 142.

Dans l'intervalle (a, b) la fonction $f(x)$ est égale à l'aire [à une constante près qui est $f(a)$].

Dans l'intervalle (a, c) où $f' > 0$, l'aire croît ; dans l'intervalle (c, d), elle décroît ; dans l'intervalle (d, b) où f' est positif (sauf pour $x = g$ où $f' = 0$), l'aire, et par suite $f(x)$, grandit.

222. — Primitive d'une fonction $f(x)$. — ***C'est une fonction*** F (x) ***qui a pour dérivée*** f (x).

Cette fonction existe, comme le montre la considération de l'aire $S(x)$.

On en obtient une infinité d'autres en ajoutant une constante arbitraire C ; en effet la fonction

$$F(x) = S(x) + C$$

a même dérivée que $S(x)$: puisque la dérivée d'une constante est nulle,

$$\frac{dF}{dx} = \frac{dS}{dx} = f(x).$$

Une manière d'introduire cette constante est de changer l'ordonnée à partir de laquelle on compte l'aire ; on n'est pas sûr ainsi de donner à C toutes les valeurs possibles.

Il n'y en a pas d'autres ; si, en effet, deux fonctions $F(x)$ et $F_1(x)$ ont même dérivée,

$$\frac{dF}{dx} = \frac{dF_1}{dx},$$

$$\frac{d(F - F_1)}{dx} = 0 ;$$

la dérivée de $F - F_1$ étant nulle, $F - F_1$ est une constante (n° **194**, 1°)

$$F - F_1 = C.$$

Reprenons le calcul de l'aire S; supposons que nous connaissions une primitive $F(x)$ de $f(x)$:

$$S(x) = F(x) + C;$$

pour déterminer C, écrivons que l'aire est nulle quand $x = a$,

$$O = F(a) + C,$$

donc
$$S(x) = F(x) - F(a).$$

223. — **Théorème.** — Nous énoncerons seulement deux théorèmes; appelons Y, Z, U les primitives de y, z, u, c'est-à-dire supposons que

$$\frac{dY}{dx} = y, \qquad \frac{dZ}{dx} = z, \qquad \frac{dU}{dx} = u :$$

1° ***La primitive de*** ay, ***si*** a ***est une constante, est*** aY ; nous faisons bien entendu abstraction d'une constante.

2° ***La primitive de*** $y + z + u$ ***est*** $Y + Z + U$, puisque la dérivée d'une somme de fonctions est égale à la somme des dérivées.

Toutes les fois qu'on calcule une dérivée on trouve une fonction dont on connaît la primitive, nous pouvons former le tableau suivant :

FONCTIONS	PRIMITIVES
x^n,	$\frac{x^{n+1}}{n+1} + C;$
$\frac{1}{x^p}$, $(p \neq 1)$	$-\frac{1}{p-1} \cdot \frac{1}{x^{p-1}} + C;$
$\sin x$,	$-\cos x + C;$
$\cos x$,	$\sin x + C;$
$\frac{1}{\cos^2 x} = 1 + \operatorname{tg}^2 x$,	$\operatorname{tg} x + C;$
$\frac{1}{\sin^2 x} = 1 + \cot^2 x$,	$-\cot x + C.$

Ainsi, la primitive de 1 est x, celle de x est $\frac{x^2}{2}$; la primitive de ax^2+bx+c est $a\cdot\frac{x^3}{3}+b\cdot\frac{x^2}{2}+cx+C$.

La primitive de $\frac{1}{x^2}$ est $-\frac{1}{x}$; nous ne parlons pas de celle de $\frac{1}{x}$, car nous n'avons pas rencontré $\frac{1}{x}$ en calculant des dérivées (la primitive de $\frac{1}{x}$ n'est pas une fonction algébrique).

Remarquons encore que, en faisant abstraction de la constante, la primitive de $(ax+b)^n$ est $\frac{1}{a}\cdot\frac{(ax+b)^{n+1}}{n+1}$

» » $\sin mx$ » $-\frac{1}{m}\cos mx$.

Pour chercher les primitives de $\sin^2 x$ et $\cos^2 x$, on se rappellera que

$$\sin^2 x=\frac{1-\cos 2x}{2},\quad \cos^2 x=\frac{1+\cos 2x}{2}.$$

224. — Problème. — *Trouver l'aire limitée par* Ox, *la parabole*

$$y=ax^2+bx+c$$

et les parallèles à Ox *d'abscisses* $-x_0$ *et* x_0. $(x_0>0.)$

Nous supposons que y est positif dans l'intervalle $(-x_0, x_0)$.

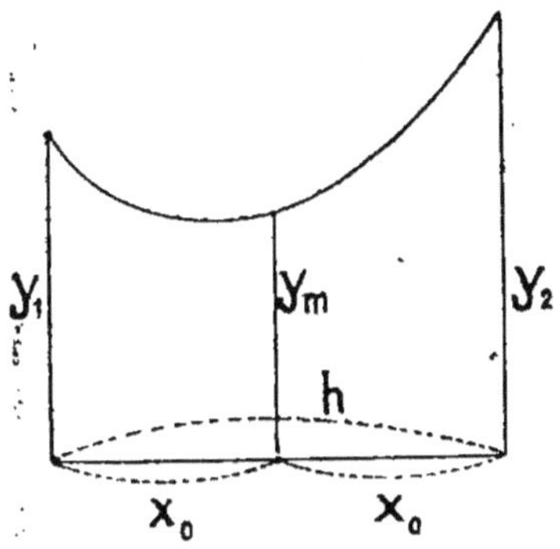

Fig. 143.

La fonction primitive est

$$F(x)=\frac{ax^3}{3}+\frac{bx^2}{2}+cx;$$

et l'aire demandée

$$S=F(x_0)-F(-x_0),$$

$$=\frac{2ax_0^3}{3}+2cx_0=\frac{2}{3}x_0(ax_0^2+3c).$$

Appelons y_1, y_2 les ordonnées extrêmes et y_m l'ordonnée équidistante.

$$y_1 = ax_0^2 - bx_0 + c,$$
$$y_2 = ax_0^2 + bx_0 + c,$$
$$y_m = c,$$
$$y_1 + y_2 + 4y_m = 2ax_0^2 + 6c;$$

donc,

$$S = \frac{h}{6}(y_1 + y_2 + 4y_m).$$

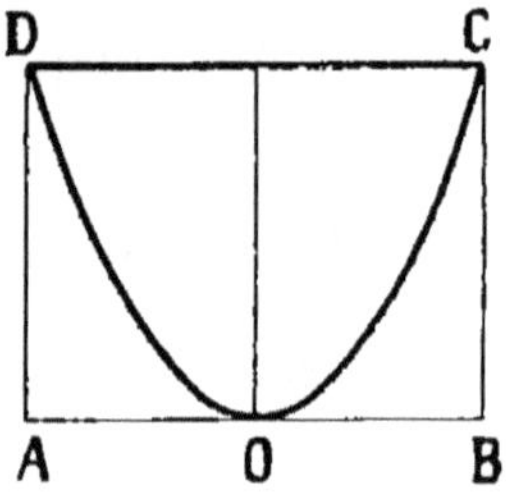

Fig. 144.

Il est nécessaire de retenir le résultat suivant (reprendre la démonstration) :

L'aire du segment parabolique OCD *est les* $\frac{2}{3}$ *de celle du rectangle* ABCD.

225. — Volume de la pyramide. — *On donne l'aire* B *de la base et la hauteur* h : *on veut calculer le volume* V.

Considérons le volume v de la pyramide déterminée par le plan $abcd$ mené parallèlement au plan de base à la distance x du sommet ; c'est une fonction de x dont nous allons chercher la dérivée.

Donnons à x l'accroissement positif Δx, Δv est le volume d'un tronc de pyramide, il est compris entre ceux des deux prismes qui ont une même arête latérale aa_1 et dont les bases sont l'une et l'autre des bases du tronc. Appelons s et s_1 les aires de ces bases :

$$s \cdot \Delta x < \Delta v < s_1 \cdot \Delta x,$$
$$s < \frac{\Delta v}{\Delta x} < s_1;$$

donc,

$$\frac{dv}{dx} = s.$$

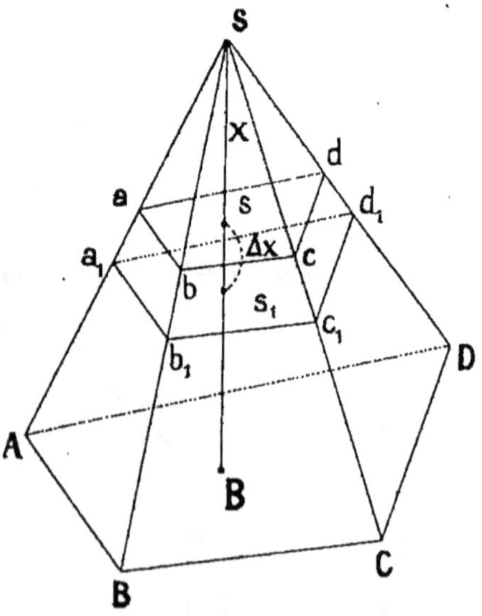

Fig. 145.

Nous allons donc exprimer s en fonction de x et prendre la fonction primitive qui s'annule en même temps que x.

Les polygones *abcd*, ABCD sont homothétiques, le rapport de leurs aires est le carré du rapport de similitude

$$\frac{s}{B}=\left(\frac{x}{h}\right)^2=\frac{x^2}{h^2},$$

$$s=\frac{Bx^2}{h^2},$$

donc
$$v=\frac{Bx^3}{3h^2}.$$

En faisant $x=h$, nous trouvons la formule connue

$$V=\frac{Bh}{3}.$$

226. — VOLUME D'UN SOLIDE DE RÉVOLUTION. — Son axe est l'axe des x, l'équation de sa méridienne est

$$y=f(x). \qquad (f(x)>0.)$$

Nous considérons le volume v compris entre deux plans perpendiculaires à Ox, le premier d'abscisse fixe a, le second d'abscisse variable x $(x>a)$. (C'est le volume engendré par l'aire S déjà considérée (nº **220**).

Nous allons montrer que :

La dérivée du volume v est

$$\pi y^2 \quad \text{ou} \quad \pi f^2(x).$$

En effet, l'accroissement Δv correspondant à l'accroissement positif Δx de x est compris entre les volumes de deux cylindres dont la hauteur est Δx et les rayons de base y et y_1 ;

$$\pi y^2 . \Delta x<\Delta v<\pi y_1{}^2 . \Delta x,$$

$$\pi y^2<\frac{\Delta v}{\Delta x}<\pi y_1{}^2,$$

et à la limite

$$\frac{dv}{dx}=\pi y^2.$$

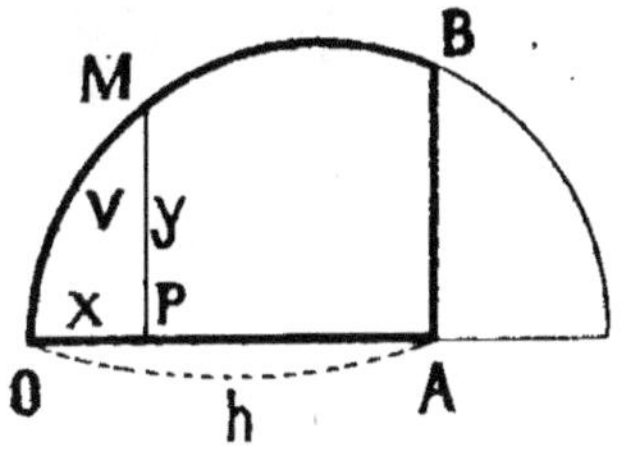

Fig. 146.

227. — SEGMENT SPHÉRIQUE A UNE BASE. — *On donne le rayon* R *de la sphère et la hauteur* h *du segment.*

Le segment est engendré par l'aire OAB

tournant autour de Ox $(OA = h)$. Soit v le volume engendré par OPM, $OP = x$:

$$y^2 = x(2R - x),$$

$$\frac{dv}{dx} = \pi y^2 = \pi(2Rx - x^2),$$

$$v = \pi\left(Rx^2 - \frac{x^3}{3}\right).$$

Il n'y a pas de constante à ajouter puisque v est nul en même temps que x.

Faisons $x = h$, le volume V demandé est

$$V = \frac{1}{3}\pi h^2(3R - h).$$

228. — Segment sphérique a deux bases. — *On donne les rayons* a *et* b *des bases et la hauteur* h.

Nous pourrions utiliser le calcul précédent et considérer le volume comme la différence de deux segments à une base. Il est plus simple de faire le raisonnement suivant :

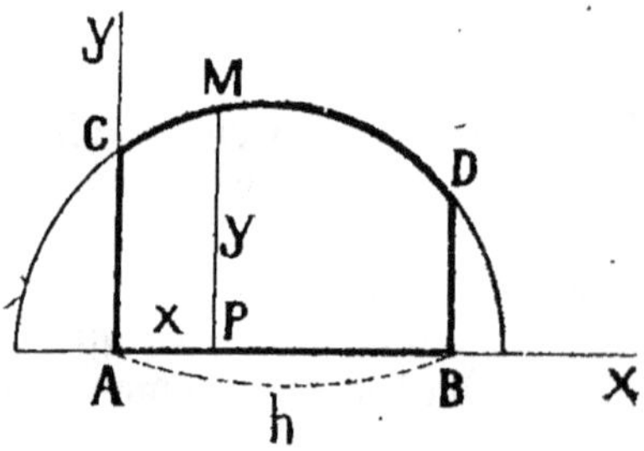

Fig. 147.

Prenons le point A pour origine, l'équation du cercle est

$$x^2 + y^2 + 2mx + p = 0.$$

Déterminons m et p en écrivant que le cercle passe par les points $C(0, a)$, $D(h, b)$; nous trouvons

$$y^2 = -x^2 + \frac{h^2 + b^2 - a^2}{h}x + a^2.$$

Pour avoir v, il faut multiplier par π et prendre la primitive qui est nulle quand $x = 0$:

$$v = \pi\left(-\frac{x^3}{3} + \frac{h^2 + b^2 - a^2}{h}\cdot\frac{x^2}{2} + a^2 x\right).$$

En remplaçant x par h, l'expression de V est

$$V = \frac{1}{6}\pi h^3 + \frac{1}{2}\pi h(a^2 + b^2).$$

Remarque. — L'expression de l'ordonnée peut encore s'obtenir en appliquant la formule de Stewart au centre du cercle O joint aux trois points A, B, P.

$$AP \cdot OB^2 + PB \cdot OA^2 - AB \cdot OP^2 - AP \cdot PB \cdot AC = 0,$$

$$OA^2 = R^2 - a^2, \qquad OB^2 = R^2 - b^2, \qquad OP^2 = R^2 - y^2 :$$

$$x(R^2 - b^2) + (h - x)(R^2 - a^2) - h(R^2 - y^2) - hx(h - x) = 0.$$

EXERCICES

155. Trouver les courbes dont la normale passe par l'origine des coordonnées.

156. Trouver les courbes pour lesquelles la sous-normale égale p.

157. Calculer l'aire limitée par l'axe des x et la parabole

$$y = ax^2 + bx + c. \ (a < 0, \ b^2 - 4ac > 0.$$

158. Trouver l'aire comprise entre les deux courbes

$$y^2 = 2px; \qquad x^2 = 2py.$$

159. On considère les courbes représentées par l'équation

$$y = x^3 - 1 - m(x - 1)$$

où m désigne un paramètre variable :

1° Déterminer m de façon que la courbe soit tangente à l'axe des x;

2° Construire la courbe en donnant à m successivement les diverses valeurs de m ainsi obtenues;

3° Pour chacune des courbes construites, calculer à 0,1 près l'aire limitée comprise entre la courbe et l'axe des x. (*Bacc.*)

160. Volume engendré par la courbe $xy = k^2$ tournant autour de x. Le limiter aux deux plans x_0 et x $(0 < x_0 < x)$.

161. Volume du solide commun à une sphère et à un paraboloïde de révolution ayant pour axe un diamètre et son sommet sur la sphère.

162. Partant de la fonction $\sin x$, former les primitives successives qui s'annulent avec x.

Montrer que si x est un petit arc positif,

$$x - \frac{x^3}{6} < \sin x < x;$$

$$1 - \frac{x^2}{2} < \cos x < 1.$$

163. Construire les courbes :

$$y = x^3;$$
$$y = 5x^2 - 4x.$$

Montrer qu'elles se coupent en 3 points O, A, B.

Calculer l'aire comprise entre les arcs AB.

CHAPITRE XI

THÉORÈMES SUR LES ÉQUATIONS

§ 1. — Théorèmes sur une équation.

229. — Expressions identiques. — Nous avons défini ce qu'on appelle des expressions algébriques équivalentes; nous avons vu que deux polynômes en x équivalents étaient identiques. Dorénavant, nous confondrons les deux expressions :

Deux expressions algébriques qui contiennent les mêmes variables seront dites identiques si elles prennent la même valeur numérique pour chaque système des valeurs des variables pour lesquelles elles sont définies.

Toutes les égalités que nous avons écrites dans les chapitres précédents sont des identités.

230. — Équation. — ***C'est l'indication de l'égalité entre deux expressions A et B non identiques et contenant des variables appelées* inconnues.**

$$A = B.$$

A et B sont les deux *membres* de l'équation.

On *veut* que A et B prennent des valeurs numériques égales.

Résoudre une équation c'est chercher les systèmes de valeurs des variables qui donnent à A et B la même valeur numérique. Un tel système s'appelle une *solution* de l'équation; une équation peut n'avoir pas de solution.

(nº **105**). Dans le cas particulier où l'équation n'a qu'une inconnue une solution s'appelle le plus souvent une *racine*.

Deux équations sont dites* équivalentes *lorsqu'elles ont les mêmes solutions.

Pour prouver que deux équations sont équivalentes, il faut montrer que toute solution de la première appartient à la seconde et que toute solution de la seconde appartient à la première.

Nous cherchons à remplacer une équation par une équivalente *pour ne pas avoir à vérifier la solution trouvée.*

Soit, par exemple, l'équation

$$\sqrt{x-3}+\sqrt{x-9}=\sqrt{x},$$

elle admet la solution $x=4+2\sqrt{7}$; il faut donc vérifier que

$$\sqrt{1+2\sqrt{7}}+\sqrt{2\sqrt{7}-5}=\sqrt{4+2\sqrt{7}};$$

cela ne peut se faire que par des élévations au carré. Mais, si une solution est simple, on s'assurera qu'elle convient.

Si une équation est mise sous la forme d'un polynôme égalé à zéro, son degré est celui du polynôme.

L'équation

$$2x+3y=5$$

est du premier degré; les équations

$$2x^2-5x+1=0,$$
$$xy-2x+3y-5=0,$$

sont du second degré.

231. — Lorsqu'une équation peut se mettre sous la forme d'un produit égalé à 0 :

$$ABC=0,$$

ses solutions sont celles des équations

$$A=0, \qquad B=0, \qquad C=0.$$

On dit que l'*équation se décompose*.

Nous avons déjà résolu (nº **105**) l'équation du second degré à une inconnue en la mettant (quand c'est possible) sous la forme

$$a(x-x')(x-x'')=0.$$

Elle se décompose en deux équations :

$$x-x'=0, \qquad x-x''=0.$$

Il n'existe pas de règles pour résoudre une équation; les théorèmes suivants s'appliquent à des opérations que l'on fait régulièrement. Ce sont les théorèmes connus (p. 63) sur les égalités. Il ne s'agit pas ici de nombres égaux, mais d'expressions que nous considérons uniquement dans les cas où leurs valeurs numériques sont égales.

232. — **Théorème I.** — ***Étant donnée une équation***

$$A=B, \tag{1}$$

on forme une équation équivalente en ajoutant une même expression aux deux membres :

$$A+C=B+C. \tag{2}$$

Une solution de (1) fait prendre une même valeur numérique à A et B et par suite à A + C et B + C, pourvu, bien entendu, que C soit *défini* pour cette solution.

Réciproquement, toute solution de (2) appartient à (1). Si une solution de (2) fait prendre aux deux membres la même valeur numérique, C *ayant une valeur déterminée*, elle rend A et B égaux.

Les équations

$$x+\frac{1}{x}=\frac{1}{x}+1,$$
$$x=1,$$

où $C=-\frac{1}{x}$ sont équivalentes; il n'en est pas de même de

$$x+\frac{1}{x}=\frac{1}{x},$$
$$x=0.$$

Soit une équation de la forme

$$A + B = C.$$

Supposons que nous voulions que le terme A soit seul dans le premier membre, nous pourrions dire : pour que $A + B = C$, il faut que

$$A = C - B.$$

Au lieu de cela, nous appliquerons le théorème. Ajoutons $-B$ aux deux membres, l'équation devient

$$A = C - B.$$

(Pour une solution de la nouvelle équation, B doit avoir un sens.)

On fait passer un terme d'un membre dans un autre en le changeant de signe.

Soit l'équation

$$5x - 4 = 3x + 7.$$

Pour que le premier terme ne contienne que x, nous écrirons

$$5x = 3x + 7 + 4 \quad \text{ou} \quad 5x = 3x + 11;$$

puis

$$5x - 3x = 11 \quad \text{ou} \quad 2x = 11.$$

On s'habitue facilement à écrire tout de suite l'équation finale; l'opération est en quelque sorte mécanique, c'est le seul intérêt du théorème.

233. — **Théorème II.** — ***Étant donnée une équation***

$$A = B, \qquad (1)$$

on forme une équation équivalente en multipliant les deux membres par un même nombre m ***différent de zéro.***

$$mA = mB.$$

C'est évident.

Soit à résoudre l'équation

$$\frac{2x}{3} + 4 = \frac{x}{5} + \frac{7}{15}.$$

On pourrait :

1° Réduire au même dénominateur dans chaque membre :

$$\frac{2x + 12}{3} = \frac{3x + 7}{15};$$

2° Réduire les deux membres au même dénominateur :

$$\frac{10x+60}{15}=\frac{3x+7}{15};$$

3° Égaler les numérateurs :

$$10x+60=3x+7.$$

On dit plutôt, après avoir aperçu le dénominateur commun 15 : multiplions les deux membres par 15 : on obtient la dernière équation.

Au lieu de multiplier les deux membres par un même *nombre*, on multiplie souvent par une même expression C qui contient des inconnues.

$$A=B \qquad (1)$$

$$AC=BC. \qquad (2)$$

Une solution de (1) appartient à (2) si elle donne un sens à C ;

Une solution de (2) appartient à (1) si elle donne à C une valeur différente de zéro.

On risque donc d'introduire les solutions de l'équation $C=0$; *on le fera sûrement si une telle solution donne à A et B un sens.*

C'est ce qui n'arrive pas dans la pratique parce que C n'est pas choisi arbitrairement.

Soit à résoudre l'équation

$$\frac{1}{x-1}+\frac{3}{x-2}=5; \qquad (1)$$

le premier membre n'a pas de sens si x égale 1 ou 2.

Pour chasser le dénominateur nous prendrons

$$C=(x-1)(x-2).$$

L'équation obtenue

$$x-2+3(x-1)=5(x-1)(x-2) \qquad (2)$$

n'est pas vérifiée par une racine de C, elle est donc équivalente à (1). (Lorsque C est nul, A n'a pas de sens.)

Nous appliquerons donc encore le théorème II, en nous

assurant que les solutions de l'équation $C = 0$ ***n'appartiennent pas à l'équation proposée.***

On peut simplement mettre tous les termes de (1) dans un seul membre et réduire au même dénominateur

$$\frac{x-2+3(x-1)-5(x-1)(x-2)}{(x-1)(x-2)} = 0,$$

Pour que cette fraction soit nulle, il faut que le numérateur soit nul sans que le dénominateur le soit. Or, quand le dénominateur est nul, le numérateur ne l'est pas : il suffit d'écrire que le numérateur est nul.

234. — Exemples. — 1° *Soit l'équation :*

$$\frac{1}{x-1} - \frac{1}{x-\lambda} = \frac{1}{x^2-1}. \qquad (1)$$

Comme $x^2 - 1 = (x-1)(x+1)$, nous prendrons pour dénominateur commun

$$C = (x-1)(x+1)(x-\lambda) = (x^2-1)(x-\lambda).$$

La nouvelle équation est

$$(x+1)(x-\lambda) - (x^2-1) = x - \lambda, \qquad (2)$$

elle est du premier degré

$$\lambda x = 1. \qquad (3)$$

Elle a une solution seulement quand $\lambda \neq 0$.

Cette solution est acceptable si elle n'est égale ni à -1, ni à 1, ni à λ, c'est-à-dire, on le voit facilement, si $\lambda \neq \pm 1$.

Donc : si λ est différent de 0, -1, 1 :

$$x = \frac{1}{\lambda};$$

si $\lambda = 0$, -1 ou 1, l'équation (1) n'a pas de solution.

2° *Soit l'équation*

$$\frac{1}{x-1} + \frac{1}{x-\lambda} = \frac{1}{x^2-1}. \qquad (1)$$

Multiplions encore les deux membres par

$$C = (x^2-1)(x-\lambda) = (x+1)(x-1)(x-\lambda);$$

on trouve $\qquad (x+1)(x-\lambda) + (x^2-1) = x - \lambda, \qquad (2)$

ou $\qquad 2x^2 - \lambda x - 1 = 0. \qquad (3)$

Cette équation a deux racines, quel que soit λ. Pour qu'une racine soit acceptable, il faut qu'elle ne soit égale ni à -1, ni à 1, ni à λ. Nous allons donc substituer successivement ces 3 nombres, soit dans (2), soit dans (3).

-1 satisfait à (3) si $\lambda = -1$, l'autre racine est $\frac{1}{2}$;

1 » $\lambda = 1$, » $-\frac{1}{2}$;

λ » $\lambda = \pm 1$, ce qui ne donne rien de nouveau.

En résumé : si $\lambda \neq -1$ et $\neq 1$,

$$x = \frac{\lambda \pm \sqrt{\lambda^2 + 8}}{4};$$

si $\lambda = -1, \quad x = \frac{1}{2};$

si $\lambda = 1, \quad x = -\frac{1}{2}.$

Dans l'un et l'autre de ces cas particuliers, il suffit de prendre

$$C = x^2 - 1,$$

on n'introduit plus de solution étrangère.

235. — *En général*, une équation de la forme

$$AC = BC$$

admet les solutions de $C = 0$;

on supprime donc ces solutions de l'équation en divisant les deux membres par C.

On dira donc :

L'équation mise sous la forme

$$(A - B)\,C = 0$$

est vérifiée quand l'un ou l'autre des facteurs est nul; ou bien, quand on ne veut pas toucher à l'équation : nous avons d'abord les solutions de $C = 0$, puis (après avoir divisé les deux membres par C) celles de

$$A = B.$$

Exemple : L'équation

$$(x-1)(3x-2)=(x-1)(2x+5)$$

admet la solution $x=1$, puis celle de l'équation

$$3x-2=2x+5.$$

Il est bon de prendre comme règle de ne pas diviser les deux membres d'une équation par une expression susceptible de s'annuler mais de la mettre en facteur.

236. — Remarque. — Nous avons pris un exemple où C ne contient que x; pour éviter des difficultés on convient que les solutions d'une équation telle que

$$\frac{2}{x}+\frac{3}{y}=5$$

sont celles de l'équation

$$2y+3x=5xy$$

obtenue en chassant le dénominateur. Elle admet donc la solution

$$x=0, \quad y=0.$$

La formule des miroirs convexes est

$$fp+fp'=pp',$$

elle admet la solution $p=0$, $p'=0$; on ne supprime aucune de ses solutions en l'écrivant

$$\frac{1}{p}+\frac{1}{p'}=\frac{1}{f}.$$

237. — **Problème.** — ***Les équations***

$$(1) \qquad A=B, \qquad A^2=B^2, \qquad (2)$$

sont-elles équivalentes?

Toute solution de (1) appartient à (2); une solution de (2) appartient à (1) si elle donne à A et B le même signe.

Nous verrons plus loin (n° **326**) des applications de cette règle.

Si on élève les deux membres d'une équation au cube, la réponse n'est pas semblable à la précédente.

Les équations

$$A = B, \qquad A^3 = B^3$$

sont équivalentes.

§ 2. — Théorèmes sur une inéquation.

238. — *Nous écrivons une* **inéquation** *lorsque, étant données deux expressions non identiques et contenant des inconnues, nous écrivons que l'une doit être plus grande que l'autre.*

Les théorèmes démontrés (page 68) sur les inégalités donnent, quand il s'agit d'inéquations :

239. — Théorème I. — *Les inéquations*

$$A > B,$$
$$A + C > B + C,$$

sont équivalentes.

On pourra donc encore faire passer un terme d'un membre dans l'autre en le changeant de signe.

Le plus souvent, on mettra l'inéquation sous la forme

$$A - B > 0;$$

on la résoudra en étudiant le signe du premier membre.

Exemple. — *Résoudre l'équation*

$$5x - 7 > 2x + 3.$$

On a successivement $3x - 10 > 0,$

$$3\left(x - \frac{10}{3}\right) > 0,$$

$$x > \frac{10}{3}.$$

240. — Théorème II. — *Si m est un nombre positif, les inéquations*

$$A > B,$$
$$mA > mB,$$

sont équivalentes.

Si m est négatif, il faut changer le sens de l'inégalité

$$mA < mB.$$

EXEMPLE. — *Résoudre l'inéquation*

$$\frac{3x}{2} - \frac{4}{3} > 5 - \frac{x}{6}.$$

Multiplions les deux membres par 6 :

$$9x - 8 > 30 - x.$$

Nous pouvons achever comme précédemment. Nous pouvons aussi écrire l'inéquation, puisqu'elle est du premier degré

$$10x > 38;$$

et en divisant les deux membres par 10 $\left(m = \frac{1}{10}\right)$

$$x > \frac{19}{5}.$$

241. — Théorème III. — ***Les deux inéquations***

$$(1) \qquad \frac{A}{B} > 0,$$

$$AB > 0,$$

sont équivalentes.

Le signe d'un rapport est, en effet, celui du produit. Nous aurons donc à chercher le signe du produit AB, il est bien inutile de chercher les signes de A et de B pour voir quand ils sont les mêmes (nº **109**).

EXEMPLE. — *Résoudre l'inéquation*

$$\frac{2}{x-1} + \frac{3}{x+1} > 1.$$

Mettons tous les termes dans un seul membre

$$\frac{2}{x-1} + \frac{3}{x+1} - 1 > 0,$$

ou

$$\frac{5x - x^2}{(x-1)(x+1)} > 0,$$

ou enfin

$$(x+1)\,x(x-1)(x-5) < 0.$$

Nous avons déjà (nº **76**) étudié le signe d'un tel produit. Les solutions satisfont aux inégalités

1º $$-1 < x < 0;$$

2º $$1 < x < 5.$$

§ 3. — Théorèmes sur les systèmes d'équations.

242. — *Des équations sont dites* **simultanées** *ou* **formant un système** *quand on leur cherche une solution commune qu'on nomme* **solution du système**.

Deux systèmes sont équivalents quand ils ont les mêmes solutions. Toute solution de l'un appartient à l'autre et réciproquement.

Quand on a un système à résoudre, on peut évidemment remplacer chaque équation par une équation équivalente.

Une équation est dite résolue par rapport à une inconnue x quand elle est équivalente à une équation de la forme

$$x = A$$

A ne dépendant pas de x (il dépend en général des autres inconnues).

Le nombre des inconnues n'est pas nécessairement égal à celui des équations. On peut, par exemple, avoir une équation à 2 inconnues :

$$3x - y^2 + 5y - 4 = 0.$$

On a toutes ses solutions en choisissant y arbitrairement, la valeur correspondante de x s'obtient en résolvant l'équation par rapport à x.

Les solutions sont donc données par les formules

$$\left\{ \begin{array}{l} y \quad \text{arbitraire}, \\ x = \dfrac{y^2 - 5x + 4}{3}. \end{array} \right.$$

Appelons t la valeur arbitraire choisie pour y, il est quelquefois commode de donner les solutions par les formules

$$\begin{cases} x = \dfrac{t^2 - 5t + 4}{3}, \\ y = t\ : \end{cases}$$

x et y sont exprimées en fonction du *paramètre* t.

Résoudre, par exemple, un système de trois équations à trois inconnues x, y, z, c'est chercher un système équivalent de la forme

$$\begin{cases} x = \mathrm{A}, \\ y = \mathrm{B}, \\ z = \mathrm{C}, \end{cases}$$

où A, B et C ne contiennent pas x, y, z.

243. — Théorème I. — ***Si une équation d'un système est résolue par rapport à une inconnue*** x, $x = \mathrm{A}$, ***on forme un système équivalent en conservant cette équation et en remplaçant dans les autres équations*** x ***par*** A.

Montrons-le dans le cas de deux équations à trois inconnues. Le système proposé est

$$\begin{cases} x = \mathrm{A}(y, z), & (1) \\ \mathrm{B}(x, y, z) = 0; & (2) \end{cases}$$

où les symboles A et B représentent les fonctions.

Si nous faisons la substitution, nous obtiendrons le nouveau système

$$\begin{cases} x = \mathrm{A}(y, z), & (1) \\ \mathrm{B}[\mathrm{A}(y, z), y, z] = 0. & (3) \end{cases}$$

L'équation (1) a, en général, une infinité de solutions : on peut choisir y et z arbitrairement ; nous cherchons une de ces solutions qui rende nul $\mathrm{B}(x, y, z)$. Or, toute solution de (1) donne évidemment à $\mathrm{B}(x, y, z)$, et à $\mathrm{B}[\mathrm{A}(y, z), y, z]$ la même valeur numérique : si l'un des systèmes est vérifié, l'autre l'est aussi.

244. — Élimination. — Imaginons deux équations contenant x et d'autres inconnues : éliminer x entre ces équations, c'est former une équation ne contenant pas x et satisfaite pour toutes leurs solutions.

Nous avons éliminé x entre la première équation et chacune des suivantes.

Remarque. — Inversement, une équation telle que

$$x + 3 + \sqrt{4 - x^2} = 0$$

peut être considérée comme provenant de la résolution d'un système

$$\left\{ \begin{array}{l} y = \sqrt{4 - x^2}, \\ 2x + 3 + y = 0, \end{array} \right.$$

qu'il est facile d'interpréter géométriquement.

245. — Méthode de substitution. — Imaginons un système de trois équations à trois inconnues : on résoudra l'une des équations par rapport à une inconnue (ce qui est la remplacer par une équivalente) et on appliquera le théorème précédent. On aura un système, équivalent au premier, et de la forme

$$\left\{ \begin{array}{l} x = A(y, z), \\ B(y, z) = 0, \\ C(y, z) = 0. \end{array} \right.$$

Les deux dernières équations forment un système à deux inconnues, résolvons l'une d'elles par rapport à y et appliquons encore le théorème; le système proposé sera équivalent au suivant

$$\left\{ \begin{array}{l} x = A(y, z), \\ y = D(z), \\ F(z) = 0. \end{array} \right.$$

Résolvons enfin la dernière, nous trouverons $z = G$ où

G ne contient plus aucune inconnue et nous aurons un dernier système

$$\left\{\begin{aligned} x &= A(y, z), \\ y &= D(z), \\ z &= G, \end{aligned}\right.$$

qui donne immédiatement une solution.

246. — Théorème II. — *Les systèmes*

$$\begin{matrix} \alpha \\ \beta \\ \gamma \end{matrix} \left\{\begin{aligned} A &= 0, \\ B &= 0, \\ C &= 0; \end{aligned}\right. \qquad \left\{\begin{aligned} \alpha A + \beta B + \gamma C &= 0, \\ B &= 0, \\ C &= 0. \end{aligned}\right.$$

sont équivalents. α, β, γ sont des nombres arbitrairement choisis, α *est différent de* 0.

Le raisonnement se fait sans aucune difficulté.

On a donc additionné membre à membre après avoir multiplié par α, β, γ. La nouvelle équation ne peut remplacer la première que si l'on est sûr que $\alpha \neq 0$.

Soit à résoudre le système

$$\left\{\begin{aligned} x^2 + y^2 - 4x + 6y - 3 &= 0, \\ x^2 + y^2 + 8x - 2y + 2 &= 0. \end{aligned}\right.$$

On commencera par retrancher membre à membre; le système équivalent est

$$\left\{\begin{aligned} 12x - 8y + 5 &= 0, \\ x^2 + y^2 + 8x - 2y + 2 &= 0. \end{aligned}\right.$$

La recherche des points communs à deux cercles se ramène à celle de l'intersection d'une droite et d'un cercle.

Nous pourrions essayer trois combinaisons *linéaires*, c'est-à-dire du premier degré, des équations avec les coefficients α, β, γ; α′, β′, γ′; α″, β″, γ″ : toute solution du premier système appartient au second.

Il y a une règle pour reconnaître, étant donné ces 9 coefficients, si toute solution du second système appartient au premier. Cette règle exprime évidemment la condition nécessaire pour que le système de trois équations homogènes à *trois inconnues* A, B, C,

$$\left\{\begin{aligned} \alpha\, A + \beta\, B + \gamma\, C &= 0, \\ \alpha'\, A + \beta'\, B + \gamma'\, C &= 0, \\ \alpha''\, A + \beta''\, B + \gamma''\, C &= 0, \end{aligned}\right.$$

admettent la solution unique

$$A = 0, \qquad B = 0, \qquad C = 0;$$

nous ne la chercherons pas.

Disons cependant un mot du système obtenu en ajoutant et retranchant membre à membre

$$\left\{\begin{array}{ll} A = 0, & A + B = 0, \\ B = 0; & A - B = 0; \end{array}\right.$$

on montrera facilement qu'ils sont équivalents.

REMARQUE. — L'énoncé du théorème ne change pas si le système proposé est donné sous la forme

$$A = A', \qquad B = B', \qquad C = C'.$$

247. PROBLÈME. — *Résoudre le système*

$$\left\{\begin{array}{l} x + y + z = 1, \\ (b+c)x + (c+a)y + (a+b)z = m + n, \\ bc \cdot x + ca \cdot y + ab \cdot z = mn, \end{array}\right.$$

où a, b, c *sont différents.*

Formons trois nouvelles équations en prenant les groupes de multiplicateurs

$$a^2, -a, 1; \qquad b^2, -b, 1; \qquad c^2, -c, 1:$$

nous trouverons

$$(a-b)(a-c)x = (a-m)(a-n)$$

et deux équations analogues. La solution du nouveau système est

$$x = \frac{(a-m)(a-n)}{(a-b)(a-c)}, \quad y = \frac{(b-m)(b-n)}{(b-c)(b-a)}, \quad z = \frac{(c-m)(c-n)}{(c-a)(c-b)},$$

les deux dernières fractions se déduisant de la première par permutation circulaire de a, b, c. Il resterait à vérifier que cette solution appartient au système proposé, ou bien que le système en A, B, C

$$\left\{\begin{array}{l} a^2A - aB + C = 0, \\ b^2A - bB + C = 0, \\ c^2A - cB + C = 0, \end{array}\right.$$

admet la solution unique $A = 0$, $B = 0$, $C = 0$.

248. — Il peut arriver que l'une des équations se décompose

$$\left\{\begin{array}{l} AB = 0, \\ C = 0. \end{array}\right.$$

Les solutions du système appartiennent à l'un ou à l'autre des systèmes

$$\begin{cases} A = 0, \\ C = 0; \end{cases} \qquad \begin{cases} B = 0, \\ C = 0. \end{cases}$$

Si les deux équations se décomposent

$$\begin{cases} AB = 0, \\ CD = 0; \end{cases}$$

on résoudra successivement les quatre systèmes

$$\begin{cases} A = 0, \\ C = 0; \end{cases} \quad \begin{cases} A = 0, \\ D = 0; \end{cases} \quad \begin{cases} B = 0, \\ C = 0; \end{cases} \quad \begin{cases} B = 0, \\ D = 0. \end{cases}$$

249. — Problème. — *Les systèmes*

$$(1) \begin{cases} A = A', \\ B = B'; \end{cases} \qquad (2) \begin{cases} A = A', \\ A^2 + B^2 = A'^2 + B'^2; \end{cases}$$

sont-ils équivalents?

Toute solution de (1) appartient à (2); mais une solution de (2) rend simplement B^2 égal à B'^2. Pour que $B = B'$, il faut qu'elle donne le même signe à B et B'.

Exemple :

$$(1) \begin{cases} x^2 - y^2 = a, \\ 2xy = b. \end{cases}$$

Si on additionne membre à membre après avoir élevé au carré, on obtient

$$(x^2 + y^2)^2 = a^2 + b^2 \quad \text{ou} \quad x^2 + y^2 = \sqrt{a^2 + b^2}.$$

Voici comment on continue :

1° On remplace le système donné par le suivant :

$$(2) \begin{cases} x^2 - y^2 = a, \\ x^2 + y^2 = \sqrt{a^2 + b^2}. \end{cases}$$

Il faut que xy ait le signe de b; si, par exemple, b est négatif,

$$x = \varepsilon\sqrt{\frac{\sqrt{a^2 + b^2} + a}{2}}, \; y = -\varepsilon\sqrt{\frac{\sqrt{a^2 + b^2} - a}{2}}; \; \varepsilon = \pm 1.$$

2° On prend le système

$$\begin{cases} x^2 + y^2 = \sqrt{a^2 + b^2}, \\ 2xy = b. \end{cases}$$

Il faut que $x^2 - y^2 = (x - y)(x + y)$ ait le signe de a. Si, par exemple, $a < 0$, il faudra que $x - y$ et $x + y$ soient de signe contraire. On tire par addition et soustraction :

$$x + y = \varepsilon\sqrt{\sqrt{a^2 + b^2} + b}, \; x - y = -\varepsilon\sqrt{\sqrt{a^2 + b^2} - b}, \; \varepsilon = \pm 1,$$

d'où l'on déduit x et y.

CHAPITRE XII

ÉQUATIONS ET INÉQUATIONS A UNE INCONNUE

§ 1. — Équation du premier degré.

250. — Nous l'avons déjà résolue, en particulier, en définissant le rapport de deux nombre (nº **61**). Écrivons-la

$$ax + b = 0; \qquad (a \neq 0)$$

mettons a en facteur

$$a\left(x + \frac{b}{a}\right) = 0$$

la solution est

$$x = -\frac{b}{a}.$$

Pour appliquer les théorèmes généraux, on peut

1º Faire passer b dans le second membre :

$$ax = -b;$$

2º Diviser les deux membres par a $\left(m = \frac{1}{a}\right)$:

$$x = -\frac{b}{a}.$$

Remarque. — Si l'on reconnaît que, par la réduction des termes semblables, une équation sera du premier degré, il est inutile de faire passer tous les termes dans le premier ; on la met sous la forme

$$ax = b.$$

Si a et b dépendent d'un paramètre λ, il peut se faire que pour une valeur particulière λ_0 de λ on ait, en appelant a_0, b_0 les valeurs correspondantes de λ :

1° $a_0 = 0$, $b_0 \neq 0$. L'équation n'a pas de solution. (Quand $\lambda \to \lambda_0$, $x \to \infty$.)

2° $a_0 = b_0 = 0$. Il n'y a plus d'équation, x cesse d'être déterminé.

Exemple. — Soit l'équation

$$(\lambda^2 - 3\lambda + 2)\,x = \lambda^2 - 4\lambda + 3.$$
$$a = (\lambda - 1)(\lambda - 2),$$

donc :

1° Si $\lambda \neq 1$ et $\neq 2$,

$$x = \frac{\lambda^2 - 4\lambda + 3}{\lambda^2 - 3\lambda + 2};$$

2° Si $\lambda = 1$, l'équation disparaît : x est indéterminé;

3° Si $\lambda = 2$ et $b \neq 0$: l'équation est impossible.

Puisque, quand $\lambda = 1$, a et b sont nuls, on peut simplifier la fraction précédente : dans le cas général où λ est différent de 1 et de 2,

$$x = \frac{\lambda - 3}{\lambda - 2}.$$

251. — Problème. — *Deux cercles sont définis par les extrémités des diamètres* AB *et* CD *portés par la ligne des centres : trouver le pied de l'axe radical.*

Soit M (x) ce point. Par définition

$$\overline{MA} \cdot \overline{MB} = \overline{MC} \cdot \overline{MD}.$$
$$(a - x)(b - x) = (c - x)(d - x),$$
$$x[(a + b) - (c + d)] = ab - cd.$$

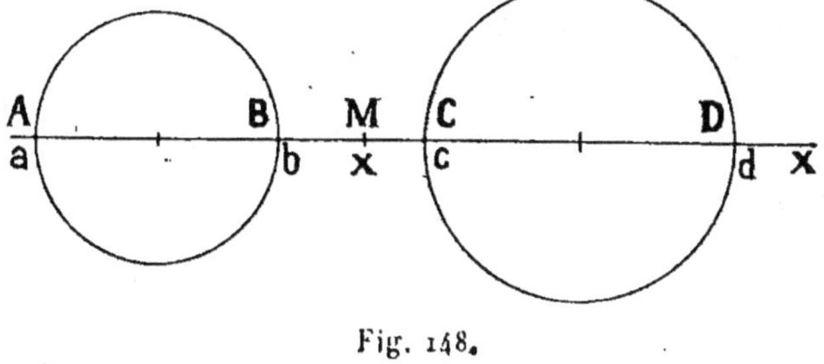

Fig. 148.

1° $a + b \neq c + d$. Les centres ayant pour abscisses $\frac{a+b}{2}$

et $\frac{c+d}{2}$ sont différents, alors

$$x = \frac{ab - cd}{a + b - c - d};$$

2° $a + b = c + d$, *les cercles sont concentriques :* il n'y a pas d'axe radical.

Si en même temps $ab = cd$, M est indéterminé : les deux groupes de nombres (a, b), (c, d) ont même somme et même produit, ils ne sont pas distincts, *les cercles sont confondus.*

Il est intéressant de reprendre la question, les deux groupes de points étant donnés par les racines de deux équations du second degré.

$$f(x) = ax^2 + bx + c = 0,$$
$$\varphi(x) = a'x^2 + b'x + c' = 0.$$

252. — Problème. — *Deux points pesants décrivent une même verticale (on compte les espaces positivement vers le haut), ils passent à l'origine aux temps* o *et* θ *avec les vitesses* v_0 *et* v'_0 *: quand se rencontrent-ils ?*

Les formules des espaces sont

$$v_0 t - \frac{1}{2} g t^2,$$

$$v'_0 (t - \theta) - \frac{1}{2} g (t - \theta)^2;$$

et celles des vitesses

$$v_0 - gt,$$
$$v'_0 - g(t - \theta) = v'_0 + g\theta - gt.$$

Les mobiles se rencontrent lorsque

$$v_0 t - \frac{1}{2} g t^2 = v'_0 (t - \theta) - \frac{1}{2} g (t - \theta)^2$$

ou
$$(v'_0 + g\theta - v_0) t = v'_0 \theta + \frac{1}{2} g \theta^2.$$

Cas général : $\qquad v_0 \neq v'_0 + g\theta, \qquad$ (1)

les vitesses à l'origine du temps sont différentes, la rencontre a lieu quand

$$t = \frac{v'_0 \theta + \frac{1}{2} g \theta^2}{v'_0 + g\theta - v_0}.$$

Cas particulier : $\qquad v_0 = v'_0 + g\theta.$

Il n'y a pas de rencontre à moins que, en même temps,

$$v'_0\theta + \frac{1}{2}g\,\theta^2 = 0. \qquad (2)$$

Les points sont constamment confondus : les expressions des espaces sont identiques. Les deux conditions (1) et (2) expriment que les mobiles ont, au temps 0, même position et même vitesse.

§ 2. — Équation du second degré.

253. Nous l'avons déjà résolue (p. 93) en décomposant son premier membre. C'est la meilleure méthode. Voici néanmoins une autre manière de traiter la question.

Soit l'équation

$$ax^2 + bx + c = 0. \qquad (a \neq 0.)$$

Divisons les deux membres par a :

$$x^2 + \frac{b}{a}x + \frac{c}{a} = 0.$$

$$\left(x + \frac{b}{2a}\right)^2 = \frac{b^2 - 4ac}{4a^2}.$$

Nous connaissons le carré de $x + \dfrac{b}{2a}$.

1° Le second membre $b^2 - 4ac < 0$: il n'y a pas de solution ;

2° $b^2 - 4ac = 0$:

$$x = -\frac{b}{2a};$$

3° $b^2 - 4ac > 0$:

$$x + \frac{b}{2a} = \frac{\pm\sqrt{b^2 - 4ac}}{2a}.$$

Nous avons à résoudre deux équations du premier degré :

$$x = \frac{-b \pm \sqrt{b^2 - 4ac}}{2a}.$$

Souvent, le coefficient b contient le facteur 2, $b = 2b'$; on applique alors la formule

$$x = \frac{-b' \pm \sqrt{b'^2 - ac}}{a}.$$

Pour retarder le plus longtemps possible l'introduction d'un dénominateur, le lecteur multipliera d'abord les deux membres de l'équation par $4a$.

Avant de résoudre une équation du second degré, il faut donc chercher d'abord le signe de $b^2 - 4ac$.

Si a et c sont de signe contraire, cette quantité est évidemment positive, on peut appliquer immédiatement les formules de résolution.

Nous reviendrons encore (p. 284) sur l'équation du second degré.

Quelquefois on ne veut que l'une des racines, par exemple, la plus grande. Il faut alors prendre le signe $+$ devant le radical si le dénominateur et, par suite, a sont positifs. Si a est négatif, il faut prendre le signe $-$.

254. — Nous avons démontré les formules

$$x' + x'' = -\frac{b}{a}, \quad x'x'' = \frac{c}{a}.$$

On peut les déduire des formules

$$x' = \frac{-b - \sqrt{b^2 - 4ac}}{2a},$$

$$x'' = \frac{-b + \sqrt{b^2 - 4ac}}{2a}.$$

Si nous formons le produit des deux fractions, nous remarquons, en multipliant les numérateurs, qu'ils sont la somme et le produit des deux nombres

$$-b \text{ et } \sqrt{b^2 - 4ac}:$$

$$x'x'' = \frac{(-b)^2 - (b^2 - 4ac)}{4a^2} = \frac{c}{a}.$$

255. Dans l'équation $ax^2 + bx + c = 0$, il y a deux coefficients arbitraires $\frac{b}{a}$ et $\frac{c}{a}$: l'équation contient deux *para-*

mètres; pour les mettre en évidence, on écrit souvent l'équation

$$x^2 + px + q = 0.$$

Nous pouvons choisir les racines α et β : p et q sont déterminés

$$p = -(\alpha + \beta), \quad q = \alpha\beta.$$

Nous venons, en somme, d'écrire l'équation

$$(x - \alpha)(x - \beta) = 0.$$

Nous aurions pu écrire le système

$$\begin{cases} \alpha^2 + p\alpha + q = 0 \\ \beta^2 + p\beta + q = 0 \end{cases}$$

et le résoudre; c'est moins simple.

Si nous ne choisissons qu'une racine, nous écrivons

$$\alpha^2 + p\alpha + q = 0$$

équation qui lie p et q.

Quelquefois l'équation dépend d'un seul paramètre λ :

$$(2 + 3\lambda)x^2 + (5 - 4\lambda)x + (4 - \lambda) = 0.$$

Si nous choisissons une racine, λ est déterminé et par suite aussi l'autre racine : *il y a une relation entre les racines.* Pour trouver cette relation entre α et β nous écrirons

$$(2 + 3\lambda)\alpha\beta - (4 - \lambda) = 0,$$
$$(2 + 3\lambda)(\alpha + \beta) + (5 - 4\lambda) = 0,$$

et nous éliminerons λ entre ces deux équations.

Il faut mettre ces équations sous la forme

$$a\lambda + b = 0,$$
$$a'\lambda + b' = 0,$$

et écrire $ab' - ba' = 0$. Nous trouvons

$$23\alpha\beta - 10(\alpha + \beta) - 11 = 0.$$

256. — Exemple. — *On donne un cercle* C (a, b) *passant par l'origine et un point* P *sur* Ox. *Une sécante tourne autour de* P : *trouver la relation qui existe entre les pentes des droites* OM', OM''.

Avec les axes choisis, le cercle et la sécante ont pour équations

$$x^2 + y^2 - 2(ax + by) = 0,$$

$$\frac{x}{p} + \frac{y}{\lambda} = 1 \qquad \text{ou} \qquad \lambda x + py = p\lambda$$

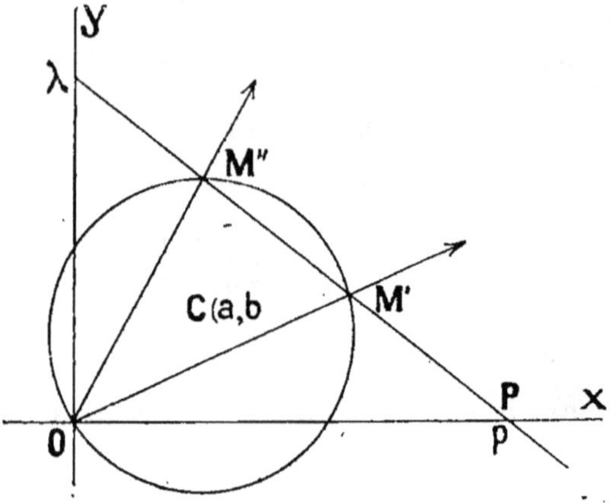

Fig. 149.

Le faisceau de droites OM′, OM″ est donné par la combinaison homogène de ces équations

$$p\lambda(x^2 + y^2) - 2(ax + by)(\lambda x + py) = 0,$$

et les coefficients angulaires par l'équation

$$p(\lambda - 2b)m^2 - 2(b\lambda + ap)m + (p - 2a)\lambda = 0.$$

On formera la relation demandée. Elle devient, si $b = 0$ et $a = R$:

$$m'm'' = \frac{p - 2R}{p}.$$

En posant, dans ce cas,

$$x\,OM' = \varphi', \qquad x\,OM'' = \varphi'' :$$

$$\operatorname{tg}\frac{\varphi'}{2}\cdot\operatorname{tg}\frac{\varphi''}{2} = \frac{p - 2R}{p}.$$

257. — Problème. — *Étudier le signe des racines d'une équation du second degré.*

Il est inutile de calculer ces racines. Supposons qu'il y ait des racines, nous calculerons leur somme s et leur produit p,

$$p<0: \qquad x'<0<x'';$$
$$p>0\begin{cases} s<0 & x'<x''<0; \\ s>0 & 0<x'<x''. \end{cases}$$

$p=\dfrac{c}{a}$ et a le signe de ac;

$s=-\dfrac{b}{a}$ et a le signe de $-ab$.

Nous reviendrons sur ce problème (n° **275**).

Quand on donne une équation à coefficients numériques qui a des racines, on reconnaît le signe de ces racines à la simple inspection de ceux des coefficients.

Si les signes sont

$$\begin{array}{ccccl} + & , & \pm & , & - \quad : \quad x'<0<x''. \\ + & & + & & + \quad : \quad x'<x''<0. \\ + & & - & & + \quad : \quad 0<x'<x''. \end{array}$$

258. — Problème. — *Trouver le signe de*

$$y=2x-1-\sqrt{4x^2-16x+12}=2x-1-\sqrt{4(x-1)(x-3)}.$$

Nous ne pouvons donner à x que des valeurs non comprises entre 1 et 3, pour que le trinôme sous le radical soit positif.

Considérons en même temps

$$y_1=2x-1+\sqrt{4x^2-16x+12};$$

nous allons chercher le signe des expressions yy_1 et $y+y_1$ qui sont rationnelles. On a toujours $y_1 \geqslant y$.

$$yy_1=(2x-1)^2-(4x^2-16x+12)=12x-11=12\left(x-\frac{11}{12}\right),$$

$$y+y_1=2(2x-1)=4\left(x-\frac{1}{2}\right);$$

yy_1 et $y+y_1$ ont le signe de $x-\dfrac{11}{12}$ et $x-\dfrac{1}{2}$; la somme n'est à considérer que si le produit est positif. On fait le tableau suivant :

x	$-\infty$ à $\frac{1}{2}$	$\frac{1}{2}$ à $\frac{11}{12}$	$\frac{11}{12}$ à 1	1 à 3	3 à $+\infty$
yy_1	$-$	$-$	$+$		$+$
$y+y_1$			$+$		$+$
	$y<0<y_1$		$0<y<y_1$		$0<y<y_1$

Donc : 1° $x < \frac{11}{12}$: $y < 0$;

2° $\frac{11}{2} < x < 1$: $y > 0$;

3° $1 < x < 3$: y n'existe pas;

4° $3 < x$: $y > 0$.

Cette question se rattache bien à la précédente puisque y et y_1 sont racines de l'équation en Y :

$$Y^2 - (12x - 11)Y + (4x - 2).$$

259. — Problème. — ***On donne 3 segments de droites dont les longueurs affectées de signes sont*** a, b, c : ***construire les racines de l'équation***

$$x^2 - ax + bc = 0.$$

Considérons les racines x' et x'' comme les abscisses de deux points M' et M" de Ox. La formule

$$x' + x'' = a$$

montre que le milieu I de M'M" a pour abscisse $\frac{a}{2}$; la formule

$$x'x'' = bc$$

conduit à porter sur un axe Oy passant par O

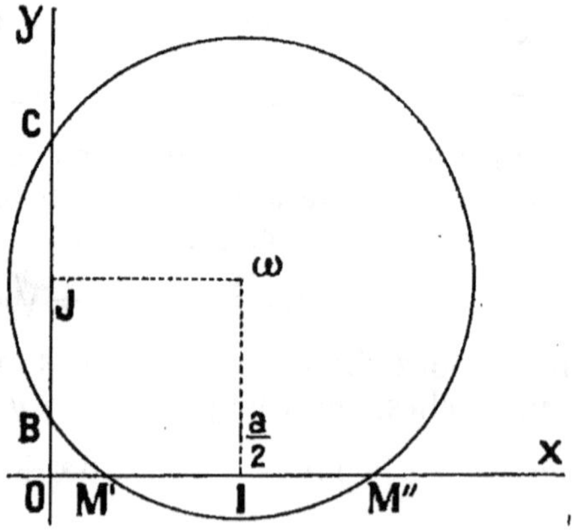

Fig. 150.

$$\overline{OB} = b, \qquad \overline{OC} = c;$$

les 4 points M', M", B et C sont sur un cercle facile à construire, son centre est sur les perpendiculaires menées à Ox par I, à Oy par le milieu J de BC.

On peut dire aussi : l'équation proposée donne les points où Ox est coupé par le cercle

$$x^2 + y^2 - ax - (b + c)y + bc = 0;$$

ce cercle (c'est le précédent) coupe Oy aux points d'ordonnées b et c, son centre a pour abscisse $\frac{a}{2}$.

Un cas très simple est celui où $c = -b$: J tombe en O, I est alors le centre du cercle cherché.

260. — Transformation. — ***Une équation du second degré*** f(x) = o ***étant donnée, faire la transformation***

$$y = \varphi(x),$$

c'est former l'équation ayant pour racines $\varphi(\alpha)$, $\varphi(\beta)$, α ***et*** β ***étant les racines de l'équation proposée.***

Cette définition se généralise facilement.

Considérons le système d'équations à deux inconnues

$$\begin{cases} f(x) = 0, \\ y - \varphi(x) = 0 ; \end{cases}$$

il a pour solutions

$$\begin{cases} x = \alpha, \\ y = \varphi(\alpha) ; \end{cases} \qquad \begin{cases} x = \beta, \\ y = \varphi(\beta). \end{cases}$$

Si donc on élimine x entre les deux équations, l'équation en y obtenue sera l'équation demandée.

261. — PROBLÈMES. — *Étant donnée l'équation*

$$f(x) = ax^2 + bx + c = 0,$$

1° *Former l'équation aux racines diminuées de* h.

C'est faire la transformation

$$y = x - h.$$

L'équation en y est

$$a(y + h)^2 + b(y + h) + c = 0$$

ou

$$ay^2 + (2ah + b)y + (ah^2 + bh + c) = 0.$$

Nous l'avons déjà rencontrée (n° **128**) en faisant un changement d'origine. Comme nous l'avons dit, nous pouvons profiter de l'indétermination de h pour simplifier l'équation. On annule le coefficient de y : $h = -\frac{b}{2a}$, l'équation devient

$$y^2 = \frac{b^2 - 4ac}{4a^2} :$$

c'est chercher un nombre connaissant son carré.

Quand on a y, $x = y + h$.

Nous pouvons dire aussi : si α et β sont les racines de l'équation proposée, celles de l'équation en y sont

$$\alpha - h, \quad \beta - h.$$

Leur somme est $\alpha + \beta - 2h$;
leur produit est $\alpha\beta - h(\alpha + \beta) + h^2$;

on sait les exprimer en fonction de a, b et c.

2° *Former l'équation aux inverses des racines.*

C'est faire la transformation

$$y = \frac{1}{x};$$

l'équation demandée est

$$cy^2 + by + a = 0.$$

Nous pourrons aussi faire la somme et le produit des nouvelles racines

$$\frac{1}{\alpha} + \frac{1}{\beta} = \frac{\alpha + \beta}{\alpha\beta};$$

$$\frac{1}{\alpha} \cdot \frac{1}{\beta} = \frac{1}{\alpha\beta}, \text{ etc....}$$

3° *Faire la transformation*

$$y = \frac{k - x}{x - h}.$$

On tire de cette équation :

$$x = \frac{hy + k}{y + 1};$$

l'équation demandée est

$$a(hy + k)^2 + b(hy + k)(y + 1) + c(y + 1)^2 = 0.$$

ou

$$f(h) \cdot y^2 + [2ahk + b(h + k) + 2cy] + f(k) = 0.$$

Cette équation dépend de deux paramètres h et k; en supposant $h < k$, on remarquera que, pour que l'équation en x ait ses racines comprises entre k et h, il faut et il suffit que l'équation ait deux racines positives.

262. — Fonctions symétriques des racines. — *α et β étant les racines de*

$$x^2+px+q=0 \quad \text{ou} \quad ax^2+bx+c=0,$$

calculer $\varphi(\alpha, \beta)$, φ étant un polynôme symétrique en α et β.

Nous avons déjà résolu le problème (n° **84**).

Pour calculer φ, il est inutile de connaître α et β mais simplement leur somme et leur produit. Ici,

$$\alpha+\beta=-p, \qquad \alpha\beta=q:$$

φ est un polynôme en p et q.

Nous avons vu qu'il fallait calculer $s_n=\alpha^n+\beta^n$, où $n=2, 3, 4, \ldots$ nous pouvons retrouver la formule de récurrence.

Écrivons

$$\alpha^2+p\alpha+q=0 \quad \text{ou} \quad a\alpha^2+b\alpha+c=0 \qquad \alpha^{n-1}$$
$$\beta^2+p\beta+q=0 \quad \text{»} \quad a\beta^2+b\beta+c=0; \qquad \beta^{n-1}$$

si nous additionnons membre à membre nous trouvons

$$\alpha^2+\beta^2+p(\alpha+\beta)+2q=0$$

ou

$$\alpha^2+\beta^2=p^2-2q.$$

Additionnons encore après avoir multiplié par α^{n-1} et β^{n-1} :

$$s_{n+1}+ps_n+qs_{n-1}=0 \quad \text{ou} \quad as_{n+1}+bs_n+cs_{n-1}=0.$$

Connaissant deux sommes consécutives, on sait calculer la suivante.

263. — Problème. — α et β $(\alpha<\beta)$ *étant les racines de l'équation*

$$x^2+px+q=0,$$

calculer $\varphi(\alpha, \beta)$, φ étant un polynôme non symétrique.

Nous allons résoudre d'abord le problème particulier suivant :

α étant une racine de l'équation

$$x^2+px+q=0,$$

et $f(x)$ un polynôme, calculer $f(\alpha)$ (n° **121**).

Divisons $f(x)$ par x^2+px+q, le reste est du premier degré

$$f(x)=(x^2+px+q)\,Q(x)+(mx+n).$$

Remplaçons x par α :

$$f(\alpha) = m\alpha + n.$$

Pour achever le calcul, il faudra déterminer α et substituer; on devra donc dire quelle est la racine que l'on considère.

Si nous ne voulons pas faire la division, nous écrirons :

$$\alpha^2 = -p\alpha - q,$$
$$\alpha^3 = -p\alpha^2 - q\alpha = p(p\alpha + q) - q\alpha = (p^2 - q)\alpha + pq,$$
$$\ldots\ldots\ldots$$

nous formerons ensuite $f(\alpha)$.

Passons au polynôme $\varphi(\alpha, \beta)$.

Considérons un terme quelconque, soit $7\alpha^3\beta^2$; nous le remplaçons par $7q^2\alpha^3$: φ sera la somme d'un polynôme en α et d'un polynôme en β.

Nous venons de voir comment on pourra les remplacer par des polynômes du premier degré :

$$\varphi(\alpha, \beta) = A\alpha + B\beta + C,$$

où α et β sont des polynômes en p et q.

Remplaçons enfin β par $-\alpha - p$:

$$\varphi(\alpha, \beta) = M\alpha + N. \qquad (1)$$

Pour achever le calcul, il faut d'abord déterminer α.

Remarques. — Rien n'empêche de suivre cette méthode quand φ est symétrique; A et B sont alors égaux et M est nul.

Si φ est le rapport de deux polynômes, on peut l'écrire

$$\varphi = \frac{M\alpha + N}{R\alpha + S};$$

multiplions les deux termes par $R\beta + S$,

$$\varphi = \frac{(M\alpha + N)(R\beta + S)}{(R\alpha + S)(R\beta + S)},$$

le dénominateur est symétrique en α et β; le numérateur peut être amené à ne plus contenir que α au premier degré. $\varphi(\alpha, \beta)$ se met encore sous la forme (1) où M et N sont des fonctions rationnelles de p et q.

264. — Problème. — *α, β étant les racines de l'équation*

$$x^2 + px + q = 0,$$

former une équation ayant pour racines

$$\varphi(\alpha, \beta), \qquad \varphi(\beta, \alpha).$$

φ est un polynôme ou une fraction rationnelle.

Il faut calculer la somme et le produit de ces deux quantités, ce sont des fonctions symétriques. On réduit d'abord les fonctions données à la forme

$$M\alpha + N, \qquad M\beta + N$$

où M et N sont des fonctions de p et q. La somme et le produit sont :

$$M(\alpha+\beta) + 2N = -pM + 2N,$$
$$M^2\alpha\beta + MN(\alpha+\beta) + N^2 = N^2 - pMN + qM^2;$$

l'équation proposée est

$$y^2 + (pM - 2N)y + N^2 - pMN + qM^2 = 0.$$

Nous pouvons encore dire : imaginons la transformation

$$\begin{cases} x^2 + px + q = 0, \\ \qquad\qquad y = Mx + N; \end{cases}$$

l'équation en y aura pour racines $M\alpha + N$, $M\beta + N$, c'est l'équation demandée.

$$x = \frac{y - N}{M},$$

donc

$$\left(\frac{y-N}{M}\right)^2 + p\,\frac{y-N}{M} + q = 0,$$

c'est l'équation trouvée précédemment.

Remarque. — Si l'équation proposée a des racines, l'équation en y en a évidemment. La réciproque est vraie; cette transformation le montre, aux racines y' et y'' correspondent les racines

$$\frac{y'-N}{M}, \qquad \frac{y''-N}{M}.$$

D'ailleurs, la quantité sous le radical est

$$(y'' - y')^2 = M^2(\beta - \alpha)^2 = M^2(p^2 - 4q).$$

Ceci posé, avec un problème simple tel que le suivant :

Former l'équation du second degré ayant pour racines

$$\frac{3\alpha - 2\beta}{\alpha + 3\beta}, \qquad \frac{3\beta - 2\alpha}{\beta + 3\alpha},$$

on ne ramène pas ces fractions à la forme

$$M\alpha + N, \qquad M\beta + N;$$

on fait leur somme en réduisant au même dénominateur, puis leur produit, et on exprime en fonction de p et de q les deux termes des fractions obtenues; ces termes sont manifestement des polynômes symétriques en α et β.

265. — PROBLÈME. — α et β *étant racines de l'équation*

$$x^2 + px + q = 0,$$

exprimer qu'entre ces racines existe la relation

$$\varphi(\alpha, \beta) = 0. \qquad (1)$$

1° La fonction φ est symétrique en α et β, on peut la remplacer par une fonction de p et q.

Réciproquement, si entre p et q existe la relation qu'on vient de former, et si

$$p^2 - 4q > 0,$$

la relation (1) existe entre les racines.

2° φ n'est pas symétrique. On écrira la relation

$$\varphi(\alpha, \beta)\,\varphi(\beta, \alpha) = 0$$

qui est symétrique.

Réciproquement, si l'équation a des racines et si cette dernière relation est vérifiée, l'un des facteurs est nul, la relation (1) est vérifiée, mais nous ne savons quelle racine est représentée par α.

Pour faire le calcul, nous mettrons d'abord φ sous la forme $M\alpha + N$, nous aurons donc à écrire

$$(M\alpha + N)(M\beta + N) = 0$$

ou

$$N^2 - pMN + qM^2 = 0. \qquad (2)$$

Nous trouvons préférable de dire que, si $M\alpha + N = 0$, c'est que $\alpha = -\frac{N}{M}$ est racine de l'équation proposée; nous sommes, bien entendu, conduits encore à la relation (2).

REMARQUE IMPORTANTE. — Si la relation (2) est vérifiée, l'équation proposée a en général des racines.

En effet, si $M \neq 0$, l'une de ses racines est $-\frac{N}{M}$.

Il n'y a exception que si M est nul, N est alors nul aussi comme le montre (2); on ne peut rien dire quant au signe de $p^2 - 4q$.

Exemple. — *Chercher la condition pour qu'une des racines soit le carré de l'autre.*

Nous voulons que

$$\alpha^2 = \beta, \tag{1}$$

ou

$$-p\alpha - q = -p - \alpha, \tag{2}$$

$$\alpha(p-1) = p - q.$$

Il faudra donc que

$$\alpha = \frac{p-q}{p-1} \tag{3}$$

soit une racine, c'est-à-dire

$$\left(\frac{p-q}{p-1}\right)^2 + p\frac{p-q}{p-1} + q = 0,$$

ou, finalement,

$$(p-q)^2 + p(p-1)(p-q) + q(p-1)^2 = 0.$$

Si cette condition est satisfaite, l'équation a des racines dont l'une est donnée par (3); l'autre est son carré, car les égalités (2) et (1) sont satisfaites.

Le cas exceptionnel est celui où

$$p - q = 0, \qquad p - 1 = 0,$$

$$p = 1, \qquad q = 1;$$

dans cet exemple l'équation proposée n'a pas de racines.

Remarque. — Si p et q vérifient l'inégalité

$$N^2 - pMN + qM^2 < 0,$$

l'équation proposée a sûrement des racines.

Le trinôme $$x^2 + px + q$$

devient en effet négatif quand on y remplace x par $-\frac{N}{M}$ (nº **275**).

266. — Problème. — *Trouver quelle relation doit exister entre p et q pour qu'entre les deux racines α et β de l'équation*

$$x^2 + px + q = 0$$

existe la relation

$$2\alpha - 3\beta = 4. \tag{1}$$

Nous allons appliquer une autre méthode.

L'équation (1) et les suivantes

$$\alpha + \beta = -p \tag{2}$$

$$\alpha\beta = q \tag{3}$$

doivent être compatibles; la condition est suffisante.

On tire α et β des deux premières et on substitue dans la troisième

$$\alpha = \frac{-3p+4}{5}, \qquad \beta = \frac{-2p-4}{5}.$$

La condition demandée est $\frac{-3p+4}{5} \cdot \frac{-2p-4}{5} = q$.

Si cette condition est satisfaite, il y a deux racines données par les formules précédentes et vérifiant la relation donnée.

§ 3. Équations bicarrées et réciproques.

267. — Équation bicarrée. — ***C'est une équation du 4e degré où x ne figure que par son carré et sa quatrième puissance.***

On la met habituellement sous la forme

$$ax^4 + bx^2 + c = 0. \qquad (1)$$

Nous avons déjà dit que la courbe $y = ax^4 + bx^2 + c$ était symétrique par rapport à Oy, les points où elle coupe Ox (s'il y en a) ont des abscisses opposées.

Autrement dit, *si x' est racine de* (1), *— x' est également racine*. On peut dire sans parler du trinôme : si

$$ax'^4 + bx'^2 + c = 0 :$$
$$a(-x')^4 + b(-x')^2 + c = 0.$$

Pour résoudre, on prend comme inconnue auxiliaire $y = x^2$, cela revient à résoudre le système

$$\begin{cases} ay^2 + by + c = 0, \\ x^2 = y. \end{cases}$$

Une racine y' de l'équation en y n'est acceptable que si elle est positive et alors

$$x = \pm\sqrt{y'}.$$

La discussion de l'équation bicarrée est donc celle du système

$$\begin{cases} ay^2 + by + c = 0, \\ y > 0. \end{cases}$$

Sans poser $y = x^2$, on peut écrire l'équation sous la forme

$$a(x^2)^2 + bx^2 + c = 0,$$

calculer x^2, puis x.

Le mécanisme de la résolution est facile à saisir lorsque l'équation a quatre racines distinctes.

Si α et β ($\alpha < \beta$) sont les racines positives, les quatre racines sont

$$-\beta, \quad -\alpha, \quad \alpha, \quad \beta;$$

leurs carrés sont α^2, β^2.

Donc, si l'on fait la transformation

$$y = x^2,$$

y a deux valeurs, il est donc donné par une équation du second degré.

268. — Problème. — ***Résoudre l'équation***

$$ax^{2n} + bx^n + c = 0.$$

Elle est analogue à l'équation bicarrée, on prendra x^n comme inconnue auxiliaire; autrement dit, on résoudra le système

$$\begin{cases} ay^2 + by + c = 0, \\ x^n = y. \end{cases}$$

269. — Équation réciproque. — ***C'est une équation dont les coefficients équidistants des extrêmes sont égaux ou bien sont opposés.***

Dans ce dernier cas, si l'équation est d'ordre pair, le terme du milieu manque.

Si x′ ***est racine d'une telle équation, son inverse*** (ou sa réciproque) $\frac{1}{x'}$ ***est aussi racine.***

Il peut arriver que $\frac{1}{x'} = x'$, c'est quand $x' = \pm 1$; donc les racines différentes de -1 et $+1$ sont deux à deux inverses.

Prenons, par exemple, l'équation

$$ax^4 + bx^3 + cx^2 + bx + a = 0:$$

$$ax'^4 + bx'^3 + cx'^2 + bx' + a = 0.$$

Divisons par x'^4 (x' n'est pas nul) et renversons l'ordre des termes :

$$a\left(\frac{1}{x'}\right)^4 + b\left(\frac{1}{x'}\right)^3 + c\left(\frac{1}{x'}\right)^2 + b\left(\frac{1}{x'}\right) + a = 0,$$

ce qui démontre le théorème.

Il est à peine utile de parler des équations du second degré ; leur forme est

$$ax^2 + bx + a = 0,$$
$$ax^2 - a = 0.$$

Dans le second cas, les racines sont -1 et $+1$.

Équations du 4e degré.

$$ax^4 + bx^3 + cx^2 + bx + a = 0; \qquad (1)$$
$$ax^4 + bx^3 \qquad - bx - a = 0. \qquad (2)$$

Commençons par l'équation (2). Nous écrirons

$$a(x^4 - 1) + bx(x^2 - 1) = 0.$$

$x^2 - 1$ se met en facteur, l'équation se décompose :

$$(x^2 - 1)(ax^2 + bx + a) = 0.$$

Les racines sont d'abord -1 et 1 qui coïncident avec leurs inverses; les autres sont données par l'équation réciproque du second degré

$$ax^2 + bx + a = 0.$$

Prenons maintenant l'équation (1). Divisons les deux membres par x^2; 0 n'étant pas racine, nous formons (p. 251) une équation équivalente

$$ax^2 + bx + c + \frac{b}{x} + \frac{a}{x^2} = 0,$$

ou
$$a\left(x^2 + \frac{1}{x^2}\right) + b\left(x + \frac{1}{x}\right) + c = 0.$$

Prenons pour inconnue auxiliaire

$$y = x + \frac{1}{x};$$

puisque
$$y^2 = x^2 + \frac{1}{x^2} + 2,$$

y sera donné par l'équation du second degré

$$ay^2 + by + (c - 2a) = 0.$$

Ayant y, nous aurons x en résolvant l'équation

$$x^2 - yx + 1 = 0;$$

cela ne sera possible que si $y^2 - 4 > 0$; nous aurons finalement à discuter le système

$$\begin{cases} f(y) = ay^2 + by + (c - 2a) = 0, \\ y < -2 \quad \text{ou} \quad y > 2. \end{cases}$$

Nous verrons dans les paragraphes suivants comment se fait cette discussion.

Il est facile de comprendre la raison de cette transformation si l'équation a des racines qui diffèrent de $+1$ et de -1; ces racines peuvent se représenter par les symboles

$$\alpha, \quad \frac{1}{\alpha}, \quad \beta, \quad \frac{1}{\beta}.$$

Si l'on substitue chacune d'elles successivement dans l'expression $x + \frac{1}{x}$, on trouve seulement deux valeurs

$$\alpha + \frac{1}{\alpha}, \qquad \beta + \frac{1}{\beta}.$$

Donc, $x + \frac{1}{x}$ est donné par une équation du second degré.

Équations du 3e degré.

$$ax^3 + bx^2 + bx + a = 0, \qquad (1)$$
$$ax^3 + bx^2 - bx - a = 0.$$

Écrivons la première :

$$a(x^3 + 1) + bx(x + 1) = 0;$$

elle admet la racine -1, elle se décompose :

$$(x + 1)[ax^2 + (b - a)x + a] = 0.$$

Prenons maintenant l'équation (2) que nous écrivons

$$a(x^3 - 1) + bx(x - 1) = 0;$$

elle admet la racine 1, elle se décompose aussi :

$$(x - 1)[ax^2 + (a + b)x + a] = 0.$$

Équations du 5e degré. — Les conclusions sont semblables :

$$ax^5 + bx^4 + cx^3 + cx^2 + bx + a = 0, \qquad (1)$$
$$ax^5 + bx^4 + cx^3 - cx^2 - bx - a = 0. \qquad (2)$$

La première admet la racine -1, la seconde la racine $+1$. Après suppression de ces racines, il reste à résoudre des équations réciproques du 4e degré. Écrivons seulement la première

$$a(x^4 - x^3 + x^2 - x + 1) + bx(x^2 - x + 1) + cx^2 = 0;$$

on voit bien qu'en ordonnant, les coefficients des termes équidistants des extrêmes sont égaux.

Pour continuer le calcul, il est inutile d'ordonner. On divise par x^2 :

$$a(y^2 - y - 1) + b(y - 1) + c = 0.$$

. . . .

270. — Équation du 4e degré réciproque de seconde espèce. — C'est une équation de la forme

$$ax^4 + bx^3 + cx^2 - bx + a = 0.$$

Si x est une racine, $-\frac{1}{x}$, est aussi racine. Si nous divisons par x^2, nous serons conduits à prendre pour inconnue auxiliaire

$$x - \frac{1}{x} = y.$$

Alors, puisque $x^2 + \frac{1}{x^2} = y^2 + 2$, y sera donné par l'équation du second degré

$$a(y^2 + 2) + by + c = 0.$$

Ayant y, nous aurons x en résolvant l'équation

$$x^2 - y \cdot x - 1 = 0:$$

à toute valeur de y il correspond deux valeurs de x.

271. — Équation réciproque généralisée. — C'est une équation de degré pair telle que la transformée en y, où

$$y = x + \frac{k}{x},$$

est de degré deux fois moindre.

§ 4. — Étude particulière du trinôme du second degré.

272. — Signe du trinôme. — Relativement à une fonction plusieurs questions sont à poser : 1° Quelles sont ses variations? 2° Quel est son signe? 3° A-t-elle des racines et, si elle en a, quelles sont elles? Plus généralement, au lieu de se demander si elle peut devenir nulle, on peut chercher si elle peut prendre une valeur donnée quelconque.

L'étude de la première question donne une réponse aux autres; elle ne fournit pas de formules pour calculer les racines.

Nous avons déjà parlé de ces questions. Pour éviter de distinguer les deux cas $a > 0$ et $a < 0$, il suffit de prendre le trinôme

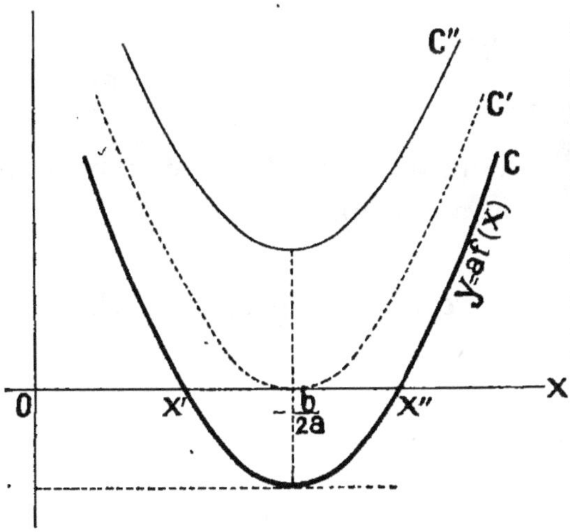

Fig. 151.

$$af(x) = a(ax^2 + bx + c)$$

dont le premier terme a^2x^2 est positif; il a les mêmes racines. Il passe par un minimum $\dfrac{4ac - b^2}{4}$ quand $x = -\dfrac{b}{2a}$. Il s'annule 2 fois si $4ac - b^2 < 0$ ou $b^2 - 4ac > 0$.

Nous avons représenté les variations de trois trinômes qui diffèrent seulement par la valeur de c.

Si $b^2 - 4ac < 0$, ***le polynôme*** $af(x)$ ***est positif pour toutes les valeurs de*** x (courbe C″).

Si $b^2 - 4ac = 0$, ***il en est de même; quand*** $x = -\frac{b}{2a}$, ***il est nul*** (courbe C′).

Si $b^2 - 4ac > 0$, ***le polynôme*** $af(x)$ ***a deux racines, il est positif pour toutes les valeurs de*** x ***non comprises entre les racines, il est négatif si*** x ***est compris entre les racines*** (courbe C).

On peut reprendre l'énoncé en disant :

« $f(x)$ a le signe de a » au lieu de « $af(x)$ est positif » et « $f(x)$ a le signe de $-a$ » au lieu de « $af(x)$ est négatif ».

Remarque. — Toutes les fois que nous étudierons le signe d'un trinôme qui a des racines, nous le mettrons sous la forme

$$a(x - x')(x - x'') \qquad (x' < x'')$$

et nous écrirons

Si $a > 0$: il a le signe de $(x - x')(x - x'')$;
Si $a < 0$: » $-(x - x')(x - x'')$.

273. — Problème. — ***Résoudre l'inéquation***

$$ax^2 + bx + c > 0.$$

Nous appliquons le théorème précédent; si le premier membre peut s'annuler, nous appellerons x', x'' ses racines.

$$a < 0 \begin{cases} b^2 - 4ac < 0, & \text{pas de solution;} \\ b^2 - 4ac > 0, & x' < x < x''. \end{cases}$$

$$a > 0 \begin{cases} b^2 - 4ac < 0, & x \text{ quelconque;} \\ b^2 - 4ac > 0, & x < x' \text{ ou } x > x''. \end{cases}$$

274. — Problème. — ***Résoudre le système***

$$\begin{cases} ax^2 + bx + c = 0, \\ mx + n > 0. \end{cases}$$

L'inéquation peut se mettre sous la forme $x < \alpha$ ou $x > \alpha$, α étant la racine de son premier membre; supposons que ce soit sous la seconde forme

$$x > \alpha.$$

Le trinôme doit avoir des racines; nous chercherons (nº **275**) la position de α par rapport à ces racines.

1º $\alpha < x' < x''$; deux solutions $x = x'$, $x = x''$.
2º $x' < \alpha < x''$; une solution $x = x''$.
3º $x' < x'' < \alpha$; pas de solution.

275. — Problème fondamental. — ***Trouver la position d'un nombre α par rapport aux racines du trinôme***

$$f(x) = ax^2 + bx + c.$$

Nous supposons, bien entendu, $b^2 - 4ac > 0$; x' et x'' sont les racines. a, b, c doivent être considérés comme dépendant de paramètres.

On s'impose la condition de ne considérer que des expressions rationnelles, on ne résoudra donc pas l'équation.

Le trinôme $af(x)$, dont le premier coefficient est positif, est négatif pour les valeurs de x comprises entre les racines et positif pour les autres.

Donc : 1º si $af(\alpha) < 0$: $x' < \alpha < x''$.

2º Si $af(\alpha) > 0$, deux cas peuvent se présenter,

$$\alpha < x' < x'' \quad \text{ou} \quad x' < x'' < \alpha;$$

pour les distinguer, nous allons comparer α à un nombre que l'on sait être compris entre les racines. Nous prendrons leur moyenne arithmétique, autrement dit leur demi-somme $\frac{S}{2} = -\frac{b}{2a}$ qui est rationnelle; alors α sera plus petit ou plus grand que les deux racines, suivant qu'il est plus grand ou plus petit que leur demi-somme.

En résumé, supposant $b^2 - 4ac > 0$,

$$af(\alpha) < 0 \quad : \quad x' < \alpha < x'',$$

$$af(\alpha) > 0, \left\{ \begin{array}{ll} \alpha - \frac{s}{2} < 0; & \alpha < x' < x'', \\ \alpha - \frac{s}{2} > 0; & x' < x'' < \alpha. \end{array} \right.$$

On remarquera que $\alpha - \frac{s}{2} = \alpha + \frac{b}{2a} = \frac{2a\alpha + b}{2a}$ qui a le signe de $a(2a\alpha + b) = af'(\alpha)$.

Remarque. — Si l'on sait qu'un nombre α rend $af(\alpha) < 0$ (ou a et $f(\alpha)$ de signe contraire), on conclut que $f(x)$ a des racines et que α est compris entre ces racines. Cela dispense de calculer $b^2 - 4ac$ ou $4ac - b^2$, c'est-à-dire de substituer $-\frac{b}{2a}$. De plus, α pourra jouer le rôle de la demi-somme dans le problème précédent.

Par exemple, le trinôme

$$f(x) = 2(x - a)(x - b) - (x - c)^2$$

a deux racines. En effet, le premier terme est positif et

$$f(a) = -(a - c)^2 < 0 :$$
$$x' < a < x''.$$

276. — Le plus souvent, avant de calculer $b^2 - 4ac$ on cherche le signe de $af(\alpha)$ puisque, si ce signe est —, le trinôme a des racines et α est compris entre les racines. Voici la suite des calculs :

$$af(\alpha) < 0 \quad : \quad x' < \alpha < x''.$$

$$af(\alpha) > 0, \quad b^2 - 4ac < 0 : \text{pas de racines.}$$

$$\begin{array}{l} af(\alpha) > 0, \\ b^2 - 4ac > 0, \end{array} \left\{ \begin{array}{ll} \alpha - \frac{s}{2} < 0; & \alpha < x' < x''; \\ \alpha - \frac{s}{2} > 0; & x' < x'' < \alpha. \end{array} \right.$$

Nous avons, suivant l'usage, calculé $b^2 - 4ac$, quantité sous le radical quand on résout l'équation. Il serait plus naturel, de même qu'on a substitué α, de substituer $\frac{s}{2} = -\frac{b}{2a}$ qui donne l'ordonnée du point le plus bas de la parabole

$$af\left(\frac{s}{2}\right) = af\left(-\frac{b}{2a}\right) = \frac{4ac - b^2}{4},$$

c'est donc plutôt $4ac - b^2$ qu'il faudrait considérer.

Notre tableau deviendrait finalement

$$\begin{array}{lll}
af(\alpha) < 0 : & & x' < \alpha < x'' ; \\
af(\alpha) > 0, & af\left(\frac{s}{2}\right) > 0, & \text{pas de racines} ; \\
af(\alpha) > 0, & \left\{ \begin{array}{l} \alpha - \frac{s}{2} < 0 : \\ \alpha - \frac{s}{2} > 0 : \end{array} \right. & \begin{array}{l} \alpha < x' < x'' ; \\ x' < x'' < \alpha. \end{array} \\
af\left(\frac{s}{2}\right) < 0, & &
\end{array}$$

277. — *Quand l'équation dépend d'un paramètre au premier degré, on peut commencer par le calcul de* $b^2 - 4ac$. C'est ce qui va résulter de l'étude du problème suivant.

Soit le trinôme

$$F(x) = (a + \lambda a') x^2 + (b + \lambda b') x + (c + \lambda c') ;$$

y a-t-il un nombre α *tel que*

$$(a + \lambda a') F(\alpha) \leqslant 0,$$

quel que soit α ?

Le premier membre peut s'écrire

$$(a + \lambda a') [f(\alpha) + \lambda \varphi(\alpha)]$$

où la signification de $f(\alpha)$ et $\varphi(\alpha)$ est immédiate. C'est un trinôme du second degré en λ qui a des racines : il faut que ces racines soient égales et que le coefficient de λ^2 soit négatif :

$$\left\{ \begin{array}{l} \dfrac{f(\alpha)}{a} = \dfrac{\varphi(\alpha)}{a'}, \\ a' \varphi(\alpha) < 0. \end{array} \right.$$

Ce système est facile à résoudre, car l'équation en α est du premier degré ; nous y reviendrons plus loin (n° **308**) ; il a une solution quand certaine condition est satisfaite.

En général, quand λ varie, $(a + \lambda a') F(\alpha)$ n'a pas un signe invariable ; si α est une solution du problème précédent, le trinôme proposé a des racines quel que soit λ, et α est compris entre les racines.

Ce nombre peut remplacer la demi-somme dans la recherche de la position d'un nombre par rapport aux racines.

Prenons comme exemple

$$F(x) = (1 + \lambda)\,x^2 - (9 + 7\lambda)\,x + (3 + \lambda).$$

Nous trouvons la solution $\alpha = 1$; vérifions-la :

$$F(1) = -5(1 + \lambda).$$

Quel que soit λ, le trinôme a des racines qui comprennent 1 ; si on cherche la position d'un nombre par rapport à ces racines, il suffira, quand il sera extérieur aux racines, de le comparer à 1.

278. — Remarque. — *On a toujours*

$$af\left(\frac{s}{2}\right) \leqslant af(\alpha),$$

ou

$$\frac{4ac - b^2}{4} < af(\alpha);$$

cela tient à ce que le premier membre est l'ordonnée du point le plus bas de la parabole. Cette formule montre une fois de plus que, si $af(\alpha) < 0$, l'équation a des racines.

Algébriquement, cette inégalité est la conséquence de l'identité

$$b^2 - 4ac = f'^2(\alpha) - 4af(\alpha) = (2a\alpha + b)^2 - 4a(a\alpha^2 + b\alpha + c).$$

Pour saisir le sens de cette identité, considérer l'équation en y du n° **261**, quand elle a des racines.

279. — **Autre méthode.** — Le même calcul peut être présenté autrement. Le procédé que nous allons employer est susceptible de généralisation.

Construisons la courbe $y = af(x)$, c'est une parabole dont le sommet est le point le plus bas et a pour ordonnée

$$af\left(-\frac{b}{2a}\right) = \frac{4ac - b^2}{4};$$

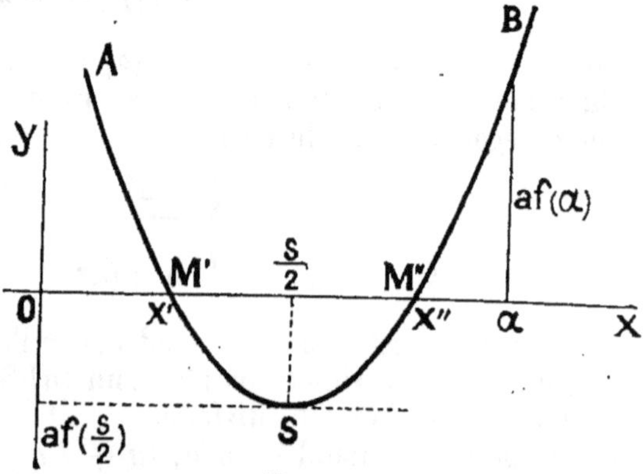

Fig. 152.

la parabole coupe Ox si l'équation a des racines

Ce sommet partage la courbe en deux branches; sur celle de gauche la pente de la tangente $af'(x) < o$, sur celle de droite $af'(x) > o$.

A α correspond un point M de la courbe. Comme nous l'avons déjà dit, si $af(\alpha) < o$, M est sur M'SM", α est compris entre x' et x''.

Si $af(\alpha) > o$ et si les racines existent, la parabole coupe Ox, le point M est sur l'un des arcs M'A, M"B; nous les distinguerons d'après le signe de $af'(\alpha)$.

$$\begin{array}{lll} af(\alpha) < o : & x' < \alpha < x''; & \text{(arc M'SM'')} \\ af(\alpha) > o,\ 4ac - b^2 > o : & \text{pas de racines}; & \\ af(\alpha) > o,\ \left\{ af'(\alpha) < o : \right. & \alpha < x' < x''; & \text{(arc M'A)} \\ 4ac - b^2 < o,\ \left\{ af'(\alpha) > o : \right. & x' < x'' < \alpha. & \text{(arc M''B)} \end{array}$$

Nous avons donc remplacé $\alpha - \frac{s}{2}$ par $af'(\alpha)$;

$$\alpha - \frac{s}{2} = \alpha + \frac{b}{2a} = \frac{2a\alpha + b}{2a},$$

$$af'(\alpha) = a(2a\alpha + b) :$$

ces quantités ont manifestement le même signe.

280. — Problème. — *Étudier le signe des racines de l'équation*

$$f(x) = (\lambda - 1)x^2 - 2\lambda x + (6 - \lambda) = o,$$

où λ est un paramètre variable.

$$\begin{array}{lll} af(o) = (\lambda - 1)(6 - \lambda) & \text{a le signe de} & -(\lambda - 1)(\lambda - 6); \\ \delta = b'^2 - ac = \lambda^2 - (\lambda - 1)(6 - \lambda) & \text{»} & \left(\lambda - \frac{3}{2}\right)(\lambda - 2); \\ af'(o) = -2\lambda(\lambda - 1) & \text{»} & -\lambda(\lambda - 1). \end{array}$$

Les valeurs *remarquables* de λ, c'est-à-dire celles auxquelles il faut comparer λ pour trouver les signes que nous cherchons, sont (rangées par ordre de grandeur croissante)

$$o, \quad 1, \quad \frac{3}{2}, \quad 2, \quad 6.$$

Formons le tableau :

λ	$-\infty$ à 0	0 à 1	1 à $\frac{3}{2}$	$\frac{3}{2}$ à 2	2 à 6	6 à $+\infty$
$af(0)$	$-$	$-$	$+$	$+$	$+$	$-$
δ			$+$	$-$	$+$	
$af'(0)$			$-$		$-$	
	$x' < 0 < x''$		$0 < x' < x''$	$\times$	$0 < x' < x''$	$x' < 0 < x''$

Il contient la réponse ; on peut la reproduire :

1° $\lambda < 1$: racines de signe contraire ;

2° $1 < \lambda < \frac{3}{2}$: racines positives ;

3° $\frac{3}{2} < \lambda < 2$: pas de racines ;

4° $2 < \lambda < 6$: racines positives ;

5° $6 < \lambda$; racines de signe contraire.

REMARQUES. — Après avoir écrit le signe de $af(0)$, on peut

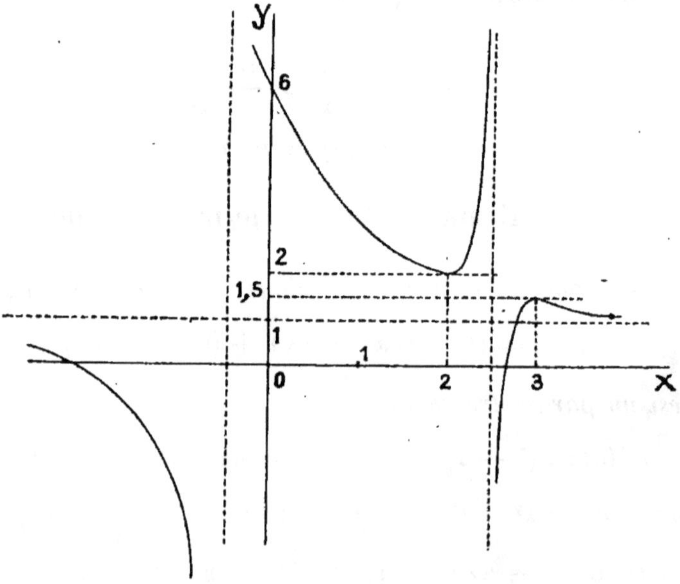

Fig. 153

mettre les conclusions au bas des colonnes où il y a le signe —. Nous n'avons marqué le signe de δ que quand $af(0) > 0$ et le signe de $af'(0)$ que quand $\delta > 0$.

On pourra recommencer le calcul en cherchant les signes du produit, de δ et de la somme.

Il n'y a pas lieu de faire d'autres calculs; cependant, si l'on a étudié comment varient les racines avec λ, on sait leur signe.

Il faut alors construire la courbe

$$\lambda = \frac{x^2 - 6}{x^2 - 2x - 1}$$

et déplacer une parallèle à Oy d'ordonnée λ.

281. — Remarques. — 1° Nous avons (nº **257**) cherché le signe des racines : c'est chercher la position de o par rapport aux racines.

On peut ramener le problème fondamental à la recherche du signe des racines d'une équation.

Diminuons les racines de α, elles deviendront

$$x' - \alpha, \qquad x'' - \alpha;$$

on verra qu'il suffit d'étudier leur signe, c'est-à-dire d'étudier le signe des racines de l'équation

$$ay^2 + f'(\alpha)\cdot y + f(\alpha) = 0.$$

2° Si $f(\alpha)$ et $f(\beta)$ sont de signe contraire, ou, ce qui revient au même, si $f(\alpha)\,f(\beta) < 0$, il y a des racines, l'une d'elles est comprise entre α et β.

3° Il peut arriver que l'on veuille que les deux racines soient ou entre α et β ou qu'aucune n'y soit.

Supposons qu'on veuille

$$\alpha < x' < x'' < \beta.$$

Il faudra que 5 conditions soient satisfaites :

$$b^2 - 4ac > 0, \quad af(\alpha) > 0, \quad \alpha - \frac{s}{2} < 0, \quad af(\beta) > 0, \quad \beta - \frac{s}{2} > 0.$$

Comme on suppose $\alpha < \beta$, la 3ᵉ et la 5ᵉ peuvent être remplacées par

$$\left(\alpha - \frac{s}{2}\right)\left(\beta - \frac{s}{2}\right) < 0.$$

On peut n'en écrire que 3, en faisant la transformation

$$y = \frac{x - \alpha}{\beta - x}$$

comme le recommande M. Juhel-Rénoy.

282. — Problème. — *Résoudre le système*

$$\begin{cases} f(x) = (\lambda - 2)x^2 - 2\lambda x + (2\lambda + 3) = 0, \\ x < 1. \end{cases}$$

Nous allons chercher la position de 1 par rapport aux racines de $f(x)$.

$$
\begin{array}{lcl}
(\lambda - 2) f(1) & \text{a le signe de} & (\lambda + 1)(\lambda - 2), \\
\delta = b'^2 - ac & \text{»} & -(\lambda + 2)(\lambda - 3), \\
(\lambda - 2) f'(1) & \text{»} & -(\lambda - 2).
\end{array}
$$

Les trois quantités dont nous étudions le signe sont des polynômes qui s'annulent pour les valeurs -1, 2, -2, 3. Ces valeurs, rangées par ordre de grandeur croissante, sont

$$-2, \quad -1, \quad 2, \quad 3;$$

chaque polynôme s'annule en changeant de signe.

Nous formerons le tableau facile à lire :

λ	$-\infty$ à -2	-2 à -1	-1 à 2	2 à 3	3 à $+\infty$
$(\lambda - 2) f(1)$	$+$	$+$	$-$	$+$	$+$
δ	$-$	$+$	$+$	$+$	$-$
$(\lambda - 2) f'(1)$		$+$		$-$	
		$x' < x'' < 1$	$x' < 1 < x''$	$1 < x' < x''$	

Conclusion :

1° $\lambda < -1$: pas de solution;

2° $-1 < \lambda < 2$: une solution (x'') $x = \dfrac{\lambda - \sqrt{(\lambda + 2)(3 - \lambda)}}{\lambda - 2}$;

3° $-2 < \lambda < 3$: deux solutions $x = \dfrac{\lambda \pm \sqrt{(\lambda + 2)(3 - \lambda)}}{\lambda - 2}$;

4° $\lambda > 3$: pas de solution.

Dans le 2ᵉ cas, pour calculer la plus grande racine, nous avons mis le signe — devant le radical parce que le dénominateur est négatif; il aurait mieux valu écrire

$$x = \frac{-\lambda + \sqrt{(\lambda + 2)(3 - \lambda)}}{2 - \lambda}.$$

283. — Problème. — *Résoudre le problème*

$$
\left\{
\begin{array}{l}
f(x) = (\lambda - 2)x^2 - 2\lambda x + (2\lambda + 3) = 0, \\
-1 < x < 1.
\end{array}
\right.
$$

Nous allons chercher la position de -1 et de 1 par rapport aux racines de l'équation.

Voici les calculs préliminaires :

$$b'^2 - ac \quad \text{a le signe de} \quad -(\lambda + 2)(\lambda - 3),$$

$$(\lambda - 2) f(-1) \quad \text{»} \quad \left(\lambda + \frac{1}{5}\right)(\lambda - 2),$$

$$-1 - \frac{s}{2}, \text{ ou } (\lambda - 2) f'(-1) \quad \text{»} \quad -(\lambda - 1)(\lambda - 2),$$

$$(\lambda - 2) f(1) \quad \text{»} \quad (\lambda + 1)(\lambda - 2),$$

$$1 - \frac{s}{2}, \text{ ou } (\lambda - 2) f(1) \quad \text{»} \quad -(\lambda - 2).$$

Les valeurs remarquables de λ, rangées par ordre de grandeur croissante, sont

$$-2, \quad -1, \quad -\frac{1}{5}, \quad 1, \quad 2, \quad 3.$$

Nous sommes obligés de disposer le tableau autrement.

λ	$b'^2 - ac$	$af(-1)$	$-1-\frac{s}{2}$	$af(1)$	$1-\frac{s}{2}$	
$-\infty$ à -2	$-$					
-2 à -1	$+$	$+$	$-$	$+$	$+$	$-1 < x' < x'' < 1$
-1 à $-\frac{1}{5}$	$+$	$+$	$-$	$-$		$-1 < x' < 1 < x''$
$-\frac{1}{5}$ à 1	$+$	$-$	$-$	$-$		$x' < -1 < 1 < x''$
1 à 2	$+$	$-$		$-$		$x' < -1 < 1 < x''$
2 à 3	$+$	$+$	$-$	$+$	$-$	$-1 < 1 < x' < x''$
3 à $+\infty$	$-$					

Donc : 1° $\lambda < -2$, pas de solution;

2° $-2 < \lambda < -1$, deux solutions $x = \dfrac{\lambda \pm \sqrt{(\lambda + 2)(3 - \lambda)}}{\lambda - 2}$;

3° $-1 < \lambda < -\frac{1}{5}$, une solution ($x'$) $x = \dfrac{\lambda + \sqrt{(\lambda + 2)(3 - \lambda)}}{\lambda - 2}$;

4° $\lambda > -\frac{1}{5}$, pas de solution.

Les calculs sont simples, mais longs. Il vaut mieux employer une méthode géométrique.

Considérons x comme une abscisse et le paramètre λ comme une ordonnée : la première équation représente une courbe que nous allons construire

$$\lambda = \frac{2x^2 - 3}{x^2 - 2x + 2}.$$

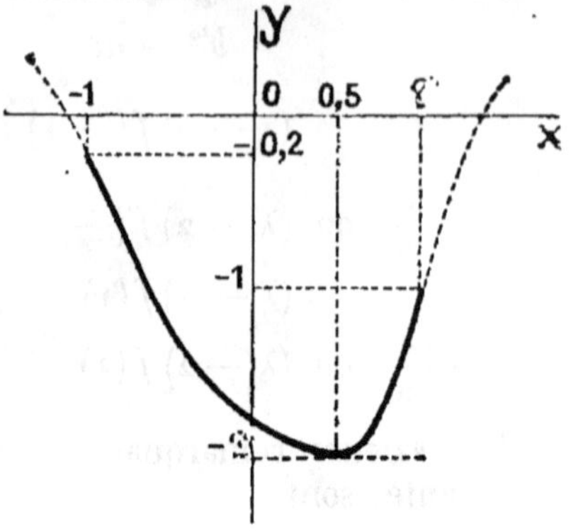

Fig. 154.

Les solutions sont les abscisses des points de l'arc de cette courbe représenté fig. 154 et dont l'ordonnée est λ.

On retrouve les conclusions précédentes.

Après avoir montré comment la discussion d'une équation à un paramètre se simplifie à l'aide d'une figure, nous allons prendre l'exemple le plus simple d'une équation à deux paramètres.

284. — Problème. — ***Dire, d'après la position du point*** M ***de coordonnées*** p ***et*** q, ***comment est placé un nombre*** α ***par rapport aux racines de l'équation***

$$f(x) = x^2 + px + q = 0.$$

Quand $f(x)$ a des racines,

$$p^2 - 4q > 0, \qquad q < \frac{p^2}{4};$$

M est au-dessous de la parabole d'équation $q = \frac{p^2}{4}$.

Si M est à l'intérieur de cette parabole, l'équation n'a pas de racines, elle a une racine double $-\frac{p}{2}$ quand M est au-dessus.

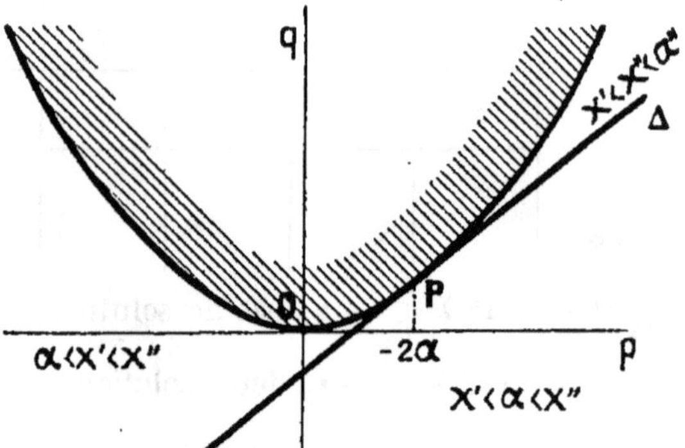

Fig. 155.

$$f(\alpha) = \alpha^2 + p\alpha + q$$

est du premier degré en p et q. $f(\alpha) > 0$ si M est au-dessus de la droite Δ

$$\alpha^2 + p\alpha + q = 0;$$

il est négatif au-dessous.

Si M est sur la droite, l'équation a la racine α; puisqu'elle a des racines, Δ est tout entière à l'extérieur de la parabole. Mais on peut choisir M sur cette droite pour que l'équation admette la racine double α, il faut prendre

$$p = -2\alpha, \qquad q = \alpha^2;$$

le point est sur la parabole, donc la droite lui est tangente au point d'abscisse -2α.

Supposons M au-dessous de Δ, $f(\alpha) < 0$, donc

$$x' < \alpha < x''.$$

Supposons enfin M au-dessus de Δ (à l'extérieur de la parabole), α n'est plus compris entre les racines; il faut le comparer à la demi-somme.

$$\alpha - \frac{s}{2} \text{ [ou } f'(\alpha)\text{] a le signe de } 2\alpha + p$$

qui est positif ou négatif suivant que l'abscisse de M est supérieure ou inférieure à celle du point de contact P.

Nous avons distingué, à l'extérieur de la parabole, trois régions où nous avons marqué les résultats.

REMARQUE. — Pour montrer autrement que la droite Δ est tangente à la parabole, faisons la différence, pour une abscisse p, des ordonnées des points de la parabole et de la droite : nous trouvons

$$\frac{p^2}{4} + p\alpha + \alpha^2 = \frac{1}{4}(p + 2\alpha)^2;$$

cette formule permet facilement de conclure.

285. — Problème. — ***Résoudre un système tel que***

$$\begin{cases} ax^2 + bx + c > 0, \\ mx + n < 0. \end{cases}$$

Le trinôme n'a pas nécessairement des racines; s'il en a, il y aura à leur comparer $-\frac{n}{m}$.

EXERCICES

164. Résoudre l'équation

$$2\{3x - [4x - 2(x+1) - 3(2x-1)]\} + 5(3x-2) = 5.$$

165. Résoudre l'équation

$$x^3 + ax^2 + bx + c = \alpha^3 + a\alpha^2 + b\alpha + c.$$

Condition pour qu'elle ait 3 racines quel que soit α.

166. Résoudre les équations :

1° $$(x^2 - 1)(a^2 - 1) + 4ax = 0;$$

2° $$\frac{a}{x-a} + \frac{x-a}{a} = k;$$

3° $$\frac{1}{(x-a)^2} + \frac{1}{(x-b)^2} = \frac{1}{a^2} + \frac{1}{b^2}.$$

167. Montrer qu'une équation du second degré qui n'a pas de racines peut se mettre sous la forme

$$(x+a)^2 + (x+b)^2 = 0.$$

168. On donne les équations :

$$(\lambda - 1)x^2 - (\lambda + 1)x + \lambda = 0,$$
$$\mu x^2 - (2\mu + 1)x + (\mu + 1) = 0.$$

1° Trouver la relation qui existe entre les racines α et β de la première ;

2° Même question pour les racines α', β' de la seconde ;

3° Choisir λ et μ pour que les équations aient les mêmes racines et calculer ces racines.

169. Choisir λ pour que les racines de l'équation

$$x^2 + 3(\lambda - 1)x + (2\lambda - 3) = 0$$

vérifient la relation

$$\frac{2}{\alpha} + \frac{3}{\beta} = 1.$$

Résoudre l'équation

$$x = \frac{5}{6 - \cfrac{5}{6 - \cfrac{5}{6 - x}}}.$$

170. Étant donnée l'équation

$$x^2 - 4\lambda x + (5\lambda^2 - 6\lambda + 5) = 0;$$

choisir λ pour que : 1° les racines soient réelles; 2° la différence des racines soit maxima.

171. Résoudre les équations

1° $$\frac{1}{x+a+b} = \frac{1}{x} + \frac{1}{a} + \frac{1}{b};$$

2° $$\frac{(x-a)(x-b)}{(c-a)(c-b)} + \frac{(x-b)(x-c)}{(a-b)(a-c)} = 1;$$

3° $$\frac{5}{x^2+6x+2}=\frac{3}{x^2+6x+1}-\frac{4}{x^2+6x+8}.$$

4° $$x(x+1)(x+2)=a(a+1)(a+2).$$

172. Montrer que l'équation
$$(b-x)^2-4(a-x)(c-x)=0$$
a des racines.

173. Résoudre les équations :

1° $$\frac{2a(x^2-1)+2(a^2-1)x}{(a^2+1)(x^2+1)}=m;$$

2° $$(a\lambda-b)x^2-(a\lambda^2-c)x+(b\lambda^2-c\lambda)=0;$$

3° $$\frac{x-x^3}{1-6x^2+x^4}=\frac{a-a^3}{1-6a^2+a^4};$$

4° $$\frac{x-a}{b}+\frac{x-b}{a}=\frac{b}{x-a}+\frac{a}{x-b};$$

5° $$\frac{2x}{1-x^2}=\frac{4a-4a^3}{1-6a^2+a^4};$$ 6° $$\frac{2x}{1-x^2}=\frac{2a}{1-a^2};$$

7° $$\frac{4x-4x^3}{1-6x^2+x^4}=\frac{2a}{1-a^2}.$$

174. Résoudre les équations :

1° $$x^2=(x-a)^2+(x-2a)^2;$$

2° $$x^2+(x+1)^2+(x+2)^2=(x+3)^2+(x+4)^2;$$

3° $$(x+3)^3+(x+4)^3+(x+5)^3=(x+6)^3.$$

175. Choisir p pour que l'expression
$$\frac{x+p}{1+x^2}$$
représente un sinus quel que soit x.

176. Que doit être y pour que l'équation en x
$$\frac{ax^2+4x+c}{x^2+1}=y$$
ait des racines?

Choisir a et c pour que le minimum de y soit -2 et le maximum 3.

177. On considère l'équation du 2e degré
$$x^2-(\lambda^2+3)x+(\lambda^3+\alpha\lambda+\beta)=0$$
où λ est un paramètre variable :

1° Choisir α et β pour que la quantité sous le radical soit le carré d'un polynôme en λ;

2° α et β étant ainsi choisis, calculer les racines et dire quelle est la plus grande.

178. Résoudre les équations :

1° $$x+\sqrt{x}=2;$$ 2° $$\frac{x+2\sqrt{x}}{\sqrt{x}+5}=8.$$

179. Si a, b, c sont les côtés d'un triangle, le trinôme
$$a^2x^2-(a^2+b^2-c^2)x+b^2$$
est positif quel que soit x.

180. $f(x)$ et $\varphi(x)$ étant deux trinômes du second degré, former l'équation dont chaque racine est le rapport d'une racine de l'un à une racine de l'autre. Résoudre cette équation.

Étudier le cas particulier où les polynômes sont :

$$x^2 + ax + 1, \qquad x^2 + bx + 1.$$

181. $f(x)$ et $\varphi(x)$ étant deux trinômes du second degré, former l'équation dont chaque racine est la différence entre une racine de l'un et une racine de l'autre. Résoudre cette équation.

182. On considère l'équation du second degré en x

$$x^2 - 6x + 5 + z(x^2 - 5x + 6) = 0. \qquad (1)$$

Quelles sont les valeurs de z pour lesquelles les racines de cette équation sont égales? On désignera ces valeurs par z_1 et z_2; par x_1 la valeur commune des racines de (1) pour $z = z_1$ et par x_2 leur valeur commune pour $z = z_2$. Soient maintenant x' et x'' les racines de (1) pour une valeur quelconque de z, distincte de z_1 et de z_2; on demande de calculer la valeur de l'expression

$$\frac{(x' - x_1)(x'' - x_2)}{(x' - x_2)(x'' - x_1)}$$

et de vérifier que cette valeur ne dépend pas de z. (*École navale.*)

183. a, b, c étant des quantités données telles que $a^2 < b^2 < c^2$, on considère l'équation

$$(b + c)(x - b)(x - c) + (c + a)(x - c)(x - a) \\ + (a + b)(x - a)(x - b) = 0.$$

1° Démontrer qu'elle a une racine entre a et b;

2° Former la quantité soumise au radical et vérifier qu'elle est toujours positive. (*Saint-Cyr.*)

184. Résoudre l'équation

$$\frac{b + c}{x - a} + \frac{c + a}{x - b} + \frac{a + b}{x - c} = 3.$$

185. Montrer que l'équation

$$x^3 - 3uvx - u^3 - v^3 = 0$$

admet la racine unique $u + v$.

186. Étant donnée l'équation

$$x^2 - 2\lambda x + 1 = 0$$

dont x' et x'' sont les racines :

1° Former l'équation du second degré en y dont les racines sont

$$x' + \frac{\mu}{x'}, \qquad x'' + \frac{\mu}{x''};$$

2° Former la relation entre λ et μ qui exprime qu'une racine de l'équation en x est égale à une racine de l'équation en y; calculer dans ce cas les racines des deux équations et former la relation indépendante de λ et de μ à laquelle satisfont les racines inégales des deux équations;

3° Déterminer les valeurs de λ et de μ pour lesquelles une racine et une seule de l'équation en y est comprise entre les racines de l'équation en x. (*École navale.*)

187. 1° On donne une équation du second degré

$$x^2 + px + q = 0 \qquad (1)$$

admettant les racines x', x''; montrer qu'il y a une infinité de trinômes du second degré $x^2 + bx + c$ pour lesquels on a la relation

$$(x'^2 + bx' + c) + (x''^2 + bx'' + c) = 0;$$

2° On exprimera c en fonction de b, p, q; soit c_1 la valeur de c ainsi obtenue, dans laquelle b reste *arbitraire*;

3° Montrer que l'équation (1) admettant des racines, il en est de même pour l'équation

$$x^2 + bx + c_1 = 0, \qquad (2)$$

et cela *quel que soit* b;

4° On pose $p = 4$, $q = 3$ et l'on propose d'étudier les variations des racines x_1, x_2 de l'équation (2) quand b varie;

On construira la courbe qui représente ces variations en prenant b comme abscisse et les valeurs correspondantes des racines x_1, x_2 comme ordonnées;

5° Dans les mêmes conditions, étudier les variations de la fonction

$$y = \left(\frac{x_1 - x_2}{x_1 + x_2}\right)^2;$$

déduire de cette étude les variations de la fonction

$$z = \frac{x_1 - x_2}{x_1 + x_2}.$$

On construira les courbes qui représentent les variations des fonctions y et z en prenant toujours la variable b comme abscisse.

(*Certificat d'aptitude à l'enseignement secondaire des jeunes filles*, 1902.)

188. Étant donnée l'équation

$$x^2 + px + q = 0$$

dont les racines sont x' et x'', on demande de calculer P et Q en fonction de p et q de façon à former une équation

$$X^2 + PX + Q = 0$$

dont les racines X', X'' sont liées à x' et x'' par les relations

$$X' = \frac{x'}{x' - 1}, \qquad X'' = \frac{x''}{x'' - 1}.$$

Que doivent être p et q pour que l'équation en X soit identique à l'équation en x? (*Sèvres.*)

189. Montrer que l'équation

$$\frac{l^2}{x - a} + \frac{m^2}{x - b} = k$$

a toujours des racines.

190. Discuter l'équation

$$x^2 - 2ax + 6a + b = 0$$

où a et b sont les coordonnées d'un point mobile.

Montrer qu'on peut donner à b une valeur numérique telle que l'une des racines soit indépendante de a, et calculer alors ces racines. (*Baccalauréat.*)

191. Discuter l'équation
$$(2+3m)\cos^2 x + (m-1)\cos x + 3 + 4m = 0.$$

192. Discuter l'équation
$$(m-4)\cos^2 x - 2m\cos x + m = 0. \qquad (0 < x < 180^0.)$$

193. Étant donnée l'équation
$$(m+1)\cos^2 x - 8m\left(\cos^4\frac{x}{2} - \sin^4\frac{x}{2}\right) + 9m - 7 = 0,$$
calculer cos x. — Pour quelles valeurs de m le problème est-il possible? Achever la résolution de l'équation en prenant $m = \frac{5}{3}$.

194. Soit l'équation du second degré en x
$$x^2 + 8x + 2 + ab(x+2) - (a+b)(3x+5) = 0.$$
Déterminer a et b pour que les racines soient -2 et 3.

195. Résoudre l'équation
$$3x^3 + \alpha x^2 + 11x - 2 = 0,$$
α ayant été choisi de manière que 2 soit racine.

196. On considère l'équation
$$(a+5)x^2 - 2bx + 5 - a = 0$$
où a et b sont des paramètres.

Que faut-il pour que les racines soient :

1° réelles; 2° opposées; 3° inverses.

197. Choisir k pour que l'équation
$$k(x-a)(x-b) - (x-c)^2 = 0$$
ait des racines quels que soient a, b, c.

198. Choisir λ pour que le polynôme
$$ax^2 + bx + c - \lambda(x^2+1)$$
soit un carré parfait.

199. Soit l'équation
$$x(x-1)(m^2 - 6m + 1) + m - 2 = 0.$$
Entre quelles limites doit être comprise la valeur attribuée à m pour que les racines x' et x'' comprennent l'unité.

200. Trouver entre quelles limites doit être compris le paramètre m pour que l'équation
$$(m+1)x^2 - 2mx - 3m + 4 = 0$$
ait deux racines comprises entre -1 et $+1$. (*Institut agronomique.*)

201. Trouver la position d'un nombre α par rapport aux racines de l'équation
$$x^2 - 2ax + 4 - b^2 = 0$$
où a et b sont deux paramètres variables.

202. Résoudre le système
$$\begin{cases} x^2 - 2\lambda x + (2\lambda^2 - 4\lambda + 3) = 0, \\ 1 < x < 2. \end{cases}$$

203. a, b sont des coordonnées cartésiennes. Chercher dans quelle région du plan doit être un point (a, b) pour que les deux racines de l'équation

$$x^2 - 2ax + 4 - b^2 = 0$$

soient comprises entre -4 et 1.

204. A quelles conditions la fraction

$$\frac{x^2 + px + q}{x^2 + 1}$$

est-elle comprise entre -2 et $+2$ pour toutes les valeurs de x?

205. Résoudre le système

$$\begin{cases} x^2 - 2\lambda x + (2\lambda^2 - 4\lambda + 3) = 0 \\ 1 < x < 3. \end{cases}$$

206. Étudier la position de 1 par rapport aux racines de l'équation

$$3x^2 - (5\lambda + 7)x + 4(\lambda^2 - 4\lambda + 6) = 0.$$

207. Montrer que les racines de l'équation

$$\frac{x+a}{x-a} + \frac{x+b}{x-b} + \frac{x+c}{x-c} - 3 = 0$$

sont toujours réelles.

208. Discuter les équations :

1° $$(\lambda - 2)\sin^2 x - 2\lambda \cos x + (2\lambda + 3) = 0;$$

2° $$(\lambda - 1)\sin^2 x + (2\lambda - 5)\sin x - 3\lambda = 0;$$

3° $$8\sin^2 x - 16\lambda \sin x + (9\lambda^2 - 8\lambda + 7) = 0$$

209. Trouver les conditions pour que le polynôme

$$(\lambda - 1)x^2 + 2\lambda x + (\lambda + 3)$$

soit positif, quel que soit x.

210. Résoudre les équations :

$$x^2 + px + q - \lambda(x^2 + 1) = 0;$$
$$x^2 + px + q - \lambda(x^2 + x + 1) = 0.$$

211. Montrer que si le polynôme $x^2 + px + q$ peut se mettre sous la forme

$$\lambda(x - \alpha)(x - \beta) - (mx + n)^2,$$

il a deux racines x' et x'' entre lesquelles sont compris α et β.

Réciproquement, montrer que, si $x' < \alpha < \beta < x''$, on peut calculer λ, m et n tels que

$$x^2 + px + q = \lambda(x - \alpha)(x - \beta) - (mx + n)^2.$$

212. Démontrer que l'équation

$$2a(x^2 - a^2 - b^2) + (b^2 + m^2)(x + a) = 0,$$

où a, b, m sont des nombres positifs donnés, a ses racines réelles et inégales.

Soient u et v ces racines, u étant la plus petite. En supposant que a, b restent fixes, et que m croisse de 0 à $+\infty$, on demande dans quel sens et entre quelles limites varient u et v: quel est le maximum de

$$\frac{a - v}{a - u}$$

et pour quelle valeur de m est-il atteint? (*Concours général.*)

213. On considère la fraction

$$y = \frac{ax^2 + bx + c}{cx^2 + bx + a}$$

dans laquelle a, b, c sont des constantes et x une quantité variable.

Trouver la relation qui lie les coefficients a, b, c :

1° Quand cette fraction n'admet ni *maximum* ni *minimum*;

2° Quand elle admet un maximum et un minimum;

3° On pose

$$a = X^2 + 2X, \qquad c = Y^2 + 2Y, \qquad b = 2X + 2Y + 4,$$

X, Y désignant les coordonnées d'un point M par rapport à deux axes de coordonnées rectangulaires OX, OY;

Indiquer les régions du plan XOY où se trouve le point M quand la fraction y n'a ni *maximum* ni *minimum* et celles où se trouve le même point quand cette fraction admet un *maximum* et un *minimum*;

4° Chercher la forme que prend la fraction y quand le point M est situé sur les lignes qui séparent les régions précédentes.

(*Agrégation des jeunes filles.*)

214. Former l'équation du second degré dont les racines x', x'' satisfont aux deux relations :

$$4x'x'' - 5(x' + x'') + 4 = 0,$$
$$(x' - 1)(x'' - 1) = \frac{1}{1 - a}.$$

Étudier suivant les valeurs de a les positions des racines de cette équation par rapport aux nombres -1 et $+1$. (*Baccalauréat.*)

215. On considère les équations :

$$(a - 1)x^2 - 2bx - (a + 1) = 0, \qquad (1)$$
$$(b - 2)x^2 + 2ax - (b + 2) = 0, \qquad (2)$$

où a et b sont les coordonnées d'un point mobile M.

Chercher où doit être M :

1° pour que les racines de (1) soient réelles;

2° » (2) » ;

3° pour que les équations (1) et (2) aient une racine commune.

216. Mêmes questions avec les équations :

$$x^2 - ax + (b + 1) = 0,$$
$$x^2 + bx + (a + 1) = 0.$$

217. (x', y'), (x'', y'') étant les solutions du système

$$y = mx + p, \qquad f(x, y) = 0.$$

où f est un polynôme du second degré, calculer $\varphi(x', y', x'', y'')$.

Application. — Étant donné le système

$$ax + by = c, \qquad x^2 + y^2 = 1,$$

calculer $\qquad x'y'' + y'x'', \qquad x'x'' - y'y''.$

218. Discuter le signe des racines de l'équation

$$\alpha x^2 - (2\alpha + \beta)x + \alpha + 2\beta = 0.$$

(*Baccalauréat.*)

219. Discuter l'équation $t^4 - at^2 + b = 0$ où a et b sont les coordonnées d'un point.

220. On donne la fonction

$$y = \frac{x^2 + 2x + \lambda + \rho + 1}{\rho x^2 + \lambda\rho + \lambda},$$

où λ et ρ sont des paramètres :

1° Calculer sa dérivée par rapport à x;

2° Montrer que les racines de cette dérivée sont respectivement égales à $-(\rho + 1)$ et à $\frac{\lambda}{\rho}$;

Étudier les variations et construire la courbe représentative de la fonction dans le cas où

$$\lambda = 1, \qquad \rho = -\frac{1}{2}.$$

(*Baccalauréat.*)

221. Quand on substitue à la place de x dans le trinôme $ax^2 + bx + c$:

1° le nombre $+1$ on trouve comme résultat $(p + q)^2$;

2° » -1 » $-3(p - q)^2$;

3° » $-\frac{p}{q}$ » $\frac{(p^2 - q^2)^2}{q^2}$.

Calculer a, b, c en fonction de p et q.

Montrer que les racines du trinôme existent quels que soient p et q; calculer ces racines. (*Saint-Cyr.*)

222. Étant donné le trinôme

$$x^2 + px + q \tag{1}$$

dont les racines sont x' et x'', former un second trinôme

$$y^2 + P\varphi + Q \tag{2}$$

dont les racines

$$y' = x'^2, \qquad y'' = x''^2.$$

Trouver les conditions que doivent remplir p et q :

1° pour que le trinôme (2) ait ses racines égales;

2° pour que le trinôme (2) ait les mêmes racines que le trinôme (1);

3° pour que les deux trinômes aient une racine commune.

(*Agrégation des jeunes filles.*)

223. On considère la fonction

$$f(x,y) = Ax^2 + 2Bxy + Cy^2 + 2Dx + 2Ey + F = 0; \tag{1}$$

on suppose que

$$f(x_0, y_0) = 0.$$

Soit x_1 la racine autre que x_0 de l'équation en x

$$f(x, y_0) = 0;$$

Soit y_1 la racine autre que y_0 de l'équation en y

$$f(x_1, y) = 0;$$

Soit x_2 la racine autre que x_1 de l'équation

$$f(x, y_1) = 0, \text{ etc. :}$$

1° Calculer x_1, y_1, x_2, y_2, x_3, y_3, x_4, y_4 dans le cas où la relation est

$$x^2 + 2xy + y^2 - 2x - 4y + 2 = 0$$

et où l'on a $x_0 = 1$, $y_0 = 1$;

2° Dans le cas général de l'équation (1), chercher les conditions pour que l'on ait $x_2 = x_0$, $y_2 = y_0$, et montrer qu'il en est ainsi en particulier lorsque $B = 0$. (*Baccalauréat.*)

224. Dans la relation

$$x = \frac{y^2 + ly + m}{y}$$

on remplace x, successivement, par les racines de l'équation

$$x^2 + px + q = 0.$$

On forme ainsi deux équations du second degré en y :

1° Déterminer l et m de manière que chacune de ces équations ait ses racines égales;

2° Soient a et b les valeurs trouvées pour l en m ; on subtitue la valeur

$$x = \frac{y^2 + ay + b}{y}$$

dans l'expression

$$u = \sqrt{x^2 + px + q}$$

et on demande de calculer le résultat de cette substitution.

(*Agrégation des jeunes filles.*)

225. Montrer que l'équation

$$12x^2 - xy - 20y^2 + 8x + 41y - 20 = 0$$

représente deux droites.

226. Montrer que le polynôme

$$6x^2 + 7xy - 3y^2 - 14x - 10y + 8$$

est égal au produit de deux polynômes du premier degré en x et y.

227. Étudier le signe de

$$6x^2 + 7xy - 3y^2 - 14x - 10y + 8,$$

x et y étant les coordonnées d'un point d'un plan.

228. Choisir λ pour que le polynôme

$$x^2 - xy - 6y^2 + 7x - y + \lambda$$

soit égal au produit de deux polynômes du premier degré en x et y.

229. Trouver le minimum de

$$2x^2 + 2xy + 5y^2 + 2x - 8y + 6.$$

230. Choisir λ pour que le polynôme

$$x^2 - xy + y^2 - x + \lambda$$

soit positif quels que soient x et y.

231. Résoudre les équations :

1° $$x(x+1)(x+2)(x+3) = a(a+1)(a+2)(a+3);$$

2° $$x(x+1)(x+2)(x+3)(x+4)(x+5) = a(a+1)(a+2)(a+3)(a+4)(a+5).$$

232. Discuter les équations :

$$x^3 - m(x^2 - 1) = 0;$$
$$x^4 - 15x^2 - mx - 12 = 0;$$

m est un paramètre variable.

233. Résoudre l'équation

$$x^4 + ax^2 + 1 = 0,$$

sachant que α est une des racines.

234. a et b étant les coordonnées d'un point, trouver dans quelle région du plan doit être ce point pour que l'équation

$$x^4 + ax^3 + (b+2)x^2 + ax + 1 = 0$$

ait 0, 2 ou 4 racines.

235. Former une équation ayant pour racines $\pm a$ et $\pm\sqrt{a}$ $(a > 0)$.

236. Discuter l'équation

$$x^4 - 2\lambda x^3 + (\lambda + 4)x^2 - 2\lambda x + 1 = 0.$$

237. On considère l'équation

$$(x^2 - x + 1)^3 + k(x^2 - x)^2 = 0.$$

Montrer que si elle admet la racine α, elle admet aussi les racines $1 - \alpha$ et $\frac{1}{\alpha}$.

Résoudre l'équation connaissant l'une de ses racines.

238. Déterminer A, B, α, β de telle façon que le polynôme

$$x^3 + 6x^2 + 15x + 14$$

soit identique à

$$A(x + \alpha)^3 + B(x + \beta)^3.$$

239. Étant donné le polynôme

$$x^4 + 4px^3 + 4qx + r:$$

1° Trouver la condition nécessaire et suffisante qui doit lier p, q et r pour qu'il puisse se mettre sous la forme

$$\alpha(x + a)^4 + \beta(x + b)^4;$$

2° Cette condition étant supposée remplie, déterminer a, b, α, β;

3° Appliquer au polynôme

$$x^4 + \frac{8}{3}x^3 - \frac{16}{3}x - 4;$$

4° Calculer les racines de ce polynôme.

240. Résoudre l'équation

$$(x + a)(x + b)(x + c)(x + d) = m$$

dans le cas où

$$a + d = b + c.$$

241. Discuter l'équation

$$x^3 + px + q = 0$$

en utilisant la courbe obtenue en considérant x comme abscisse et p comme ordonnée.

242. Résoudre l'équation

$$(x^2 + x + \alpha)^2 + (x^2 + x + \beta)^2 = k.$$

243. Résoudre l'équation

$$(x^2 + x)^2 - 2\lambda(x^2 + x) + 1 = 0.$$

244. Résoudre l'équation

$$3x^4 - 14x^3 - 23x^2 + \alpha x + \beta = 0$$

sachant que α et β sont rationnels et qu'une racine $= 3 - \sqrt{7}$.

245. Choisir λ pour que le polynôme

$$x^5 - 3x^4 - 5x^3 + \lambda x^2 + 4x - 12$$

ait 2 paires de racines opposées.

246. A quelles conditions le polynôme

$$x^5 + ax^4 + bx^3 + cx^2 + dx + e$$

a-t-il deux paires de racines opposées?

247. Résoudre l'équation

$$(x + a)^4 + (x + b)^4 = k. \qquad \text{Ex. : } (x + 1)^4 + (x + 5)^4 = 82.$$

248. A quelle condition l'équation

$$x^4 + ax^3 + bx^2 + cx + d = 0$$

est-elle réciproque généralisée?

Faire, sur l'équation réciproque

$$x^4 + ax^3 + bx^2 + ax + 1 = 0,$$

la transformation

$$y = x + h$$

de manière à avoir une équation réciproque généralisée.

CHAPITRE XIII

SYSTÈMES D'ÉQUATIONS ET D'INÉQUATIONS

§ 1. — Systèmes d'équations du premier degré.

286. — *Résoudre le système*

$$(\mathrm{I}) \qquad \begin{cases} \boldsymbol{ax + by = c}, \\ \boldsymbol{a'x + b'y = c'}. \end{cases}$$

Nous nous représenterons les coefficients a, b, c, a', b', c' comme dépendant d'un paramètre (ou de plusieurs) et ayant un sens pour toutes les valeurs de ce paramètre. Pour des valeurs particulières de ce paramètre, il peut y avoir un, deux..., et même tous les coefficients nuls; nous cherchons dans tous les cas deux nombres x et y vérifiant le système.

Il peut arriver aussi que, partant de trois équations à trois inconnues x, y, z, le système (I) soit le résultat de la substitution dans deux d'entre elles de la valeur de z tirée de la troisième.

Pour faire la discussion, nous allons employer la méthode de substitution qui permet de remplacer le système par un système équivalent.

Lemme. — *Si* $a \neq 0$, *le système est équivalent au suivant :*

$$(\mathrm{II}) \qquad \begin{cases} x = \dfrac{c - by}{a}, \\ (ab' - ba')y = ac' - ca'. \end{cases}$$

Puisque $a \neq 0$, nous résolvons la première équation par rapport à x, nous la remplaçons par une équivalente; puis, nous substituons dans la seconde, ce qui donne

$$a' \frac{c - by}{a} + b'y = c'.$$

Multiplions les deux membres par a, et faisons passer $a'c$ dans le second membre, nous obtenons le système (II).

On recommencera le calcul en supposant $a' \neq 0$. Partant de la seconde équation, il faut, dans le calcul précédent, permuter a et a', b et b', c et c'; la première équation est modifiée, mais non la seconde.
Si c'est b qu'on sait être $\neq 0$, on résoudra la première équation par rapport à y et on portera dans la seconde : le système équivalent au premier est alors :

$$\text{(III)} \qquad \left\{ \begin{array}{l} y = \dfrac{c - ax}{b}, \\ (ab' - ba')\, x = cb' - bc'. \end{array} \right.$$

Cas général. — ***Si*** $ab' - ba' \neq 0$, ***le système admet une solution unique donnée par les formules***

$$\boldsymbol{x = \frac{cb' - bc'}{ab' - ba'}, \qquad y = \frac{ac' - ca'}{ab' - ba'}}.$$

Puisque $ab' - ba' \neq 0$, a et a' ne sont pas nuls tous les deux, si c'est a qui est $\neq 0$, nous aurons à résoudre le système (II). Nous en tirons la valeur de y que nous venons d'écrire, la valeur correspondante de x est

$$x = \frac{c - b\dfrac{ac' - ca'}{ab' - ba'}}{a} = \frac{c(ab' - ba') - b(ac' - ca')}{a(ab' - ba')}.$$

Le numérateur développé se simplifie, a s'y met en facteur, x prend la forme indiquée dans l'énoncé.

Si l'on était parti de l'hypothèse $a' \neq 0$, on aurait évidemment trouvé la même expression pour y; la nouvelle expression de x serait la précédente où l'on permute a, b, c avec a', b', c'; on ne fait que changer les signes des deux termes : l'expression ne change pas.

Il faut savoir écrire immédiatement les formules que nous venons de trouver.

Pour éviter des fautes de signe et une confusion possible entre les numérateurs, il est préférable d'apprendre la règle suivante :

Si la différence des produits en croix des coefficients des inconnues est différente de o, le système admet une solution unique : x et y sont donnés par des fractions ayant pour dénominateur commun cette différence.

Le numérateur relatif à une inconnue s'obtient en remplaçant dans le dénominateur les coefficients relatifs à cette inconnue par les termes connus des équations supposés dans le second membre.

Autrement dit, quand on calcule x, c'est a et a' qui sont remplacés par c et c'; quand on calcule y, il faut remplacer b et b' par c et c'.
Cette règle se généralise. Dans le cas de n équations du premier degré à n inconnues, c'est la règle de Cramer.

Cas particulier. — $ab' - ba' = 0$. Ce cas se subdivise en deux autres :

1° L'un des quatre coefficients de x et de y n'est pas nul;
2° Ces quatre coefficients sont nuls.

1° *Supposons que le coefficient non nul soit* a : le système donné est encore équivalent à (II) : la seconde équation s'écrit

$$0 \cdot y = ac' - ca'.$$

Alors, si $ac' - ca' \neq 0$, aucun y ne satisfait à cette équation, le système n'a pas de solution;

si $ac' - ca' = 0$, l'équation est vérifiée quel que soit y, le système (I) a une infinité de solutions données par le système

$$\begin{cases} y \text{ arbitraire}, \\ x = \dfrac{c - by}{a}. \end{cases}$$

Si c'est un coefficient d'y, par exemple b, qu'on sait être différent de o, c'est le système (III) qu'il faut considérer :

$cb' - bc' \neq 0$, impossibilité
$cb' - bc' = 0$,

$$\begin{cases} x \text{ arbitraire} \\ y = \dfrac{c - ax}{b}. \end{cases}$$

2° *Les quatre coefficients* a, b, a', b' *sont nuls.* — Les équations deviennent

$$\begin{cases} 0 \cdot x + 0 \cdot y = c, \\ 0 \cdot x + 0 \cdot y = c', \end{cases}$$

elles ne peuvent avoir de solution que si c et c' sont nuls et alors x et y sont tous deux indéterminés : il n'y a plus d'équations.

287. — Il faut bien saisir le mécanisme de cette résolution. Supposons $a \neq 0$: on a toutes les solutions de la première équation en choisissant y arbitrairement et calculant x par la formule

$$x = \frac{c - by}{a};$$

mais, pour que la seconde soit vérifiée en même temps, il faut que y soit tel que $(ab' - ba')\,y = ac' - ca'$.

Lorsque $ab' - ba' \neq 0$: il n'y a qu'une manière et une seule de choisir y;

si $ab' - ba' = 0$, $ac' - ca' \neq 0$: c'est impossible;
$ab' - ba' = 0$, $ac' - ca' = 0$, y n'est soumis à aucune condition, on peut le choisir arbitrairement.

Cela veut donc dire que toute solution de la première appartient à la seconde.

On peut le voir sans résoudre.

Posons, dans ce dernier cas, $\frac{a'}{a} = k$ ou $a' = ka$: en substituant dans les deux dernières égalités, on trouve

$$b' = kb, \qquad c' = kc.$$

La dernière équation s'écrit donc

$$k\,(ax + by) = kc.$$

Accidentellement, k peut être nul; la deuxième équation est alors

$$0 \cdot x + 0 \cdot y = 0.$$

Dans tous les cas, la propriété indiquée est évidente.

Voici donc la marche à suivre : d'abord, calculer $ab' - ba'$. Il est en général $\neq 0$; il y a une solution donnée par les formules.

Si $ab' - ba' = 0$, il faut regarder les coefficients des inconnues. Si l'un d'eux n'est pas nul, on regarde encore *le numérateur qui contient ce coefficient.*

(Si c'est un coefficient d'x, il s'agit du numérateur de la fraction qui donne y dans le cas général.)

Si ce numérateur n'est pas nul, les équations sont incompatibles; s'il est nul, il y a une infinité de solutions, on les obtient en résolvant l'équation contenant ce coefficient par rapport à l'inconnue correspondante, la seconde inconnue étant arbitraire; l'autre équation sera sûrement satisfaite.

288. — On retrouvera les formules générales en procédant par addition.

Récrivons le système

$$\left\{\begin{array}{lcc} ax + by = c, & b' & -a' \\ a'x + b'y = c'. & -b & a \end{array}\right.$$

Pour éliminer y multiplions par b' et $-b$ et ajoutons membre à membre, nous trouverons

$$(ab' - ba')x = cb' - bc',$$

et ensuite la valeur de x.

On procède de la même manière pour le calcul de y.

289. — **Interprétation géométrique.** — Supposons que dans chaque équation les coefficients des inconnues ne sont pas simultanément nuls (les autres cas sont évidemment sans intérêt); les équations représentent des droites.

Quand il y a une solution unique, les droites se coupent;
quand il n'y a pas de solution, les droites sont parallèles;
quand il y a indétermination, les droites sont confondues.

Cela est évident. Interprétons néanmoins les calculs précédents.

Cas général. — $ab' - ba' \neq 0$: *les droites ne sont pas parallèles.*
D'abord, si l'une est parallèle à un axe, l'autre ne l'est pas : on n'a pas en même temps, par exemple, $a = 0$, $a' = 0$.

Supposons donc que les droites aient une direction quelconque, l'inégalité peut être écrite en divisant par bb' :

$$\frac{a}{b} - \frac{a'}{b'} \neq 0, \qquad -\frac{a}{b} \neq -\frac{a'}{b'}:$$

les coefficients angulaires sont différents.

Cas particulier. — $ab' - ba' = 0$: *les droites ont même direction.* Si l'une est parallèle à un axe, l'autre l'est aussi.

Si, par exemple, $b = 0$, on a aussi $b' = 0$, car on ne peut avoir $a = 0$ en même temps que $b = 0$.

Si les droites ne sont pas parallèles à l'un des axes, elles ont même coefficient angulaire.

Supposons $b \neq 0$, les ordonnées à l'origine sont

$$-\frac{c}{b}, \qquad -\frac{c'}{b'}$$

dont la différence est
$$\frac{bc' - cb'}{bb'} :$$

les droites sont parallèles ou confondues suivant que $bc' - cb'$ est différent de 0 ou égal à 0.

En partant de l'inégalité $a \neq 0$, il faudrait considérer les abscisses à l'origine.

290. — Problème. — *Résoudre et discuter le système*

$$\begin{cases} (\lambda + 1)x + (2\lambda - 1)y = 2 - \lambda, \\ (\lambda + 3)x + (3\lambda - 1)y = \lambda + 1, \end{cases}$$

où λ est un paramètre variable.

$$ab' - ba' = \lambda^2 - 3\lambda + 2 = (\lambda - 1)(\lambda - 2).$$

Cas général : $\lambda \neq 1$ et $\neq 2$; on a une solution donnée par les formules

$$x = \frac{-5\lambda^2 + 6\lambda - 1}{\lambda^2 - 3\lambda + 2}, \qquad y = \frac{2\lambda^2 + 3\lambda - 5}{\lambda^2 - 3\lambda + 2}.$$

Cas particuliers : 1° $\lambda = 1$: a est alors différent de 0, le numérateur de la fraction qui donne y dans le cas général est nul : il suffit de résoudre la première équation en choisissant y arbitrairement.

2° $\lambda = 2$, $\quad a \neq 0$, $\quad ac' - ca' \neq 0$: il y a impossibilité.

Remarquons que lorsque $\lambda = 1$, les deux fractions se présentent sous la forme $\frac{0}{0}$ et sont par conséquent simplifiables si $\lambda \neq 1$, nous conclurons :

1° $\lambda \neq 1$ et $\neq 2$: une solution et une seule

$$x = \frac{1 - 5\lambda}{\lambda - 2}, \qquad \frac{2\lambda + 5}{\lambda - 2}.$$

2° $\lambda = 1$: indétermination,

$$\begin{cases} y \text{ arbitraire} \\ x = \dfrac{1-y}{2}. \end{cases}$$

3° $\lambda = 2$: impossibilité.

Remarque. — Il faut reprendre le raisonnement du lemme (n° **286**) ; ne pas oublier la simplification que nous avons rencontrée dans le calcul de x.

Interprétation géométrique. — La première équation représente une droite ; nous allons montrer que si l'équation d'une droite contient

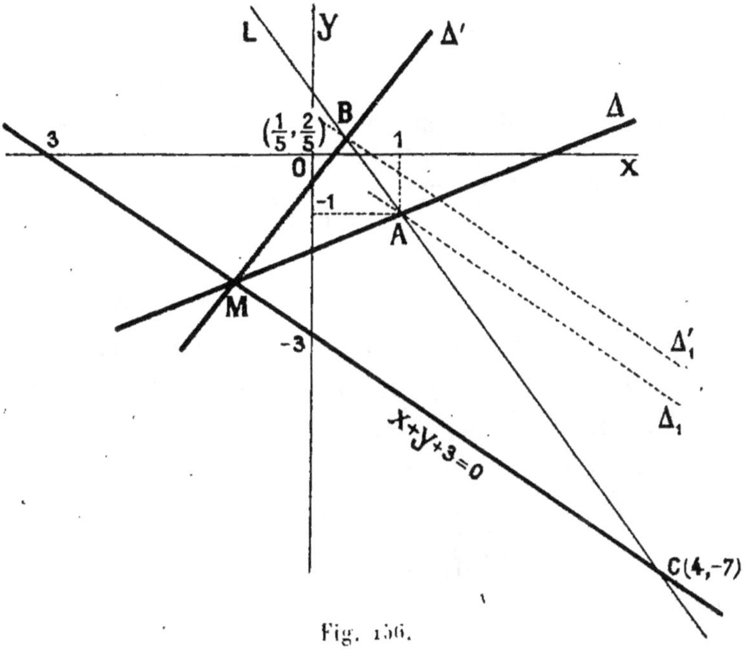

Fig. 156.

un paramètre λ au premier degré, elle passe, en général, par un point fixe. Écrivons l'équation

$$(1) \qquad \lambda(x + 2y + 1) + (x - y - 2) = 0;$$

considérons les droites

$$(2) \qquad x + 2y + 1 = 0,$$
$$(3) \qquad x - y - 2 = 0,$$

elles sont concourantes, leur point de concours est évidemment sur la droite (1). On montrera qu'on peut choisir λ pour que la droite (1) passe par un point donné (non sur la droite (2)).

Nous avons donc à chercher l'intersection de deux droites qui tournent autour de points fixes. Si $\lambda = 2$, les droites sont parallèles; si $\lambda = 1$, elles sont confondues.

Imaginons deux équations de droites avec un paramètre λ au premier degré. On peut demander de choisir λ pour que les droites soient parallèles, mais, si l'on veut qu'elles soient confondues, on trouve pour calculer λ deux équations incompatibles. Nous sommes donc ici dans un cas particulier, les expressions de x et de y se sont simplifiées.

Nous avons montré (nº **149**) que le point qui correspond à la solution, dans le cas général, décrit la droite

$$(D) \qquad x + y + 3 = 0.$$

D'autre part, chacune des droites tourne autour d'un point : la première autour de A $(1, -1)$, la seconde autour de B $\left(\frac{2}{5}, \frac{1}{5}\right)$.

Dans le cas général, les droites Δ et Δ' représentées par les équations données se coupent en M sur D.

Si $\lambda = 2$, elles deviennent Δ_1 et Δ_1' parallèles à D; quand λ tend vers 2, le point M s'éloigne indéfiniment sur D.

Si $\lambda = 1$, les droites D sont confondues avec la droite AB; le point M est venu en C $(4, -7)$.

291. — Équations homogènes. — ***Les équations du premier degré sont homogènes en*** x ***et*** y, ***elles n'ont pas de second membre.***

$$\begin{cases} ax + by = 0, \\ a'x + b'y = 0. \end{cases}$$

Il n'y a jamais impossibilité puisqu'on a toujours la solution $$x = 0, \qquad y = 0;$$

c'est la *solution nulle*.

1º $ab' - ba' \neq 0$, il y a une solution unique, la solution nulle.

2º Supposons $ab' - ba' = 0$, mais $a \neq 0$: toute solution de la première appartient à la seconde :

$$y \text{ arbitraire}, \qquad x = -\frac{b}{a}y.$$

3º Si tous les coefficients sont nuls, il n'y a plus d'équations.

Géométriquement (nous laissons de côté 3°), on a deux droites passant par l'origine; dans le premier cas, elles sont distinctes, dans le second elles sont confondues.

Application. — *Les systèmes*

$$\begin{cases} A = 0, \\ B = 0. \end{cases} \qquad \begin{cases} \alpha A + \beta B = 0, \\ \alpha' A + \beta' B = 0. \end{cases}$$

sont équivalents si

$$\alpha\beta' - \beta\alpha' \neq 0.$$

Il en est de même des systèmes

$$\begin{cases} A = A', \\ B = B'. \end{cases} \qquad \begin{cases} \alpha A + \beta B = \alpha A' + \beta B', \\ \alpha' A + \beta' B = \alpha' A' + \beta' B'. \end{cases}$$

292. — Problème. — *Un point* M *est mobile dans un plan, montrer qu'il existe une relation linéaire entre les carrés de ses distances à trois points fixes,* **A**, B, C *en ligne droite :*

$$\alpha \cdot MA^2 + \beta \cdot MB^2 + \gamma \cdot MC^2 + \delta = 0.$$

Choisissons sur la droite un sens et une origine, appelons x l'abscisse de la projection de M et y sa distance à Ox, a, b, c les abscisses des points A, B, C.

$$MA^2 = (x - a)^2 + y^2,$$

ou

$$\begin{aligned} MA^2 &= (x^2 + y^2) - 2ax + a^2, \\ MB^2 &= (x^2 + y^2) - 2bx + b^2, \\ MC^2 &= (x^2 + y^2) - 2cx + c^2. \end{aligned}$$

Formons $\alpha \cdot MA^2 + \beta \cdot MB^2 + \gamma \cdot MC^2$, les coefficients de $x^2 + y^2$ et de x doivent être nuls,

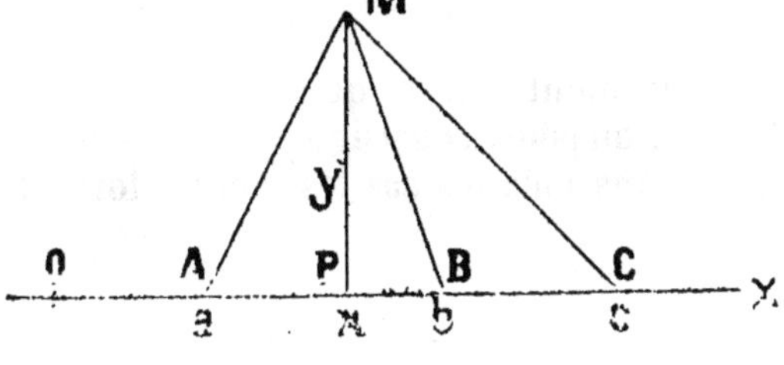

Fig. 157.

$$\begin{cases} \alpha + \beta + \gamma = 0, \\ \alpha a + \beta b + \gamma c = 0. \end{cases}$$

Ce système donne des valeurs proportionnelles à α, β, γ (n° **293**),

$$\frac{\alpha}{b - c} = \frac{\beta}{c - a} = \frac{\gamma}{a - b}.$$

Nous pouvons choisir la valeur de ces rapports, nous la prendrons égale à l'unité :

$$\alpha = b - c, \qquad \beta = c - a, \qquad \gamma = a - b.$$

Nous aurons alors

$$(b-c)\left[(x-a)^2+y^2\right]+(c-a)\left[(x-b)^2+y^2\right]$$
$$+(a-b)\left[(x-c)^2+y^2\right]+\delta=0,$$

où δ est une constante.

δ prend une forme simple $(b-c)(c-a)(a-b)$ en faisant dans cette formule $x=a$, $y=0$.

Nous retrouvons la *formule de Stewart*

$$\overline{BC}\cdot MA^2+\overline{CA}\cdot MB^2+\overline{AB}\cdot MC^2+\overline{BC}\cdot\overline{CA}\cdot\overline{AB}=0.$$

293. — Problème. — ***Résoudre le système d'équations homogènes***

$$\begin{cases} ax+by+cz=0, \\ a'x+b'y+c'z=0. \end{cases}$$

Supposons $ab'-ba'\neq 0$, nous pouvons choisir arbitrairement z et calculer les valeurs correspondantes de x et y :

$$x=\frac{bc'-cb'}{ab'-ba'}z,$$
$$y=\frac{ca'-ac'}{ab'-ba'}z.$$

Nous poserons $\dfrac{z}{ab'-ba'}=k$, k étant un nombre arbitraire. Alors

$$\begin{cases} x=k(bc'-cb'), \\ y=k(ca'-ac'), \\ z=k(ab'-ba'). \end{cases}$$

Nous avons choisi z arbitrairement parce que nous supposions $ab'-ba'\neq 0$. Si $bc'-cb'\neq 0$, on pourra choisir x ; si $ca'-ac'\neq 0$, on pourra choisir y : on trouve dans tous les cas les mêmes formules.

x, y, z sont proportionnels à

$$bc'-cb', \qquad ca'-ac', \qquad ab'-ba'.$$

Appelons $ab'-ba'$ le *déterminant* des coefficients de x et y. Permutons circulairement les lettres : $bc'-cb'$ sera le déterminant des coefficients de y et z, $ca'-ac'$ celui des coefficients de z et x. Ces déterminants sont des différences de produits en croix, il importe de bien remarquer dans quel sens on fait le premier de ces produits, nous l'indiquons par une flèche dans le tableau suivant :

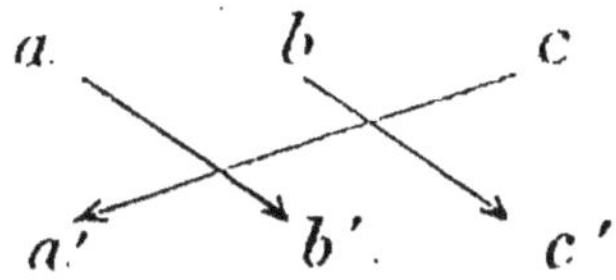

On énonce quelquefois les formules trouvées en disant : quand on a deux équations homogènes à trois inconnues, ***chaque inconnue est proportionnelle au déterminant des coefficients des autres***, et on écrit

$$\frac{x}{bc' - cb'} = \frac{y}{ca' - ac'} = \frac{z}{ab' - ba'}.$$

il vaut mieux conserver les premières formules et ne pas écrire de dénominateurs.

Si ces trois déterminants sont nuls, on regarde les coefficients : nous les supposons non tous nuls, sans quoi il n'y aurait pas d'équations. Soit, par exemple $a \neq 0$, tirons de la première

$$x = -\frac{by + cz}{a},$$

et substituons dans la seconde, tous les termes disparaissent : la formule précédente où y et z sont arbitraires donne toutes les solutions du système.

294. — Problème. — *Résoudre le système*

$$\left\{\begin{array}{l} ax + by + cz = 0, \\ a'x + b'y + c'z = 0, \\ mx + ny + pz = q. \end{array}\right.$$

On tirera des deux premières, k étant arbitraire,

$$x = k(bc' - cb'), \qquad y = k(ca' - ac'), \qquad z = k(ab' - ba');$$

en substituant dans la troisième équation on aura k.

On opérera de la même manière si la seconde équation n'est pas du premier degré.

295. — Problème. — *Résoudre le système*

$$\left\{\begin{array}{l} \dfrac{x}{a} = \dfrac{y}{b} = \dfrac{z}{c}, \\ mx + ny + pz = q. \end{array}\right.$$

Au lieu de tirer des premières équations $x = \frac{az}{c}$, $y = \frac{bz}{c}$ pour transporter dans la dernière, il vaut mieux prendre pour inconnue auxiliaire k la valeur commune des rapports

$$x = ak, \qquad y = bk, \qquad z = ck\ ;$$

k est donné par l'équation

$$(ma + nb + pc)\,k = q.$$

Donc, si

$$ma + nb + pc \neq 0,$$

$$x = \frac{aq}{ma + nb + nc}, \qquad y = \frac{bq}{ma + nb + pc},$$

$$z = \frac{cq}{ma + nb + pc}.$$

Application. — *Trois fils métalliques de résistances* r, r′, r″ *relient deux points* A *et* B, *un courant* I *arrive en* A, *comment se partage-t-il entre les trois fils?*

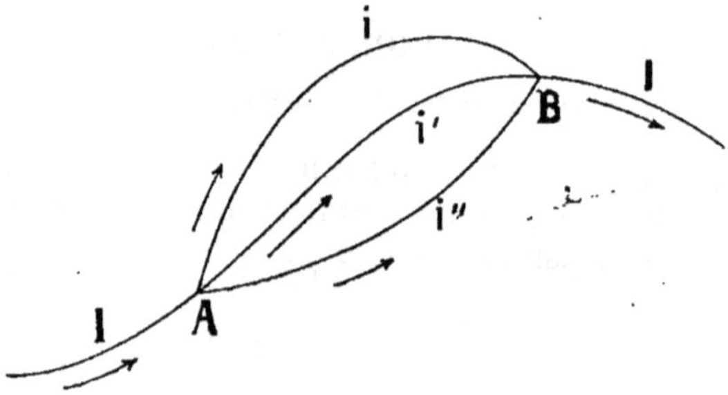

Fig. 158.

La première loi de Kirchhoff et la loi d'Ohm permettent d'écrire les trois équations du premier degré

$$\begin{cases} i + i' + i'' = I, \\ ri = r'i' = r''i. \end{cases}$$

Prenons comme inconnue auxiliaire la valeur commune v de ces produits,

$$i = \frac{v}{r}, \qquad i' = \frac{v}{r'}, \qquad i'' = \frac{v}{r''},$$

où v est déterminé par l'équation

$$v\left(\frac{1}{r} + \frac{1}{r'} + \frac{1}{r''}\right) = I.$$

Cette inconnue auxiliaire est la tension entre les points A et B ; il aurait mieux valu la prendre tout de suite comme inconnue.

296. — Problème. — *Résoudre le système général*

$$\begin{cases} ax + by + cz = d, & \lambda \\ a'x + b'y + c'z = d', & \lambda' \\ a''x + b''y + c''z = d''. & \lambda'' \end{cases}$$

Nous indiquerons seulement la marche à suivre.

Si $ab' - ba' \neq 0$, on a toutes les solutions des deux premières en choisissant z arbitrairement et en calculant x et y par la méthode ordinaire. Pour déterminer z on substitue leurs expressions dans la troisième équation : *on a à discuter une équation du premier degré à une inconnue.*

Si tous les déterminants tels que $ab' - ba'$ sont nuls, et si $a \neq 0$, on tire x de la première et on porte dans les autres : on forme deux équations *ne contenant ni* y *ni* z et par conséquent faciles à discuter.

Supposons que nous voulions calculer x *seulement* :

Nous procéderons par addition en nous proposant de trouver une équation ne contenant pas y et z. Il faut que

$$\lambda b + \lambda' b' + \lambda'' b'' = 0,$$
$$\lambda c + \lambda' c' + \lambda'' c'' = 0 :$$

$$\frac{\lambda}{b'c'' - c'b''} = \frac{\lambda'}{cb'' - bc''} = \frac{\lambda''}{bc' - cb'}.$$

On prend λ, λ', λ'' égaux aux dénominateurs, x est donné par l'équation

$$(\lambda a + \lambda' a' + \lambda'' a'')\, x = \lambda d + \lambda' d' + \lambda'' d''.$$

C'est la méthode de Bézout.

§ 2. — Deux équations à deux inconnues; l'une d'elles est du premier degré.

297. — ***Supposons que***

$$y = mx + p \qquad (1)$$

soit cette équation; on a une seconde équation du second degré en x ***et*** y. Nous ne l'écrirons pas.

La méthode de substitution conduit à un système de la forme

$$\begin{cases} y = mx + p, \\ ax^2 + bx + c = 0. \end{cases}$$

Supposons $a \neq 0$. On ne continuera le calcul que si $b^2 - 4ac > 0$, x a alors deux valeurs x' et x'', le système admet deux solutions

$$\begin{cases} x = x', \\ y = mx' + p; \end{cases} \qquad \begin{cases} x = x'', \\ y = mx'' + p. \end{cases}$$

Géométriquement, nous cherchons l'intersection d'une droite et d'une ligne qui est en général une courbe, comme nous l'avons montré dans certains cas particuliers.

Si $a = 0$, $b \neq 0$, l'équation x n'est plus que du premier degré, il y a une solution unique.

Si $a = 0$, $b = 0$, $c \neq 0$, le système est impossible.

Si enfin $a = b = c = 0$, toutes les solutions de l'équation (1) appartiennent à la seconde équation. Dans ce dernier cas, on montrera que la seconde équation peut se mettre (théorèmes sur la division) sous la forme

$$(y - mx - p)(ux + vy + w) = 0;$$

elle représente deux droites.

298. — Équations symétriques. — Il ne faut pas employer la méthode de substitution si les deux équations sont *symétriques* en x et y.

Supposons un instant qu'on procède par substitution. Tirons x de la première et portons dans la seconde, nous formerons une certaine équation en y, mais si c'est y que nous substituons, nous formerons la *même équation* en x. Autrement dit, l'équation qui donne x donne aussi y, c'est cette équation qu'il faut former.

Nous connaissons $x + y$, nous chercherons xy, nous aurons à calculer deux nombres connaissant leur somme et leur produit.

299. — Problème. — ***Résoudre le système***

$$\begin{cases} x + y = s, \\ xy = p. \end{cases}$$

Le problème a déjà été traité (n° **65**). Nous dirons simplement : x et y sont racines de l'équation

$$X^2 - sX + p = 0.$$

En effet, si (x, y) représente une solution de ce système, l'équation s'écrit

$$X^2 - (x + y)X + xy = 0,$$

ou

$$(X - x)(Y - y) = 0,$$

elle a pour racines x et y. Réciproquement, si l'équation en X a pour racines x et y, elle se met sous cette forme (nº **101**).

300. — Problème. — *Résoudre le système*

$$\begin{cases} x - y = d, \\ xy = p. \end{cases}$$

Il n'est pas symétrique, mais si nous remplaçons y par $-z$, nous avons le système symétrique

$$\begin{cases} x + z = d, \\ xz = -p. \end{cases}$$

x et z sont racines de l'équation

$$X^2 - dX - p = 0;$$

si elle a deux racines X' et X'', le système proposé a deux solutions

$$\begin{cases} x = X', \\ y = -X''; \end{cases} \qquad \begin{cases} x = X'', \\ y = -X'. \end{cases}$$

301. — Problème. — *Résoudre le système*

$$\begin{cases} x + y = u, \\ a(x^2 + y^2) + bxy + c(x + y) + d = 0. \end{cases}$$

La seconde équation est symétrique en x et y.
Pour calculer xy, on remplace

$$x^2 + y^2 \quad \text{par} \quad (x + y)^2 - 2xy = u^2 - 2xy.$$

xy est donné par une équation du premier degré.

302. — Problème. — *Résoudre le système*

$$\begin{cases} x + y = a, \\ x^3 + y^3 = b. \end{cases}$$

Il est symétrique en x et y; donc, ayant $x + y$, nous calculerons xy. La seconde équation, puisque

$$x^3 + y^3 = (x + y)(x^2 - xy + y^2),$$

peut se mettre sous la forme

$$a(x^2 - xy + y^2) = b.$$

Nous sommes ramenés au système précédent.

303. — Problème. — *Résoudre le système*

$$\begin{cases} \text{Cos}\, x + \cos y = a, \\ \text{Cos}^2 x + \cos^2 y = b. \end{cases}$$

On se donne évidemment $b > 0$. Posons $\cos x = X$, $\cos y = Y$; nous avons le nouveau système

$$\begin{cases} X + Y = a, \\ X^2 + Y^2 = b, \\ -1 < \frac{X}{Y} < 1. \end{cases}$$

Des considérations géométriques vont nous donner les conditions de possibilité que nous retrouverons ensuite par le calcul.

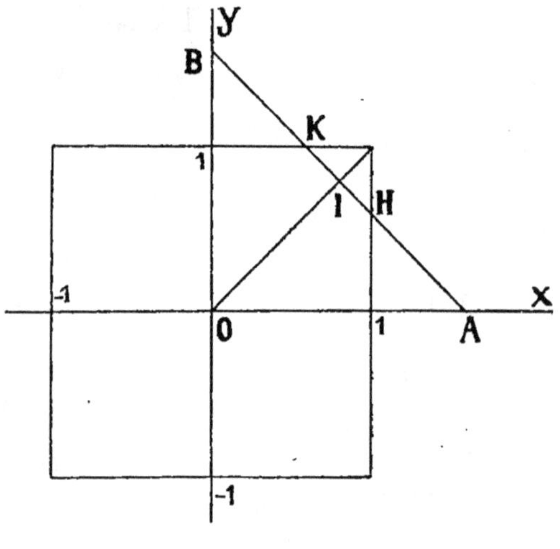

Fig. 159.

Le point (X, Y) doit être : 1° sur la droite AB telle que $\overline{OA} = \overline{OB} = a$; 2° sur le cercle de centre O et de rayon $\sqrt{b}$; 3° à l'intérieur du carré formé par les parallèles aux axes menées à la distance 1.

Supposons $a > 0$. AB doit couper le carré, il faut donc $a < 2$; si H et K sont les points de rencontre, le cercle doit couper AB entre H et K.

Or,

$$OI = \frac{a}{\sqrt{2}} \quad \text{et} \quad OH^2 = (a-1)^2 + 1 = a^2 - 2a + 2,$$

puisque le point H a pour coordonnées 1 et $a - 1$.

On ferait un calcul analogue dans le cas où a est négatif.

Donc, pour que le problème soit possible, il faut d'abord

$$-2 < a < 2,$$

et ensuite

$$\frac{a^2}{2} < b < a^2 - 2a + 2, \quad \text{si} \quad a > 0;$$

$$\frac{a^2}{2} < b < a^2 + 2a + 2, \quad \text{si} \quad a < 0.$$

Algébriquement, X et Y sont racines de l'équation

$$f(z) = 2z^2 - 2az + (a^2 - b) = 0.$$

On doit avoir $$-1 < \frac{a}{2} < 1;$$

$$f(-1) > 0, \quad f\left(\frac{a}{2}\right) < 0, \quad f(1) > 0,$$

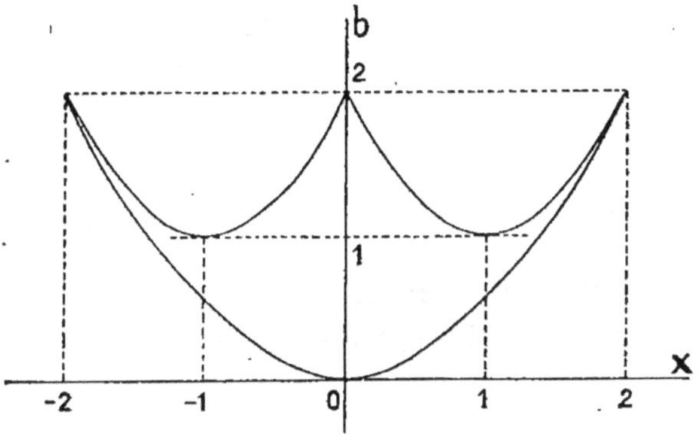

Fig. 160.

ce qui redonne les conditions précédentes.

Il n'y a plus qu'à résoudre l'équation.

Si nous considérons a et b comme les coordonnées d'un point, il est intéressant de chercher la signification géométrique des conditions. Le point doit être à l'intérieur d'une aire limitée par trois paraboles faciles à construire.

On trouvera une aire analogue qui doit renfermer le point (a, c), en posant $$b = c^2 \quad (c > 0).$$

§ 3. — Deux équations du second degré à deux inconnues.

304. — Nous ne pouvons discuter complètement ce problème.

Si l'une des équations est du premier degré par rapport à une inconnue, par exemple x, on tire x de cette équation et on porte dans l'autre.

Dans le cas le plus général, on ordonne par rapport à une inconnue :

$$\begin{array}{r} -a' \\ a \end{array} \left\{ \begin{array}{l} ax^2 + bx + c = 0, \\ a'x^2 + b'x + c' = 0. \end{array} \right.$$

a et a' sont des constantes, b et b' du premier degré en y, c et c' du second degré en y.

Faisons une combinaison du premier degré en x ; le système est équivalent au suivant

$$\begin{cases} ax^2 + bx + c = 0, \\ (ab' - ba')x - (ca' - ac') = 0 ; \end{cases}$$

nous sommes ramenés au cas précédent. Tirons x de la seconde et portons dans la première, le système est équivalent à

$$\begin{cases} x = \dfrac{ca' - ac'}{ab' - ba'}, \\ R(y) = (ca' - ac')^2 - (ab' - ba')(bc' - cb') = 0. \end{cases}$$

La dernière équation étant en général du quatrième degré, nous ne savons pas la résoudre ; il peut y avoir quatre solutions.

Nous examinerons seulement quelques cas particuliers.

305. — ***L'une des équations est homogène***

$$ax^2 + bxy + cy^2 = 0.$$

Cette équation se décompose en général. C'est évident si a ou c est nul.

Si, par exemple, $a = 0$, elle s'écrit

$$y(bx + cy) = 0.$$

Dans le cas général, on transformera ce trinôme comme nous avons déjà fait (p. 84), en considérant par exemple y comme la variable.

On verra que

1° $b^2 - 4ac \neq 0$. Cette équation n'admet que la solution $x = 0$, $y = 0$.

En effet, nous avons une somme

$$c\left(y + \frac{b}{2c}x\right)^2 + \frac{4ac - b^2}{4c}x^2 = 0 ;$$

cela exige que

$$x = 0 \quad \text{et} \quad y + \frac{b}{2c}x = 0, \text{ etc.}$$

2° $b^2 - 4ac = 0$. Le premier membre peut s'écrire

$$c\left(y + \frac{b}{2c}x\right)^2,$$

et l'équation $$2cy + bx = 0.$$

3° $b^2 - 4ac > 0$. Le premier membre égale

$$c(y - m'x)(y - m''x)$$

m' et m'' étant les racines de l'équation

$$cm^2 + bm + a = 0;$$

l'équation se décompose

$$(y - m'x)(y - m''x) = 0.$$

Elle représente deux droites passant par l'origine,

$$y = m'x, \qquad y = m''x.$$

Il restera à résoudre les deux systèmes obtenus en combinant chacune de ces équations avec la seconde équation du système proposé.

Exemple. — *Soit le système*

$$\begin{cases} 3x^2 + 2xy - y^2 = 0, \\ x^2 + y^2 + 2x - 12 = 0. \end{cases}$$

L'équation en m est

$$m^2 - 2m - 3 = 0;$$

elle a pour racines -1 et 3.

Il faut maintenant résoudre les systèmes

$$\begin{cases} y = -x, \\ x^2 + y^2 + 2x - 12 = 0; \end{cases} \qquad \begin{cases} y = 3x, \\ x^2 + y^2 + 2x - 12 = 0, \end{cases}$$

c'est-à-dire chercher les points communs à un cercle et à deux droites.

Les solutions sont

$$\begin{cases} x = -3, \\ y = 3; \end{cases} \qquad \begin{cases} x = 2, \\ y = -2; \end{cases} \qquad \begin{cases} x = -1,2, \\ y = -3,6; \end{cases} \qquad \begin{cases} x = 1, \\ y = 3. \end{cases}$$

Le lecteur fera la figure.

306. — ***Résoudre le système***

$$\begin{cases} ax^2 + bxy + cy^2 = d, & d' \\ a'x^2 + b'xy + c'y^2 = d'. & -d. \end{cases}$$

Faisons une combinaison homogène, c'est-à-dire additionnons après avoir multiplié par d' et $-d$ pour que le second membre devienne nul; on est ramené au problème précédent.

C'est le procédé qu'on emploie avec l'équation

$$a \cos^2 x + b \cos x \sin x + c \sin^2 x = d,$$

la seconde étant, naturellement

$$\cos^2 x + \sin^2 x = 1.$$

La combinaison homogène est

$$a \cos^2 x + b \cos x \sin x + c \sin^2 x = d\ (\cos^2 x + \sin^2 x),$$

ou $$(c - d) \sin^2 x + b \sin x \cos x + (a - d) \cos^2 x = 0.$$

Si $c - d \neq 0$, c'est une équation du second degré en $\operatorname{tg} x$,

$$(c - d) \operatorname{tg}^2 x + b \operatorname{tg} x + (a - d) = 0.$$

Si $c - d = 0$, l'équation se décompose en

$$\cos x = 0,$$

et $$b \sin x + (a - d) \cos x = 0 \quad \text{ou} \quad \operatorname{tg} x = \frac{d - a}{b}.$$

Géométriquement, les équations proposées représentent des courbes symétriques par rapport à l'origine, leurs points communs sont deux à deux symétriques et par suite sur une droite passant par l'origine; aux quatre points communs correspondent les deux droites que nous venons de trouver.

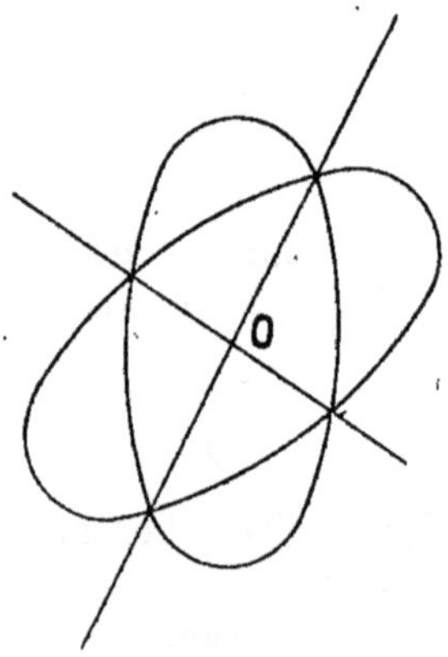

Fig. 161.

307. — ***Résoudre un système de deux équations du second degré symétriques en* x *et* y.**

$$\begin{cases} a(x^2 + y^2) + bxy + c(x + y) + d = 0, \\ a'(x^2 + y^2) + b'xy + c'(x + y) + d' = 0. \end{cases}$$

Les courbes correspondantes sont symétriques par rapport à la bissectrice de l'angle xOy; si les courbes se coupent en 4 points, ces points sont sur deux droites parallèles à la seconde bissectrice.

Considérons seulement la première équation.

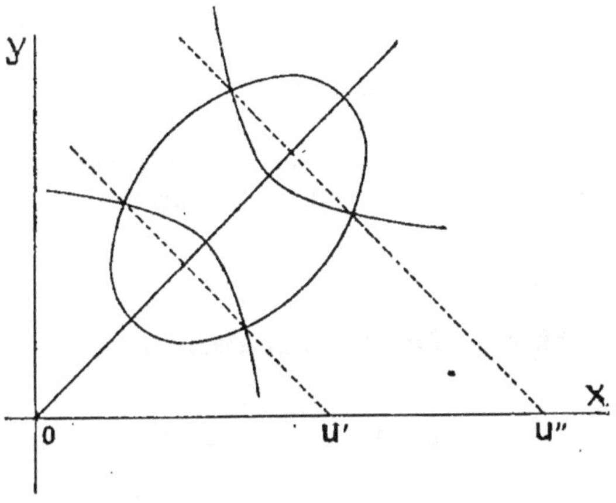

Fig. 162.

Nous avons déjà rencontré deux formes particulières :

1° $b = 0$: la courbe est un cercle (on trouvera son centre et son rayon en divisant d'abord par a).

2° $a = 0$: la courbe est une hyperbole ayant ses asymptotes parallèles aux axes de coordonnées.

Comme on peut remplacer les équations par deux autres, l'une ne contenant pas de terme en xy l'autre ne contenant pas de terme en $x^2 + y^2$, on cherche ici l'intersection d'un cercle et d'une hyperbole équilatère symétriques par rapport à la première bissectrice.

Voici comment nous ferons le calcul.

Prenons comme inconnues auxiliaires

$$x + y = u, \qquad xy = v;$$

la première équation devient

$$a(u^2 - 2v) + bv + cu + d = 0.$$

Nous avons encore un système de deux équations du second degré mais ne contenant v qu'au premier.

Nous emploierons la méthode de substitution. u sera donné par une équation du second degré, le système a, en général, deux solutions (u', v'), (u'', v''); il ne reste plus qu'à résoudre les équations du second degré

$$X^2 - u'X + v' = 0,$$
$$X^2 - u''X + v'' = 0;$$

il peut y avoir quatre solutions.

Graphiquement, on construira les racines de l'équation en u, puis les droites

$$x + y = u', \qquad x + y = u'';$$

les points cherchés sont sur ces droites et le cercle qui passe par l'intersection des deux courbes et dont nous venons de parler.

§ 4. — Résultant de deux trinômes.

308. — Problème. — *Trouver la condition pour que deux équations du second degré aient une racine commune.*

Nous cherchons la condition pour que le système

$$\text{(I)} \quad \begin{cases} f(x) = ax^2 + bx + c = 0, & a \neq 0 \quad (1) \\ \varphi(x) = a'x^2 + b'x + c' = 0, & a' \neq 0 \quad (2) \end{cases}$$

ait une solution.

Prenons d'abord un exemple simple

$$\begin{cases} x^2 - 3x + (2\lambda - 4) = 0, \\ x^2 - 4x + (3\lambda - 5) = 0. \end{cases}$$

Retranchons membre à membre, l'équation obtenue

$$x - \lambda + 1 = 0$$

peut remplacer l'une d'elles. Nous en tirons

$$x = \lambda - 1$$

que nous transportons dans la première

$$\lambda^2 - 3\lambda = 0.$$

Les équations ont donc une racine commune dans deux cas :

1° $\lambda = 0$, $\qquad x = -1$;
2° $\lambda = 3$, $\qquad x = 2$.

Nous allons suivre le même procédé dans le cas général.

Formons une combinaison du premier degré en x, c'est-à-dire multiplions les deux membres des équations par $-a'$ et a et additionnons membre à membre; nous obtenons (n° **246**) le système équivalent

$$\text{(II)} \quad \left\{ \begin{aligned} f(x) &= ax^2 + bx + c = 0, \\ a\varphi(x) - a'f(x) &= (ab' - ba')x - (ca' - ac') = 0. \end{aligned} \right.$$

Il suffit de chercher quand le système (II) a une solution.

Examinons d'abord le cas particulier

$$ab' - ba' = 0.$$

Si (II) a une solution, il faut aussi

$$ca' - ac' = 0;$$

le système (II) se réduit à l'équation (1).

Donc si $ab' - ba' = 0$, $ca' - ac' = 0$, toute solution de (1) (si elle existe) appartient à (2).

On a d'ailleurs identiquement

$$a\varphi(x) = a'f(x),$$

ou

$$\varphi(x) = \frac{a'}{a} f(x);$$

la seconde équation a été obtenue en multipliant les deux membres de la seconde par $\frac{a'}{a}$.

Prenons le cas général

$$ab' - ba' \neq 0;$$

nous avons à écrire que deux équations, l'une du second degré, l'autre du premier, ont une solution commune. Nous allons résoudre la seconde et porter sa solution dans la première.

Appelons γ la solution de la seconde

$$\gamma = \frac{ca' - ac'}{ab' - ba'};$$

$$f(\gamma) = a\left(\frac{ca' - ac'}{ab' - ba'}\right)^2 + b\,\frac{ca' - ac'}{ab' - ba'} + c$$

$$= \frac{a(ca' - ac')^2 + b(ca' - ac')(ab' - ba') + c(ab' - ba')^2}{(ab' - ba')^2}$$

Mettons $(ab' - ba')$ en facteur dans les deux derniers termes du numérateur, nous trouverons, en posant

$$\mathbf{R} = (\boldsymbol{ca' - ac'})^2 - (\boldsymbol{ab' - ba'})(\boldsymbol{bc' - cb'}),$$

$$f(\gamma) = \frac{aR}{(ab' - ba')^2}.$$

La simplification faite vient de ce que, si

$$\begin{cases} ax + by + cz = 0, \\ a'x + b'y + c'z = 0 : \end{cases}$$

$$\frac{x}{bc' - cb'} = \frac{y}{ca' - ac'} = \frac{z}{ab' - ba'}.$$

Donc, en substituant :

$$a(bc' - cb') + b(ca' - ac') + c(ab' - ba') = 0.$$

Si le système (II) admet une solution,

$$R = 0.$$

Ce polynôme formé avec les coefficients des deux trinômes du second degré s'appelle le résultant de ces trinômes.

Si nous remarquons que, dans le cas particulier où

$$ab' - ba' = 0, \qquad ca' - ac' = 0,$$

R est nul, nous conclurons :

La condition nécessaire pour que deux trinômes du second degré aient une racine commune est que leur résultant soit nul.

La condition est-elle suffisante? Supposons $R = 0$; si

$$ab' - ba' = 0, \quad \text{on a aussi} \quad ca' - ac' = 0 :$$

les deux équations sont équivalentes.

Supposons toujours $R = 0$, mais

$$ab' - ba' \neq 0;$$

le système (II) admet la solution

$$\gamma = \frac{ca' - ac'}{ab' - ba'};$$

c'est une racine commune aux deux équations.

En résumé : *Si* $R = 0$, ***les équations ont en général une racine commune***

$$\boldsymbol{\frac{ca' - ac'}{ab' - ba'}}.$$

Dans le cas particulier où $ab' - ba' = 0$ (cette fraction prend alors la forme $\frac{0}{0}$), les équations sont équivalentes; si l'une a des racines, l'autre a les mêmes.

309. — Signification du résultant. — Le polynôme R se met sous une forme remarquable quand l'un des polynômes a des racines. Supposons, par exemple, que $f(x)$ ait deux racines α et β.

Nous avons trouvé

$$\begin{aligned} R &= \frac{(ab' - ba')^2}{a} f(\gamma) \\ &= (ab' - ba')^2 (\gamma - \alpha)(\gamma - \beta). \end{aligned}$$

Or γ est racine du binôme

$$a\varphi(x) - a'f(x) = (ab' - ba')(x - \gamma);$$

remplaçons-y x successivement par α et par β :

$$\begin{aligned} a\varphi(\alpha) &= (ab' - ba')(\alpha - \gamma), \\ a\varphi(\beta) &= (ab' - ba')(\beta - \gamma). \end{aligned}$$

Donc, en multipliant membre à membre,

$$\mathbf{R} = \boldsymbol{a^2 \varphi(\alpha) \varphi(\beta)}.$$

Si la seconde équation a des racines α' et β', on a aussi

$$R = a'^2 f(\alpha') f(\beta').$$

310. — *Si le polynôme* $R < 0$, *les équations ont des racines qui alternent.* Cela veut dire qu'on rencontre alternativement les racines de l'une et de l'autre quand on les lit après les avoir rangées par ordre de grandeur croissante.

Les équations ont des racines. D'abord, si $R < 0$, $ab' - ba'$ ne peut être nul; nous avons trouvé (p. 331) :

$$f(\gamma) = \frac{aR}{(ab' - ba')^2},$$

donc a et $f(\gamma)$ sont de signe contraire, donc le trinôme $f(x)$ a des racines entre lesquelles est compris γ.

Appelons maintenant α et β les racines de f; puisque

$$R = a^2 \varphi(\alpha) \varphi(\beta) < 0,$$

$\varphi(\alpha)$ et $\varphi(\beta)$ sont de signe contraire, ce qui démontre la proposition (n° **281**, 2°).

311. — Remarque. — Il n'est pas raisonnable de se poser des questions sur le polynôme R sans connaître son origine. Si, cependant, supposant $R < 0$, on veut montrer que les équations ont des racines, on peut, par exemple, le considérer comme un trinôme en c' :

$$a^2c'^2 - [2aca' + b(ab' - ba')]c' + c^2a'^2 + cb'(ab' - ba').$$

Puisqu'il est < 0, c'est que son $b^2 - 4ac$ est positif; en le calculant, on trouve

$$(b^2 - 4ac)(ab' - ba')^2 > 0 :$$

$$b^2 - 4ac > 0.$$

312. — **Autre méthode.** — Posons $x^2 = y$; si les équations ont une racine commune, le système

$$\text{(I)} \quad \begin{cases} ay + bx + c = 0, & a \neq 0 \quad (1) \\ a'y + b'x + c' = 0, & a' \neq 0 \quad (2) \\ x^2 - y = 0, & \quad (3) \end{cases}$$

a une solution. Réciproquement si (x, y) représente une solution de ce système, x est une racine commune aux équations du second degré.

Pour écrire que ce système a une solution, nous allons tirer x et y des deux premières et porter dans la troisième

1° $ab' - ba' \neq 0$,

$$x = \frac{ca' - ac'}{ab' - ba'}, \qquad y = \frac{bc' - cb'}{ab' - ba'},$$

$$x^2 - y = \frac{R}{(ab' - ba')^2};$$

nous retrouvons la condition nécessaire $R = 0$.

2° $ab' - ba' = 0$; comme $a \neq 0$, les équations du premier degré ne peuvent avoir de solution que si

$$ca' - ac' = 0,$$

et alors elles sont équivalentes; il en est de même des équations proposées.

On peut obtenir plus rapidement le résultant en considérant le système primitif comme formé de deux équations du premier degré en x^2 et x. Il vient alors (n° **293**)

$$\frac{x^2}{bc' - cb'} = \frac{x}{ca' - ac'} = \frac{1}{ab' - ba'}.$$

On écrit ensuite que le carré du second rapport est égal au produit des deux autres.

313. — Montrons à nouveau que si $R < 0$, les équations ont des racines. D'abord $ab' - ba' \neq 0$; la solution du système

$$\begin{cases} ay + bx + c = 0, \\ a'y + b'x + c' = 0, \end{cases}$$

vérifie l'inégalité $x^2 - y < 0$.

Ajoutons à $ay + bx + c$, qui est nul, $a(x^2 - y)$ qui a le signe de $-a$, nous trouverons que

$$ax^2 + bx + c$$

a le signe de $-a$, donc le premier trinôme a des racines et

$$x = \frac{ca' - ac'}{ab' - ba'}$$

est compris entre les racines.

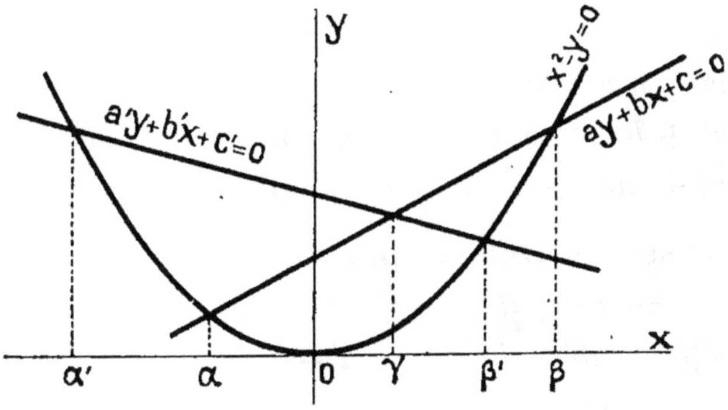

Fig. 163.

Les calculs relatifs à cette seconde méthode ont une interprétation géométrique intéressante.

Remplacer l'équation $ax^2 + bx + c = 0$

par le système $\begin{cases} ay + bx + c = 0, \\ x^2 = y, \end{cases}$

c'est considérer ses racines comme les abscisses des points d'intersection d'une droite et d'une parabole (n° **153**).

Écrire le système (I) (n° **312**), c'est exprimer que deux droites se coupent sur la parabole.

Si $R < 0$, c'est que $x^2 - y < 0$; le point commun aux deux droites se trouve à l'intérieur de la parabole. La figure 163 montre que les équations ont des racines qui alternent.

314. — Méthode par les fonctions symétriques. — Une troisième méthode n'est peut-être pas nécessaire; celle-ci est moins commode que la première, mais elle se prête à la généralisation.

Nous avons donné (n° **265**) le moyen de résoudre le problème qu'on peut poser ainsi :

Trouver la condition pour qu'une racine α de l'équation $f(x) = 0$ satisfasse à la condition $\varphi(\alpha) = 0$.

Il faut et il suffit, la première équation ayant des racines α et β, que le produit

$$\varphi(\alpha)\,\varphi(\beta)$$

symétrique en α et β soit nul.

Au lieu de substituer α dans φ, nous allons (n° **120**) substituer dans le reste de la division de φ par f.

Au lieu de $\varphi(x)$, prenons $a\varphi(x)$, pour éviter un dénominateur :

$$\begin{aligned} a\varphi(x) &= a(a'x^2 + b'x + c') \\ &= a'(ax^2 + bx + c) + (ab' - ba')\,x - (ca' - ac'), \\ &= a'\varphi(x) + (ab' - ba')x - (ca' - ac'). \end{aligned}$$

Remplaçons x successivement par α et β :

$$a\varphi(\alpha) = (ab' - ba')\alpha - (ca' - ac'),$$
$$a\varphi(\beta) = (ab' - ba')\beta - (ca' - ac').$$

Le produit $a^2\varphi(\alpha)\,\varphi(\beta)$ est égal à

$$\frac{a(ca' - ac')^2 - b(ca' - ac')(ab' - ba') + c(ab' - ba')^2}{a}. \qquad (1)$$

En mettant $ab' - ba'$ en facteur dans les deux derniers termes du numérateur et en simplifiant, on trouve

$$a^2\varphi(\alpha)\,\varphi(\beta) = (ca' - ac')^2 - (ab' - ba')(bc' - cb') = \mathrm{R}.$$

Si l'on suppose que $\varphi(x)$ a deux racines α', β', on trouve de la même manière

$$a'^2 f(\alpha') f(\beta') = \mathrm{R}.$$

Si les équations ont une racine commune : $\mathrm{R} = 0$.

Pour étudier la réciproque, il faut d'abord montrer que les équations ont des racines. Le numérateur de (1) non simplifié est, si $ab' - ba' \neq 0$:

$$a\mathrm{R} = (ab' - ba')^2 f\left(\frac{ca' - ac'}{ab' - ba'}\right).$$

Donc, si $\mathrm{R} = 0$, $\dfrac{ca' - ca'}{ab' - ba'}$ est une racine de $f(x)$.

$\dfrac{ca' - ac'}{ab' - ba'}$ est aussi une racine de $\varphi(x)$, puisque

$$a'\mathrm{R} = (ab' - ba')^2\,\varphi\left(\frac{ca' - ac'}{ab' - ba'}\right)^2.$$

Nous avons réservé le cas où R étant nul, on a aussi $ab' - ba' = 0$; alors $ca' - ac' = 0$, les équations ont leurs coefficients proportionnels.

315. — Problème. — ***Ranger par ordre de grandeur croissante les racines de deux équations***

$$f(x) = ax^2 + bx + c = 0, \qquad (a \neq 0.)$$
$$\varphi(x) = a'x^2 + b'x + c' = 0. \qquad (a' \neq 0.)$$

Nous appellerons α, β les racines de la première; α', β' les racines de la seconde.

Laissons de côté, pour un instant, le cas particulier où $ab' - ba' = 0$.

On cherche, par rapport aux racines de chaque équation, la position du nombre

$$\gamma = \frac{ca' - ac'}{ab' - ba'}.$$

γ est la racine de l'équation

$$a'f(x) - a\varphi(x) = 0, \qquad (1)$$

obtenue en faisant avec les équations données une combinaison du premier degré.

Nous avons déjà substitué γ dans les premiers membres des équations, c'est ainsi que nous avons été conduit au résultant :

$$af(\gamma) \quad \text{et} \quad a'\varphi(\gamma) \quad \text{ont le signe de R;}$$

en effet,

$$\frac{1}{a}f(\gamma) = \frac{1}{a'}\varphi(\gamma) = \frac{R}{(ab' - ba')^2}.$$

De plus, puisque γ vérifie (1) :

$$(\gamma - \alpha)(\gamma - \beta) = (\gamma - \alpha')(\gamma - \beta'); \qquad (2)$$

si nous marquons les points dont α, β, α', β', γ sont les abscisses :

$$\overline{IA} \cdot \overline{IB} = \overline{IA'} \cdot \overline{IB'}. \qquad (3)$$

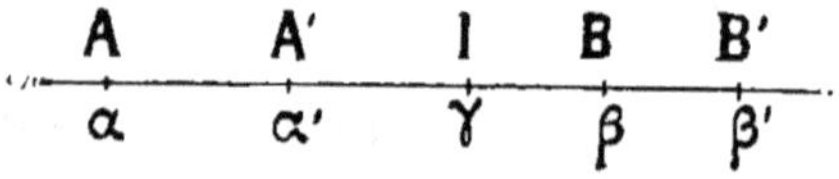

Fig. 164.

Les membres des égalités (2) *et* (3) *ont le signe de* R.

Il est avantageux, pour comprendre les calculs, de considérer α et β, α' et β', comme définissant les extrémités des diamètres de deux cercles. Ranger ces nombres, c'est chercher la position relative des deux cercles. I *est le pied de l'axe radical*, R *a le signe de la puissance de* I *par rapport à ces cercles.*

1er Cas. — $R < 0$: Les équations ont des racines, car

$$af(\gamma) < 0, \qquad a'\varphi(\gamma) < 0;$$

les cercles se coupent, les racines alternent.

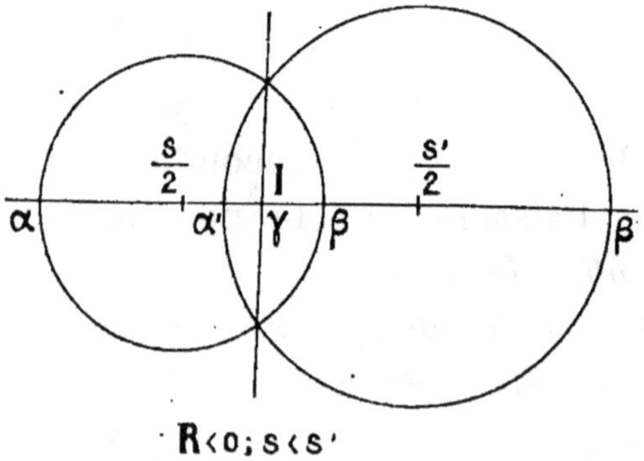

Fig. 165.

Pour ranger les racines, il n'y a qu'à comparer les moyennes $\frac{s}{2} = -\frac{b}{2a}$, $\frac{s'}{2} = -\frac{b'}{2a'}$.

2e Cas. — $R > 0$: nous ne savons plus s'il y a des racines. Nous ne pouvons continuer le calcul qu'en supposant

$$b^2 - 4ac > 0, \qquad b'^2 - 4a'c' > 0.$$

Les cercles ne se coupent pas. Alors,
ou bien ils sont de part et d'autre de l'axe radical : I est

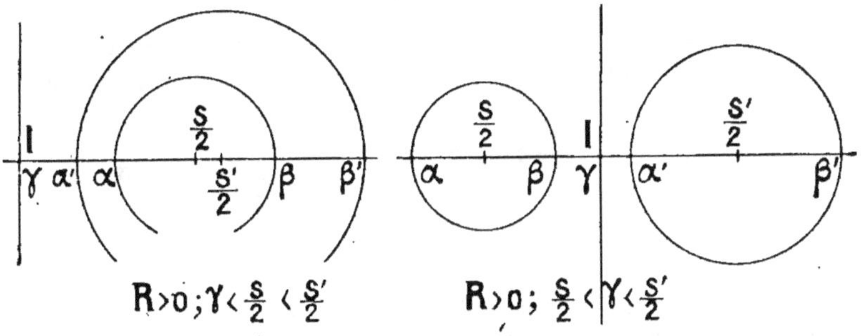

Fig. 166.

entre les deux centres dont les abscisses sont $-\frac{b}{2a}$ et $-\frac{b'}{2a'}$;

ou bien ils sont du même côté de l'axe radical : le cercle dont le centre est le plus éloigné est le plus grand.

En effet, avec les notations habituelles,

$$d^2 - R^2 = d'^2 - R'^2,$$

si $\qquad d > d' \quad : \quad R > R'.$

Dans le cas particulier où $ab' - ba' = 0$
les cercles sont concentriques, car

$$-\frac{b}{2a} = -\frac{b'}{2a'}, \qquad \frac{s}{2} = \frac{s'}{2},$$

les racines qui diffèrent le plus sont celles dont le produit est le plus petit. En effet,

$$p = \frac{c}{a} = d^2 - R^2, \qquad p' = \frac{c'}{a'} = d^2 - R'^2,$$

si
$$p < p' \quad : \quad R > R';$$

on a donc l'ordre suivant

$$p < p' \text{ ou } \frac{c}{a} < \frac{c'}{a'}, \qquad \alpha, \alpha', \beta', \beta;$$

$$p > p' \text{ ou } \frac{c}{a} > \frac{c'}{a'}, \qquad \alpha', \alpha, \beta, \alpha'.$$

REMARQUES. — Nous avons appris à faire un changement d'origine. Laissant de côté le cas facile où les racines ont même moyenne ($ab' - ba' = 0$), on peut par un changement d'origine faire en sorte que les racines des nouvelles équations aient même produit : l'abscisse de la nouvelle origine est justement γ.

Il n'y a pas lieu de faire les calculs du n° **315** quand les racines de chaque équation ont même somme ou même produit; dans ce dernier cas $\gamma = 0$:

1° $$\begin{matrix} 3x^2 - 6x - 1 = 0, \\ 3x^2 - 6x - 2 = 0, \end{matrix} \qquad \alpha', \alpha, \beta, \beta'.$$

2° $$\begin{matrix} 3x^2 - 6x + 1 = 0, \\ 3x^2 - 7x + 1 = 0, \end{matrix} \qquad \alpha', \alpha, \beta, \beta'.$$

Il faut s'exercer à donner immédiatement l'ordre des racines à la simple inspection d'équations comme les précédentes.

316. — PROBLÈME. — *Ranger par ordre de grandeur croissante les racines des équations*

$$f(x) = x^2 - 2(2\lambda - 1)x + 2\lambda^2 + 6\lambda - 11 = 0,$$
$$\varphi(x) = x^2 - 4\lambda x + 2\lambda^2 + \lambda = 0,$$

où λ est un paramètre variable.

Formons une combinaison du premier degré en x en retranchant membre à membre :

$$2x + 5\lambda - 11 = 0.$$

La racine de cette équation est

$$\gamma = \frac{11 - 5\lambda}{2}.$$

Nous allons chercher la position de γ par rapport aux racines de chaque équation (α, β), (α', β') en nous rappelant que $f(\gamma) = \varphi(\gamma)$ (c'est le résultant à un facteur positif près),

$$\varphi(\gamma) \text{ a le signe de } 73\lambda^2 - 194\lambda + 121$$
$$\text{ou de} \quad (\lambda - 1)\left(\lambda - \frac{121}{73}\right).$$

Il faut comparer γ aux demi-sommes et les demi-sommes entre elles

$$\frac{s}{2} = 2\lambda - 1, \qquad \frac{s'}{2} = 2\lambda;$$

$$\gamma - \frac{s}{2} \text{ a le signe de } \frac{13}{9} - \lambda,$$

$$\gamma - \frac{s'}{2} \qquad \text{»} \qquad \frac{11}{9} - \lambda;$$

on a toujours
$$\frac{s}{2} < \frac{s'}{2}.$$

Enfin, $\delta = b^2 - 4ac$ a le signe de $(\lambda - 2)(\lambda - 3)$,

$$\delta' = b'^2 - 4a'c' \qquad \text{»} \qquad \lambda\left(\lambda - \frac{1}{2}\right).$$

Les valeurs remarquables de λ rangées par ordre de grandeur croissante sont

$$0, \quad \frac{1}{2}, \quad 1, \quad \frac{11}{9}, \quad \frac{13}{9}, \quad \frac{121}{73}, \quad 2, \quad 3.$$

On remarquera que, puisque $\frac{s}{2} < \frac{s'}{2}$, quand $\varphi(\gamma) < 0$ on a toujours l'ordre α, α', β, β'.

Il n'y a plus qu'à former le tableau suivant

λ	R	$\gamma - \dfrac{s}{2}$	$\gamma - \dfrac{s'}{2}$	δ	δ'	ORDRE DES RACINES
$-\infty$	$+$	$+$	$+$			α, α', β', β.
0	$+$	$+$	$+$		$-$	
$\dfrac{1}{2}$	$+$	$+$	$+$			α, α', β', β.
1	$-$	$+$	$+$			α, α', β, β'.
$\dfrac{11}{9}$	$-$	$+$	$-$			α, α', β, β'.
$\dfrac{13}{9}$	$-$	$-$	$-$			α, α', β, β'.
$\dfrac{121}{73}$	$+$	$-$	$-$			α', α, β, β'.
2	$+$	$-$	$-$	$-$		
3	$+$	$-$	$-$			α', α, β, β'.
$+\infty$

Remarque. — Quand c'est possible, il est plus simple d'employer un procédé géométrique comme dans le problème suivant :

317. — Problème. — *Ranger par ordre de grandeur croissante les racines des équations*

$$x^2 - 2\lambda x + 5\lambda = 0,$$
$$x^2 + 2(\lambda + 2)x + 9\lambda = 0,$$

où λ est un paramètre variable.

Considérons x et λ comme les coordonnées d'un point et construisons les courbes représentées par ces équations.

Les variations de la fonction

$$\lambda = \frac{x^2}{2x - 5}$$

sont données par le tableau :

x	$-\infty$		0		$\frac{5}{2}$		5		$+\infty$
λ	$-\infty$	↗	0	↘	$-\infty$ | $+\infty$	↘	5	↗	$+\infty$

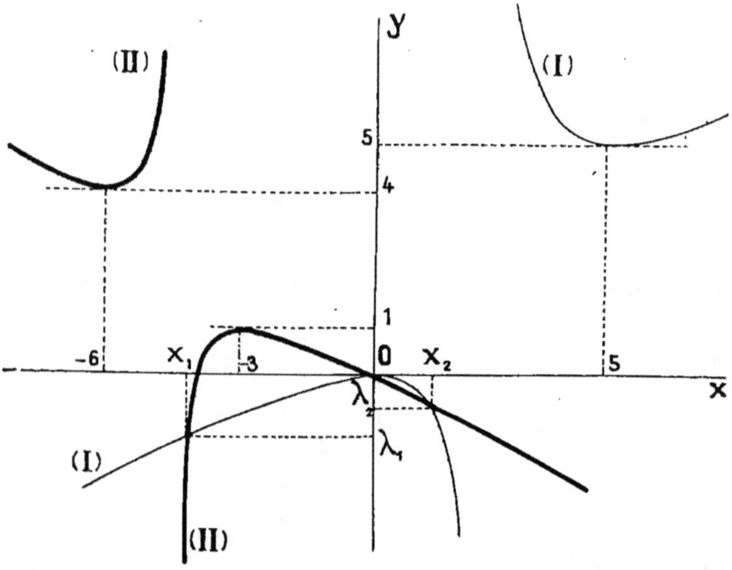

Fig. 167.

Les variations de la fonction

$$\lambda = -\frac{x^2 + 4x}{2x + 9}$$

sont données par le tableau :

x	$-\infty$		-6		$-\frac{9}{2}$		-3		$+\infty$
λ	$+\infty$	↘	4	↗	$+\infty$ | $-\infty$	↗	1	↘	$+\infty$

Construisons les courbes correspondantes ; les abscisses des points communs s'obtiennent en égalant les valeurs de λ :

$$\frac{x^2}{2x-5} = -\frac{x^2+4x}{2x+9}.$$

Ces points sont, avec l'origine, les points $M_1\ (x_1,\ \lambda_1)$, $M_2\ (x_2,\ \lambda_2)$.

$$\left\{\begin{aligned} x_1 &= \frac{-3-\sqrt{29}}{2}, \\ \lambda_1 &= \frac{-13-\sqrt{29}}{14}; \end{aligned}\right. \qquad \left\{\begin{aligned} x_2 &= \frac{-3+\sqrt{29}}{2}, \\ \lambda_2 &= \frac{-13+\sqrt{29}}{14}. \end{aligned}\right.$$

Les équations ont toutes deux des racines si λ n'est pas compris entre o et 5. Déplaçons une droite parallèlement à Ox ; appelons α, β les racines de la première équation, α' et β' celles de la seconde, nous trouvons l'ordre cherché :

1°	$\lambda < \lambda_1$:	$\alpha,\ \alpha',\ \beta,\ \beta'$;
2°	$\lambda_1 < \lambda < \lambda_2$:	$\alpha',\ \alpha,\ \beta,\ \beta'$;
3°	$\lambda_2 < \lambda < 0$:	$\alpha',\ \alpha,\ \beta',\ \beta$;
4°	$\lambda > 5$:	$\alpha',\ \beta',\ \alpha,\ \beta$.

318. — PROBLÈME. — *Revenons à l'équation réciproque du 4e degré*

$$x^4 + ax^3 + bx^2 + ax + 1 = 0.$$

Divisons les deux membres par x^2 (x ne peut être nul) et posons $\frac{1}{x} = y$; nous avons à résoudre le système

$$\left\{\begin{aligned} xy &= 1, \\ x^2 + y^2 + a(x+y) + b &= 0. \end{aligned}\right.$$

Géométriquement, c'est chercher l'intersection d'une hyperbole équilatère et d'un cercle. Multiplions les deux membres de la première par 2 et ajoutons :

$$(x+y)^2 + a(x+y) + (b-2) = 0.$$

L'hyperbole peut donc être remplacée par deux droites parallèles à la seconde bissectrice et dont les équations sont

$$x + y = u', \qquad x + y = u'',$$

u' et u'' étant les racines de l'équation

$$u^2 + au + (b - 2) = 0.$$

Nous trouvons ainsi une résolution graphique de l'équation réciproque.

La figure est symétrique par rapport à la bissectrice Oz ; les points A, B ; C, D où cette bissectrice coupe les deux droites ont leurs abscisses données par les équations

$$2X^2 + 2aX + b = 0,$$
$$4X^2 + 2aX + (b - 2) = 0 ;$$

on discutera la réalité des racines de l'équation donnée en rangeant les racines de ces deux équations.

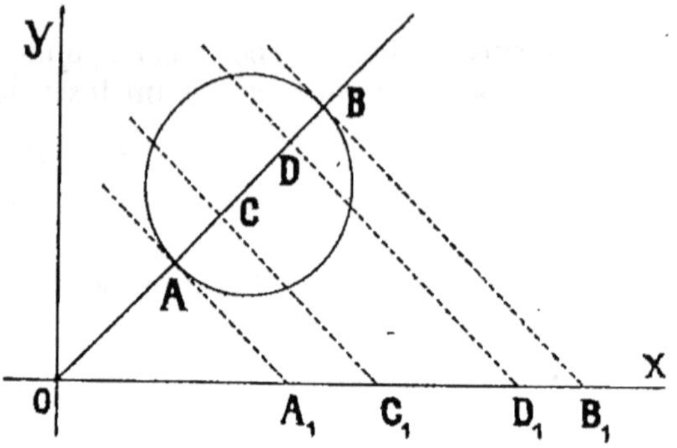

Fig. 168.

On peut, au lieu des points A, B, C, D, considérer les points A_1, B_1, C_1, D_1.

319. — Problème. — ***Résoudre le système***

$$\begin{cases} f(x) = ax^2 + bx + c = 0, \\ \varphi(x) = a'x^2 + b'x + c' > 0. \end{cases}$$

Il n'y a aucune difficulté si le trinôme φ n'a pas de racines. S'il a des racines, on pourra les calculer.

Si elles ont des expressions simples : l'inégalité du second degré peut être remplacée par des inégalités du premier degré.

Il vaut mieux employer le procédé général suivant. L'inégalité proposée peut évidemment être remplacée par la suivante

$$a'x^2 + b'x + c' - \lambda(ax^2 + bx + c) > 0.$$

Le plus souvent, on choisit λ pour que le terme en x^2 disparaisse,

$$a' - \lambda a = 0, \qquad \lambda = \frac{a'}{a} :$$

on a alors un système formé par une équation du second degré et une inéquation du premier degré.

EXEMPLE.
$$\left\{\begin{array}{ll} 3x^2 - 8x + 2 = 0 & -2 \\ 2x^2 - 6x + 1 > 0 & 3 \end{array}\right.$$

J'ajoute membre à membre après avoir multiplié par -2 et 3. Ce second multiplicateur étant positif, nous aurons une inégalité de même sens

$$-2x - 1 > 0 \quad \text{ou} \quad x < -\frac{1}{2}.$$

Il faut résoudre le système

$$\left\{\begin{array}{l} f(x) = 3x^2 - 8x + 2 = 0, \\ x < -\frac{1}{2}. \end{array}\right.$$

$$f\left(-\frac{1}{2}\right) > 0, \quad -\frac{1}{2} < \text{la demi-somme} : -\frac{1}{2} < x' < x'',$$

le système n'a pas de solution.

REMARQUE. — Si l'on ne choisit pas $\lambda = \frac{a'}{a}$, on a une inéquation du second degré. Il peut arriver que, pour une valeur convenable de λ, il soit intéressant de la résoudre et de continuer les calculs.

On peut toujours résoudre simplement en choisissant λ pour que le premier membre ait une racine donnée x_0, l'autre a une expression rationnelle; mais il faut que les inéquations du premier degré auxquelles on est conduit n'entraînent pas de calculs compliqués.

Nous rencontrerons plus loin (n° **348**) une équation dont un cas particulier est
$$\sqrt{8x - x^2} + \sqrt{2x - x^2} = l. \qquad (l > 0)$$

Nous verrons qu'elle est équivalente au système

$$\left\{\begin{array}{l} 4(9 + l^2)x^2 - 20l^2x + l^4 = 0, \\ 2x^2 - 10x + l^2 > 0. \end{array}\right.$$

Nous allons ajouter membre à membre après avoir multiplié par λ et μ $(\mu > 0)$.

1er **Cas.** — Prenons comme multiplicateurs -1 et $2(9 + l^2)$, nous trouverons

$$x < \frac{l^2(l^2 + 18)}{180}.$$

2e **Cas.** — Avec les multiplicateurs -1 et l^2, il vient

$$-(18 + l^2)x^2 + 5l^2x > 0,$$

et comme l'équation ne peut avoir que des racines positives

$$x < \frac{18 + l^2}{5l^2}.$$

3° Cas. — Les multiplicateurs sont -1 et $2l^2$:

$$-36x^2 + l^4 > 0$$

ou

$$x < \frac{l^2}{6},$$

c'est l'inégalité à laquelle nous serons conduits.

320. — Problème. — *Résoudre et discuter le système*

$$\begin{cases} x^2 + y^2 - 2(x+y) - 1 = 0, \\ xy = \lambda. \end{cases}$$

En posant $x + y = u$, on est conduit au système

$$\begin{cases} u^2 - 2u - (2\lambda + 1) = 0, \\ u^2 - 4\lambda > 0. \end{cases} \quad (1)$$

L'inéquation étant du second degré en u, nous pouvons :

1° Former une inéquation du premier degré en u; nous trouvons

$$u > \frac{2\lambda - 1}{2}.$$

2° Former une inéquation ne contenant pas λ. Nous prendrons, avant d'additionner, les multiplicateurs -2 et 1 :

$$u^2 - 4u - 2 < 0.$$

En appelant u_1 et u_2 les racines, nous remplaçons cette inéquation par les suivantes

$$u_1 < u < u_2 \quad \text{ou} \quad -(\sqrt{6} - 2) < u < 2 + \sqrt{6}.$$

Il vaut mieux s'aider d'une figure. Considérons u et λ comme des coordonnées cartésiennes : le point (u, λ) doit être sur une parabole P et au-dessous d'une autre P', c'est-à-dire sur l'arc AB.

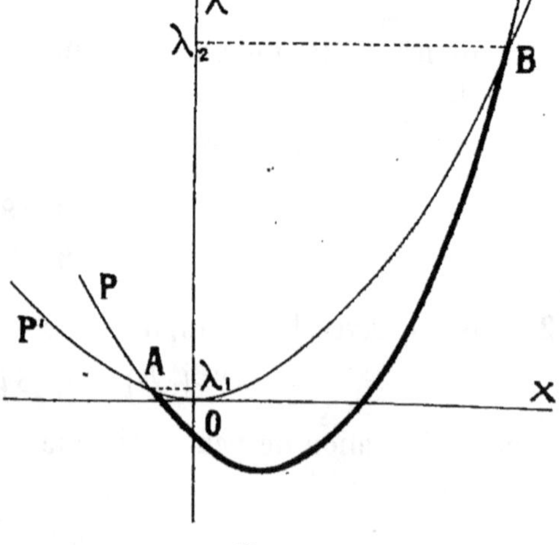

Fig. 169.

Les ordonnées de A et B sont

$$\lambda_1 = 2,5 - \sqrt{6},$$
$$\lambda_2 = 2,5 + \sqrt{6}.$$

Nous pouvons dire à la seule inspection de la figure :

1° $\lambda < -1$: l'équation (1) n'a pas de solution ;
2° $-1 < \lambda < \lambda_1$: elle a 2 solutions u' et u'' qui conviennent ;
3° $\lambda_1 < \lambda < \lambda_2$: la racine u'' convient seule ;
4° $\lambda > \lambda_2$: aucune racine ne convient.

§ 5. — Équations de l'ellipse et de l'hyperbole.

321. — Équation de l'ellipse. — *L'ellipse est le lieu du point d'un plan dont la somme des distances à deux points de ce plan a une valeur donnée.*

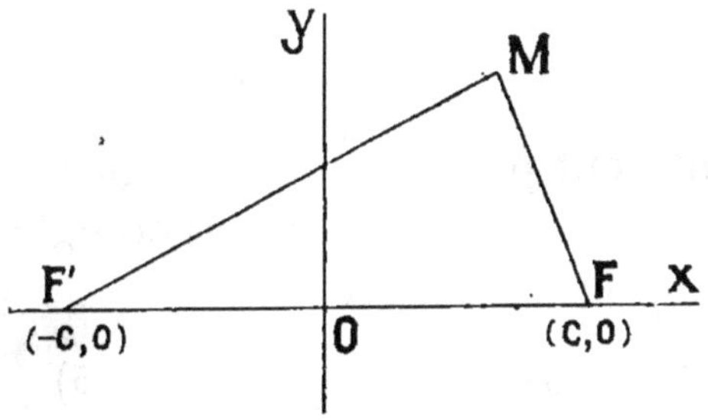

Fig. 170.

Soit F et F' ces points qu'on appelle les foyers de l'ellipse, $2c$ leur distance et $2a$ la somme des rayons vecteurs ($a > c$). Nous prendrons comme axes de coordonnées la ligne F'F et la perpendiculaire au milieu de FF'; ce sont les axes de symétrie de l'ellipse.

Appelons r et r' les longueurs des rayons vecteurs :

$$\left\{\begin{aligned} r + r' &= 2a, && (1)\\ r^2 &= (x-c)^2 + y^2, && (2)\\ r'^2 &= (x+c)^2 + y^2. && (3)\end{aligned}\right.$$

Pour avoir une relation entre x et y, il faut éliminer r et r' entre ces trois équations. Remplaçons les deux dernières par celles qu'on obtient en retranchant et ajoutant membre à membre, le système devient

$$\left\{\begin{aligned} r + r' &= 2a,\\ r'^2 - r^2 &= 4cx,\\ r^2 + r'^2 &= 2(x^2 + y^2 + c^2).\end{aligned}\right.$$

Les deux dernières expriment les théorèmes bien connus sur la différence des carrés et la somme des carrés de deux côtés d'un triangle.

Nous allons tirer r et r' des deux premières et transporter dans la troisième. La seconde s'écrit

$$(r' - r)(r' + r) = 4cx,$$

ou

$$r' - r = \frac{2cx}{a}.$$

On connaît ainsi $r + r'$ et $r' - r$, donc

$$r = a - \frac{cx}{a}, \quad r' = a + \frac{cx}{a}, \tag{4}$$

et

$$a^2 + \frac{c^2x^2}{a^2} = x^2 + y^2 + c^2,$$

ou

$$(a^2 - b^2)x^2 + a^2y^2 = a^2(a^2 - c^2).$$

a est plus grand que c, on peut poser $a^2 - c^2 = b^2$ (b et c sont les côtés de l'angle droit d'un triangle rectangle dont l'hypoténuse est a); l'équation devient

$$b^2x^2 + a^2y^2 = a^2b^2, \tag{5}$$

ou encore

$$\frac{x^2}{a^2} + \frac{y^2}{b^2} = 1.$$

Si les coordonnées d'un point vérifient l'équation (5), ce point appartient à l'ellipse. Cette équation exprime en effet que les quantités

$$r = a - c\frac{x}{a}, \quad r' = a + c\frac{x}{a}$$

vérifient le système proposé. Or ces expressions sont positives car $\left|\frac{x}{a}\right| < 1$, elles sont comprises entre $a - c$ et $a + c$.

Puisque les équations (2) et (3) sont vérifiées, $r = MF$, $r' = MF'$; enfin l'équation (1) montre que $MF + MF' = 2a$.

322. — Équation de l'hyperbole. — *L'hyperbole est le lieu du point d'un plan dont la différence des distances à deux points fixe a une valeur constante.*

Faisons le calcul comme avec l'ellipse en remarquant

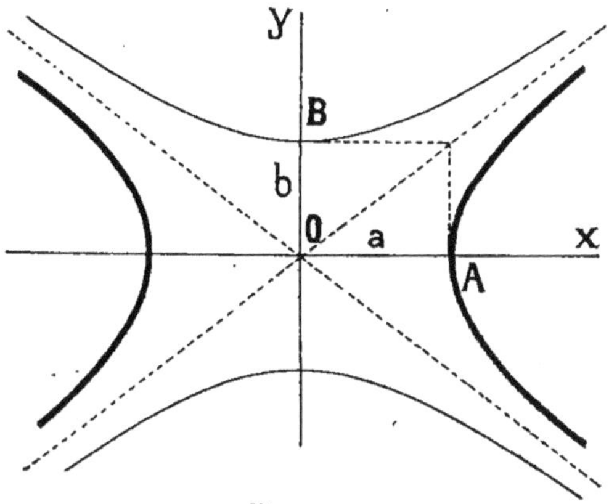

Fig. 171.

qu'on a maintenant $a < c$. MF' peut être supérieur ou inférieur à MF, il faut distinguer les deux cas.

Supposons

$$MF' > MF :$$

$$\begin{cases} r' - r = 2a, \\ r'^2 = (x + c)^2 + y^2, \\ r^2 = (x - c)^2 + y^2; \end{cases}$$

ce système est équivalent à

$$\begin{cases} r' - r = 2a, \\ r'^2 - r^2 = 4cx, \\ r'^2 + r^2 = 2(x^2 + y^2 + c^2). \end{cases}$$

Nous tirons de ce système

$$r = c\frac{x}{a} - a, \qquad r' = c\frac{x}{a} + a$$

et nous transportons dans la dernière équation

$$c^2\frac{x^2}{a^2} + a^2 = x^2 + y^2 + c^2,$$

$$(a^2 - c^2)x^2 + a^2y^2 = a^2(a^2 - c^2).$$

Comme $a < c$, nous poserons

$$a^2 - c^2 = -b^2 \quad \text{ou} \quad c^2 - a^2 = b^2$$

(a et b sont les côtés de l'angle droit d'un triangle rectangle dont c est l'hypoténuse) : l'équation devient

$$-b^2x^2 + a^2y^2 = -a^2b^2$$

ou

$$\frac{x^2}{a^2} - \frac{y^2}{b^2} = 1.$$

Nous aurions obtenu la même équation en partant d'un point M tel que $MF' < MF$.

A cette équation, correspond une courbe; pour la construire nous écrivons l'équation

$$y = \pm \frac{b}{a}\sqrt{x^2 - a^2}$$

A chaque valeur de x correspondent deux points symétriques par rapport à Ox si $|x| > a$; on fera donc varier x seulement dans les intervalles

$$(-\infty, -a), \qquad (a, +\infty),$$

nous aurons deux branches de courbe.

Tout point de ces branches de courbe appartient-il à l'hyperbole?

Prenons un point de la branche de droite ($x > a$) : les expressions

$$r = \frac{cx}{a} - a, \qquad r' = \frac{cx}{a} + a$$

sont positives; le système proposé étant vérifié, elles sont égales à MF et MF' et, puisque

$$r' - r = 2a: \qquad \text{MF}' - \text{MF} = 2a.$$

Quant à la branche de gauche, elle est symétrique de la première par rapport à Oy; on en conclut, si M est un de ses points, que

$$\text{MF} - \text{MF}' = 2a.$$

Reprenons cependant le raisonnement précédent. Les expressions

$$r = \frac{cx}{a} - a, \qquad r' = \frac{cx}{a} + a$$

sont *négatives*, car

$$\frac{x}{a} < -1, \qquad \frac{cx}{a} < -c,$$
$$r < -(a+c), \qquad r' < a - c < 0;$$

elles sont égales à $-$MF et $-$MF';
puisque $r' - r = 2a$: $-\text{MF}' + \text{MF} = 2a$ ou $\text{MF}' - \text{MF} = 2a$.

ASYMPTOTES. — Prenons la partie de la branche de droite située au-dessus de Ox :

$$y = \frac{b}{a}\sqrt{x^2 - a^2}; \qquad (x > a)$$

nous avons montré déjà que l'asymptote correspondante avait pour équation

$$y_1 = \frac{b}{a} \cdot x.$$

Refaisons le calcul. Pour une même valeur de x,

$$y - y_1 = \frac{b}{a}\left(\sqrt{x^2 - a^2} - x\right) = -\frac{ab}{x + \sqrt{x^2 - a^2}}$$

qui tend vers o par valeurs négatives quand $x \to +\infty$.

L'équation $$\frac{y^2}{b^2} - \frac{x^2}{a^2} = 1$$

représente aussi une hyperbole, l'axe transverse est maintenant Oy, les asymptotes sont celles de la précédente ; dans les deux cas, si $a = b$, on dit que l'hyperbole est équilatère.

323. REMARQUE. — Nous avons dit, à plusieurs reprises, que l'équation $xy = k$ représente une hyperbole équilatère. Voici comment on le démontre :

Faisons tourner les axes de 45° (p. 151); les formules de transformation sont

$$x = \frac{x' - y'}{\sqrt{2}}, \qquad y = \frac{x' + y'}{\sqrt{2}}.$$

La relation entre x' et y' est

$$x'^2 - y'^2 = 2k.$$

Si k est positif, nous poserons $2k = a^2$, et, s'il est négatif, $2k = -a^2$; l'équation prend alors une des formes

$$\frac{x'^2}{a^2} - \frac{y'^2}{a^2} = 1, \qquad \frac{y'^2}{a^2} - \frac{x'^2}{a^2} = 1.$$

324. — Dans les deux problèmes précédents, l'élimination de r et r' conduit à une équation satisfaite par tous les points du lieu ; nous allons donner un exemple où la conclusion n'est pas aussi simple.

325. — Problèmes. — *Deux cercles de rayon c se touchent. D'un point M extérieur on mène deux tangentes MA et MA'. Trouver le lieu de M si MA + MA' = 2a.*

Le calcul est semblable aux précédents :

$$\begin{cases} r + r' = 2a, \\ r^2 = (x - c)^2 + y^2 - c^2, \\ r'^2 = (x + c)^2 + y^2 - c^2. \end{cases}$$

On trouve encore

$$r'^2 - r^2 = 4cx,$$

$$r = a - \frac{cx}{a}, \qquad r' = a + \frac{cx}{a};$$

puis, en substituant dans la deuxième équation :

$$\left(a - \frac{cx}{a}\right)^2 = (x - c)^2 + y^2 - c^2 = x^2 + y^2 - 2cx \quad (1)$$

et finalement

$$(a^2 - c^2)\, x^2 + a^2y^2 = a^4. \quad (2)$$

Cette équation exprime, on le voit avant sa simplification, que le point M est extérieur aux cercles et que les longueurs MA et MA' sont égales aux valeurs absolues de $a - \frac{cx}{a}$ et $a + \frac{cx}{a}$. Pour conclure que MA et MA' ont pour somme $2a$, il faut que ces quantités soient positives :

$$-\frac{a^2}{c} < x < \frac{a^2}{c};$$

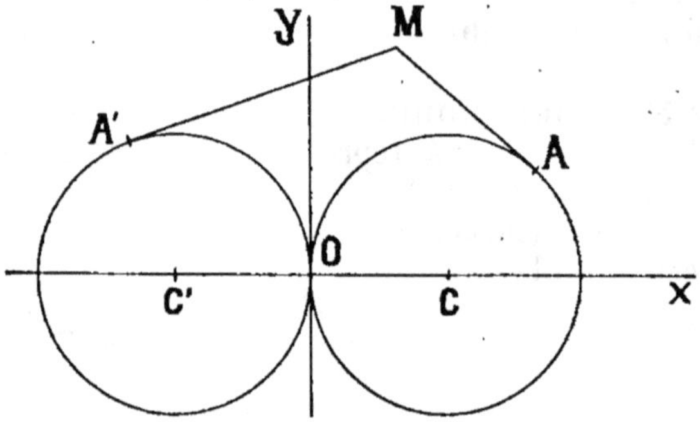

Fig. 172.

autrement dit, ne conviennent que les points de la ligne (2) compris entre les droites d'abscisses $-\frac{a^2}{c}$ et $\frac{a^2}{c}$.

Nature de la courbe. — 1° $a < c$: le coefficient de x^2 est négatif, nous avons une hyperbole dont Oy est l'axe transverse, l'équation peut, en effet, s'écrire

$$\frac{y^2}{a^2} - \frac{x^2}{\beta^2} = 1. \qquad \beta = \frac{a^2}{\sqrt{c^2 - a^2}}.$$

L'hyperbole est donc coupée par deux droites. L'équation (1) montre que si $x = \frac{a^2}{c}$, on a aussi

$$x^2 + y^2 - 2cx\,;$$

les points cherchés sont sur le cercle C (fig. 173).

D'ailleurs, pour que cette droite coupe le cercle, il faut

$$\frac{a^2}{c} < 2c \text{ ou } a < c\sqrt{2}\,;$$

puisque $\frac{a^2}{c} < c$, la droite est à gauche de C.

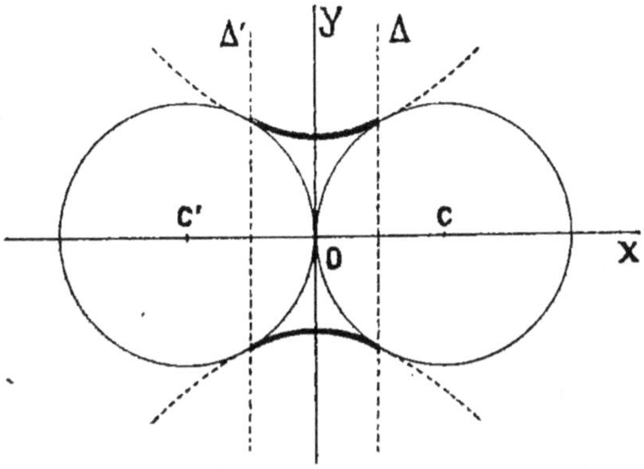

a < c

Fig. 173.

2° $a = c$: l'équation (2) donne

$$y = \pm a,$$

le lieu se compose des parties de tangentes communes extérieures comprises entre les points de contact (fig. 174).

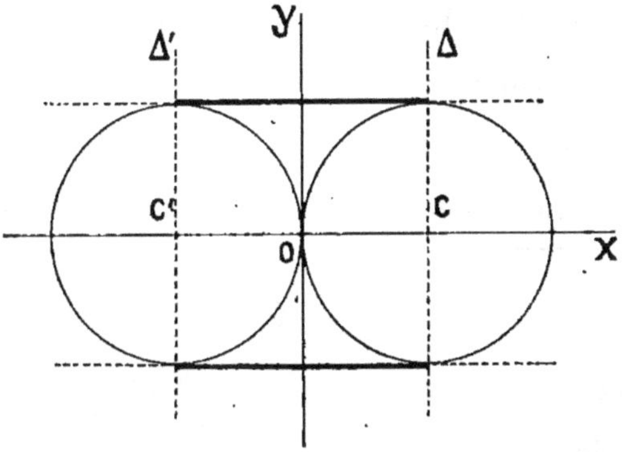

a = c

Fig. 174.

3° $a > c$: la courbe devient une ellipse ; elle est coupée par Δ si

$$a < c\sqrt{2}.$$

Ce cas se subdivise en trois autres :

$$c < a < c\sqrt{2}\,;$$
$$a = c\sqrt{2}\,;\; a > c\sqrt{2}.$$

Nous n'avons figuré que le premier. Si

$$a \geqslant c\sqrt{2},$$

l'ellipse tout entière représente le lieu.

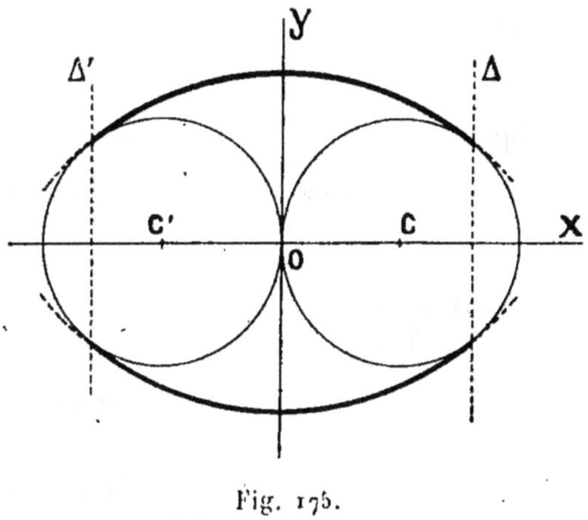

Fig. 175.

§ 6. — Équations et inéquations irrationnelles.

326. — *A et B étant des expressions contenant rationnellement une ou plusieurs inconnues, résoudre l'équation*

$$\sqrt{A} = B. \qquad (1)$$

Nous allons montrer que cette équation est équivalente au système

$$\begin{cases} A = B^2, \\ B > 0. \end{cases} \qquad (2)$$

On ne peut donc, en général, la remplacer par une équation rationnelle équivalente.

Toute solution de (1) appartient évidemment à (2). Réciproquement toute solution de (2) appartient à (1). Elle rend, en effet, A positif, puisqu'il égale un carré; $\sqrt{A}$ et B ont même carré et même signe, donc ils sont égaux.

Dans certains cas l'inéquation est inutile. Soit, par exemple, l'équation

$$3\sqrt{x-3} = x - 2.$$

Élevons les deux membres au carré :

$$9(x-3) = (x-2)^2.$$

Toute racine de cette équation rend $x - 3$ positif et par conséquent $x - 2$: elle est une solution de la proposée.

L'équation ordonnée est

$$x^2 - 13x + 31 = 0 :$$

$$x = \frac{13 \pm 3\sqrt{5}}{2}.$$

Plus généralement, soit l'équation

$$m\sqrt{x-3} = x - 2, \qquad (m > 0)$$

elle est équivalente à

$$m^2(x-3) = (x-2)^2,$$

ou

$$x^2 - (4 + m^2)x + (4 + 3m^2) = 0.$$

Celle-ci a des racines si $m^2 - 4 > 0$ ou $m > 2$ et alors

$$x = \frac{4 + m^2 \pm m\sqrt{m^2 - 4}}{2}. \qquad (m > 2.)$$

Géométriquement, nous cherchons les points appartenant aux lignes

$$y = m\sqrt{x-3}, \quad y = x - 2.$$

La seconde est une droite, la première est la partie de la parabole

$$y^2 = m^2(x-3)$$

située au-dessus de Ox.

Cette dernière équation représente une famille de paraboles se déduisant l'une de l'autre par une multiplication de l'ordonnée.

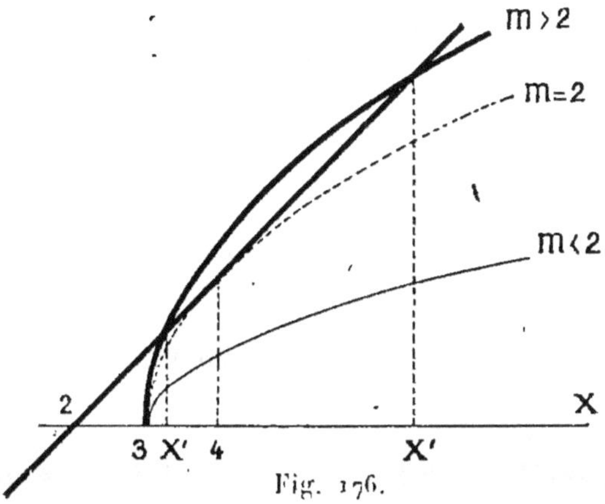

Fig. 176.

Il résulte du calcul précédent que

si $m < 2$, la parabole ne coupe pas la droite;
si $m = 2$, elle est tangente au point d'abscisse 4;
si $m > 2$, elle coupe en deux points dont les abscisses viennent d'être calculées.

Prenons, de la même manière, l'équation

$$m\sqrt{x-1} = x - 3, \qquad (m > 0)$$

elle est équivalente au système

$$\begin{cases} f(x) = (x-3)^2 \quad m^2(x-1) = 0, \\ x > 3. \end{cases}$$

Or, $f(3) < 0$: il y a deux racines, x' et x'', telles que

$$x' < 3 < x'',$$

x'' convient. Donc, quel que soit m (positif), il y a une solution donnée par la formule

$$x = \frac{m^2 + 6 + m\sqrt{m^2+8}}{2}.$$

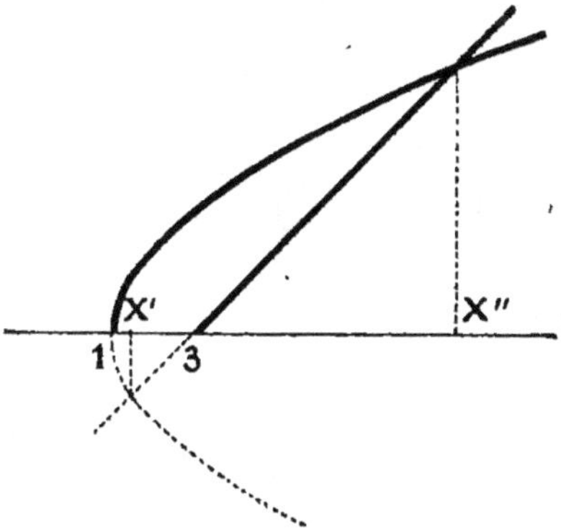

Fig. 177.

Géométriquement nous avons encore à chercher, au-dessus de Ox, un point commun à une parabole et à une droite.

Les deux lignes se coupent quel que soit m, il y a toujours une solution, l'autre solution de l'équation du second degré correspond au point commun situé au-dessous de Ox, elle est solution de l'équation

$$-m\sqrt{x-1} = x-3.$$

327. — Problème. — ***Résoudre l'inéquation***

$$\sqrt{A} > B.$$

Une solution doit :

ou bien rendre $B < 0$ et donner un sens à $\sqrt{A}$, c'est-à-dire rendre $A > 0$;

ou bien rendre $B > 0$ et $A > B^2$, A est alors évidemment positif.

On devra donc chercher les solutions de l'un et l'autre des systèmes

$$\begin{cases} B < 0, \\ A > 0; \end{cases} \qquad \begin{cases} B > 0, \\ A > B^2. \end{cases}$$

Exemple. — Résoudre l'inéquation

$$\sqrt{x^2+y^2-1} > x+y.$$

Considérons x et y comme les coordonnées d'un point.

1° Si $B < 0$, le point est au-dessous de la seconde bissectrice des axes; si $A > 0$, le point est à l'extérieur du cercle de centre O et de rayon 1 : le point doit être au-dessous de la ligne DACBD' (fig. 178).

2° Si $B > 0$, le point est au-dessus de D; l'inégalité $A > B^2$ doit encore être vérifiée

$$x^2+y^2-1 > (x+y)^2 \qquad (1)$$

ou

$$xy < -\frac{1}{2}:$$

le point doit être à l'intérieur de l'hyperbole $xy = -\frac{1}{2}$; cette hyperbole, on le voit sur l'équation (1) non développée, est tangente au cercle aux points où elle est coupée par la droite D (elle passe par les points communs à la droite et au cercle et à tous ses points à l'extérieur du cercle).

Finalement le point (x, y) doit être dans la région non couverte de hachures.

Pour le calcul des solutions, la figure montre qu'il y a cinq cas à distinguer :

1° $x < -1$: y arbitraire;

2° $-1 < x < -\frac{\sqrt{2}}{2}$: $y < -\sqrt{1-x^2}$ ou $y > \sqrt{1-x^2}$;

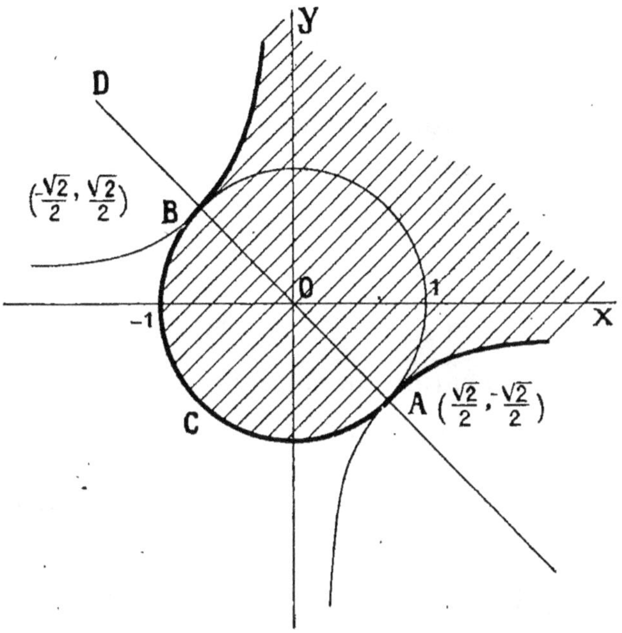

Fig. 178.

3° $-\frac{\sqrt{2}}{2} < x < 0$: $y < -\sqrt{1-x^2}$ ou $y > -\frac{1}{2x}$;

4° $0 < x < \frac{\sqrt{2}}{2}$: $y < -\sqrt{1-x^2}$;

5° $x > \frac{\sqrt{2}}{2}$: $y < -\frac{1}{2x}$.

328. — Problème. — ***Résoudre l'inéquation***

$$\sqrt{A} < B.$$

On verra facilement qu'elle se ramène au système

$$\begin{cases} B > 0, \\ 0 < A < B^2. \end{cases}$$

On traitera comme exemple l'inéquation

$$\sqrt{x^2 + y^2 - 1} < x + y.$$

329. — **Problème**. — *Résoudre l'équation*

$$\sqrt{A} + \sqrt{B} = \sqrt{C}; \qquad (1)$$

A, B, C *sont des polynômes en* x.

Nous allons faire disparaître les radicaux par des élévations au carré, puis chercher à quelles restrictions est soumise une solution de l'équation trouvée pour satisfaire à l'équation proposée.

Élevons les deux membres au carré,

$$A + B + 2\sqrt{A}\cdot\sqrt{B} = C; \qquad (2)$$

$$2\sqrt{A}\cdot\sqrt{B} = C - A - B; \qquad (3)$$

une nouvelle élévation au carré donne

$$4AB = (C - A - B)^2. \qquad (4)$$

En développant cette équation, nous reconnaîtrons qu'elle est symétrique en **A**, B et C :

$$A^2 + B^2 + C^2 - 2(AB + BC + CA) = 0;$$

elle peut donc encore s'écrire

$$4AC = (B - A - C)^2, \qquad 4BC = (A - B - C)^2.$$

Toute solution de (1) appartient évidemment à (4).

Posons maintenant une solution de (4), elle rend **A** et B de même signe et par suite, en raison de la symétrie, elle rend A, B, C de même signe. Supposons que l'on ait encore, par exemple,

$$A > 0;$$

alors A, B, C sont positifs : $\sqrt{A}$, $\sqrt{B}$, $\sqrt{C}$ ont un sens.

L'équation (3) sera vérifiée si

$$C - A - B > 0$$

puisque alors ses deux membres auront même carré et même signe; l'équation (1) sera vérifiée pour la même raison.

L'équation donnée est équivalente au système

$$\left\{\begin{aligned} &4AB = (C - A - B)^2,\\ &C - A - B > 0,\\ &\quad A > 0. \end{aligned}\right.$$

La dernière inéquation peut évidemment être remplacée par $B > 0$ ou $C > 0$.

REMARQUE. — Prenons une solution de l'équation rationnelle trouvée,

$$\begin{aligned} \text{si}\quad A - B - C > 0 &: \quad \sqrt{B} + \sqrt{C} = \sqrt{A};\\ B - C - A > 0 &: \quad \sqrt{C} + \sqrt{A} = \sqrt{B}. \end{aligned}$$

330. PROBLÈME. — *Résoudre l'équation*

$$\sqrt{x - a} + \sqrt{x - b} = \sqrt{x - c}.$$

Elle est équivalente au système

$$\left\{\begin{aligned} &4(x - a)(x - b) - [a + b - c - x]^2 = 0, \qquad (6)\\ &x < a + b - c,\\ &x > a. \end{aligned}\right.$$

Les inéquations ne seront compatibles que si

$$a < a + b - c \quad \text{ou} \quad b > c.$$

L'équation s'écrit

$$f(x) = 3x^2 - 2(a + b + c)x + 2ab + 2bc + 2ca - a^2 - b^2 - c^2 = 0$$

Il est inutile de chercher la condition de réalité, car la forme (6) met en évidence l'inégalité

$$f(a) < 0:$$

il y a des racines et a est compris entre les racines. La plus grande conviendra si elle est plus petite que $a + b - c$, c'est-à-dire si

$$f(a + b - c) = 4(b - c)(a - c) > 0 \quad \text{ou} \quad a > c.$$

Donc, *il n'y a de solution que si c est inférieur à a et à b*, et cette solution est

$$x = \frac{a + b + c + \sqrt{2[(a - b)^2 + (b - c)^2 + (c - a)^2]}}{3}.$$

331. — Problème. — ***Résoudre l'équation***

$$\sqrt{A} + \sqrt{B} = l \qquad (1)$$

où A *et* B *sont des fonctions d'une ou de plusieurs variables et* l *une constante positive.*

Il n'existe pas, en général, d'équation rationnelle équivalente. Nous allons d'abord chasser les radicaux.

Première méthode. — Élevons au carré,

$$A + B + 2\sqrt{A}\cdot\sqrt{B} = l^2, \qquad (2)$$

$$2\sqrt{A}\cdot\sqrt{B} = l^2 - A - B; \qquad (3)$$

une nouvelle élévation au carré fait disparaître le radical. Nous allons montrer que

L'équation (1) *est équivalente au système*

$$\text{(I)} \qquad \begin{cases} 4AB = (l^2 - A - B)^2, & (4) \\ l^2 - A - B > 0. & (5) \end{cases}$$

Comme toute solution de l'équation (1) appartient évidemment à ce système, il suffit de montrer que toute solution de ce système appartient à (1).

D'abord, l'équation (4) développée

$$l^4 + A^2 + B^2 - 2l^2A - 2l^2B - 2AB = 0,$$

est *symétrique* en A, B, l^2; elle peut s'écrire encore

$$4l^2A = (B - A - l^2)^2,$$

et

$$4l^2B = (A - B - l^2)^2.$$

Donc, la solution considérée rend A et B positifs : $\sqrt{A}$ et $\sqrt{B}$ ont un sens.

Les deux membres de (3) ayant même carré et même signe sont égaux, l'équation (2) est satisfaite et aussi l'équation (1) dont les deux membres ont même carré et même signe.

Deuxième méthode. — Reprenons l'équation

$$\sqrt{A} + \sqrt{B} = l, \qquad l > 0. \qquad (1)$$

Pour la rendre entière, isolons un radical,

$$\sqrt{A} = l - \sqrt{B}; \qquad (2)$$

élevons au carré,

$$A = l^2 + B - 2l\sqrt{B};$$

isolons le radical,

$$2l\sqrt{B} = l^2 + B - A;$$

et élevons une dernière fois au carré,

$$4l^2B = (l^2 + B - A)^2.$$

Que faut-il pour qu'une solution de cette équation satisfasse à l'équation proposée?

D'abord une solution de cette équation rend $B > 0$; elle rend aussi $A > 0$, puisqu'on peut l'écrire

$$4l^2A = (l^2 + A - B)^2.$$

L'équation (3) sera vérifiée si

$$l^2 + B - A > 0$$

et l'équation (2) si $l^2 > B$. Pour éviter cette dernière inéquation, nous préférons dire : Si $l^2 + B - A > 0$,

$$\sqrt{A} = l - \sqrt{B} \quad \text{ou} \quad \sqrt{A} = \sqrt{B} - l,$$

c'est-à-dire

$$\sqrt{A} + \sqrt{B} = l \quad \text{ou} \quad \sqrt{B} - \sqrt{A} = l.$$

Écrivons une nouvelle inéquation

$$l^2 + A - B > 0,$$

nous conclurons de la même manière que

$$\sqrt{A} + \sqrt{B} = l \quad \text{ou} \quad \sqrt{A} - \sqrt{B} = l;$$

finalement $\sqrt{A} + \sqrt{B} = l,$

car nous ne pouvons avoir en même temps les deux dernières égalités.

L'équation proposée est équivalente au système

$$\text{(II)} \qquad \left\{ \begin{array}{l} 4l^2B = (l^2 + B - A)^2, \\ l^2 + B - A > 0, \\ l^2 + A - B > 0. \end{array} \right.$$

D'autres systèmes peuvent aussi remplacer l'équation irrationnelle.

Le système (I) ne contient qu'une inéquation alors que le système (II) en contient deux; il ne faut pas conclure qu'il est plus avantageux.

Supposons que A et B soient des polynômes en x du premier ou du second degré. Les difficultés de la discussion sont introduites par les inéquations, il faut qu'elles soient du premier degré.

Si A et B sont du premier degré, on prendra le système (I); ***il faut prendre le système*** (II), ***si*** A ***et*** B ***sont du second degré***. En effet, écrivons l'équation

$$(A - B)^2 - 2l^2(A + B) + l^4 = 0,$$

elle est, en général, du second degré, donc A — B est du premier degré, A et B ont le même premier terme, A + B est du second degré : l'inéquation du système (I) est du second degré, celles du système (II) sont du premier degré.

332. — Interprétation géométrique. — Mettons l'équation sous la forme

$$\sqrt{x} + \sqrt{y} = l, \qquad (l > 0)$$

où x et y sont des coordonnées cartésiennes.

L'équation à laquelle nous avons été conduits s'écrit :

$$(x - y)^2 - 2l^2(x + y) + l^4 = 0,$$

elle représente une parabole inscrite dans l'angle xOy et touchant les axes en des points à la distance l^2 de l'origine (on montrera que c'est une parabole en faisant tourner les axes de 45°).

L'inégalité

$$l^2 - x - y > 0$$

indique qu'il faut prendre de la parabole la partie située au-dessus de la droite AB.

L'ensemble des deux inégalités

$$\begin{cases} l^2 + x - y > 0, \\ l^2 + y - x > 0, \end{cases}$$

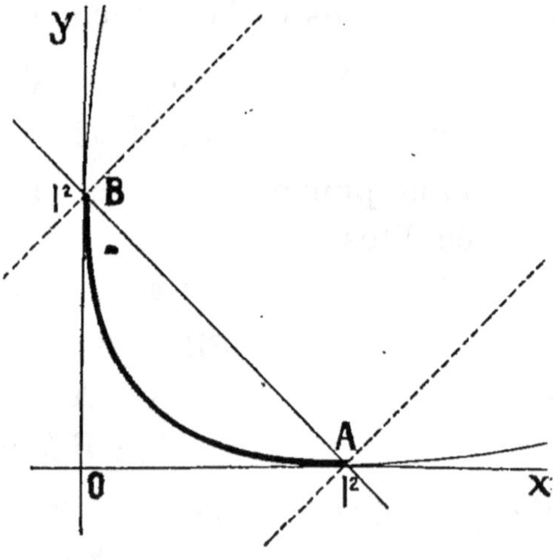

Fig. 179.

exprime qu'il faut prendre la partie de la parabole comprise entre les parallèles à la première bissectrice des axes menées par A et B :
L'équation proposée représente l'arc AB de la parabole.

333. — Problème. — ***Résoudre l'équation***

$$\sqrt{A} - \sqrt{B} = l. \qquad l > 0 \qquad (1)$$

Mettons-la sous la forme

$$\sqrt{A} = l + \sqrt{B}; \qquad (2)$$

élevons au carré :

$$A = l^2 + B + 2l\sqrt{B}, \qquad (3)$$

ou

$$2l\sqrt{B} = l^2 + B - A, \qquad (4)$$

et faisons une nouvelle élévation au carré. Nous allons montrer que l'équation est équivalente au système

$$\begin{cases} 4l^2 B = (l^2 + B - A)^2, \\ l^2 + B - A > 0. \end{cases}$$

Nous retrouvons, sous une autre forme, la même équation que précédemment; une solution de cette équation rend A et B positifs, elle vérifie (4) dont les deux membres ont même carré et même signe; les deux membres de (2) ont aussi même carré et même signe.

Remarque. — Si l'on avait commencé par élever au carré les deux membres de (1), on aurait trouvé

$$A + B - 2\sqrt{A}\sqrt{B} = l^2, \qquad (5)$$

$$2\sqrt{A}\sqrt{B} = A + B - l^2; \qquad (6)$$

l'équation (1) est équivalente au système

$$\begin{cases} 4AB = (A + B - l^2)^2, \\ A + B - l^2 > 0, \\ A > B. \end{cases}$$

La dernière inégalité est nécessaire; si on la supprimait, les deux membres de (1) auraient même carré mais pas nécessairement même signe, on ne pourrait conclure qu'ils sont égaux.

334. — Interprétation géométrique. — Nous pouvons donner, comme au n° **332**, une interprétation géométrique de l'équation

$$\sqrt{x} - \sqrt{y} = l. \qquad (l > 0.)$$

Nous trouvons la même parabole ; n'en conviennent que les points pour lesquels

$$l^2 + y - x < 0,$$

c'est-à-dire au-dessous de la droite PP'.

Avec le second calcul, il faudrait prendre les points pour lesquels

$$\begin{cases} x + y - l^2 > 0, \\ x > y; \end{cases}$$

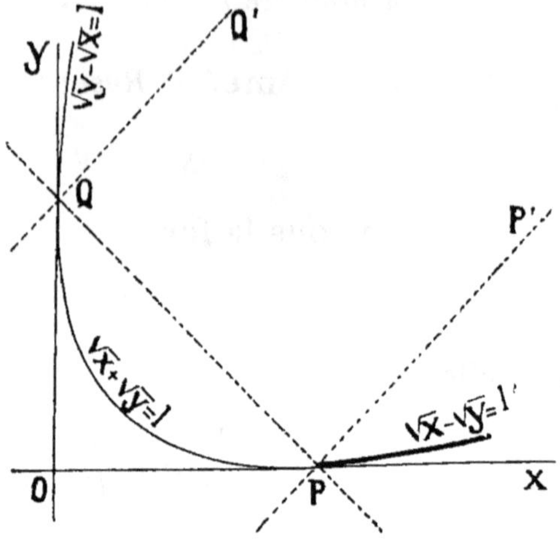

Fig. 180.

c'est-à-dire au-dessus de PQ et au-dessous de la bissectrice de l'angle des axes ; nous retrouvons naturellement le même arc de parabole.

Nous avons marqué le long de la parabole quelles équations irrationnelles sont vérifiées.

335. — Équation de l'ellipse. — Nous avons dit (n° **321**) comment on la trouve. On a tout de suite son équation irrationnelle :

$$\sqrt{(x-c)^2 + y^2} + \sqrt{(x+c)^2 + y^2} = 2a. \qquad (1)$$

Pour les simplifications, il est commode de prendre la forme

$$4l^2 A = (B - A - l^2)^2;$$

on retrouve

$$\frac{x^2}{a^2} + \frac{y^2}{b^2} = 1. \qquad (2)$$

Avec le système (I), l'inéquation

$$A + B - l^2 < 0$$

devient

$$x^2 + y^2 < a^2 + b^2. \qquad (3)$$

Toutes les solutions de (2) vérifient (3), car

$$\frac{x^2}{a^2} < 1 \quad \text{ou} \quad x^2 < a^2; \qquad \frac{y^2}{b^2} < 1 \quad \text{ou} \quad y^2 < b^2.$$

L'interprétation géométrique de (3) est facile.

Avec le système (II), nous avons deux inéquations

$$-\frac{a^2}{c} < x < \frac{a^2}{c} \quad \text{ou} \quad |x| < \frac{a^2}{c}.$$

Toutes les solutions de (2) conviennent, car

$$\left|\frac{x}{a}\right| < 1, \qquad |x| < a, \qquad |x| < \frac{a}{c}\cdot a.$$

336. — Reprenons le problème du n° **325**. L'équation du lieu demandé est

$$\sqrt{x^2+y^2-2cx}+\sqrt{x^2+y^2+2cx}=2a. \qquad (1)$$

Le système

$$\text{(I)} \qquad \left\{\begin{array}{ll} (l^2 - A - B)^2 = 4AB, & (2)\\ A + B - l^2 < 0, & (3)\end{array}\right.$$

devient ici

$$\left\{\begin{array}{ll} (a^2 - c^2)\,x^2 + a^2 y^2 = a^4, & (4)\\ x^2 + y^2 - 2a^2 < 0. & (5)\end{array}\right.$$

On ne doit accepter de la courbe représentée par l'équation (4) que les points à l'intérieur du cercle de centre O et de rayon $a\sqrt{2}$.

Nous avons fait remarquer plusieurs fois que, pour toute solution de (2), A et B sont supérieurs ou égaux à 0 : la courbe est tout entière à l'extérieur des cercles.

Il faut chercher si la courbe (4) et le cercle (5) se coupent. S'il en est ainsi :

$$A + B - l^2 = 0, \qquad \text{donc aussi} \quad AB = 0,$$

les points communs sont sur les cercles donnés.

On aura donc à chercher si le cercle (5) coupe le cercle C, c'est-à-dire à comparer $a\sqrt{2}$ à $2c$....

Avec le système (II) nous avons la même équation avec deux inégalités :

$$l^2 + B - A > 0, \qquad l^2 + A - B > 0,$$

qui donnent ici

$$-\frac{a^2}{c} < x < \frac{a^2}{c} :$$

c'est ce que nous avions trouvé.

EXERCICES

249. Résoudre les systèmes

1° $\begin{cases} 2(x-3)+3(y-6)=0, \\ 3(x-3)-5(y-6)=0. \end{cases}$

2° $\begin{cases} \dfrac{4}{5x-6y}+\dfrac{1}{2x-3y}=1, \\ \dfrac{2}{5x-6y}-\dfrac{5}{2x-3y}=6. \end{cases}$

3° $\begin{cases} (a+b)x+(a-b)y=a^2+b^2, \\ (a-b)x+(a+b)y=a^2-b^2. \end{cases}$

4° $\begin{cases} \cos a\cos x-\sin a\sin x=\cos b, \\ \sin a\cos x+\cos a\sin x=\sin b. \end{cases}$

250. Résoudre le système

$$\begin{cases} (2\lambda-1)x-(\lambda+3)y+7=0, \\ (\lambda+3)x+(2\lambda-1)y+(5\lambda+1)=0. \end{cases}$$

Trouver le lieu du point de coordonnées x et y quand λ varie.

251. Résoudre le système

$$\begin{cases} (8x-5)(6y+1)-(3x-4)(16y+5)=6(x-4), \\ (7x-12)(6y+7)-(14x-33)(3y+5)=6(y+3). \end{cases}$$

252. Résoudre et discuter les systèmes

1. $\begin{cases} 2x+3y=\lambda, \\ \lambda x+(\lambda+1)y=3\lambda-4. \end{cases}$ 2. $\begin{cases} \lambda x+y+(\lambda+1)=0, \\ \lambda x-y+(1-\lambda)=0. \end{cases}$

3. $\begin{cases} x+\lambda y=2\lambda-1, \\ (\lambda+1)x+(3-y)y=2. \end{cases}$ 4. $\begin{cases} \lambda x+\lambda^2 y=2\lambda-1, \\ (\lambda^2+\lambda)x+(3\lambda-\lambda^2)y=2. \end{cases}$

5. $\begin{cases} (\lambda^2-\lambda+1)x+(2\lambda^2+2\lambda-3)y=1, \\ (\lambda+1)x+2\lambda y=3\lambda-1. \end{cases}$

6. $\begin{matrix} x\cos\alpha+y\sin\alpha=p, \\ x\cos\lambda+y\sin\lambda=p. \end{matrix}$

253. Résoudre les systèmes

1. $\begin{cases} y=m(x-1), \\ x^2+y^2=1. \end{cases}$ 2. $\begin{cases} x\sin a+y\cos a=\sin b, \\ x^2+y^2=1. \end{cases}$

254. Résoudre les systèmes suivants :

1° $\begin{cases} 1+x=y, \\ (1-x^2)\cos a\sin b=y^2\sin a\cos b. \end{cases}$

2° $\begin{cases} (1+x)\cos a=y\cos b, \\ (1-x^2)\cos a\sin b=y^2\sin b\cos a. \end{cases}$

255. Trouver un polynôme entier en x du 3e degré qui prenne les valeurs $-30, +6, 0, +18$ quand x prend respectivement les valeurs $-2, -1, +1, +2$.

Résoudre l'équation obtenue en égalant à zéro le polynôme ainsi trouvé.

(*Baccalauréat.*)

256. Résoudre le système

$$\begin{cases} x + y + z = 0, \\ ax + by + cz = 0, \\ a^2x + b^2y + c^2z = (a-b)(b-c)(c-a). \end{cases}$$

257. Calculer les médianes d'un triangle dont les côtés sont a, b, c. Calculer l'aire du triangle formé par ces médianes.

258. Résoudre le système

$$\begin{cases} 3x + 2y - 4z + 20 = 0, \\ 5x - 7y - 6z - 1 = 0, \\ 7x + 5y + 5z - 24 = 0. \end{cases}$$

259. Résoudre le système

$$\begin{cases} \dfrac{x}{a-1} + \dfrac{y}{a-3} + \dfrac{z}{a-5} = 0, \\ \dfrac{x}{a-3} + \dfrac{y}{a-5} + \dfrac{z}{a-7} = 0, \\ x + y + z = 8. \end{cases}$$

260. Résoudre le système

$$\begin{cases} ax - by + cz = p, \\ -bx + cy + az = 0, \\ cx + ay - bz = 0. \end{cases}$$

Examiner si, et à quelles conditions, les valeurs des trois inconnues x, y, z peuvent avoir entre elles les relations qui caractérisent trois termes consécutifs d'une progression par quotient. (*École de physique et chimie.*)

261. Résoudre les systèmes :

1°
$$\begin{cases} x + y + z = 0, \\ ax + by + cz = 0, \\ \dfrac{x}{a} + \dfrac{y}{b} + \dfrac{z}{c} = m. \end{cases}$$

2°
$$\begin{cases} x + y + z = 0, \\ \dfrac{x}{a} + \dfrac{y}{b} + \dfrac{z}{c} = 0, \\ ax + by + cz = m. \end{cases}$$

262. A quelle condition le système

$$\begin{cases} bz - cy = l, \\ cx - az = m, \\ ay - bx = n, \end{cases}$$

admet-il une solution?

263. Calculer λ et λ' tels que, identiquement,

$$(ax^2 + bx + c)(a'x + \lambda') - (a'x^2 + b'x + c')(ax + \lambda) = 0.$$

264. Éliminer x, y, z entre les équations.

$$\begin{aligned} ax + by + cz &= 0, \\ bx + cy + az &= 0, \\ cx + ay + bz &= 0. \end{aligned}$$

(Éliminer signifie ici chercher la condition pour que le système admette une solution non nulle.)

265. Étant donné 4 points A, B, C, D sur un axe, trouver des coefficients α, β, γ, δ tels que

$$\alpha \cdot \overline{MA}^3 + \beta \cdot \overline{MB}^3 + \gamma \cdot \overline{MC}^3 + \delta \cdot \overline{MD}^3$$

soit constant quand M décrit la droite.

266. On connaît les côtés d'un triangle ABC; soit A′, B′, C′ les pieds des hauteurs. Former les équations donnant $AC' = x$, $BA' = y$, $CB' = z$, et résoudre.

267. Résoudre le système de 4 équations à 4 inconnues x, y, u, v :

$$\frac{x}{a} + \frac{y}{b} = \frac{1}{c}, \qquad \frac{u}{a} + \frac{v}{b} = \frac{1}{c},$$

$$ux + vy + 1 = 0, \qquad a(y + v) + b(x + u) = c(uy + vx);$$

a, b, c sont des nombres donnés différents de zéro. (*Baccalauréat.*)

268. Résoudre le système

$$\frac{xy}{x+y} = 1, \qquad \frac{yz}{y+z} = 2, \qquad \frac{zx}{z+x} = 3.$$

269. Résoudre le système

$$\left\{\begin{array}{l} yz = a, \\ zx = b, \\ xy = c. \end{array}\right.$$

270. Résoudre le système, généralisation du précédent,

$$\left\{\begin{array}{l} yz = m(y+z) + a, \\ zx = m(z+x) + b, \\ xy = m(x+y) + c. \end{array}\right.$$

271. Résoudre les systèmes

1. $$\frac{x-y}{a} = \frac{x+y}{b} = \frac{xy}{c}.$$

2. $$\left\{\begin{array}{l} \dfrac{xy\sqrt{2}}{x+y} = u, \\ \dfrac{xy\sqrt{2}}{x-y} = v. \end{array}\right.$$

3. $$\left\{\begin{array}{l} x + y = a, \\ (x^2+y^2)(x^3+y^3) = b. \end{array}\right.$$

4. $$\left\{\begin{array}{l} x^2 + y^2 = 1, \\ x^2 - y^2 - \dfrac{3}{2}xy = 0. \end{array}\right.$$

5. $$\left\{\begin{array}{l} ax^2 + bxy + cy^2 = d, \\ bx^2 + cxy + ay^2 = d. \end{array}\right.$$

6. $$\left\{\begin{array}{l} (x-y)(x^2-y^2) = 9, \\ (x+y)(x^2+y^2) = 5. \end{array}\right.$$

7. $$\left\{\begin{array}{l} \dfrac{2+x}{1-x^2} = \dfrac{2+y}{1-y^2}, \\ \dfrac{2-x}{(1-x)^2} = \dfrac{2-y}{(1-y)^2}. \end{array}\right.$$

8. $$\left\{\begin{array}{l} 2xy - y^2 = 2ab + b^2, \\ 2xy - x^2 = 2ab + a^2. \end{array}\right.$$

9. $$\left\{\begin{array}{l} x^2 + xy + x = 14, \\ y^2 + xy + y = 28. \end{array}\right.$$

10. $$\left\{\begin{array}{l} x^2 = a^2 + y^2 - ay, \\ y^2 = a^2 + x^2 - ax. \end{array}\right.$$

11. $$\left\{\begin{array}{l} x + y = a, \\ x^4 + y^4 = b. \end{array}\right.$$

12. $$\left\{\begin{array}{l} (x+y)(x^2+y^2) = 5500, \\ (x-y)(x^2-y^2) = 352. \end{array}\right.$$

13. $$\left\{\begin{array}{l} by + ax = (ab + xy)\sin\alpha, \\ (bx + ay)\cos\alpha = (ab - xy)\sin\alpha. \end{array}\right.$$

14. $$\begin{cases} x^2 - y^2 - xy = -ab, \\ (x+y)(ax+by) = 2ab(a+b). \end{cases}$$

15. $$\begin{cases} \dfrac{(x-1)^3}{x^2} = \dfrac{(y-1)^3}{y^2}, \\ \dfrac{2x^2+x-5}{x^2-x-6} = \dfrac{2y^2+y-5}{y^2-y-6}. \end{cases}$$

16. $$\begin{cases} x^3 - 4x^2 + 5x = y^3 - 4y^2 + 5y, \\ x^3 - 8x^2 + x = y^3 - 8y^2 + y. \end{cases}$$

17. $$\begin{cases} x^2 + y^2 - 4(x+y) + 6 = 0, \\ xy = \lambda. \end{cases}$$

18. $$\begin{cases} x^2 + y^2 - 4(x+y) + 5 = 0, \\ xy = \lambda. \end{cases}$$

19. $$\begin{cases} 2x^3 + 5x^2 - x = 2y^3 + 5y^2 - y, \\ x^3 + 4x^2 + x = y^3 + 4y^2 + y. \end{cases}$$

20. $$x^2 + a^2 = y^2 + b^2 = (a+b)^2 + (x-y)^2.$$

21. $$\begin{cases} ax + by = ap + bq, \\ x^2 + xy + y^2 = p^2 + pq + q^2. \end{cases}$$

272. Sachant que

$$\begin{cases} x + y = s, \\ xy = p. \end{cases}$$

calculer $\dfrac{y}{x} = t$.

273. Résoudre et discuter le système

$$\begin{cases} y^2 + 6x - 34 = 0, \\ x^2 + y^2 = \lambda^2 \end{cases}$$

où λ est un paramètre positif.

274. Résoudre le système

$$\begin{cases} \sin y = k \sin x, \\ \cos y + 2\cos x = 1. \end{cases}$$

275. Résoudre le système

$$\begin{cases} x^2 + y^2 - 6x - 2y + 5 > 0, \\ y + 3x - 5 > 0. \end{cases}$$

276. Résoudre et discuter le système

$$\begin{cases} \lambda x + y - \mu = 0, \\ x^2 + xy - 8x + y + 1 = 0, \end{cases}$$

où λ et μ sont deux paramètres. (*Baccalauréat.*)

277. Un corps sonore M décrit une droite avec une vitesse constante v ($\overline{\text{OM}} = vt$); un observateur est en P. Déterminer la position de M quand l'observateur entend le son produit au temps t (on suppose $v > v_0$, v_0 étant la vitesse du son).

278. Résoudre le système

$$\frac{x}{a}=\frac{y}{b}=\frac{z}{c}=\frac{xyz}{x+y+z}.$$

279. Résoudre et discuter le système

$$\frac{y-3x-4}{x+2y-3}=\frac{4y-4x}{3x+5y-2}=t,$$

dans lequel x et y désignent les inconnues et t un nombre donné négatif ou positif. (*École navale.*)

280. Un particulier achète un terrain à bâtir et un champ contigu qui ont ensemble une superficie de 1 hectare 56 ares. Le terrain à bâtir coûte 4800f et le champ 3500f, et le prix d'un mètre carré du terrain surpasse de 2f,75 le prix d'un mètre carré du champ. Quels sont les prix du mètre carré du terrain et de l'hectare du champ?

281. Former, résoudre, puis discuter suivant les valeurs de m, l'équation qui donne les valeurs de x qui satisfont aux trois équations à trois inconnues x, y, z,

$$y+2z=(m+1)x-4m,$$
$$y+z=mx-2m-1,$$
$$y^2-2z^2+2xy-xz-x-2y+8m^2-8m-2=0.$$

(*École des Beaux-Arts.*)

282. Résoudre les systèmes :

1. $\begin{cases} x^2+2yz=1,\\ y^2+2zx=1,\\ z^2+2xy=1.\end{cases}$

2. $\begin{cases} x(y+z)=a,\\ y(z+x)=b,\\ z(x+y)=c.\end{cases}$

3. $\begin{cases} x^2+2yz=1,\\ y^2-2zx=1,\\ z^2-2xy=1.\end{cases}$

4. $\begin{cases} y^2+z^2-x=1,\\ z^2+x^2-y=1,\\ x^2+y^2-z=1.\end{cases}$

5. $\begin{cases} xy+3(x+y)=11,\\ yz+3(y+z)=21,\\ zx+3(z+x)=15.\end{cases}$

6. $\begin{cases} x+y+z=1,\\ x^2+y^2+z^2=13,\\ x^3+y^3+z^3=19.\end{cases}$

7. $\begin{cases} 3x+4y+11z=0,\\ 2x+3y+8z=0,\\ 3x^2-y^2+xz-3x+4z=3.\end{cases}$

8. $\begin{cases} x(ax+by+cz)=m,\\ y(ax+by+cz)=n,\\ z(ax+by+cz)=p.\end{cases}$

9. $\begin{cases} \dfrac{xyz}{y+z}=2,\\ \dfrac{yzx}{z+x}=3,\\ \dfrac{zxy}{x+y}=6.\end{cases}$

10. $\begin{cases} ax=by=cz,\\ \dfrac{1}{x}+\dfrac{1}{y}+\dfrac{1}{z}=\dfrac{1}{d}.\end{cases}$

11. $\begin{cases} \dfrac{x}{y}=\dfrac{z}{u},\\ x+y+z+u=1,\\ x^2+y^2+z^2+u^2=25,\\ x^3+y^3+z^3+u^3=49.\end{cases}$

12. $\begin{cases} x^2+y^2=a^2,\\ z^2+t^2=b^2,\\ xz=c,\\ yt=d.\end{cases}$

283. Résoudre le système

$$\begin{cases} x^2 - yz = a, \\ y^2 - zx = b, \\ z^2 - xy = c. \end{cases}$$

(Former d'abord les combinaisons $a^2 - bc$, $b^2 - ca$, $c^2 - ab$).

284. Calculer α, β, γ sachant que

$$(\alpha x^2 + \beta x + \gamma)(\gamma x^2 + \beta x + \alpha) = 6x^4 + 40x^3 + 77x^2 + 40x + 6.$$

285. Déterminer α, β, γ sachant que

$$(\alpha x^2 + \beta x + \gamma)(\gamma x^2 + \beta x + \alpha) = 2x^4 + 9x^3 + 14x^2 + 9x + 2.$$

286. On donne le polynôme

$$x^4 + \frac{8}{3}x^3 + \frac{14}{3}x^2 + \frac{8}{3}x = 1 :$$

le mettre sous la forme

$$(x^2 + \lambda x + \mu)\left(x^2 + \lambda' x + \frac{1}{\mu}\right).$$

287. Calculer α, β, γ, δ sachant que le polynôme

$$\alpha(x-a)^3 + \beta(x-b)^3 + \gamma(x-c)^3 + \delta(x-d)^3$$

est indépendant de x.

288. A quelle condition le polynôme $x^3 + px + q$ peut-il se mettre sous la forme

$$x^4 - (x^2 + ax + b)^2 ?$$

Résoudre l'équation

$$8x^3 - 36x + 27 = 0.$$

289. Trouver la relation qui doit exister entre les coefficients a, b, c, d pour que le polynôme

$$f(x) = x^4 + ax^3 + bx^2 + cx + d$$

puisse se mettre sous la forme

$$(\alpha x^2 + \beta x + \gamma)^2 + \delta x^2.$$

Cette relation étant vérifiée, calculer les racines de $f(x)$.

Discuter en posant $a = 2$, $c = 8$.

(*Agrégation des jeunes filles.*)

290. Éliminer x et y entre les équations

$$\begin{cases} \dfrac{2x}{1+x^2} = a, \\ \dfrac{2y}{1+y^2} = b, \\ xy = c. \end{cases}$$

291. Trouver la condition pour que le système

$$\begin{cases} x + y = s, \\ x + z = s', \\ xy = p, \\ xz = p', \end{cases}$$

admette une solution.

292. Décomposer le trinôme bicarré en un produit de deux trinômes du second degré.

1° Employer la méthode des coefficients indéterminés en posant

$$x^4 + px^2 + q = (x^2 + \alpha x + \beta)(x^2 - \alpha x + \beta);$$

il y a toujours au moins une solution.

2° Retrouver les solutions en mettant le trinôme donné sous forme de différences de carrés

$$(x^2 + a)^2 - b^2,$$

ou

$$(x^2 + c)^2 - d^2x^2.$$

Décomposer les polynômes :

1° $x^4 - 2x^2 - 3$;

2° $x^4 + 5x^2 + 4$;

3° $x^4 + 3x^2 + 4$;

4° $x^4 - x^2 + 1$;

5° $x^4 - 3x^2 + 1$.

293. Décomposer le polynôme $x^4 + ax^3 + bx^2 + ax + 1$ en produit de deux trinômes du second degré :

1° Employer la méthode des coefficients indéterminés en posant

$$x^4 + ax^3 + bx^2 + ax + 1 = (x^2 + \alpha x + \beta)\left(x^2 + \alpha' x + \frac{1}{\beta}\right);$$

il y a toujours au moins une solution.

2° Retrouver les solutions, soit en considérant d'abord tous les termes sauf le 3e comme appartenant au carré de $x^2 + \frac{a}{2}x + 1$;

soit en décomposant le trinôme homogène en $x^2 + 1$ et x

$$(x^2 + 1)^2 + ax(x^2 + 1) + (b - 2)x^2;$$

soit en ajoutant et retranchant au polynôme donné $m(x^2 - 1)^2$

$$m(x^2 - 1)^2 + (1 - m)(x^2 + 1)^2 + ax(x^2 + 1) + (b + 4m - 2)x^2$$

et en choisissant m pour que le polynôme homogène en $x^2 + 1$ et x formé par les trois derniers termes soit un carré parfait : on peut avoir une différence de carrés.

Décomposer les polynômes.

1° $x^4 - x^3 - 10x^2 - x + 1$;

2° $x^4 + 3x^3 + 8x^2 + 3x + 1$;

3° $6x^4 + 20x^3 + 29x^2 + 20x + 6$.

294. Calculer p et q pour que $x^4 + 1$ soit divisible par $x^2 + px + q$.

295. A quelle condition le polynôme

$$x^4 + px^3 + qx^2 + rx + s$$

peut-il se mettre sous la forme

$$(x^2 + \alpha x + \beta)(x^2 + \alpha x + \beta')?$$

Choisir r pour qu'avec le polynôme

$$x^4 + 6x^3 + 7x^2 + rx - 8,$$

la condition soit vérifiée.

Trouver les racines de ce trinôme.

296. On donne deux trinômes :

$$f(x) = ax^2 + bx + c,$$
$$\varphi(x) = a'x^2 + b'x + c'.$$

Si α et β sont les racines du premier, former l'équation qui a pour racines $\varphi(\alpha)$ et $\varphi(\beta)$.

297. Deux équations :

$$x^2 + px + q = 0,$$
$$x^2 + p'x + q' = 0,$$

ont des racines et $p \neq p'$.

1° Former les équations dont les racines sont celles des précédentes diminuées de k.

2° Montrer qu'on peut choisir k pour que les racines des deux nouvelles équations aient même produit.

3° Faire le calcul de k avec les équations :

$$x^2 - 2(\lambda + 2)x + \lambda(\lambda + 5) = 0, \qquad (1)$$
$$x^2 - 2(\lambda + 1)x + \lambda(\lambda + 3) = 0, \qquad (2)$$

et transformer ces équations. Profiter de ce calcul pour ranger les racines de (1) et (2).

298. Montrer que les deux nombres $a + \varepsilon\sqrt{b}$, $a' + \varepsilon'\sqrt{b'}$ (exercice **13**) ne peuvent être égaux en les considérant comme racines de deux équations du second degré à coefficients rationnels.

299. Ranger les racines de deux trinômes du second degré $f(x)$ et $\varphi(x)$ en cherchant les signes de

$$af(\alpha'), \quad af(\beta'); \qquad a'\varphi(\alpha), \quad a'\varphi(\beta).$$

(On formera les produits et les sommes.)

300. Choisir λ pour que les équations

$$\lambda x^2 + (2\lambda - 1)x + 1 = 0,$$
$$(\lambda + 1)x^2 + 2\lambda x + (3\lambda - 1) = 0,$$

aient une racine commune.

Même problème avec les groupes d'équations :

1. $\begin{cases} x^3 - 13x + 12 = 0, \\ x^2 - 3x + \lambda = 0. \end{cases}$ 2. $\begin{cases} 9x^2 - 2\lambda x + 21 = 0, \\ 6x^2 - 2\mu x + 14 = 0. \end{cases}$

3. $\begin{cases} x^2 + (\lambda - 8)x + 2(\lambda - 4) = 0, \\ x^2 + (2\lambda - 19)x + 2(2\lambda - 3) = 0. \end{cases}$

4. $\begin{cases} (\lambda - 1)x^2 - (2\lambda + 1)x + 2 = 0, \\ (\lambda + 1)x^2 - (4\lambda - 1)x - 2 = 0. \end{cases}$

5. $\begin{cases} (3\lambda - 2)x^2 - (8\lambda - 5)x + 4\lambda - 3 = 0, \\ (2\lambda - 1)x^2 - (3\lambda - 1)x - 2\lambda = 0. \end{cases}$

301. Choisir y pour que les équations

$$5x^2 - (y + 8)x + 2y^2 - 4y = 0,$$
$$x^2 - (7y - 8)x + 4y = 0,$$

aient une racine commune.

302. Condition pour qu'une racine d'une équation soit le carré d'une racine de l'autre. Appliquer à

$$\begin{cases} x^2 + x - m = 0, \\ x^2 - mx + 1 = 0. \end{cases}$$

303. Que faut-il pour que les équations

$$ax^2 + bx + c = 0,$$
$$cx^2 + bx + a = 0,$$

aient une racine commune? Expliquer le résultat.

304. Choisir k pour que les équations

$$ax^2 + bx + c = 0,$$
$$ax^2 + (2ak + b)x + (ak^2 + bk + c) = 0,$$

aient une racine commune. Interpréter le résultat.

305. Étudier les variations des fonctions

$$y = \frac{2x - 2}{x^2 - 2x + 2},$$
$$y = \frac{2x - x^2}{x^2 - 2x + 2}.$$

Ranger par ordre de grandeur croissante les racines des deux équations en x en considérant y comme un paramètre variable.

306. Ranger par ordre de grandeur croissante les racines des équations :

1. $\begin{cases} x^2 - \lambda x + (1 - \lambda) = 0, \\ x^2 - 2\lambda x + (1 + \lambda) = 0. \end{cases}$ 2. $\begin{cases} x^2 - 2\lambda x + 7\lambda - 6 = 0, \\ x^2 + 2\lambda x + 7\lambda - 10 = 0. \end{cases}$

3. $\begin{cases} x^2 - 2(\lambda + 1)x + (7\lambda + 1) = 0, \\ x^2 + 2(\lambda + 1)x + (7\lambda - 3) = 0. \end{cases}$

4. $\begin{cases} x^2 - 2\lambda x + 5\lambda = 0, \\ x^2 + 2(\lambda + 2)x + 9\lambda = 0. \end{cases}$

5. $\begin{cases} x^2 - 2(\lambda - 1)x - 2\lambda(\lambda - 1) = 0, \\ x^2 - 2(2\lambda - 1)x - \lambda(\lambda - 2) = 0. \end{cases}$

6. $\begin{cases} x^2 + 2(\lambda - 1)x + \lambda^2 = 0, \\ x^2 - 2(2\lambda + 1)x + 4\lambda^2 = 0. \end{cases}$

7. $\begin{cases} x^2 - 6x + \lambda = 0, \\ x^2 - 4x + (8 - \lambda) = 0. \end{cases}$

8. $\begin{cases} x^2 - 2(2 - \lambda)x + \lambda^2 - 3\lambda - 5 = 0, \\ x^2 - 2(3 - \lambda)x + \lambda^2 - 3\lambda - 15 = 0. \end{cases}$

9. $\begin{cases} 2x^2 - (2\lambda + 1)x + (\lambda - 1) = 0, \\ 2x^2 + (4\lambda - 1)x - (\lambda + 1) = 0. \end{cases}$

307. Résoudre et discuter l'équation

$$\sqrt{2x - x^2} + \sqrt{8x - x^2} = \lambda$$

où λ est un paramètre variable.

308. Résoudre l'équation

$$\sqrt{x^2 + 2x + 0,9} + \sqrt{x^2 + 4x + 3,6} = 2x + 3.$$

309. Résoudre l'équation

$$\sqrt{x^2 + 2x + \lambda} + \sqrt{x^2 + 4x + 4\lambda} = 2x + 3.$$

310. Résoudre l'équation

$$\sqrt{x^2 + x + 1} + \sqrt{x^2 - x + 1} = a.$$

311. Résoudre l'équation

$$\sqrt{7x-5}+\sqrt{4x-1}=\sqrt{7x-4}+\sqrt{4x-2}.$$

312. Résoudre l'équation

$$x=\sqrt{b-x}\sqrt{c-x}+\sqrt{c-x}\sqrt{a-x}+\sqrt{a-x}\sqrt{b-x}, \qquad (1)$$

où a, b, c sont des nombres donnés, différents de zéro, et où les radicaux ont leur signification arithmétique.

Ayant posé, pour abréger,

$$A=ab+ca-bc, \qquad B=bc+ab-ca, \qquad C=ca+bc-ab,$$

on établira les conditions nécessaires et suffisantes pour que le problème soit possible et que la valeur de x soit différente des trois nombres a, b, c sous l'une des deux formes suivantes, dont on montrera l'équivalence :

1° Le produit abc doit être positif et les trois nombres A, B, C doivent être de même signe;

2° Les six nombres a, b, c, A, B, C doivent être positifs.

(*Concours général.*)

313. Résoudre les équations

$$\sqrt{x+7}\pm\sqrt{x+5}\pm\sqrt{x+3}\pm\sqrt{x+2}=0$$

et dire à laquelle de ces équations correspond la racine trouvée.

(*Baccalauréat.*)

314. 1° Résoudre l'inégalité

$$2(2x+1)>-3\sqrt{-x^2-x+6}.$$

2° Étudier les variations de

$$2(2x+1)+3\sqrt{-x^2-x+6}.$$

(*Baccalauréat.*)

315. Que représente l'équation

$$y=\sqrt{ax^2+bx+c}\,?$$

(Faire un changement de coordonnées pour donner à l'équation l'une des formes

$$y=k\sqrt{\alpha^2-x^2}\,; \qquad y=k\sqrt{x^2+\alpha^2}\,; \qquad y=k\sqrt{x^2-\alpha^2}.)$$

CHAPITRE XIV

APPLICATION DE L'ALGÈBRE A LA GÉOMÉTRIE

337. — L'Algèbre peut être utilisée dans toutes les questions de Géométrie; quand son emploi est systématique, elle donne la Géométrie analytique.

Il y a en Géométrie trois grandes catégories de problèmes :

1° Les lieux géométriques;

2° Les variations de longueurs, d'angles, d'aires, etc. .;

3° Les constructions de figures.

Nous ne dirons rien des lieux géométriques; la Géométrie analytique donne des méthodes générales pour les trouver.

338. — **Variations de grandeurs.** — Nous en avons déjà étudié quelques-unes. En général, une grandeur dépend d'une autre que l'on peut faire varier à volonté, on prend cette dernière pour variable indépendante : il faut étudier une variation de fonction.

Avant d'essayer des procédés algébriques, on doit utiliser les méthodes ordinaires de la Géométrie. C'est ainsi qu'on trouve les variations de la distance d'un point à un point d'une droite avec la distance de ce point au pied de la perpendiculaire, celles de la distance d'un point A à un point M mobile sur un cercle O avec l'angle AOM, celles encore de la somme des distances de deux points à un point mobile sur une droite....

Voici deux autres études *géométriques* de variations :

339. — PROBLÈME. — *Un point M décrit une demi-droite Oy, on* *le joint à deux points d'une demi-droite* Ox : *étudier les variations de l'angle* AMB.

Construisons les points de Oy d'où l'on voit AB sous un angle α au moyen du segment capable de l'angle α décrit sur AB. On voit facilement comment varie le segment et par suite comment se déplacent les points M et M′ avec l'angle α déterminé par la tangente en B; l'un de ces segments est tangent à Oy en C tel que

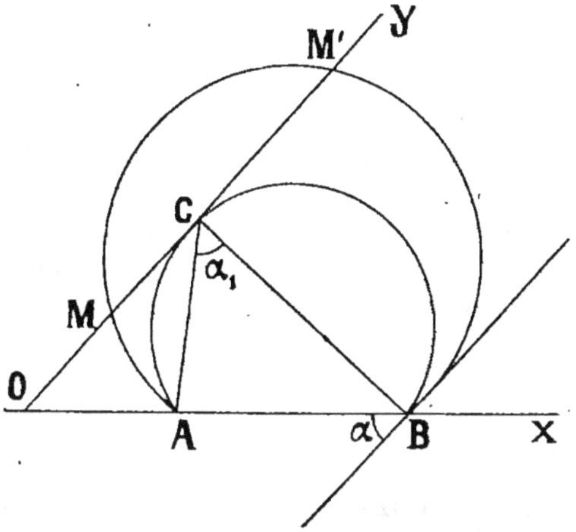

Fig. 181.

$$OC^2 = OA.OB.$$

Si M va de O en C, α croît de o à α_1;

Si M s'éloigne indéfiniment à partir de C, α décroît de α_1 à o.

340. — Problème. — *On donne une droite* Δ *et deux points* A *et* B; *un point* M *parcourt* Δ : *étudier les variations de* $\frac{MA}{MB}$.

Construisons d'abord les points de Δ pour lesquels $\frac{MA}{MB} = k$; on sait qu'ils sont sur un cercle de diamètre CD, C et D divisant AB dans le rapport k. On sait aussi (n° **173**) comment se déplacent C et D quand k varie; de plus

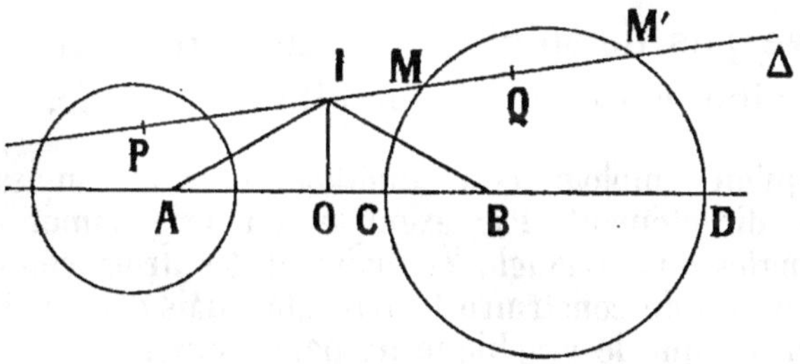

Fig. 182.

$$OC.OD = OA^2,$$

le cercle appartient à un faisceau.

Sur Δ, $$IM.IM' = IA^2;$$

deux cercles du faisceau sont tangents à Δ en deux points P et Q tels que

$$IP = IQ = IA.$$

Appelons k_1, k_2 les valeurs correspondantes de k. En faisant varier k, nous savons comment M et M' se déplacent. Inversement, M se déplaçant de droite à gauche

de l'infini à gauche à P,	k décroît de 1 à k_1;
de P à Q,	k croît de k_1 à k_2;
de Q à l'infini à droite,	k décroît de k_2 à 1.

REMARQUE. — Dans ces deux problèmes, nous avons employé un procédé *indirect*, nous avons fait varier α ou k et cherché comment se déplace M; cela permet inversement, en déplaçant M, de voir comment varie α ou k.

De la même manière, x et y étant deux variables liées par une relation, pour trouver les variations de y considéré comme fonction de x il est quelquefois commode d'étudier d'abord les variations de x considéré comme fonction de y; pour résoudre le problème on construit ensuite la courbe.

341. — Constructions. — ***Nous supposons qu'il s'agit de construire une figure : on en donne certains éléments, ou bien on demande qu'elle jouisse de certaines propriétés.***

Les problèmes de construction les plus simples sont étudiés dans les cours de Géométrie. Pour résoudre les autres, voici ce qu'on fait habituellement.

D'abord, on cherche à ramener le problème à l'un des précédents; si l'on réussit on dit qu'on a trouvé une solution géométrique.

Si l'on ne trouve pas de solution géométrique, on emploie la méthode algébrique que nous allons exposer.

Il arrive même qu'on emploie cette méthode quand on sait résoudre le problème directement. Par exemple, en Trigonométrie, nous calculons les angles d'un triangle connaissant les trois côtés; mais alors, il ne s'agit pas de construire le triangle, mais d'avoir les angles avec une précision que le graphique ne peut donner.

Dans la pratique, ces côtés ne sont pas connus exactement, mais on a une limite supérieure de l'erreur commise; le calcul permet de dire avec quelle précision on peut obtenir les éléments inconnus.

Première partie. — Supposons le problème résolu, c'est-à-dire la figure construite. Appelons x, y, des éléments de cette figure qui, joints aux éléments donnés, permettent d'appliquer une règle de construction connue : ce sont *les inconnues du problème*.

Il doit être possible d'écrire entre les éléments donnés et inconnus autant de relations qu'il y a d'inconnues. Ce sont *les équations du problème*. Quelques-unes des inconnues ne sont pas nécessaires pour la construction mais facilitent l'établissement des équations : ce sont *les inconnues auxiliaires*.

Il ne suffit pas, en général, que les équations soient vérifiées, les inconnues sont encore soumises à d'autres conditions qu'on découvrira de la manière suivante :

Supposant les grandeurs inconnues calculées et construites, on cherche à tracer la figure en utilisant ces grandeurs et celles qui sont données, on reconnaît qu'elles doivent satisfaire à certaines inégalités : ce sont *les inéquations du problème*.

Donc 1° ***Si le problème est résolu, les inconnues vérifient des équations et des inéquations convenablement choisies*** ;

2° ***A une solution de ce système de conditions correspond une solution du problème.***

Nous avons remplacé un problème de Géométrie par un problème d'Algèbre équivalent.

Deuxième partie. — Il faut maintenant résoudre ce système et le discuter, c'est-à-dire chercher, suivant les cas, combien il y a de solutions et donner les formules qui permettent de les calculer.

342. — Problème. — *Diviser un segment de droite AB en moyenne et extrême raison.*

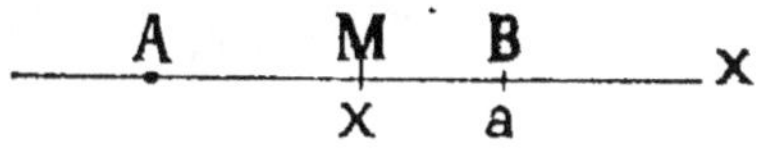

Fig. 183.

C'est trouver, sur la droite indéfinie AB, un point M tel que MA soit moyenne géométrique entre MB et AB. :

$$MA^2 = MB \cdot AB.$$

On n'aperçoit pas de construction géométrique, l'Algèbre va en donner une très simple.

Prenons sur la droite le sens positif AB et A comme origine ;

aucun point au delà de B ne peut évidemment répondre à la question; soit x l'abscisse d'un point à gauche de B,

$$MA = |x|, \qquad MB = a - x,$$

il est nécessaire et suffisant que

$$x^2 = a(a - x),$$

ou

$$x^2 + ax - a^2 = 0.$$

Cette équation a deux racines de signe contraire, le problème a donc deux solutions, un point entre A et B, l'autre à gauche de A, on les construira en appliquant la règle (nº **259**).

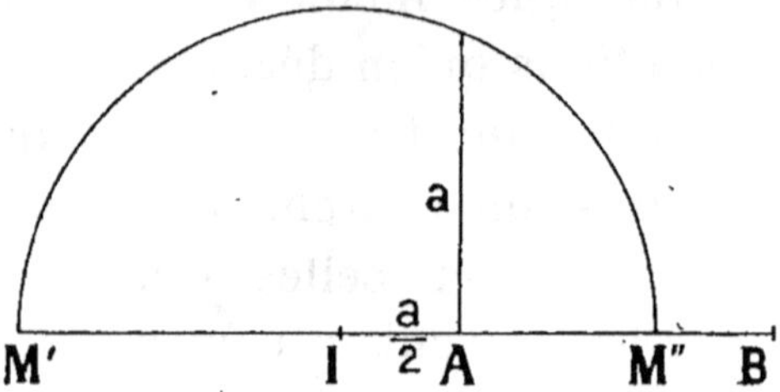

Fig. 184.

On peut aussi appeler y et z les deux longueurs AM et AM'; les deux racines de l'équation sont y et $-z$: donc

$$z - y = a,$$
$$yz = a^2.$$

On a à construire deux longueurs connaissant leur différence et leur moyenne géométrique, toutes deux égales à a.

343. — Problème. — *Trouver sur un demi-cercle de diamètre* AB ($AB = 2R$) *un point* M *tel que*

$$AP + 2PM = l. \qquad (l > 0.)$$

Le problème étant supposé résolu, appelons x la longueur AP, nous avons immédiatement l'équation du problème

$$x + 2\sqrt{x(2R - x)} = l.$$

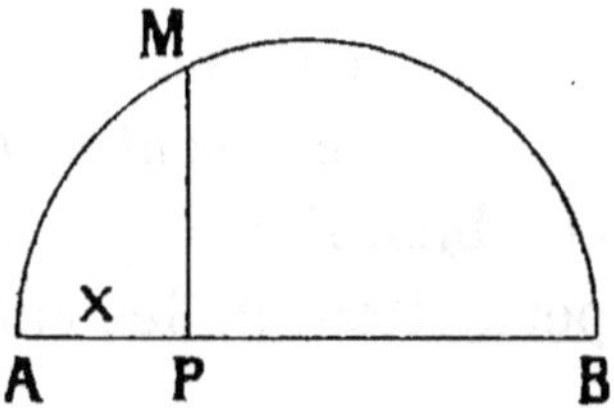

Fig. 185.

A une solution de cette équation correspond une solution du problème, car la quantité sous le radical sera positive et par suite

$$0 < x < 2R.$$

On fera la figure en portant d'abord, sur AB, $AP = x$; l'équation exprime que

$$AP + 2PM = l.$$

Comme nous l'avons vu (nº **326**), l'équation

$$2\sqrt{x(2R - x)} = l - x$$

est équivalente au système

$$\begin{cases} 4x(2R - x) = (l - x)^2, \quad \text{ou} \quad (l - x)^2 - 4x(2R - x) = 0, \\ x < l. \end{cases}$$

On a finalement à étudier le système

$$\begin{cases} f(x) = 5x^2 - 2(l + 4R)x + l^2 = 0. \\ x < l. \end{cases}$$

Discussion.

$$f(l) = 4l(l - 2R)$$

(nous avons substitué dans le premier membre de l'équation non développée).

1° Si $\quad l < 2R: \quad f(l) < 0,$

$$x' < l < x'',$$

la plus petite racine convient.

2° Si $\quad l > 2R: \quad f(l) > 0,$

il faut former la condition de réalité (en n'oubliant pas qu'elle est vérifiée si $l \leqslant 2R$),

$$(l + 4R)^2 - 5l^2 > 0,$$
$$l^2 - 2Rl - 4R^2 < 0,$$

ou

$$l < R(1 + \sqrt{5}).$$

Donc, si $2R < l < R(1 + \sqrt{5})$, il y a deux racines x' et x'', l n'est pas compris entre elles. Comparons l à la demi-somme :

$$l - \frac{s}{2} = l - \frac{l + 4R}{5} \text{ a le signe de } l - R > 0:$$
$$x' < x'' < l.$$

Au lieu de comparer à la demi-somme, on peut comparer à la moyenne géométrique $\frac{l}{\sqrt{5}}$, puisque les racines sont positives.

En résumé :

1er cas, $l < 2R$: une solution $\quad x = \dfrac{l + 4R - 2\sqrt{4R^2 + 2Rl - l^2}}{5}$;

2e cas, $2R < l < R < R(1 + \sqrt{5})$: $x = \dfrac{l + 4R \pm 2\sqrt{4R^2 + 2Rl - l^2}}{5}$;

3e cas, $l > R(1 + \sqrt{5})$: pas de solution.

Autre méthode. — Quoiqu'il n'y ait aucune difficulté à résoudre une équation avec un radical, on peut éviter celui-ci en prenant la grandeur mesurée par ce radical pour inconnue auxiliaire y. Nous avons à résoudre le système

$$\begin{cases} x + 2y = l, & (1) \\ y^2 = x(2R - x), & (2) \\ y > 0. & (3) \end{cases}$$

En effet, si l'équation (2) est satisfaite, le second membre est positif :

$$0 < x < 2R.$$

Nous prendrons donc, sur AB, $AP = x$; et nous mènerons la perpendiculaire PM.

$$PM^2 = x(2R - x),$$

donc $$PM = y \qquad \text{puisque } y > 0.$$

L'équation (1) étant vérifiée, le problème de Géométrie est résolu. Nous sommes conduits aux mêmes calculs.

344. — Problème de Pappus. — *On donne un point A équidistant de deux droites rectangulaires. Mener par A une sécante telle que le segment déterminé par les droites sur cette sécante ait une longueur* l.

Choisissons ces droites comme axes, de manière que les coordonnées de A soient positives, et prenons comme inconnues

$$\overline{OP} = x, \qquad \overline{OQ} = y.$$

L'équation de la droite PQ, connaissant l'abscisse et l'ordonnée à l'origine, est

$$\frac{X}{x} + \frac{Y}{y} = 1,$$

X, Y étant les coordonées courantes; exprimons qu'elle passe par A, nous obtenons une première équation

$$\frac{a}{x} + \frac{a}{y} = 1.$$

La seconde est

$$x^2 + y^2 = l^2;$$

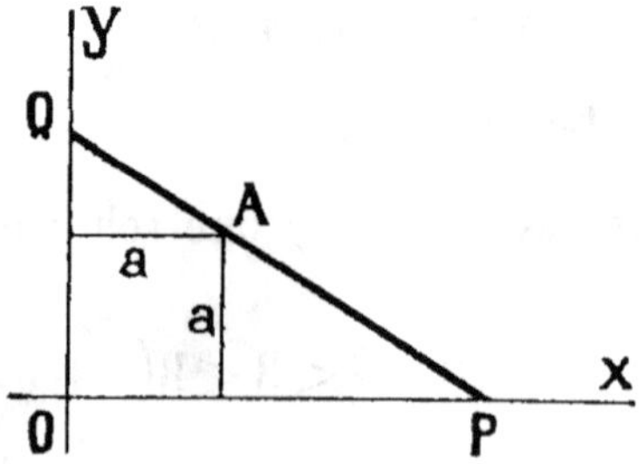

Fig. 126.

x et y peuvent avoir des signes quelconques. Réciproquement, si x et y vérifient ces équations, elles donnent une solution. Ils déterminent, en effet, deux points P et Q; puisque la 1re équation est vérifiée, la droite qui les joint passe par A; la seconde montre que $PQ = l$.

Il faut donc résoudre le système

$$\begin{cases} xy = a(x + y), \\ x^2 + y^2 = l^2. \end{cases}$$

Il est symétrique en x et y, donc il faut calculer la somme u et le produit v des inconnues; u et v sont donnés par les équations

$$\left\{\begin{aligned} v &= au, && (1)\\ u^2 - 2v &= l^2, && (2)\end{aligned}\right.$$

x et y seront les racines de l'équation

$$X^2 - uX + v = 0;$$

on devra donc avoir $$u^2 - 4v > 0. \qquad (3)$$

On a donc à discuter le système formé par les conditions (1), (2) et (3).

On trouve tout de suite le système

$$u^2 - 2au - l^2 = 0, \qquad u^2 - 4au > 0,$$

et finalement $$\left\{\begin{aligned} &f(u) = u^2 - 2au - l^2 = 0,\\ &u < 0, \quad \text{ou} \quad u > 4a.\end{aligned}\right.$$

L'équation a deux racines de signe contraire, la négative u' convient dans tous les cas; formons

$$f(4a) = 8a^2 - l^2$$

qui a le signe de $$2a\sqrt{2} - l:$$

1° $l < 2a\sqrt{2}$, $4a$ plus grand que les racines, u'' ne convient pas.

2° $l > 2a\sqrt{2}$, $4a$ compris entre les racines, u'' convient.

Remarques. — Nous avons l'équation et l'inéquation

$$\left\{\begin{aligned} &u^2 - 2au - l^2 = 0,\\ &u^2 - 4au > 0.\end{aligned}\right.$$

On peut, comme nous l'avons déjà dit (n° **319**), changer cette dernière :

1° Faisons disparaître le terme en u^2, il vient

$$2au - l^2 < 0 \quad \text{ou} \quad u < \frac{l^2}{2a}.$$

2° Faisons disparaître le terme en u,

$$u^2 - 2l^2 < 0,$$

c'est-à-dire $$-l\sqrt{2} < u < l\sqrt{2}.$$

Nous conseillons de recommencer la discussion avec ces inégalités en u et de chercher leur signification géométrique.

345. — PROBLÈME. — *Construire un triangle rectangle, connaissant la hauteur* h *et la somme* l *des côtés de l'angle droit.*

Appelons x et y les côtés de l'angle droit, et z l'hypoténuse; nous avons à résoudre le système

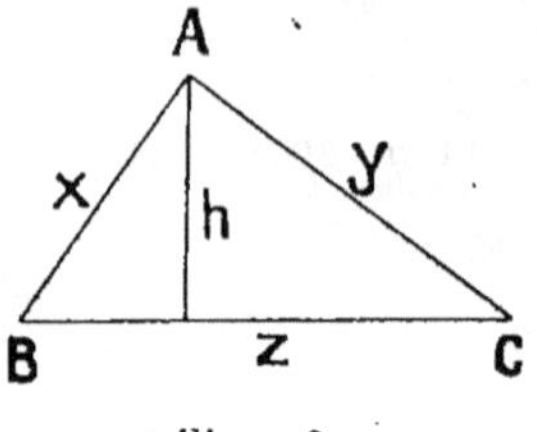

Fig. 187.

$$\begin{cases} x^2 + y^2 = z^2, & (1) \\ xy = hz, & (2) \\ x + y = l, & (3) \\ x > 0, \quad y > 0, \quad z > 0. \end{cases}$$

A une solution de ce système correspond une solution du problème de Géométrie.

Puisque x et y sont positifs, nous porterons sur les côtés d'un angle droit A (fig. 188)

$$AC = x, \qquad AB = y,$$

et nous joindrons BC. Cette longueur BC est égale au z que nous venons de calculer, car son carré égale z^2 et z est positif. Ensuite, $xy = z \cdot AH$, donc $AH = l$; enfin $AB + AC = l$.

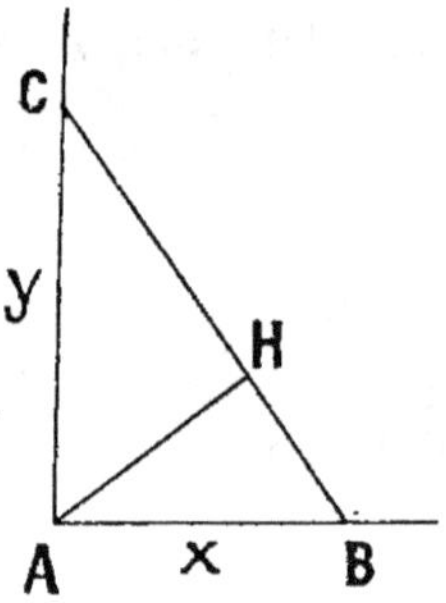

Fig. 188.

Le système étant symétrique en x et y, nous calculerons $x + y$ et xy, ce qui exige que nous connaissions d'abord z.

Nous tirerons $x + y$ et xy de (1) et (3),

$$x + y = l,$$
$$xy = \frac{l^2 - z^2}{2},$$

et nous transporterons dans (2). Quand nous aurons z, nous calculerons x et y en cherchant les racines de l'équation

$$X^2 - lX + \frac{l^2 - z^2}{2} = 0. \qquad (4)$$

Elles devront être positives. Il faudra pour cela

$$2z^2 - l^2 > 0 \quad \text{et} \quad l^2 - z^2 > 0, \qquad (5)$$

et, comme il faut aussi $z > 0$, nous aurons à discuter le système

$$\begin{cases} f(z) = z^2 + 2hz - l^2 = 0, & (6) \\ \dfrac{l\sqrt{2}}{2} < z < l. \end{cases}$$

La racine positive conviendra si

$$f\left(\frac{l\sqrt{2}}{2}\right) < 0, \quad f(l) > 0,$$

c'est-à-dire si $$h > 2l\sqrt{2}.$$

Remarque. — Il semble plus simple, au lieu de l'équation (4), d'écrire

$$X^2 - lX + hz = 0,$$

la suite du calcul n'offre d'ailleurs aucune difficulté. Nous avons seulement voulu trouver des inéquations (5) en z ne contenant qu'un paramètre l, parce qu'il est toujours facile de les résoudre.

Imaginons un autre problème conduisant à un système ne différant du précédent que par l'équation (2) (pourvu, bien entendu, que la nouvelle équation soit symétrique en x et y), nous pourrons conserver les inéquations (2) dont l'interprétation est immédiate.

Au point de vue graphique, nous construirons z racine positive de l'équation (6); la connaissance de z et h permet d'obtenir le triangle rectangle sans construire x et y.

346. — Problème. — *Construire un triangle rectangle, on connaît son hypoténuse* a, *il est de plus soumis à une condition où les côtés de l'angle droit entrent symétriquement.*

Nous supposons, par exemple, que l'on se donne :

1° La surface égale à celle d'un carré de côté m;

2° La somme des deux côtés de l'angle droit et de la hauteur;

3° La différence entre la somme des deux côtés de l'angle droit et la hauteur.

Appelons x et y les côtés de l'angle droit. Nous aurons l'équation

$$x^2 + y^2 = a^2$$

et une autre symétrique en x et y.

Nous montrerons, comme précédemment, que les inéquations sont

$$x > 0, \quad y > 0.$$

Nous prendrons pour inconnues auxiliaires

$$x + y = u, \qquad xy = v.$$

u et v seront donnés par deux équations dont l'une est

$$u^2 - 2v = a^2; \tag{1}$$

u et v étant connus, x et y sont racines de l'équation du second degré

$$X^2 - uX + v = 0. \tag{2}$$

Nous tirons de (1)

$$v = \frac{u^2 - a^2}{2} \tag{3}$$

et nous transportons dans l'équation non écrite, nous formerons l'équation

$$f(u) = 0.$$

A quelles autres conditions doit satisfaire u? Il faut que l'équation (2) ait deux racines positives, c'est-à-dire

$$u > 0, \qquad v > 0, \qquad u^2 - 4v > 0,$$

et en remplaçant v au moyen de (3)

$$u > 0, \qquad u^2 - a^2 > 0, \qquad 2a^2 - u^2 > 0.$$

On a finalement à résoudre et discuter le système

$$\begin{cases} f(u) = 0, \\ a < u < a\sqrt{2}. \end{cases}$$

Les inégalités sont faciles à trouver par des considérations géométriques.

Graphiquement, on peut construire u et les lignes

$$\begin{cases} x + y = u, \\ x^2 + y^2 = a^2. \end{cases}$$

Prenons le 2e problème. — La seconde équation est

$$x + y + \frac{xy}{a} = l,$$

et

$$f(u) = u^2 + 2au - a(a + 2l) = 0.$$

On trouve les conditions

$$a < l < \frac{a(1 + 2\sqrt{2})}{2}$$

faciles à interpréter.

Prenons le 3e problème.

$$f(u) = u^2 - 2au - a(a - 2l) = 0.$$

$f(a)$ a le signe de $a - l$, et comme a est la demi-somme des racines (quand elles existent), il faut $f(a)$ négatif ou

$$l < a.$$

Alors a est compris entre les racines; la plus grande seule peut convenir, il faut pour cela

$$f(a\sqrt{2}) > 0;$$

finalement

$$\frac{a(2\sqrt{2} - 1)}{2} < l < a.$$

347. — Problème. — *Étant donné les deux demi-cercles représentés par la figure* ($AC = 2r$, $AB = 2R$), *mener une perpendiculaire à* AB *telle que*

$$MP + MQ = l.$$

Supposons le problème résolu et prenons pour inconnues

$$AM = x, \quad MP = y, \quad MQ = z;$$

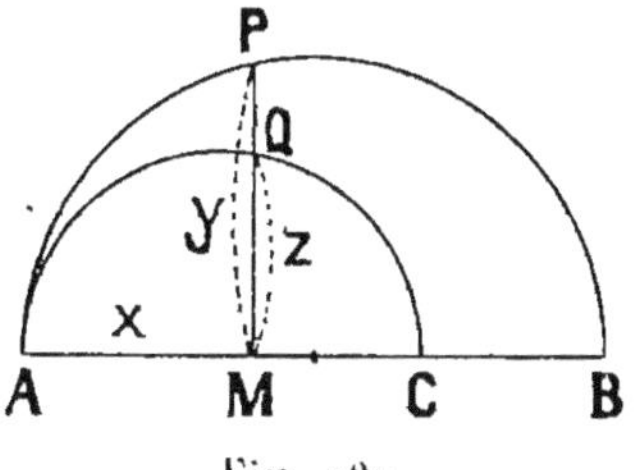

Fig. 189.

y et z sont des inconnues auxiliaires.

Nous pouvons écrire tout de suite les équations

$$y + z = l, \qquad (1)$$
$$y^2 = x(2R - x), \qquad (2)$$
$$z^2 = x(2r - x). \qquad (3)$$

Pour trouver à quelles restrictions sont soumises les inconnues, nous allons prendre une solution de ce système et voir ce qu'il faut pour qu'elles donnent une solution du problème de Géométrie.

L'équation (2) étant vérifiée, x est une longueur $< 2r$; on peut construire un point M entre A et C tel que $AM = x$ et mener en M une perpendiculaire à AC :

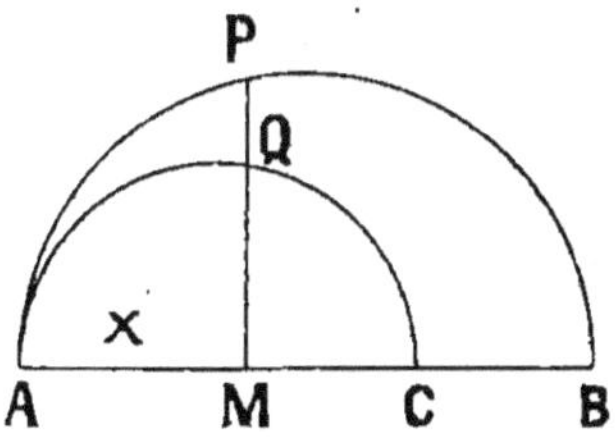

Fig. 190.

$$MP^2 = x(2R - x),$$
$$MQ^2 = x(2r - x).$$

Donc $\quad MP = y \quad$ si $\quad y > 0,$

et $\quad MQ = z \quad$ si $\quad z > 0;$

par suite, l'équation (1) étant vérifiée :

$$MP + MQ = l.$$

Nous dirons donc, après avoir écrit les équations (1), (2), (3) : Il faut encore

$$(4) \quad y > 0, \qquad z > 0. \quad (5)$$

Puis nous montrerons que les 5 conditions sont suffisantes en faisant le raisonnement précédent.

Nous avons à résoudre le système

$$\left\{ \begin{array}{lr} y + z = l, & (1) \\ y^2 = x(2R - x), & (2) \\ z^2 = x(2r - x), & (3) \\ y > 0, \quad z > 0. & \end{array} \right.$$

Formons l'équation qui donne x.

Retranchons membre à membre les équations (2) et (3)

$$y^2 - z^2 = 2(R - r)x$$

ou

$$y - z = \frac{2(R - r)}{l};$$

cette équation, avec

$$y + z = l,$$

donne

$$2y = \frac{2(R - r)x}{l} + l,$$

$$2z = l - \frac{2(R - r)x}{l}.$$

Substituons cette valeur de z dans (3), nous obtenons l'équation démandée

$$\left(l - \frac{2(R-r)x}{l}\right)^2 = 4x(2r - x).$$

[On obtient la même équation en substituant y dans (2)].

Une racine de cette équation étant trouvée (elle sera, bien entendu, comprise entre 0 et $2r$), nous aurons pour y une valeur positive ; pour que celle de z soit également positive, il faut

$$x < \frac{l^2}{2(R-r)}.$$

On a finalement à résoudre et discuter le système

$$\begin{cases} \left(l - \frac{2(R-r)x}{l}\right)^2 = 4x(2r - x), \\ x < \frac{l^2}{2(R-r)}; \end{cases}$$

ou encore

$$\begin{cases} f(x) = 4[l^2 + (R-r)^2]x^2 - 4(R+r)l^2x + l^4 = 0, \\ x < \frac{l^2}{2(R-r)}. \end{cases}$$

C'est l'expression de z qui donne l'inégalité conditionnelle ; voilà pourquoi il faut substituer l'expression de z dans (3) et non celle de y dans (2).

Discussion. — Formons $f\left(\frac{l^2}{2(R-r)}\right)$ en nous rappelant que le premier membre de $f(x)$ a même signe que

$$\left(l - \frac{2(R-r)x}{l}\right)^2 - 4x(2r - x) :$$

$$f\left(\frac{l^2}{2(R-r)}\right) \quad \text{a le signe de} \quad l^2 - 4r(R-r).$$

Donc : 1° si

$$l^2 < 4r(R-r),$$

l'équation a deux racines x' et x'', et

$$x' < \frac{l^2}{2(R-r)} < x'' ;$$

le problème a une solution donnée par la racine x'.

2°

$$l^2 < 4r(R-r),$$

il faut former la condition de réalité : on trouve facilement

$$l^2 < 4Rr.$$

Nous voyons immédiatement que $4r(R-r) < 4Rr$; sans cela, nous dirions : quand $l^2 = 4r(R-r)$, l'équation a certainement des racines (on en connaît une), donc la condition de réalité est vérifiée....

Nous allons donc supposer

$$4r(R-r) < l^2 < 4Rr.$$

il y a des racines qui ne comprennent pas $\frac{l^2}{2(R-r)}$.

Comparons cette fraction à la demi-somme :

$$\frac{l^2}{2(R-r)} - \frac{s}{2} = \frac{l^2}{2(R-r)} - \frac{l^2(R+r)}{2[l^2+(R-r)^2]}$$

a le signe de $\qquad l^2 - 2r(R-r) \qquad$ qui est positif,

donc $$x' < x'' < \frac{l^2}{2(R-r)}:$$

les deux racines conviennent.

En résumé

1° $l^2 < 4r(R-r)$: $x' < \frac{l^2}{2(R-r)} < x''$, x' convient seul.

2° $4r(R-r) < l^2 < 4Rr$: $\frac{l^2}{2(R-r)} < x' < x''$, x' et x'' conviennent.

3° $l^2 > 4Rr$: il n'y a pas de solution.

Il faudrait encore écrire les formules de résolution et dire ce qui se passe quand l^2 égale l'une des valeurs remarquables que nous avons rencontrées.

Remarque. — Pour suivre la méthode générale, nous avons comparé $\frac{l^2}{2(R-r)}$ à la demi-somme qui est comprise entre les racines; il eût été plus simple, les racines étant positives, de remplacer la moyenne arithmétique par la moyenne géométrique $\frac{l^2}{2\sqrt{l^2+(R-r)^2}}$ qui est manifestement plus petite.

On peut aussi prendre la moyenne harmonique $\frac{l^2}{2(R+r)}$ qui est aussi plus petite et dont l'expression est particulièrement simple.

348. Construction. — La construction des racines de l'équation en x n'est pas simple. Une autre solution graphique est suggérée par le calcul précédent. Nous avons rencontré l'équation

$$2z = l - \frac{2(R-x)}{l};$$

considérons x et z comme des coordonnées cartésiennes, nous avons à prendre l'intersection du petit demi-cercle et de la droite représentée par cette équation.

Nous pouvons recommencer la discussion :

Si $$\frac{l^2}{2(R-r)} < 2r$$

ou $$l^2 < 4r(R-r), \quad \text{(fig. 191)}$$

il y a une solution donnée par x' (x'' correspond au point P″).

Si $l^2 > 4r(R-r)$, et si la droite HK coupe le cercle (c'est-à-dire si $l^2 < 4Rr$) il y a deux solutions.

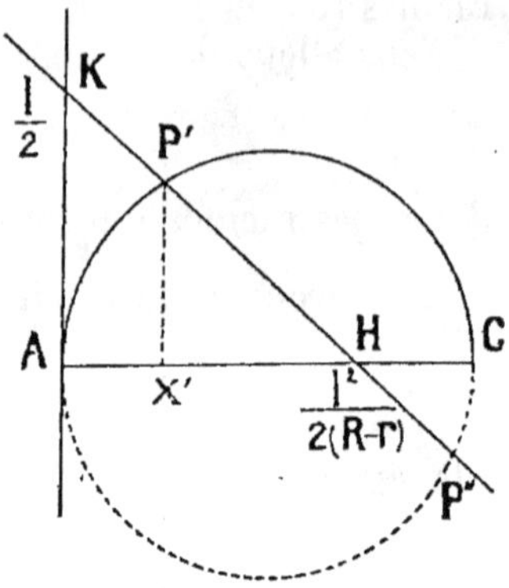

Fig. 191.

Il est plus simple de procéder de la manière suivante. Achevons le petit cercle, la longueur $Q'P = l$. P est l'intersection du demi-cercle AB et du demi-cercle FG obtenu en donnant au demi-cercle inférieur AC la translation $AG = l$.

Il est bon de retrouver encore les résultats de la discussion :

Si $l < CI$,

ou $l^2 < 4r(R-r)$:

une solution donnée par x' (x'' correspond au point P″).

Si $l > CI$, il faut chercher la condition pour que les deux cercles se coupent. Le carré de la distance des centres est $l^2 + (R-r)^2$, nous devons avoir

$$l^2 + (R-r)^2 < (R+r)^2$$

ou $$l^2 < 4Rr, \quad \text{etc....}$$

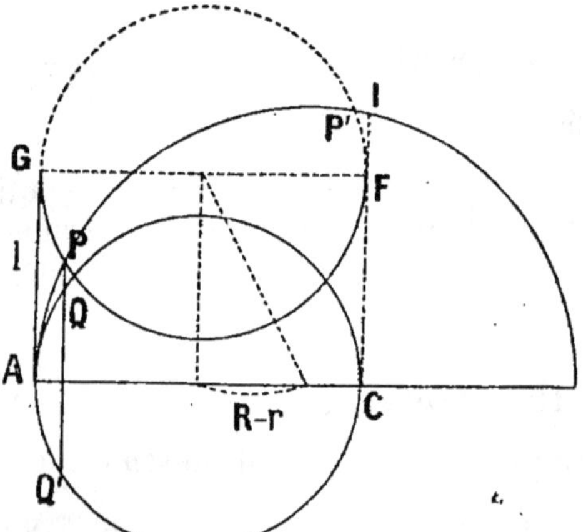

Fig. 192.

Remarque. — Il est très utile de reprendre ce problème en partant de l'équation irrationnelle

$$\sqrt{x(2R-x)} + \sqrt{x(2r-x)} = l;$$

elle est d'une forme que nous avons étudiée (n° **331**). On verra l'intérêt qu'il y a, entre les deux systèmes que nous avons rencontrés, à choisir le second.

Pour éviter les difficultés qu'entraîne la présence de plus d'un radical dans une équation, il est bon de prendre les grandeurs qu'ils représentent comme inconnues auxiliaires.

349. — Autre problème. — *Les données étant les mêmes, trouver le point* M *sachant que*

$$MP - MQ = l.$$

Nous aurons à résoudre le système suivant

$$\begin{cases} y - z = l, \\ y^2 = x(2R - x), \\ z^2 = x(2r - x), \\ y > 0, \quad z > 0. \end{cases}$$

C'est le système rencontré dans le problème précédent où l'on a remplacé z par $-z$. Nous trouverons la même équation, mais l'inégalité qui exprime que z est positif est ici

$$x > \frac{l^2}{2(R - r)}.$$

La discussion de ce nouveau problème résulte immédiatement de la précédente.

EXERCICES

316. Inscrire à un rectangle un rectangle semblable à un rectangle donné.

317. On donne un cercle et deux droites, l'une passe par le centre, l'autre est perpendiculaire : mener une tangente BC limitée à ces droites et telle que le point de contact soit le milieu de BC.

318. Inscrire à un demi-cercle un trapèze circonscriptible à un cercle.

319. Calculer les côtés d'un triangle rectangle : on connaît l'hypoténuse a et la bissectrice l de l'angle droit.

320. Calculer les côtés d'un triangle rectangle : on connaît le périmètre $2p$ et la hauteur.

321. Construire un triangle rectangle, connaissant l'hypoténuse $2a$, et la somme $2m$ d'un côté de l'angle droit et de la médiane correspondante.

322. Calculer la hauteur et les côtés de l'angle droit d'un triangle rectangle, connaissant l'hypoténuse a et le rapport m qui existe entre la somme des côtés de l'angle droit et la hauteur. (*B., Caen.*)

323. Déterminer la hauteur x et la base $2y$ d'un triangle isocèle, connaissant les rayons r et R des cercles inscrit et circonscrit.

324. Calculer les côtés d'un triangle sachant qu'ils sont en progression arithmétique de raison r et que sa surface égale k fois celle du carré construit sur le moyen côté.

325. Calculer les côtés d'un trapèze isocèle connaissant le périmètre $2p$, la longueur l des diagonales et leur angle 2α.

326. On donne un tétraèdre régulier ABCD dont l'arête est a. Sur les arêtes DA, CA on prend deux longueurs DF, CE égales à x; sur les arêtes DB, CB des longueurs DH, CG égales à y. On demande de déterminer x et y de telle sorte que le trapèze EFGH soit circonscrit à un cercle de rayon R. Discussion. Évaluer ensuite le volume du polyèdre EFDCGH.

(*B., Clermont.*)

327. On donne un angle O et sur sa bissectrice un point A ($OA = a$). Mener à cette bissectrice une perpendiculaire BC limitée aux côtés de l'angle telle que le triangle ABC ait un périmètre donné $2p$.

328. Construire un triangle ABC connaissant l'angle A, la bissectrice l et la médiane m issues de A.

329. On donne une droite D, deux points A et B sur cette droite et un point C sur la perpendiculaire à D menée par le milieu O de AB. Trouver sur D un point M tel que

$$\frac{MB^2 + MC^2}{MA^2 + MC^2} = k^2.$$

330. Un cône droit à base circulaire de rayon a est posé sur un plan tangent à une sphère dont le diamètre $2R$ est égal à la hauteur du cône. Trouver à quelle distance x du sommet il faut mener un plan parallèle à la base pour que la somme des aires des sections qu'il détermine dans les deux solides soit équivalente à un cercle de rayon b.

331. Calculer les côtés AB et AC d'un triangle ABC sachant que le troisième côté BC est égal à $2a$, que la somme $2AB + AC$ est égale à $5a$, et que la différence $AB^2 - AC^2$ est égale à $4ab$, b étant une quantité connue positive ou négative.

332. Couper un trièdre isocèle suivant un triangle équilatéral de côté l.

333. Construire un triangel ABC, connaissant a, A, $h^2 + (b - c)^2 = m^2$ h et m étant la hauteur et la médiane issues de A.

334. Sur deux droites rectangulaires OA et OI respectivement égales à a et x comme diamètres, on construit deux demi-cercles; soit M leur second point de rencontre. Démontrer d'abord que la tangente de l'angle IOM est égale à $\frac{x}{a}$.

Ceci posé, soient deux demi-cercles décrits sur $OA = a$ et $OB = b$ comme diamètre, et un demi-cercle décrit sur le segment $OI = x$ perpendiculaire à la direction commune de OA et OB. Ce dernier demi-cercle rencontre les deux premiers en M et P en dehors du point O. Évaluer en fonction de x, a et b la tangente de l'angle POM, et discuter cette expression quand x varie.

335. Deux cercles ont pour rayon 1 et 3 et pour distance des centres 14 : calculer le rayon d'un cercle tangent à chacun des cercles et à la ligne des centres.

336. Une droite XY passe par le milieu C d'un segment AB et coupe ce segment sous un angle de 60^0. Trouver sur cette droite un point M tel que les surfaces engendrées par MA et MB tournant autour de la droite XY soient dans un rapport donné m.

337. On donne une droite AB de longueur $2a$; on demande de déterminer sur la perpendiculaire OZ élevée au milieu O de cette droite deux points X et Y tels que, si l'on fait passer par chacun d'eux et par les extrémités de AB deux arcs de cercles :

1° Le volume lenticulaire engendré par la surface AXBY, comprise entre ces deux arcs, en tournant autour de OZ, soit dans un rapport p avec le cylindre ayant pour hauteur XY et pour diamètre de base la longueur AB ;

2° La surface de cette lentille ait pour valeur $2\pi m^2$ ($OX = x$, $OY = y$).

(*École navale.*)

CHAPITRE XV

PROGRESSIONS — LOGARITHMES INTÉRÊTS COMPOSÉS

§ 1. — Progressions arithmétiques.

350. — *Une progression* **arithmétique** *est une suite de nombres algébriques telle que la différence entre chaque terme et le précédent soit une constante.*

Cette constante s'appelle la **raison** de la progression; chaque terme s'obtient en ajoutant la raison au précédent : la progression est **croissante** si la raison est positive et **décroissante** dans le cas contraire.

Les termes s'écrivent d'habitude

$$a, b, c, \ldots\ h, k, l,$$

l étant le $n^{ième}$;

$$b - a = c - b = \ldots\ = k - h = l - k.$$

Pour former une progression, on résout le problème suivant.

351. — **Problème.** — *Calculer le* $n^{ième}$ *terme d'une progression arithmétique, connaissant le premier* a *et la raison* r.

$$\text{le } 2^e = a + r,$$
$$\text{le } 3^e = a + 2r,$$
$$\ldots\ldots\ldots$$
$$\text{le } n^{ième}\ \boldsymbol{l = a + (n-1)r}.$$

Un terme quelconque est égal au premier plus autant de fois la raison qu'il y a de termes avant lui.

Étant donnée une progression arithmétique de raison r, on forme une nouvelle progression de raison r en ajoutant un même nombre à chacun de ses termes ; on en forme une de raison kr en multipliant chaque terme par k. Toutes les progressions peuvent se déduire ainsi de la progression

$$0, \quad 1, \quad 2, \quad 3 \ldots.$$

De même en remplaçant dans

$$\alpha + \beta n$$

n successivement par chacun des nombres précédents, on forme une progression arithmétique.

352. — Représentations géométriques. — Nous en indiquerons deux. D'abord, sur un axe, on marque les

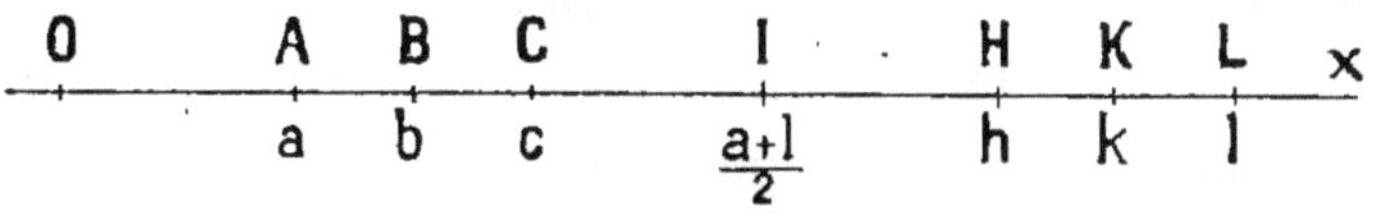

Fig. 193.

points qui ont pour abscisses les termes de la progression :

$$r = \overline{AB} = \overline{BC} = \ldots\ldots$$

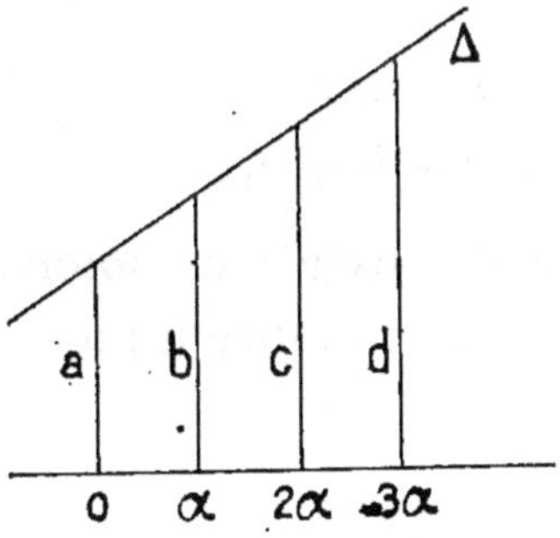

Fig. 194.

On passe du premier terme aux suivants par une suite de translations mesurées par r.

On peut aussi prendre $a, b, c, \ldots$ comme ordonnées de points dont les abscisses sont entre elles comme $0, 1, 2, \ldots$: les points obtenus sont en ligne droite.

353. — **Problème**. — *Insérer* $n - 1$ *moyens géométriques entre deux nombres* a *et* b.

C'est former une progression de $n + 1$ termes, a est le 1er, b le dernier, et les nombres cherchés les autres termes, b a n termes avant lui, donc si r est la raison inconnue,

$$b = a + nr \ , \ r = \frac{b-a}{n}.$$

On voit immédiatement que :

Si entre deux termes successifs d'une progression de raison r on insère $n-1$ moyens, on forme une progression de raison $\frac{r}{n}$.

Sur la figure 193, on divise chacun des segments AB, BC ... en n parties égales.

354. — **Problème.** — ***Calculer la somme des*** n ***termes d'une progression limitée. On connaît le*** 1er ***terme et la raison, ou bien le premier et le dernier terme.***

Remarquons que la somme des termes équidistants des extrêmes est constante. Quand, en effet, on remplace, dans $a + l$, a par b et l par k, on augmente, puis diminue la somme de r.

Sur la fig. 193, AL, BH, CK... ont même milieu d'abscisse $\frac{a+b}{2}$.

Écrivons $\quad S = a + b + c + \ldots \quad + h + k + l,$
puis $\quad S = l + k + h + \ldots \quad + c + b + a,$

pour que deux termes équidistants des extrêmes soient l'un au-dessous de l'autre. Additionnons membre à membre, par colonnes verticales :

$$2S = n(a + l),$$

$$\mathbf{S} = \frac{\mathbf{n(a+l)}}{\mathbf{2}} \quad \text{ou} \quad n\frac{a+l}{2} \qquad (2)$$

c'est n fois la moyenne des extrêmes, $n.\overline{OI}$ (fig. 193).

Les formules (1) et (2) sont à retenir, elles permettent, quand on se donne trois des cinq quantités a, l, r, n, S, de calculer les deux autres. Si n est l'une des inconnues, elle n'admet, bien entendu, qu'une valeur entière positive.

La formule (2) s'exprime en fonctions des données habituelles sous la forme

$$S = \frac{n[2a + (n-1)r]}{2}.$$

Le second membre est de la forme

$$\alpha n^2 + \beta n,$$

c'est un polynôme du second degré en n sans terme constant.

SOMME DES n PREMIERS NOMBRES ENTIERS — $a = 1$, $r = 1$:

$$S = \frac{n(n+1)}{2}.$$

SOMME DES n PREMIERS NOMBRES IMPAIRS — $a = 1$, $r = 2$, $l = 2n - 1$:

$$S = n^2.$$

355. — PROBLÈME. — *Calculer la somme des carrés des* n *premiers entiers.*

$$S = 1^2 + 2^2 + 3^2 + \dots + n^2.$$

Partons de l'identité

$$x^3 - (x-1)^3 = 3x^2 - 3x + 1,$$

et remplaçons-y, successivement, x par 1, 2, 3, ... n ; nous obtiendrons les n égalités

$$\begin{aligned} 1^3 &= 3\cdot 1^2 - 3\cdot 1 + 1, \\ 2^3 - 1^3 &= 3\cdot 2^2 - 3\cdot 2 + 1, \\ 3^3 - 2^3 &= 3\cdot 3^2 - 3\cdot 3 + 1, \\ &\dots\dots\dots\dots \\ n^3 - (n-1)^3 &= 3\cdot n^2 - 3n + 1. \end{aligned}$$

Additionnons membre à membre. Le premier membre, après des simplifications évidentes, donne n^3 ; l'addition, dans le second membre, se fait par colonnes verticales

$$n^3 = 3S - 3\cdot\frac{n(n+1)}{2} + n.$$

Donc, $$6S = 2n^3 + 3n(n+1) - 2n.$$

Comme $$2n^3 - 2n = 2n(n^2 - 1) = 2n(n+1)(n-1),$$

$n(n+1)$ se met en facteur et l'on trouve finalement

$$S = \frac{n(n+1)(2n+1)}{6}.$$

356. — PROBLÈME. — *Calculer la somme des cubes des* n *premiers entiers.*

$$S = 1^3 + 2^3 + 3^3 + \ldots + n^3.$$

Nous partirons de l'identité

$$x^4 - (x-1)^4 = 4x^3 - 6x^2 + 4x - 1.$$

Un calcul semblable au précédent donne

$$n^4 = 4S - n(n+1)(2n+1) + 2n(n+1) - n.$$
$$4S = n^4 + n(n+1)(2n+1) - 2n(n+1) + n;$$

$n^4 + n = n(n^3+1) = n(n+1)(n^2 - n + 1)$; donc $n(n+1)$ se met encore en facteur et l'on trouve

$$S = \left[\frac{n(n+1)}{2}\right]^2,$$

c'est le carré de la somme des n premiers entiers.

357. — GÉNÉRALISATION. — Partons d'une fonction quelconque $\varphi(x)$ et posons

$$\varphi(x) - \varphi(x-1) = f(x);$$

Remplaçons, dans cette inégalité, x successivement par 1, 2, 3,... n :

$$\varphi(1) - \varphi(0) = f(1),$$
$$\varphi(2) - \varphi(1) = f(2),$$
$$\ldots\ldots\ldots\ldots$$
$$\varphi(n) - \varphi(n-1) = f(n);$$

en additionnant membre à membre, nous trouvons la formule fondamentale

$$f(0) + f(1) + f(2) + \ldots + f(n) = \varphi(n) - \varphi(0).$$

Si $\varphi(x)$ est un polynôme d'ordre p (on le supposera toujours sans terme constant : $\varphi(0) = 0$), f sera d'ordre $n-1$.

Réciproquement, connaissant un polynôme f d'ordre $n-1$, nous saurons calculer $\varphi(x)$ en employant la méthode des coefficients indéterminés

Certains polynômes $\varphi(x)$ ont une forme avantageuse, nous l'indiquons dans le tableau suivant :

$\varphi(x)$	$f(x)$
x	$1.$
$x(x+1)$	$2.x$
$x(x+1)(x+2)$	$3.x(x+1)$
$x(x+1)(x+2)(x+3)$	$4.x(x+1)(x+2)$
. . . .	. . . .

Par exemple, si $f(x)=x(x+1)$:

$$1\cdot 2+2\cdot 3+3\cdot 4+\ldots+n(n+1)=\frac{n(n+1)(n+2)}{3}$$

Si l'on se donne, par exemple, un polynôme $f(x)$ du 3e degré, c'est une combinaison linéaire des 4 premiers polynômes.

Divisons-le successivement par x, $x+1$, $x+2$:

$$\begin{aligned} f(x)&=xf_1(x)+m, && 1\\ f_1(x)&=(x+1)f_2(x)+n, && x\\ f_2(x)&=(x+2)q+p, && x(x+1)\end{aligned}$$

où m, n, p, q sont des constantes.

Pour éliminer f_1 et f_2, multiplions par 1, x, $x+1$ et ajoutons

$$f(x)=q\,x(x+1)(x+2)+px(x+1)+nx+m\,;$$

$$\varphi(x)=\frac{q}{4}x(x+1)(x+2)(x+3)+\frac{p}{3}x(x+1)(x+2)+\frac{n}{2}n(x+1)+mx,$$

si l'on veut que $\varphi(0)=0$. Il ne reste plus qu'à écrire

$$f(0)+f(1)+\ldots+f(n)=\varphi(n).$$

REMARQUE. — Nous aurons des formules intéressantes en prenant pour $\varphi(x)$ les fonctions

$\frac{1}{x+1}$, $\frac{1}{(x+1)(x+2)}$, $\frac{1}{(x+1)(x+2)(x+3)}$; on remarquera que $\varphi(0)$ n'est plus nul ;

$\varphi(x)$	$f(x)$
$\frac{1}{x+1}$	$\frac{-1}{x(x+1)}$
$\frac{1}{(x+1)(x+2)}$	$\frac{-2}{x(x+1)(x+2)}$
$\frac{1}{(x+1)(x+2)(x+3)}$	$\frac{-3}{x(x+1)(x+2)(x+3)}$

On en déduira, par exemple, que

$$\frac{1}{1 \cdot 2} + \frac{1}{2 \cdot 3} + \cdots + \frac{1}{n(n+1)} = 1 - \frac{1}{n+1}.$$

Lorsque n augmente indéfiniment, le premier membre tend vers 1, *c'est un premier exemple de série convergente.*

358. — Remarque. — Supposons qu'on demande de déterminer une progression arithmétique de n termes satisfaisant à deux conditions; il ne faut pas toujours prendre comme inconnues a et r.

Si, par exemple, une progression satisfaisant à la question, la progression lue de droite à gauche y satisfait également, à la solution (a, r) correspond la solution $(l, -r)$; une équation donnant la raison a pour racines r et $-r$, ce sera une équation en r^2; une équation donnant a, donnera aussi l.

Dans ces conditions on prendra pour inconnue, au lieu de a, la moyenne de a et l (qui ne change pas quand on renverse la progression).

S'il y a 5 termes, on écrira ces termes

$$x - 2r, \quad x - r, \quad x, \quad x + r, \quad x + 2r,$$

et s'il y en a 4,

$$x - 3y, \quad x - y, \quad x + y, \quad x + 3y,$$

où

$$y = 2r.$$

§ 2. — Progressions géométriques.

359. — *Une progression* **géométrique** *est une suite de nombres positifs tels que chacun d'eux s'obtient en multipliant le précédent par un nombre constant appelé* **raison**.

Les n termes d'une progression géométrique se représentent encore par les termes

$$a, b, c, \ldots h, k, l.$$

$$b = aq, \quad c = bq, \quad \ldots \quad k = hq, \quad l = kq;$$

$$\frac{b}{a} = \frac{c}{b} = \ldots = \frac{k}{h} = \frac{l}{k},$$

chaque terme est la moyenne géométrique de ses voisins.

Une progression donnée peut être évidemment prolongée, autant qu'on veut, dans les deux sens. La progression est croissante si $q > 1$, décroissante si $q < 1$; on peut considérer une suite de nombres égaux comme une progression géométrique de raison 1.

Nous avons supposé les nombres positifs, ce n'est pas nécessaire pour formuler la définition. En prenant une raison négative, on a des nombres dont les signes alternent; la progression de raison -2 :

$$-3 \quad , \quad 6 \quad -12 \quad , \quad 24 \quad ,\ldots$$

n'est ni croissante ni décroissante. Dans certaines questions comme l'insertion d'un nombre *quelconque* de moyens, on suppose la progression à termes positifs; dans d'autres, le signe importe peu.

Si nous voulons mettre en évidence la raison et le nombre de termes, nous l'écrirons

$$a, \quad aq, \quad aq^2, \quad \ldots \quad aq^{n-1}.$$

Il faut retenir que le terme de rang n est

$$\boldsymbol{l = aq^{n-1}},$$

l'exposant de q est le nombre des termes qui précèdent l.

En lisant une progression de droite à gauche on a une nouvelle progression de raison $\frac{1}{q}$.

On a une progression de même raison q en multipliant tous les termes par un même nombre; on a une progression de raison q^α en élevant chaque terme à la puissance α.

Entre deux nombres a et b nous pouvons insérer $p - 1$ moyens, la raison q sera telle que

$$aq^p = b.$$

Si entre deux termes successifs d'une progression de raison q, on insère un même nombre $p - 1$ de moyens géométriques, on forme une nouvelle progression de raison q' telle que

$$q'^p = q.$$

Remarque. — Si entre deux termes quelconques de la nouvelle progression on insère p' moyens, la nouvelle raison q'' est telle que $q''^{p'} = q'$.

Donc $$q''^{pp'} = q.$$

On obtiendra le même résultat en insérant $pp' - 1$ moyens entre les termes de la première.

360. — Théorème. — ***Les différences entre deux termes successifs forment une nouvelle progression de raison*** q.

En effet,
$$b - a = a(q - 1)$$
$$c - b = b(q - 1) = (b - a)q$$
$$\ldots\ldots\ldots\ldots$$

Si $q > 1$, les intervalles successifs vont en croissant; donc ***si deux progressions croissantes, l'une arithmétique, l'autre géométrique, ont les deux mêmes premiers termes, la seconde croît plus vite que la première.***

Prenons, en particulier,

$$1, \quad 1 + \alpha, \quad 1 + 2\alpha, \quad \ldots \quad 1 + n\alpha;$$
$$1, \quad 1 + \alpha \quad (1 + \alpha)^2, \quad \ldots \quad (1 + \alpha)^n$$

où $\alpha > 0$:

$$\mathbf{(1 + \alpha)^n > 1 + n\alpha.}$$

Il est intéressant de démontrer cette formule de proche en proche, sans parler des progressions.

Le théorème est vrai quand $n = 2$, car :

$$(1 + \alpha)^2 = 1 + 2\alpha + \alpha^2 > 1 + 2\alpha.$$

Supposons la formule vraie pour la puissance $(n-1)^{\text{ième}}$ et montrons qu'elle est vraie pour la suivante :

$$(1+\alpha)^{n-1} > 1+(n-1)\alpha\,;$$

multiplions les deux membres par $1+\alpha$,

$$(1+\alpha)^{n} > [1+(n-1)\alpha](1+\alpha)\,;$$

et le second membre est égal à

$$1+n\alpha+(n-1)\alpha^2, \quad \text{etc....}$$

On montrera de la manière que, si $n>1$,

$$(1+\alpha)^{n} > 1+n\alpha+\frac{n(n-1)}{2}\alpha^2.$$

361. — Première représentation géométrique. — Prenons a, b, c, ... comme abscisses de points sur un axe : les points B, C... se déduisent de A par une suite d'homothéties de centre O et de rapport q.

AB, BC,... ont pour homologues BC, CD..., les longueurs AB, CD ... sont bien en progression géométrique de raison q.

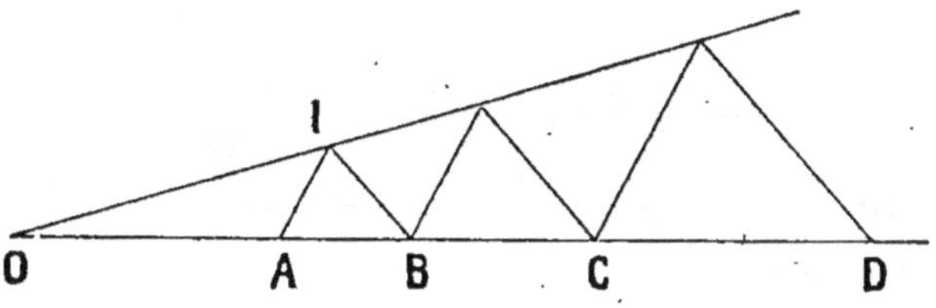

Fig. 195.

Construisons un triangle quelconque de base AB et ses homologues successifs, les troisièmes sommets seront en ligne droite avec O : on déduit de là une construction simple des termes successifs de la progression.

362. — Deuxième représentation géométrique. — a, b, c sont les ordonnées de points d'abscisses proportionnelles à 0, 1, 2, ..., soit

$$0,\ \alpha,\ 2\alpha,\ \ldots$$

Les coefficients angulaires des segments AB, BC, CD... sont en progression de raison q, la ligne polygonale ABCD... est convexe. Prolongeons un côté quelconque, BC par exemple, jusqu'en P sur Ox : toutes les longueurs telles que PB′ sont égales.

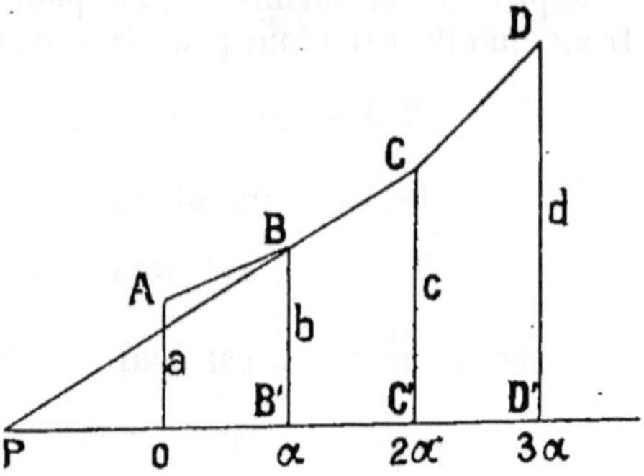

Fig. 196.

$$\frac{PB'}{b} = \frac{PC'}{c} = \frac{PC' - PB'}{c - b} = \frac{\alpha}{b(q-1)},$$

$$PB' = \frac{\alpha}{q-1}.$$

La construction de la ligne polygonale est alors facile quand on connaît les deux premiers points A et B.

363. — Produit des termes d'une progression limitée. — Il n'y a lieu de le chercher que pour suivre l'analogie des deux espèces de progressions. Si p est ce produit,

$$p = \sqrt{(al)^n}.$$

364. — Somme des termes d'une progression géométrique limitée.

$$S = a + b + c + \ldots + l.$$

Multiplions les deux membres par q ($q \neq 1$; si $q = 1$, $S = na$).

$$qS = b + c + \ldots + l + lq.$$

Retranchons membre à membre

$$(q-1)S = lq - a.$$

donc
$$\mathbf{S = \frac{lq - a}{q - 1}}.$$

Quand la progression est décroissante, on écrit plutôt

$$S = \frac{a - lq}{1 - q}.$$

Ces formules sont évidemment vraies pour des progressions à raison négative.

En mettant en évidence la raison dans chaque terme

$$a(1 + q + q^2 + \dots + q^{n-1}) = \frac{a(q^n - 1)}{q - 1},$$

formule déjà rencontrée à propos de la multiplication.

365. — PROBLÈME. — *Calculer :*

$$S = a^n + a^{n-1}b + a^{n-2}b^2 + \dots + ab^{n-1} + ab^n.$$

C'est la somme des termes d'une progression géométrique de raison $\frac{b}{a}$; on la trouvera en appliquant la formule précédente. On peut aussi commencer le calcul de la manière suivante : multiplier les deux membres par a, puis les deux membres par b et retrancher; ou encore (ce qui revient au même), multiplier les deux membres par $a - b$, c'est ce que nous avons fait (p. 82).

366. — Progression décroissante dont le nombre de termes augmente indéfiniment. — La somme étant

$$S = \frac{a}{1 - q} - \frac{lq}{1 - q}$$

reste finie; elle est inférieure à $\frac{a}{1 - q}$.

Le nombre de termes augmentant indéfiniment, le terme l de rang n, qui va en diminuant, doit tendre vers 0 :

$$\mathbf{\lim S = \frac{a}{1 - q}}.$$

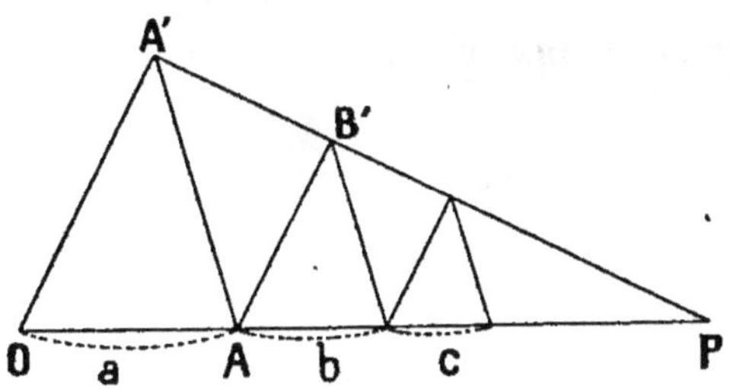

Fig. 197.

Sur la figure, on passe d'un triangle au suivant par une homothétie de rapport q, le centre d'homothétie est déterminé par la droite A'B', la somme tend vers OP :

$$\frac{OP}{1} = \frac{AP}{q} = \frac{OP - AP}{1 - q} = \frac{a}{1 - q}.$$

$$OP = S = \frac{a}{1 - q}.$$

Cette formule peut aussi s'appliquer si q est négatif mais a une valeur absolue inférieure à 1 : l tend encore vers 0.

Montrons autrement que l tend vers 0 quand n augmente indéfiniment.

1° *Si* $q > 1$, q^n *augmente indéfiniment*. Nous pouvons, en effet, poser

$$q = 1 + \alpha, \qquad \alpha > 0$$
$$q^n = (1 + \alpha)^n > 1 + n\alpha.$$

Pour que

$$q^n > A, \tag{1}$$

A étant un nombre aussi grand qu'on veut, il *suffit* que

$$1 + n\alpha \geqslant A \tag{2}$$

ou

$$n \geqslant \frac{A - 1}{\alpha}.$$

Au lieu de résoudre l'inégalité (1) où le nombre inconnu n est un exposant, nous avons résolu (2) qui est du premier degré en n. Naturellement, on n'obtient pas toutes les solutions.

EXEMPLE. — Choisir n pour que

$$1,1^n > 10.$$

Il suffit que

$$1 + n . 0,1 \geqslant 10$$
$$n \geqslant 90,$$

il suffit de prendre n égal à 90, 91, 92,....

En réalité, l'inégalité est vérifiée pour $n = 25, 26, 27....$

2° *Si* $q < 1$, q^n *tend vers* 0 *quand* n *augmente indéfiniment*. Nous pouvons poser :

$$q = \frac{1}{q'}, \qquad q' > 1.$$

Résoudre l'inégalité

$$q^n < \varepsilon,$$

ε étant un nombre aussi petit qu'on veut, c'est résoudre :

$$\frac{1}{q'^n} < \varepsilon \quad \text{ou} \quad q'^n > \frac{1}{\varepsilon};$$

nous retrouvons le problème précédent.

EXEMPLE. — *Choisir* n *assez grand pour que*

$$0{,}99^n < 0{,}1.$$

$$\left(\frac{99}{100}\right)^n < \frac{1}{10},$$

$$\left(\frac{100}{99}\right)^n > 10;$$

$\frac{100}{99} = 1 + \frac{1}{99}$, il suffit que

$$1 + \frac{n}{99} \geqslant 10.$$

$$n \geqslant 99\cdot 9, \qquad n \geqslant 891.$$

En réalité, il suffit que $n \geqslant 230$.

3° $l = aq^n$, *si* $q < 1$ *tend vers* 0 *quand* n *augmente indéfiniment.*

367. — VOLUME DE LA PYRAMIDE (fig. 198). — Au lieu de diviser SH en n parties égales, marquons un point I sur la hauteur, portons sur SH des longueurs égales aux termes de la progression géométrique dont les deux premiers termes sont SH et SI et menons un plan parallèle à la base. Le volume est compris entre deux séries de prismes; prenons simplement les exinscrits, ils sont homothétiques, donc les volumes sont en progression géométrique de raison q^3,

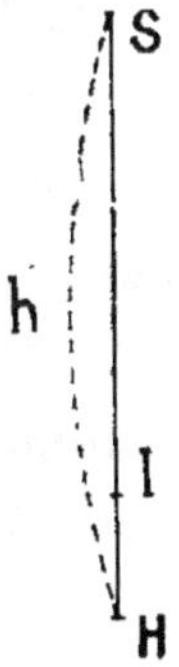

Fig. 198.

si
$$q = \frac{SI}{SH} = \frac{SI}{h}.$$

La base du 1er est B, sa hauteur est $h - hq = h(1 - q)$, son volume

$$Bh(1 - q).$$

La somme des volumes des prismes exinscrits est donc

$$\frac{Bh(1-q)}{1-q^3} = \frac{Bh}{1+q+q^2},$$

celle des inscrits est (Bq^2 remplace B) $\frac{Bq^2h}{1+q+q^2}$,

il ne reste plus qu'à faire tendre q vers 1.

368. — REMARQUE. — Soit à déterminer une progression géométrique par certaines conditions. Si ces conditions sont telles qu'une progression et la progression renversée y satisfassent simultanément, il faudra choisir convenablement les inconnues.

S'il y a 5 termes, on les écrira

$$\frac{x}{q^2}, \quad \frac{x}{q}, \quad x, \quad qx, \quad q^2x,$$

et s'il y en a 4

$$\frac{x}{q^3}, \quad \frac{x}{q}, \quad qx, \quad q^3x;$$

les équations en q seront réciproques. La raison de la seconde est q^2.

§ 3. — Logarithmes.

369. — *Considérons deux progressions, l'une géométrique, dont le premier terme est 1, l'autre arithmétique, dont le premier terme est 0, prolongeons-les indéfiniment dans les deux sens : on appelle* **logarithme** *d'un terme de la progression géométrique le terme de même rang de la progression arithmétique.*

L'antilogarithme *d'un nombre de la progression arithmétique est le nombre correspondant de la progression géométrique.*

Nous mettrons les termes de même rang l'un au-dessous de l'autre :

$$\begin{array}{ccccccccccc} \ldots & q^{-n}, & \ldots & q^{-2}, & q^{-1}, & 1, & q, & q^2, & \ldots & q^n, & \ldots \\ \ldots & -nr, & \ldots & -2r, & -r, & 0, & r, & 2r, & \ldots & nr, & \ldots \end{array}$$

$$\log 1 = 0, \quad \log q^n = nr, \quad \log q^{-n} = -nr.$$

Pour définir un système de logarithmes, il faut se donner les deux progressions; dans tous les systèmes

$$\log 1 = 0.$$

Si l'on insère le même nombre $p-1$ de moyens entre

deux termes consécutifs de chaque progression, les nouvelles raisons q' et r' sont données par les équations

$$q'^p = q \quad , \quad pr' = r;$$

les progressions s'écrivent

$$\begin{array}{ccccccccc} \ldots & q'^{-2}, & q'^{-1}, & 1, & q', & q'^2, & \ldots & q'^p, & \ldots \\ \ldots & -2r', & -r', & 0, & r', & 2r', & \ldots & pr', & \ldots \end{array}$$

les termes, de p et p, à partir de 1 et 0, dans les deux sens, sont ceux des progressions précédentes.

Nous définissons seulement les logarithmes des nombres qu'on peut faire entrer dans la progression géométrique. Si l'un d'eux a exigé la division des intervalles en p parties $\left(\text{de raisons } \sqrt[p]{q} \text{ et } \frac{r}{p}\right)$, un autre la division des mêmes intervalles en p' parties,... on les insérera tous en les divisant en pp'... parties. *Nous supposons que les progressions obtenues sont justement celles que nous nous sommes données.*

Supposons encore les progressions initiales, et par suite les progressions obtenues, croissantes : ***plus un nombre est grand, plus son logarithme est grand.***

370. — Base. — ***La base d'un système de logarithmes est le nombre qui a pour logarithme l'unité.***

En prenant cette base a pour raison de la progression géométrique, on part donc du système de progressions

$$\begin{array}{cccccccc} \ldots & a^{-2}, & a^{-1}, & 1, & a, & a^2, & \ldots . \\ \ldots & -2, & -1, & 0, & 1, & 2, & \ldots . \end{array}$$

et on insère des moyens.

371. — Propriété fondamentale. — ***Le logarithme d'un produit est égal à la somme des logarithmes des facteurs.***

Prenons deux nombres a et b,

$$a = q^\alpha, \qquad b = q^\beta,$$

α et β étant des entiers positifs ou négatifs;

$$ab = q^\alpha . q^\beta = q^{\alpha+\beta}$$

fait aussi partie de la progression.

$$\log a = \alpha r,$$
$$\log b = \beta r,$$
$$\log ab = (\alpha + \beta)r = \alpha r + \beta r,$$

le théorème est démontré.

S'il y a trois facteurs

$$abc = (ab)c,$$
$$\log abc = \log ab + \log c = \log a + \log b + \log c,$$

et ainsi de suite.

L'inventeur des logarithmes a donc fait la remarque suivante : Quand on *multiplie* des puissances d'un même nombre, on *ajoute* leurs exposants et aussi des nombres proportionnels à ces exposants; en mettant les nombres sous la forme de puissances d'un autre nombre, la multiplication se ramène à une addition.

Logarithme d'une puissance entière :

$$\log a^n = n \log a.$$

a^n est, en effet, le produit de n facteurs égaux à a.

Logarithme de l'inverse d'un nombre. — Soit b l'inverse de a,

$$ab = 1,$$
$$\log a + \log b = \log 1 = 0;$$

deux nombres inverses ont des logarithmes opposés.

$$\log \frac{1}{a} = -\log a.$$

$-\log a$ s'appelle le ***cologarithme*** de a.

Si n est un nombre entier

$$\log a^{-n} = \log \frac{1}{a^n} = -n \log a.$$

Logarithme d'un rapport :

$$\frac{b}{a} = b \cdot \frac{1}{a},$$

$$\log \frac{b}{a} = \log b - \log a.$$

Logarithme d'une racine $n^{\text{ième}}$

Si $$\sqrt[n]{a} = b, \qquad a = b^n.$$

$$\log a = n \log b,$$

$$\log b = \log \sqrt[n]{a} = \frac{1}{n} \log a.$$

Enfin, prenons le logarithme de $\sqrt[n]{a^p}$. Posons

$$\sqrt[n]{a^p} = b \quad \text{ou} \quad b^n = a^p,$$

alors $$n \log b = p \log a :$$

$$\log \sqrt[n]{a^p} = \frac{p}{n} \log a.$$

372. — Logarithmes décimaux. — ***Les logarithmes décimaux** ou **vulgaires** ont pour base 10.* On part donc des progressions qui ont pour raison $q = 10$, $r = 1$.

$$0{,}01, \quad 0{,}1, \quad \mathbf{1}, \quad 10, \quad 10^2, \quad \ldots$$
$$-2, \quad -1, \quad \mathbf{0}, \quad 1, \quad 2, \quad \ldots$$

et on insère des moyens.

Aucun nombre entier autre qu'une puissance de 10 ne peut faire partie de la progression géométrique.

En effet, si en insérant $n - 1$ moyens entre deux termes successifs, on introduisait le nombre 53, p. ex., on aurait

$$\left(\sqrt[n]{10}\right)^p = 53,$$

ou en élevant à la puissance n

$$10^p = 53^n.$$

Cette égalité est impossible puisque les deux nombres n'ont pas la même décomposition en facteurs premiers.

Nous définirons alors le logarithme de 53 à une unité, à 0,1, 0,01... près.

53 étant compris entre 10 et 100 dont les logarithmes sont 1 et 2 : 1 et 2 sont les logarithmes de 53 à une unité près par défaut et par excès.

Divisons les intervalles (10; 100), (1; 2) en 10 parties par des insertions de 9 moyens arithmétiques et géométriques, les nouvelles raisons sont $\sqrt[10]{10}$ et $\frac{1}{10}$; 53 est compris entre deux termes de la nouvelle progression géométrique

$$\left(\sqrt[10]{10}\right)^k < 53 < \left(\sqrt[10]{10}\right)^{k+1};$$

leurs logarithmes $\frac{k}{10}$, $\frac{k+1}{10}$ s'appellent les valeurs du logarithme de 53 à $\frac{1}{10}$ près par défaut et par excès.

On recommencera sur les nouveaux intervalles, les valeurs approchées définissent un nombre irrationnel qu'on appelle le logarithme de 53.

Comme nous l'avons dit (n° **29**), 53 est la limite des deux nombres de la progression géométrique entre lesquels il est compris.

Dans les tables à 4 décimales, on donne les logarithmes à une demi-unité près du 5e ordre. Il faut donc imaginer qu'on ait calculé les logarithmes avec 5 décimales (en divisant chaque intervalle des progressions primitives en 100 000 parties : on garde les 4 premières décimales si la 5e est 0, 1, 2, 3 ou 4, on l'augmente d'une unité dans les autres cas).

373. — Caractéristique et mantisse. — *La* ***caractéristique*** *d'un logarithme est le nombre entier, positif ou négatif, immédiatement inférieur.*

Si la caractéristique est négative, le signe — s'écrit au-dessus.

La ***mantisse*** *ou* ***partie décimale*** *est l'excès du logarithme sur sa caractéristique*; c'est donc un nombre décimal plus petit que 1, par exemple 0,52834.

Pour faciliter le langage, on appelle souvent partie décimale le nombre formé par ses chiffres.

Les Tables à cinq décimales donnent les logarithmes par excès ou par défaut avec une erreur plus petite qu'une demi-unité du 6ème ordre. Quand les dernières décimales sont des zéros, on les marque néanmoins.

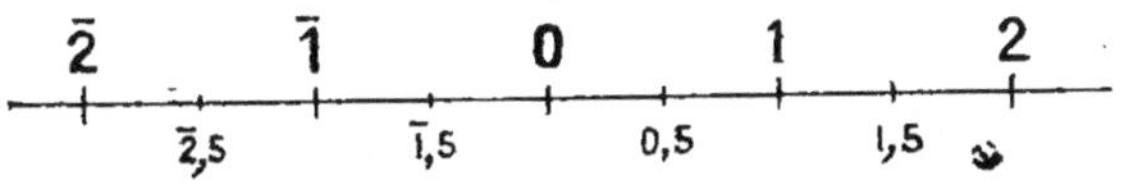

Fig. 199.

Pour écrire un logarithme, on écrit sa caractéristique, puis, après une virgule, la mantisse :

$$\bar{4},52834 = 4 + 0,52834.$$

Nous avons représenté, avec la notation précédente, une échelle des nombres de 0,5 en 0,5 à partir de 0.

374. — Calcul de la caractéristique. — ***La caractéristique du logarithme d'un nombre plus grand que 1 est égale au nombre diminué de 1 des chiffres de la partie entière.***

S'il y a, par exemple, 3 chiffres avant la virgule, le nombre est compris entre 10^2 et 10^3, son logarithme est donc compris entre 2 et 3....

$$\log 357,6 = 2, \ldots.$$

La caractéristique (négative) ***du logarithme d'un nombre plus petit que 1 est donnée par le nombre des zéros écrits à sa gauche*** (y compris celui qui précède la virgule).

Soit $a = 0,00357.$

$$0,001 < a < 0,01,$$

$$-3 < \log a < -2 :$$

$$\log 0,00357 = \bar{3}, \ldots.$$

Avantage des logarithmes décimaux. — *Si nous déplaçons la virgule dans un nombre, nous ne changeons pas la caractéristique de son logarithme.* Nous le multiplions en effet par 10^n où n est un entier positif ou négatif : nous ajoutons n à son logarithme (c'est-à-dire à sa caractéristique).

Sachant, par exemple, que

$$\log 3574 = 3{,}55315,$$

nous concluons que

$$\log 0{,}003574 = \bar{3}{,}55315.$$

Nous avons multiplié le nombre par 10^{-6} et, par suite, ajouté -6 au logarithme ; le nouveau logarithme est négatif : c'est pour ne pas changer la partie décimale qu'on a inventé la caractéristique négative.

Nous prenons une table à 5 décimales (Bouvart et Ratinet, Hachette et Cie) ; la disposition et les modes de calcul y sont expliqués.

375. — Problème. — *Trouver le logarithme d'un nombre* a.

1° $a = 3166$. On lit dans la table la partie décimale :

$$\log 3166 = 3{,}50051 ;$$

2° $a = 0{,}03166$: le logarithme ne diffère du précédent que par la caractéristique,

$$\log 0{,}03166 = \bar{2}{,}50051.$$

3° $a = 0{,}031667$. *On fait passer la virgule après le 4e chiffre significatif* ; nous allons chercher le logarithme de $b = 3166{,}7$.

b est compris entre 3166 et 3167 ; les mantisses sont 50051 et 50065 ; leur différence $\Delta = 14$ s'appelle la *différence tabulaire*. Nous admettons que l'accroissement de la mantisse est proportionnel à l'accroissement du nombre :

Si le nombre augmente de 1, la mantisse augmente de 14.

Si le nombre augmente de 0,7, la mantisse augmente de

$$14 \times 0{,}7 = 9{,}8 ;$$

nous prendrons 10.

Nous écrirons

log	3166	50051	
	0,7	10	$\Delta = 14$
log	0,03166 7 =	$\bar{2}$,50061.	

On remarque donc que si l'on considère les nombres voisins de 3166, la différence tabulaire est constante : leurs logarithmes sont en progression arithmétique ; cela tient à ce que ces nombres, qui sont en progression arithmétique, sont approximativement en progression géométrique.

Géométriquement, si nous imaginons la courbe $y = \log x$ entre les les points d'abscisses 3166 et 3167 nous l'assimilons à une ligne droite.

376. — Problème. — *Calculer* x *sachant que* $\log x = \bar{2},42184$.

Il y a à faire une règle de trois analogue à la précédente.

Nous écrirons

$$\log x = \bar{2},42184$$

177	2641	$\Delta = 16$
7	0,4	
	$x = 0,026414$	

nous avons remplacé $\frac{7}{16}$ par 0,4.

377. — Les opérations ordinaires sont l'addition, la soustraction, la multiplication et la division par un entier. Toutes les règles démontrées en arithmétique sur les nombres décimaux sont applicables et donnent des résultats ayant la forme adoptée. Si par exemple nous devons diviser par 3 $\log a = \bar{7},93234$, nous considérerons l'entier $\bar{9}$ *immédiatement inférieur* à $\bar{7}$ et nous dirons : Le tiers de $\bar{7}$ est $\bar{3}$, et nous retenons 2 ; le tiers de 29 est 9, et nous retenons 2, etc.

$$\log a = \bar{7},93234,$$

$$\frac{1}{3} \log a = \bar{3},97745.$$

Cependant, au lieu de retrancher un logarithme on ajoute son opposé, le cologarithme (complément à zéro).

Le cologarithme d'un nombre est l'opposé de son logarithme.

Pour le calculer, retranchons de zéro (qu'on peut se dispenser d'écrire)

$$\begin{array}{r} 0 \\ \underline{\bar{4},\,57630} \\ 3,\,42370 \end{array}.$$

on voit qu'on aurait pu le calculer en appliquant la règle suivante qui permet d'écrire de gauche à droite.

Pour trouver le cologarithme d'un nombre connaissant le logarithme, on ajoute 1 à la caractéristique et on change de signe, ensuite on retranche tous les chiffres décimaux de 9 excepté le dernier chiffre significatif qu'on retranche de 10.

Une somme algébrique de logarithmes sera donc remplacée par une somme de logarithmes et de cologarithmes.

Pour remplacer un logarithme négatif par sa valeur absolue précédée du signe —, on se rappelle que cette valeur absolue est le cologarithme.

Ex. : $$\frac{\bar{4}.\,57630}{0,\,43217} = -\frac{3,\,42370}{0,\,43217} = -7,\,922.$$

§ 4. — Intérêts composés et annuités.

378. — **Intérêts composés.** — *Les intérêts sont* **composés** *lorsqu'ils s'ajoutent périodiquement au capital pour produire des intérêts.*

On a, par exemple, emprunté une certaine somme, on ne paie pas l'intérêt simple : il se capitalise périodiquement.

Nous prendrons pour unité de temps cette période. Une durée quelconque sera mesurée par un entier n plus une fraction f. Supposons que cette durée soit de 11 ans et 5 mois.

Si la période est d'un an : $n = 11$, $f = \frac{5}{12}$.

» trimestre : $n = 45$, $f = \frac{2}{3}$.

Nous appellerons r l'intérêt de 1^f pendant une période. Supposons que le taux soit $3\,\%$:

Si la période est d'un an, $r = 0{,}03$; si elle est d'un trimestre $r = \frac{0{,}03}{4} = 0{,}0075$.

379. — **Problème.** — ***Quelle valeur C prend un capital au bout d'un temps donné, quand les intérêts sont composés?***

Soit A le capital.

Au bout d'une période, 1 franc devient $1 + r$, donc A donne
$$A_1 = A(1 + r).$$

La valeur du capital à la fin d'une période est égale au produit par $1 + r$ *de sa valeur au commencement.*

De même
$$A_2 = A_1(1 + r),$$
. . . . . .

$A, A_1, A_2, \ldots$ forment une progression géométrique de raison $1 + r$.

Au bout de n périodes, nous avons
$$A_n = C = A(1 + r)^n.$$

Cette formule donne, pour le calcul numérique au moyen des Tables
$$\log C = \log A + n \log(1 + r). \qquad (1)$$

Si, aux n périodes, s'ajoute une fraction f, comme 1 franc, au bout du temps f, devient $1 + fr$, on aura
$$C = A(1 + r)^n (1 + fr). \qquad (2)$$

Cette formule n'est pas utilisée, car elle ne peut être résolue simplement, ni par rapport au temps, ni par rapport au taux. On emploie dans tous les cas la formule (1) où nous remplaçons n par le temps $t = n + f$:

$$\log C = \log A + t \log(1 + r). \qquad (3)$$

Voici comment on peut interpréter cette formule. Posons $f = \frac{p}{q}$; imaginons que les intérêts se capitalisent tous les $q^{\text{èmes}}$ de période, à la condition que 1 franc deviendra $1 + r$ au bout d'une période. Son intérêt x pendant cette nouvelle période est tel que

$$(1 + x)^q = 1 + r,$$

ou

$$q \log(1 + x) = \log(1 + r).$$

Au bout de $nq + p$ périodes, il deviendra $(1 + x)^{nq+p}$ et

$$C = A(1 + x)^{nq+p} ;$$

donc

$$\log C = \log A + (nq + p) \log(1 + x),$$

c'est la formule (3).

Avec des exposants fractionnaires (note III)

$$C = A(1 + r)^{n+\frac{p}{q}} ;$$

finalement

$$\mathbf{C = A(1 + r)^t}.$$

Prenons t comme abscisse et C comme ordonnée : à cette équation correspond une courbe. On verra que l'équation (2) représente une ligne brisée inscrite dans cette courbe et dont les sommets ont pour abscisses des nombres entiers.

380. — Annuité. — ***C'est une somme*** a ***que l'on verse chaque année pour rembourser une somme*** A ***ou pour constituer un capital.*** Nous appellerons n le nombre des annuités.

381. Remboursement d'une somme. — Nous comptons le temps à partir du moment où l'on a emprunté ; la première annuité se paye un an après. Nous allons calculer ce qui est dû à la fin de chaque année après le versement de l'annuité. A la fin de la première c'est évidemment

$$A_1 = A(1 + r) - a,$$

d'où la règle : *la somme due à la fin d'une année est égale à la somme due au commencement multipliée par* $1+r$, *moins l'annuité.*

Donc, on doit à la fin de la deuxième,

$$A_2 = A(1+r)^2 - a(1+r) - a,$$

. . . .

à la fin de la $p^{ième}$:

$$A_p = A(1+r)^p - [a(1+r)^{p-1} + a(1+r)^{p-2} + \ldots + a(1+r) + a].$$

Nous avons, entre crochets, les termes d'une progression géométrique qui, lue de droite à gauche, a pour raison $1+r$. L'expression précédente est donc

$$A_p = A(1+r)^p - a\frac{(1+r)^p - 1}{r}.$$

En écrivant qu'à la fin de la $n^{ième}$ année, la dette est éteinte, c'est-à-dire que $A_n = 0$, nous aurons la *formule des annuités*

$$\mathbf{A(1+r)^n = a\frac{(1+r)^n - 1}{r}}.$$

Remarque. — On peut convenir que la somme a sera versée, par exemple, tous les trois mois. (On continuera à l'appeler annuité.) Dans ce cas, r est l'intérêt de 1 franc pendant trois mois.

382. Formation d'un capital. — Nous comptons le temps à partir du premier versement.

Soit A_p le capital obtenu au bout de p années

$$A_{p+1} = A_p(1+r) + a.$$

On a ainsi

$$A_1 = a(1+r) + a,$$
$$A_2 = a(1+r)^2 + a(1+r) + a,$$

. . . .

$$A_{n-1} = a(1+r)^{n-1} + a(1+r)^{n-2} + \ldots + a(1+r) + a,$$
$$A_n = A_{n-1}(1+r) = a(1+r)\frac{[(1+r)^{n-1} - 1]}{r}.$$

383. — Reprenons la formule des annuités. Pour l'appliquer, le mieux est de se servir de calculs tout faits comme ceux qu'on trouve dans l'*Annuaire du Bureau des Longitudes.*

Dans le cas où l'on calcule par logarithmes, faisons deux remarques :

1° A ou a est l'inconnue. La formule n'est pas *logarithmique*; il faut calculer d'abord la valeur numérique de $(1+r)^n$; c'est facile puisqu'on doit former $n \log(1+r)$;

2° l'inconnue est n

$$(1+r)^n = \frac{a - Ar}{a}.$$

On se donne évidemment $a > Ar$; n est donné par une équation du premier degré

$$n \log(1+r) = \log(a - Ar) - \log a,$$

nous devons trouver un nombre entier.

Si la division $\log(1+r)$ ne se fait pas exactement, soit p la partie entière du quotient

$$p \log(1+r) < \log(a - Ar) - \log a < (p+1)\log(1+r),$$

en remontant aux nombres, nous trouverons

$$A_p = A(1+r)^p - a\frac{(1+r)^p - 1}{r} > 0,$$

$$A(1+r)^{p+1} - a\frac{(1+r)^{p+1} - 1}{r} < 0.$$

Nous avons déjà rencontré la première expression, elle représente ce qui est dû après le versement de la $p^{\text{ième}}$ annuité. La seconde vaut $A_p(1+r) - a$; elle est négative; donc en versant une $(p+1)^{\text{ième}}$ annuité nous donnons plus que nous ne devons.

On pourra par ex., à la fin de la $p^{\text{ième}}$ année verser $a + A_p$. Si on ne verse que a, on devra à la fin de l'année suivante $A_p(1+r)$.

384. Amortissement. — De l'annuité versée à la fin de la $p^{\text{ième}}$ année, on peut faire deux parts : 1° l'intérêt de la somme due à la fin de l'année précédente; 2° l'amortissement α_p. Calculons les amortissements successifs.

$$\alpha_1 = a - Ar,$$
$$\alpha_2 = a - A_1 r;$$

mais $A_1 = A - \alpha_1$, donc

$$\alpha_2 = a - (A - \alpha_1)r = (a - Ar) + \alpha_1 r = \alpha_1(1+r).$$

De même $\quad \alpha_3 = a - A_2 r \qquad$ où $A_2 = A_1 - \alpha_2$,

on trouve ainsi $\alpha_3 = \alpha_2(1+r)$,

$$\cdots\cdots\cdots$$

$$\alpha_p = \alpha_{p-1}(1+r).$$

Les amortissements sont en progression géométrique de raison $1+r$,

$$\alpha_p = \alpha_1(1+r)^{p-1} = (a - Ar)(1+r)^{p-1}.$$

Continuons le calcul, $A_n = 0$; si nous voulons calculer α_{n+1} en appliquant les mêmes règles, nous devrions trouver a, donc

$$a = (a - Ar)(1+r)^n,$$

c'est la formule connue des annuités (n° **381**).

EXERCICES

338. Choisir x pour que
$$a+x, \quad b+x, \quad c+x$$
soient en progression géométrique.

339. Calculer x tel que les carrés de
$$1+x, \quad q+x, \quad q^2+x$$
soient en progression arithmétique.

340. Déterminer une progression arithmétique de 4 termes, la somme égale 24 et le produit 945.

341. On considère la suite
$$1, \quad 3, \quad 6, \quad 10, \quad 15 \quad \ldots$$
où
$$x_n = x_{n-1} + n.$$

1° Calculer x_n en fonction de n.

2° Calculer la somme des n premiers termes de la suite.

3° Calculer la somme des inverses de ces n premiers termes.

4° Calculer la limite vers laquelle tend cette dernière somme quand n augmente indéfiniment.

342. On considère une suite de termes u_0, u_1, u_2, ... tels que
$$u_n = u_{n-1}\, q + r.$$
Calculer : 1° u_n connaissant u_0, q et r;

2° la somme des n premiers termes.

343. Calculer 5 termes consécutifs d'une progression arithmétique, leur somme est 5 et leur produit 45.

344. α et β étant deux racines d'une équation du second degré,
$$s_n = \alpha^n + \beta^n, \qquad s_{-n} = \alpha^{-n} + \beta^{-n},$$
trouver les limites vers lesquelles tendent, quand n augmente indéfiniment,
$$\frac{s_{n+1}}{s_n}, \qquad \frac{s_{-n-1}}{s_{-n}}.$$

345. Trouver la somme des carrés des n premiers termes de la suite
$$1, \quad 3, \quad 6, \quad 10, \quad 15, \quad \ldots \qquad \text{où} \qquad u_n = u_{n-1} + n.$$

346. Calculer la somme de n termes de la suite
$$(2n-1) + 2(2n-3) + 3(2n-5) + \ldots.$$

On a pris les deux progressions
$$\begin{array}{ccccc} 1, & 2, & 3, & \ldots. & n \\ 2n-1, & 2n-3, & 2n-5, & \ldots. & 1 \end{array}$$
et fait le produit des termes de même rang.

347. Connaissant les sommes s_1, s_2 des n et $2n$ premiers termes d'une progression arithmétique, calculer la somme s_k des kn premiers termes.

348. On donne les deux progressions

$$\begin{matrix} a, & a+r, & a+2r, & \ldots & a+nr; \\ b, & bq, & bq^2, & \ldots\ldots & bq^n. \end{matrix}$$

Faire la somme des produits des termes de même rang.

349. Calculer la somme

$$s = x + 2x^2 + 3x^3 + \ldots + nx^n.$$

350. Trouver 5 nombres en progression géométrique connaissant leur somme s et la somme s' de leurs carrés. Application :

$$s = 31, \qquad s' = 11 \cdot 31.$$

351. Trouver des valeurs de n telles que $\sqrt[n]{n} < 1,1$.

Montrer que $\sqrt[n]{n} \to 1$ quand $n \to \infty$.

352. Démontrer l'inégalité

$$(1+\alpha)^n > 1 + n\alpha + \frac{n(n-1)}{2}\alpha^2. \quad (\alpha > 0, n > 2.)$$

Choisir n pour que

$$n \cdot 0{,}9^n < 0{,}1.$$

353. Diviser 1 par $1 - 2x + x^2$, le reste devant contenir x^n en facteur. Montrer que le quotient tend vers une limite quand n augmente indéfiniment, en supposant $|x| < 1$. (S'appuyer sur l'exercice **352**.)

354. Montrer que $(an+b)\,x^n$, $|x| < 1$, tend vers 0 quand n augmente indéfiniment.

355. Soit $f(x)$ une fonction quelconque, montrer que si a, b, c sont en progression arithmétique, il en est de même de

$$\frac{f(b)-f(a)}{b-a}, \qquad \frac{f(c)-f(a)}{c-a}, \qquad \frac{f(c)-f(b)}{c-b}.$$

Prendre comme exemples $f(x) = x^2$, x^3, $\ldots$ x^n.

356. Montrer que si a^2, b^2, c^2 sont en progression arithmétique, il en est de même de

$$\frac{f(b)-f(a)}{b^2-a^2}, \qquad \frac{f(c)-f(a)}{c^2-a^2}, \qquad \frac{f(c)-f(b)}{c^2-b^2}.$$

Prendre comme exemples $f(x) = x$ et $\frac{1}{x^2}$.

357. Si $\frac{1}{a+b}$, $\frac{1}{b+c}$, $\frac{1}{c+a}$ sont en progression arithmétique, il en est de même de $\frac{c}{a+b}$, $\frac{a}{b+c}$, $\frac{b}{c+a}$.

358. Calculer les sommes

1° $\quad n^2 + 2(n-1)^2 + 3(n-2)^2 + \ldots + n[n-(n-1)]^2.$

2° $\quad 1 \cdot 2^2 + 2 \cdot 3^2 + 3 \cdot 4^2 + \ldots + n(n+1)^2.$

359. Calculer la somme des carrés de n nombres en progression arithmétique.

360. Trouver la somme des cubes des termes d'une progression arithmétique.

361. On considère les sommes

$$f_0 = 1,$$
$$f_1 = x + a,$$
$$f_2 = x^2 + ax + a^2;$$
$$\cdots\cdots\cdots\cdots$$
$$f_{n-1} = x^{n-1} + ax^{n-2} + \ldots + a^{n-1};$$

Calculer $s_n = f_0 + f_1 + f_2 + \ldots + f_{n-1}$.

Si $|x| < 1$, $|a| < 1$, trouver la limite vers laquelle tend s_n quand n augmente indéfiniment.

362. Démontrer l'identité suivante, où n est pair :

$$(1 + x + x^2 + \ldots + x^n)(1 - x + x^2 - \ldots + x^n)$$
$$= 1 + x^2 + x^4 + \ldots + x^{2n}.$$

363. Conditions pour que les racines de deux équations du second degré alternent et soient en progression arithmétique.

364. Calculer la somme des volumes de $2n$ cylindres de même hauteur $\frac{R}{n}$ inscrits à une sphère.

365. On forme une suite de nombres tels que chacun d'eux soit la moyenne arithmétique entre les deux précédents : montrer qu'ils tendent vers une limite; trouver cette limite, les deux premiers étant a et b.

Même question en remplaçant les moyennes arithmétiques par les moyennes harmoniques ou géométriques.

366. En posant $s_p = 1^p + 2^p + \ldots + n^p$, trouver la limite vers laquelle tend $\frac{s_p}{n^{p+1}}$ quand n augmente indéfiniment.

367. Calculer

$$s = \cos x + 2\cos 2x + 3\cos 3x + \ldots + n\cos nx.$$

368. Calculer la somme des volumes des rectangles de base $\frac{a}{n}$ inscrits dans l'aire limitée par les lignes

$$y^2 = 2px, \qquad x = a, \qquad y = 0.$$

369. Calculer la somme de n termes

$$(a + b) + (a^2 + ab + b^2) + (a^3 + a^2b + ab^2 + b^3) + \ldots.$$

370. Calculer la somme de n termes

$$1 - 2 + 3 - 4 + \ldots.$$

371. Étant donnée une progression géométrique décroissante dont le premier terme est a et la raison q, on fait les sommes S_1, S_2, S_3, ... de n termes successifs de cette progression, la somme S_1 commençant au premier terme, la somme S_2 au second terme....

1° Calculer S_1, S_2, S_3....

2° Calculer la somme $S_1 + S_2 + S_3 + \ldots$ prolongée indéfiniment.

(*Baccalauréat.*)

372. Déterminer un quadrilatère ABCD inscriptible dont les côtés et une diagonale forment une progression arithmétique. Cette diagonale $BD = a$; elle est le terme du milieu de la progression et partage le quadrilatère en deux triangles ABD, CBD dont les autres côtés sont respectivement les deux plus petits et les deux plus grands termes.

(*Baccalauréat.*)

373. On donne deux progressions, l'une arithmétique

$$a, \quad b, \quad c, \quad d, \quad \ldots;$$

l'autre géométrique

$$a, \quad B, \quad C, \quad D, \quad \ldots.$$

ayant pour premier terme un même nombre donné a.

Déterminer les raisons de manière que leurs troisièmes termes soient égaux, $c = C$, et que leurs quatrièmes termes soient égaux, $d = D$.

Écrire les quatre premiers termes des progressions obtenues. (*Sèvres.*)

374. Montrer que les carrés des nombres

$$a^2 - 2ab - b^2, \qquad a^2 + b^2, \qquad a^2 + 2ab - b^2$$

sont en progression arithmétique.

375. Les côtés d'une ligne brisée ont des projections égales à b sur Ox et leurs coefficients angulaires en progression arithmétique : montrer que ses sommets sont sur une parabole. (*Polygone des ponts suspendus.*)

376. On construit les points de coordonnées λ, λ^2 où

$$\lambda = 0, 1, 2, \ldots n$$

et on les joint par des segments de droites; 1° calculer l'aire limitée par cette ligne brisée, l'axe des x et la dernière ordonnée.

2° Calculer l'aire limitée par cette ligne et la droite qui joint le premier point au dernier.

377. Trouver la somme des n premiers termes de rang pair de la suite

$$1, \quad 3, \quad 6, \quad 10, \quad \ldots, \quad \text{où} \quad u_n = \frac{n(n+1)}{2}.$$

378. Calculer x tel que les carrés de

$$a^2 + x, \qquad ab + x, \qquad b^2 + x$$

soient en progression arithmétique.

379. Sachant que $\log 2 = 0{,}30103$ et $\log 3 = 0{,}47712$: résoudre le équations

1° $$6^x = \frac{10}{3} - 6^{-x};$$

2° $$\sqrt{5^x} + \sqrt{5^{-x}} = 2{,}9.$$

380. Sachant que $\log 2 = 0{,}30103$, calculer

1° $$\log\sqrt{1{,}25}, \qquad \log\sqrt[3]{0{,}0125}.$$

2° Le nombre de chiffres de 64^{457}.

381. Montrer que

$$\log\frac{11}{15} + \log\frac{490}{297} - 2\log\frac{7}{9} = \log 2.$$

382. Sachant que $\log 2 = 0,30103$, $\log 3 = 0,47712$, calculer les logarithmes de

$$6, \quad 24, \quad 45, \quad 75.$$

383. Sachant que $\log 2 = 0,30103$, $\log 3 = 0,47712$, résoudre les équations

$$2^{2x} = 3^{x-1}, \qquad 2^x = 1,5^{12}.$$

384. Si $a^2 + b^2 = 7ab$, montrer que

$$\log\left[\frac{1}{3}(a+b)\right] = \frac{1}{2}(\log a + \log b).$$

385. Comparer les médiantes et les dominantes de la gamme tempérée et de la gamme naturelle.

NOTES

I. — Sur quelques maximums et minimums absolus.

Nous avons démontré (nº 77) des inégalités entre les moyennes de deux nombres positifs; ces inégalités sont vraies pour n nombres; elles permettent de résoudre quelques questions de maximum que ne donnent pas les méthodes indiquées précédemment.

385. — Lemme. — *Le produit de* n *facteurs positifs*

$$(1+\alpha_1)(1+\alpha_2)\ldots\ (1+\alpha_n) \leqslant 1,$$

si

$$\alpha_1+\alpha_2+\ldots+\alpha_n=0.$$

Il y a égalité si tous les α *sont nuls et seulement dans ce cas.*

D'abord, le théorème est vrai pour deux facteurs,

car $$(1+\alpha_1)(1+\alpha_2)=(1+\alpha_1)(1-\alpha_1)=1-\alpha_1^2,$$

puisque $$\alpha_1+\alpha_2=0.$$

Donc, $$(1+\alpha_1)(1+\alpha_2)<1;$$

il y a égalité si $\alpha_1=\alpha_2=0$.

Supposons le théorème vrai pour $n-1$ facteurs, nous allons voir qu'il est vrai pour n.

Supposons que tous les α ne soient pas nuls; si l'un d'eux α_1 est positif, il y en a certainement un autre, par exemple α_2, qui est négatif. Mais

$$(1+\alpha_1)(1+\alpha_2)=1+(\alpha_1+\alpha_2)+\alpha_1\alpha_2$$

et $\alpha_1\alpha_2<0$, donc

$$(1+\alpha_1)(1+\alpha_2)<1+(\alpha_1+\alpha_2).$$

Il reste à multiplier les deux membres par le produit des $n-2$ derniers facteurs et à remarquer que nous avons

$$[1+(\alpha_1+\alpha_2)](1+\alpha_3)\ldots(1+\alpha_n) \leqslant 1,$$

puisque $$(\alpha_1+\alpha_2)+\alpha_3+\ldots+\alpha_n = 0.$$

386. — Théorème. — ***La moyenne géométrique de n nombres positifs est inférieure à leur moyenne arithmétique. Il y a égalité si tous les nombres sont égaux.***

Soit a la moyenne arithmétique et $x_1, x_2 \ldots x_n$ les nombres. Il faut montrer que

$$x_1 x_2 \ldots x_n \leqslant a^n,$$

si $$x_1+x_2+\ldots+x_n = na.$$

En posant

$$x_1 = a(1+\alpha_1), \qquad x_2 = a(1+\alpha_2)\ldots$$

nous sommes ramenés au lemme précédent.

Nous en conclurons les théorèmes suivants :

Un produit de facteurs positifs dont la somme est constante est maximum quand les facteurs sont égaux (s'ils peuvent le devenir).

Si plusieurs nombres positifs ont une somme constante, le produit de ces nombres affectés d'exposants est maximum quand ils sont proportionnels aux exposants (s'ils peuvent le devenir).

Supposons $x+y+z$ constant et considérons le produit

$$x^m y^p z^q;$$

il est maximum en même temps que celui de

$$\left(\frac{x}{m}\right)^m \left(\frac{y}{p}\right)^p \left(\frac{z}{q}\right)^q.$$

C'est un produit de $m+p+q$ facteurs dont la somme est constante; ils sont égaux si

$$\frac{x}{m} = \frac{y}{p} = \frac{z}{q}.$$

Remarque. — Quand il n'y a que deux facteurs dont la somme égale a, notre produit est

$$x^m (a - x)^p;$$

le maximum se trouve en étudiant ses variations.

387. — Le théorème (**386**) permet d'écrire, en appelant b la moyenne géométrique, que

$$x_1 + x_2 + x_3 + \ldots + x_n \geqslant nb$$

si

$$x_1 x_2 \ldots x_n = b^n.$$

On peut aussi s'appuyer sur le lemme suivant, analogue au précédent.

Si le produit de n *facteurs positifs*

$$\beta_1 . \beta_2 \ldots \beta_n = 1,$$

on a nécessairement : $\beta_1 + \beta_2 + \ldots + \beta_n > n.$

Le théorème est vrai pour 2 facteurs.

Si $\beta_1 > 1$, alors $\beta_2 < 1$, donc
$(\beta_1 - 1)(\beta_2 - 1) < 0$ ou $\beta + \beta_2 > 2$, puisque $\beta_1 \beta_2 = 1$.

Supposons-le vrai pour $n - 1$ facteurs.
Si $\beta_1 > 1$, il y a certainement un autre facteur < 1 ; soit β_2 :

$$(\beta_1 - 1)(\beta_2 - 1) < 0 \quad \text{ou} \quad \beta_1 \beta_2 < (\beta_1 + \beta_2) - 1.$$

Prenons les $n - 1$ facteurs $\beta_1 \beta_2$, $\beta_3, \ldots \beta_n$. leur produit égale 1, donc :

$$\beta_1 \beta_2 + \beta_3 + \ldots + \beta_n > n - 1.$$

Il reste à remplacer dans cette inégalité $\beta_1 \beta_2$ par $(\beta_1 + \beta_2) - 1$ qui est plus grand.

On déduira de là un théorème sur le minimum de la somme de plusieurs nombres positifs dont le produit est constant.

II. — Dérivée seconde.

388. — On dit qu'un arc de courbe est convexe s'il est tout entier du même côté de chacune de ses tangentes. Une courbe peut être décomposée en arcs convexes. Sur la figure, l'arc AB tourne sa convexité vers les y négatifs (ou sa concavité vers les y positifs); l'arc BC tourne sa convexité vers les y positifs.

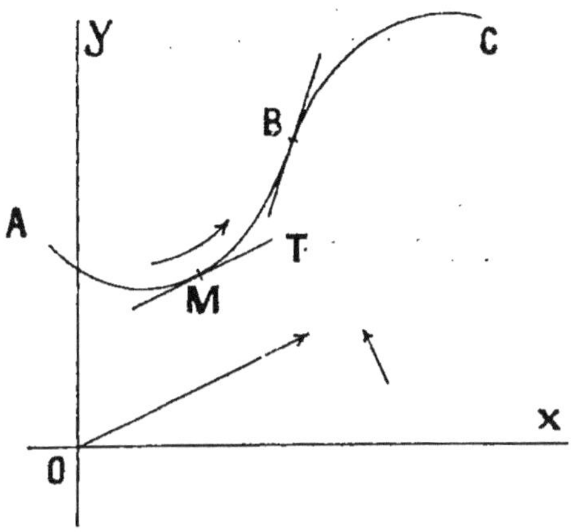

Fig. 200.

En B, la courbe traverse la tangente, elle s'infléchit, B est un point d'inflexion.

Nous remarquerons simplement que si M parcourt l'arc AB, x croissant, la parallèle à la tangente menée par l'origine tourne dans le sens xOy, la pente y' croît. Sur l'arc BC, y' décroît.

Réciproquement, si, sur un arc, y' croît, l'arc tourne sa concavité du côté des y positifs; si y' décroît, il tourne sa convexité du côté des y positifs; il y a inflexion en un point où la variation de y' change de sens.

389. — Pour étudier le sens de la variation de y' on est naturellement amené à chercher le signe de la dérivée seconde.

Sur l'arc AB, y'' est positif;

Sur l'arc BC, y'' est négatif;

En B, y'' s'annule en changeant de signe.

Soit le sinusoïde

$$y = \sin x;$$
$$y'' = -y.$$

Seuls les arcs situés au-dessus de Ox tournent leur convexité vers le haut; les points de la courbe sur Ox sont d'inflexion.

Inversement, si la forme de la courbe est connue, le signe de y'' l'est également.

Soit, par exemple, $y = \sqrt{2Rx - x^2}$, $(R > 0)$

qui représente un demi-cercle facile à construire : y'' est négatif. Vérifions-le :

$$y' = \frac{R - x}{\sqrt{2Rx - x^2}},$$

$$y'' = \frac{-\sqrt{2Rx - x^2} - \dfrac{(R - x)^2}{\sqrt{2Rx - x^2}}}{(\sqrt{2Rx - x^2})^2} = -\frac{R^2}{(\sqrt{2Rx - x^2})^3}.$$

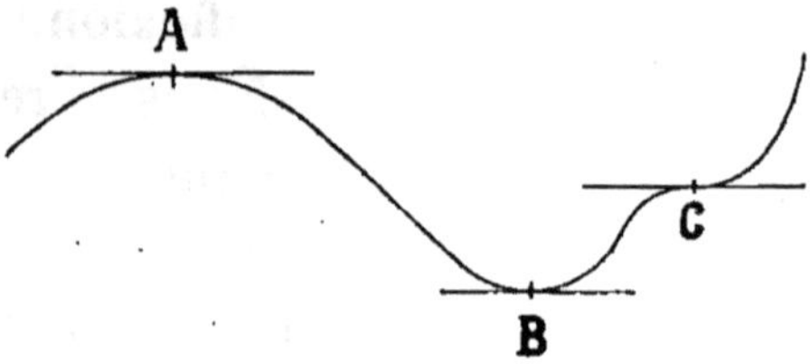

Fig. 201.

Enfin, en un point où y' s'annule,

Si $y'' < 0$, y passe par un maximum (point A);

Si $y'' > 0$, y » minimum (point B);

Si $y'' = 0$, il y a, *en général*, inflexion à tangente horizontale (point C).

III. — Exposants fractionnaires.

390. a étant un nombre positif, nous conviendrons de poser.

$$\sqrt[n]{a^p} = a^{\frac{p}{n}}; \qquad \sqrt[n]{a} = a^{\frac{1}{n}}.$$

Donc, par définition,

$$\left(a^{\frac{p}{n}}\right)^n = a^p; \qquad \left(a^{\frac{1}{n}}\right)^n = a.$$

Pour que cette définition soit acceptable, il faut qu'à une même valeur de l'exposant corresponde la même puissance, il faut donc vérifier que si

$$\frac{p}{n} = \frac{p'}{n'} \quad \text{ou} \quad pn' = np',$$

on a aussi $$a^{\frac{p}{n}} = a^{\frac{p'}{n'}}.$$

Pour que ces nombres soient égaux, il suffit qu'il en soit de même de leur puissance nn'. Le premier élevé successivement aux puissances n et n' donne a^p, puis $a^{pn'}$; le second égale $a^{np'}$.

On peut dire aussi :

Soit b la racine $nn'^{\text{ième}}$ de a :

$$a = b^{nn'}.$$

Le premier membre de l'égalité est $\sqrt[n]{b^{nn'p}} = \sqrt[n]{(b^{n'p})^n} = b^{n'p}$: l'autre vaut $b^{np'}$, il lui est donc égal.

On profitera de cette propriété pour simplifier un exposant fractionnaire (nº **32**).

Les formules du nº **7** sont vraies avec des exposants fractionnaires.

1re *formule* :

$$a^{\frac{n}{p}} \cdot a^{\frac{n'}{p'}} = a^{\frac{n}{p} + \frac{n'}{p'}} = a^{\frac{np' + pn'}{pp'}}.$$

En introduisant le nombre b tel que

$$a = b^{pp'},$$

cette formule devient

$$a^{np'} \cdot a^{pn'} = a^{np' + pn'}.$$

2e *formule* :

$$\left(a^{\frac{n}{p}}\right)^{\frac{n'}{p'}} = a^{\frac{n}{p} \cdot \frac{n'}{p'}} = a^{\frac{nn'}{pp'}}.$$

Introduisons le même nombre b,

$$a^{\frac{n}{p}} = b^{np'}, \qquad \left(a^{\frac{n}{p}}\right)^{\frac{n'}{p'}} = \left(b^{np'}\right)^{\frac{n'}{p'}} = b^{nn'}.$$

On a aussi $$a^{\frac{nn'}{pp'}} = b^{nn'}.$$

Donc α et β étant deux nombres rationnels positifs ou nuls,

$$a^{\alpha} \cdot a^{\beta} = a^{\alpha+\beta},$$
$$(a^{\alpha})^{\beta} = a^{\alpha\beta}.$$

En convenant que $a^{-\alpha} = \frac{1}{a^{\alpha}}$, et reprenant des raisonnements déjà faits (nº **62**), on montrera que ces formules sont vérifiées si α et β sont des nombres algébriques rationnels.

EXERCICES

386. Parmi tous les triangles de périmètre donné, quel est celui dont la surface est maxima?

387. Montrer que la moyenne harmonique de n nombres positifs est inférieure à la moyenne géométrique.

388. Montrer à partir de la formule de la réfraction que

$$\frac{di}{dr} = \frac{n \cos r}{\sqrt{1 - n^2 \sin^2 r}},$$

et étudier la convexité de la courbe décrite par le point (r, i).

Déduire de la forme de cette courbe le minimum de déviation du prisme.

389. Montrer que la courbe

$$y = \frac{A}{x-a} + \frac{B}{x-b}$$

ne peut avoir plus d'un point d'inflexion.

N	0	1	2	3	4	5	6	7	8	9
10	0000	0043	0086	0128	0170	0212	0253	0294	0334	0374
11	0414	0453	0492	0531	0569	0607	0645	0682	0719	0755
12	0792	0828	0864	0899	0934	0969	1004	1038	1072	1106
13	1139	1173	1206	1239	1271	1303	1335	1367	1399	1430
14	1461	1492	1523	1553	1584	1614	1644	1673	1703	1732
15	1761	1790	1818	1847	1875	1903	1931	1959	1987	2014
16	2041	2068	2095	2122	2148	2175	2201	2227	2253	2279
17	2304	2330	2355	2380	2405	2430	2455	2480	2504	2529
18	2553	2577	2601	2625	2648	2672	2695	2718	2742	2765
19	2788	2810	2833	2856	2878	2900	2923	2945	2967	2989
20	3010	3032	3054	3075	3096	3118	3139	3160	3181	3201
21	3222	3243	3263	3284	3304	3324	3345	3365	3385	3404
22	3424	3444	3464	3483	3502	3522	3541	3560	3579	3598
23	3617	3636	3655	3674	3692	3711	3729	3747	3766	3784
24	3802	3820	3838	3856	3874	3892	3909	3927	3945	3962
25	3979	3997	4014	4031	4048	4065	4082	4099	4116	4133
26	4150	4166	4183	4200	4216	4232	4249	4265	4281	4298
27	4314	4330	4346	4362	4378	4393	4409	4425	4440	4456
28	4472	4487	4502	4518	4533	4548	4564	4579	4594	4609
29	4624	4639	4654	4669	4683	4698	4713	4728	4742	4757
30	4771	4786	4800	4814	4829	4843	4857	4871	4886	4900
31	4914	4928	4942	4955	4969	4983	4997	5011	5024	5038
32	5051	5065	5079	5092	5105	5119	5132	5145	5159	5172
33	5185	5198	5211	5224	5237	5250	5263	5276	5289	5302
34	5315	5328	5340	5353	5366	5378	5391	5403	5416	5428
35	5441	5453	5465	5478	5490	5502	5514	5527	5539	5551
36	5563	5575	5587	5599	5611	5623	5635	5647	5658	5670
37	5682	5694	5705	5717	5729	5740	5752	5763	5775	5786
38	5798	5809	5821	5832	5843	5855	5866	5877	5888	5899
39	5911	5922	5933	5944	5955	5966	5977	5988	5999	6010
40	6021	6031	6042	6053	6064	6075	6085	6096	6107	6117
41	6128	6138	6149	6160	6170	6180	6191	6201	6212	6222
42	6232	6243	6253	6263	6274	6284	6294	6304	6314	6325
43	6335	6345	6355	6365	6375	6385	6395	6405	6415	6425
44	6435	6444	6454	6464	6474	6484	6493	6503	6513	6522
45	6532	6542	6551	6561	6571	6580	6590	6599	6609	6618
46	6628	6637	6646	6656	6665	6675	6684	6693	6702	6712
47	6721	6730	6739	6749	6758	6767	6776	6785	6794	6803
48	6812	6821	6830	6839	6848	6857	6866	6875	6884	6893
49	6902	6911	6920	6928	6937	6946	6955	6964	6972	6981
50	6990	6998	7007	7016	7024	7033	7042	7050	7059	7067
51	7076	7084	7093	7101	7110	7118	7126	7135	7143	7152
52	7160	7168	7177	7185	7193	7202	7210	7218	7226	7235
53	7243	7251	7259	7267	7275	7284	7292	7300	7308	7316
54	7324	7332	7340	7348	7356	7364	7372	7380	7388	7396

N	0	1	2	3	4	5	6	7	8	9
55	7404	7412	7419	7427	7435	7443	7451	7459	7466	7474
56	7482	7490	7497	7505	7513	7520	7528	7536	7543	7551
57	7559	7566	7574	7582	7589	7597	7604	7612	7619	7627
58	7634	7642	7649	7657	7664	7672	7679	7686	7694	7701
59	7709	7716	7723	7731	7738	7745	7752	7760	7767	7774
60	7782	7789	7796	7803	7810	7818	7825	7832	7839	7846
61	7853	7860	7868	7875	7882	7889	7896	7903	7910	7917
62	7924	7931	7938	7945	7952	7959	7966	7973	7980	7987
63	7993	8000	8007	8014	8021	8028	8035	8041	8048	8055
64	8062	8069	8075	8082	8089	8096	8102	8109	8116	8122
65	8129	8136	8142	8149	8156	8162	8169	8176	8182	8189
66	8195	8202	8209	8215	8222	8228	8235	8241	8248	8254
67	8261	8267	8274	8280	8287	8293	8299	8306	8312	8319
68	8325	8331	8338	8344	8351	8357	8363	8370	8376	8382
69	8388	8395	8401	8407	8414	8420	8426	8432	8439	8445
70	8451	8457	8463	8470	8476	8482	8488	8494	8500	8506
71	8513	8519	8525	8531	8537	8543	8549	8555	8561	8567
72	8573	8579	8585	8591	8597	8603	8609	8615	8621	8627
73	8633	8639	8645	8651	8657	8663	8669	8675	8681	8686
74	8692	8698	8704	8710	8716	8722	8727	8733	8739	8745
75	8751	8756	8762	8768	8774	8779	8785	8791	8797	8802
76	8808	8814	8820	8825	8831	8837	8842	8848	8854	8859
77	8865	8871	8876	8882	8887	8893	8899	8904	8910	8915
78	8921	8927	8932	8938	8943	8949	8954	8960	8965	8971
79	8976	8982	8987	8993	8998	9004	9009	9015	9020	9025
80	9031	9036	9042	9047	9053	9058	9063	9069	9074	9079
81	9085	9090	9096	9101	9106	9112	9117	9122	9128	9133
82	9138	9143	9149	9154	9159	9165	9170	9175	9180	9186
83	9191	9196	9201	9206	9212	9217	9222	9227	9232	9238
84	9243	9248	9253	9258	9263	9269	9274	9279	9284	9289
85	9294	9299	9304	9309	9315	9320	9325	9330	9335	9340
86	9345	9350	9355	9360	9365	9370	9375	9380	9385	9390
87	9395	9400	9405	9410	9415	9420	9425	9430	9435	9440
88	9445	9450	9455	9460	9465	9469	9474	9479	9484	9489
89	9494	9499	9504	9509	9513	9518	9523	9528	9533	9538
90	9542	9547	9552	9557	9562	9566	9571	9576	9581	9586
91	9590	9595	9600	9605	9609	9614	9619	9624	9628	9633
92	9638	9643	9647	9652	9657	9661	9666	9671	9675	9680
93	9685	9689	9694	9699	9703	9708	9713	9717	9722	9727
94	9731	9736	9741	9745	9750	9754	9759	9763	9768	9773
95	9777	9782	9786	9791	9795	9800	9805	9809	9814	9818
96	9823	9827	9832	9836	9841	9845	9850	9854	9859	9863
97	9868	9872	9877	9881	9886	9890	9894	9899	9903	9908
98	9912	9917	9921	9926	9930	9934	9939	9943	9948	9952
99	9956	9961	9965	9969	9974	9978	9983	9987	9991	9996

L	0	1	2	3	4	5	6	7	8	9
00	1000	1002	1005	1007	1009	1012	1014	1016	1019	1021
01	1023	1026	1028	1030	1033	1035	1038	1040	1042	1045
02	1047	1050	1052	1054	1057	1059	1062	1064	1067	1069
03	1072	1074	1076	1079	1081	1084	1086	1089	1091	1094
04	1096	1099	1102	1104	1107	1109	1112	1114	1117	1119
05	1122	1125	1127	1130	1132	1135	1138	1140	1143	1146
06	1148	1151	1153	1156	1159	1161	1164	1167	1169	1172
07	1175	1178	1180	1183	1186	1189	1191	1194	1197	1199
08	1202	1205	1208	1211	1213	1216	1219	1222	1225	1227
09	1230	1233	1236	1239	1242	1245	1247	1250	1253	1256
10	1259	1262	1265	1268	1271	1274	1276	1279	1282	1285
11	1288	1291	1294	1297	1300	1303	1306	1309	1312	1315
12	1318	1321	1324	1327	1330	1334	1337	1340	1343	1346
13	1349	1352	1355	1358	1361	1365	1368	1371	1374	1377
14	1380	1384	1387	1390	1393	1396	1400	1403	1406	1409
15	1413	1416	1419	1422	1426	1429	1432	1435	1439	1442
16	1445	1449	1452	1455	1459	1462	1466	1469	1472	1476
17	1479	1483	1486	1489	1493	1496	1500	1503	1507	1510
18	1514	1517	1521	1524	1528	1531	1535	1538	1542	1545
19	1549	1552	1556	1560	1563	1567	1570	1574	1578	1581
20	1585	1589	1592	1596	1600	1603	1609	1611	1614	1618
21	1622	1626	1629	1633	1637	1641	1644	1648	1652	1656
22	1660	1663	1667	1671	1675	1679	1683	1687	1690	1694
23	1698	1702	1706	1710	1714	1718	1722	1726	1730	1734
24	1738	1742	1746	1750	1754	1758	1762	1766	1770	1774
25	1778	1782	1786	1791	1795	1799	1803	1807	1811	1816
26	1820	1824	1828	1832	1837	1841	1845	1849	1854	1858
27	1862	1866	1871	1875	1879	1884	1888	1892	1897	1901
28	1905	1910	1914	1919	1923	1928	1932	1936	1941	1945
29	1950	1954	1959	1963	1968	1972	1977	1982	1986	1991
30	1995	2000	2004	2009	2014	2018	2023	2028	2032	2037
31	2042	2046	2051	2056	2061	2065	2070	2075	2080	2084
32	2089	2094	2099	2104	2109	2113	2118	2123	2128	2133
33	2138	2143	2148	2153	2158	2163	2168	2173	2178	2183
34	2188	2193	2198	2203	2208	2213	2218	2223	2228	2234
35	2239	2244	2249	2254	2259	2265	2270	2275	2280	2286
36	2291	2296	2301	2307	2312	2317	2323	2328	2333	2339
37	2344	2350	2355	2360	2366	2371	2377	2382	2388	2393
38	2399	2404	2410	2415	2421	2427	2432	2438	2443	2449
39	2455	2460	2466	2472	2477	2483	2489	2495	2500	2506
40	2512	2518	2523	2529	2535	2541	2547	2553	2559	2564
41	2570	2576	2582	2588	2594	2600	2606	2612	2618	2624
42	2630	2636	2642	2649	2655	2661	2667	2673	2679	2685
43	2692	2698	2704	2710	2716	2723	2729	2735	2742	2748
44	2754	2761	2767	2773	2780	2786	2793	2799	2805	2812
45	2818	2825	2831	2838	2844	2851	2858	2864	2871	2877
46	2884	2891	2897	2904	2911	2917	2924	2931	2938	2944
47	2951	2958	2965	2972	2979	2985	2992	2999	3006	3013
48	3020	3027	3034	3041	3048	3055	3062	3069	3076	3083
49	3090	3097	3105	3112	3119	3126	3133	3141	3148	3155

L	0	1	2	3	4	5	6	7	8	9
50	3162	3170	3177	3184	3192	3199	3206	3214	3221	3228
51	3236	3243	3251	3258	3266	3273	3281	3289	3296	3304
52	3311	3319	3327	3334	3342	3350	3357	3365	3373	3381
53	3388	3396	3404	3412	3420	3428	3436	3443	3451	3459
54	3467	3475	3483	3491	3499	3508	3516	3524	3532	3540
55	3548	3556	3565	3573	3581	3589	3597	3606	3614	3622
56	3631	3639	3648	3656	3664	3673	3681	3690	3698	3707
57	3715	3724	3733	3741	3750	3758	3767	3776	3784	3793
58	3802	3811	3819	3828	3837	3846	3855	3864	3873	3882
59	3890	3899	3908	3917	3926	3936	3945	3954	3963	3972
60	3981	3990	3999	4009	4018	4027	4036	4046	4055	4064
61	4074	4083	4093	4102	4111	4121	4130	4140	4150	4159
62	4169	4178	4188	4198	4207	4217	4227	4236	4246	4256
63	4266	4276	4285	4295	4305	4315	4325	4335	4345	4355
64	4365	4375	4385	4395	4406	4416	4426	4436	4446	4457
65	4467	4477	4487	4498	4508	4519	4529	4539	4550	4560
66	4571	4581	4592	4603	4613	4624	4634	4645	4656	4667
67	4677	4688	4699	4710	4721	4732	4742	4753	4764	4775
68	4786	4797	4808	4819	4831	4842	4853	4864	4875	4887
69	4898	4909	4920	4932	4943	4955	4966	4977	4989	5000
70	5012	5023	5035	5047	5058	5070	5082	5093	5105	5117
71	5129	5140	5152	5164	5176	5188	5200	5212	5224	5236
72	5248	5260	5272	5284	5297	5309	5321	5333	5346	5358
73	5370	5383	5395	5408	5420	5433	5445	5458	5470	5483
74	5495	5508	5521	5534	5546	5559	5572	5585	5598	5610
75	5623	5636	5649	5662	5675	5689	5702	5715	5728	5741
76	5754	5768	5781	5794	5808	5821	5834	5848	5861	5875
77	5888	5902	5916	5929	5943	5957	5970	5984	5998	6012
78	6026	6039	6053	6067	6081	6095	6109	6124	6138	6152
79	6166	6180	6194	6209	6223	6237	6252	6266	6281	6295
80	6310	6324	6339	6353	6368	6383	6397	6412	6427	6442
81	6457	6471	6486	6501	6516	6531	6546	6561	6577	6592
82	6607	6622	6637	6653	6668	6683	6699	6714	6730	6745
83	6761	6776	6792	6808	6823	6839	6855	6871	6887	6902
84	6918	6934	6950	6966	6982	6998	7015	7031	7047	7063
85	7079	7096	7112	7129	7145	7161	7178	7194	7211	7228
86	7244	7261	7278	7295	7311	7328	7345	7362	7379	7396
87	7413	7430	7447	7464	7482	7499	7516	7534	7551	7568
88	7586	7603	7621	7638	7656	7674	7691	7709	7727	7745
89	7762	7780	7798	7816	7834	7852	7870	7889	7907	7925
90	7943	7962	7980	7998	8017	8035	8054	8072	8091	8110
91	8128	8147	8166	8185	8204	8222	8241	8260	8279	8299
92	8318	8337	8356	8375	8395	8414	8433	8453	8472	8492
93	8511	8531	8551	8570	8590	8610	8630	8650	8670	8690
94	8710	8730	8750	8770	8790	8810	8831	8851	8872	8892
95	8913	8933	8954	8974	8995	9016	9036	9057	9078	9099
96	9120	9141	9162	9183	9204	9226	9247	9268	9290	9311
97	9333	9354	9376	9397	9419	9441	9462	9484	9506	9528
98	9550	9572	9594	9616	9638	9661	9683	9705	9727	9750
99	9772	9795	9817	9840	9863	9886	9908	9931	9954	9977

PRINCIPALES FORMULES

Identités.

$$(a+b)^2 = a^2 + 2ab + b^2.$$
$$(a-b)^2 = a^2 - 2ab + b^2.$$
$$a^2 - b^2 = (a-b)(a+b).$$
$$a^{n+1} - b^{n+1} = (a-b)(a^n + a^{n-1}b + \dots + ab^{n-1} + b^n).$$

Équation du second degré.

$$ax^2 + bx + c = 0 \left\{ \begin{array}{ll} b^2 - 4ac = 0, & x = -\dfrac{b}{2a}, \\ b^2 - 4ac > 0, & x = \dfrac{-b \pm \sqrt{b^2 - 4ac}}{2a}. \end{array} \right.$$

$$x' + x'' = -\frac{b}{a}, \qquad x'x'' = \frac{c}{a}.$$

Signe du trinôme.

$$y = ax^2 + bx + c \left\{ \begin{array}{ll} b^2 - 4ac < 0, & y = a\left[(x-\alpha)^2 + \beta^2\right] \\ \alpha = -\dfrac{b}{2a}, & \beta = \dfrac{\sqrt{4ac - b^2}}{2a}. \\ b^2 - 4ac = 0, & y = a(x-\alpha)^2, \\ b^2 - 4ac > 0, & y = a(x-x')(x-x''). \end{array} \right.$$

$$\begin{array}{l} f(x) = ax^2 + bx + c, \\ b^2 - 4ac > 0, \end{array} \left\{ \begin{array}{ll} af(\alpha) < 0, & x' < \alpha < x''. \\ af(\alpha) > 0 \left\{ \begin{array}{l} \alpha - \dfrac{S}{2} < 0, \\ \alpha - \dfrac{S}{2} > 0, \end{array} \right. & \begin{array}{l} \alpha < x' < x''. \\ x' < x'' < \alpha. \end{array} \end{array} \right.$$

Fonctions.	Dérivées.
ax^n,	nax^{n-1}.
$\dfrac{a}{x}$,	$-\dfrac{a}{x^2}$.
$\dfrac{a}{x^n}$,	$-\dfrac{na}{x^{n+1}}$.
$\sqrt{x}$,	$\dfrac{1}{2\sqrt{x}}$
$au + bv$,	$au' + bv'$.
uv,	$uv' + u'v$.
$\dfrac{a}{v}$,	$-\dfrac{av'}{v^2}$.
$\dfrac{u}{v}$,	$\dfrac{vu' - uv'}{v^2}$.
$\sqrt{u}$,	$\dfrac{u'}{2\sqrt{u}}$.

Fonctions.	**Primitives.**
x^n,	$\frac{x^{n+1}}{n+1} + C.$
$\frac{1}{x^p}$, $(p \neq 1)$	$-\frac{1}{p-1} \cdot \frac{1}{x^{p-1}} + C.$
$\sin x$,	$-\cos x + C.$
$\cos x$,	$\sin x + C.$
$\frac{1}{\cos^2 x} = 1 + \operatorname{tg}^2 x$,	$\operatorname{tg} x + C.$
$\frac{1}{\sin^2 x} = 1 + \cot^2 x$,	$-\cot x + C.$

Progressions arithmétiques.

$$l = a + (n-1)r, \qquad S = \frac{n(a+l)}{2}.$$

$$1 + 2 + 3 + \ldots + n = \frac{n(n+1)}{2}.$$

$$1^2 + 2^2 + 3^2 + \ldots + n^2 = \frac{n(n+1)(2n+1)}{6}.$$

$$1^3 + 2^3 + 3^3 + \ldots + n^3 = \left[\frac{n(n+1)}{2}\right]^2.$$

Progressions géométriques.

$$l = aq^{n-1}, \qquad S = \frac{lq - a}{q - 1}.$$

$$\lim_{n=\infty} a + aq + aq^2 + \ldots = \frac{a}{1-q}. \qquad |q| < 1.$$

Logarithmes.

$$\log abc = \log a + \log b + \log c.$$

$$\log a^n = n \log a.$$

$$\log \frac{b}{a} = \log b - \log a.$$

$$\log \sqrt[p]{a} = \frac{1}{p} \log a.$$

Intérêts composés. $C = A(1+r)^t.$

Annuités. $A(1+r)^n = a\,\frac{(1+r)^n - 1}{r}.$

TABLE DES MATIÈRES

CHAPITRE I

NOMBRES ARITHMÉTIQUES

CHAPITRE II

VECTEURS

CHAPITRE III

NOMBRES ALGÉBRIQUES

CHAPITRE IV

CALCUL ALGÉBRIQUE

CHAPITRE V

PREMIÈRES APPLICATIONS DES NOMBRES ALGÉBRIQUES

CHAPITRE VI

LIMITES, CONTINUITÉ

CHAPITRE VII

VARIATIONS DES FONCTIONS, MÉTHODE DIRECTE

CHAPITRE VIII

DÉRIVÉES

CHAPITRE IX

APPLICATION DES DÉRIVÉES A L'ÉTUDE DES VARIATIONS DES FONCTIONS

CHAPITRE X

AIRES ET VOLUMES

CHAPITRE XI

THÉORÈMES SUR LES ÉQUATIONS

CHAPITRE XII

ÉQUATIONS ET INÉQUATIONS A UNE INCONNUE

CHAPITRE XIII

SYSTÈMES D'ÉQUATIONS ET D'INÉQUATIONS

CHAPITRE XIV

APPLICATION DE L'ALGÈBRE A LA GÉOMÉTRIE

CHAPITRE XV

PROGRESSIONS, LOGARITHMES, INTÉRÊTS COMPOSÉS

NOTES

73 396. — Imprimerie générale Lahure, rue de Fleurus, 9, à Paris.

www.ingramcontent.com/pod-product-compliance
Lightning Source LLC
Chambersburg PA
CBHW060536220326
41599CB00022B/3517